AF383810

ENTRETIENS

SUR

LA CHIMIE,

D'APRÈS LES MÉTHODES
DE MM. THÉNARD ET DAVY;

PAR AMBROISE TARDIEU.

PARIS,

BOULLAND ET Cie, LIBRAIRES-ÉDITEURS,

PALAIS-ROYAL, GALERIES DE BOIS, N° 254.

M. DCCC. XXVI.

IMPRIMERIE DE E. POCHARD,
RUE DU POT-DE-FER, N° 14.

ENTRETIENS

SUR

LA CHIMIE.

IMPRIMERIE DE E. POCHARD,
Rue du Pot-de-Fer, n° 14, à Paris.

ENTRETIENS

sur

LA CHIMIE,

D'APRÈS LES MÉTHODES

DE MM. THÉNARD ET DAVY;

PARIS,

BOULLAND ET Cie, LIBRAIRES-ÉDITEURS,

PALAIS-ROYAL, GALERIES DE BOIS, Nº 254.

1826.

ENTRETIENS
SUR LA CHIMIE.

PREMIER ENTRETIEN.

Rapports entre la Chimie et la Physique. — Perfectionnement
de la Chimie moderne. — Son utilité dans les arts. — But
principal de la Chimie. — Définition des corps élémentaires.
— Définition de la décomposition. — Différence entre les
molécules intégrantes et les molécules constituantes. — Distinction entre les corps simples et les corps composés. —
Classification des corps simples. — Affinité chimique ou
attraction de composition. — Exemples de composition et de
décomposition.

Mme DE BEAUMONT, CAROLINE, GUSTAVE.

Mme DE BEAUMONT. — Puisque vous avez quelques
notions élémentaires de physique, je vais maintenant
vous entretenir d'une autre branche des sciences sur
laquelle je désire fixer votre attention : je veux parler
de la chimie, dont l'étude est si étroitement liée à

1

celle de la physique que l'une est incomplète sans
l'autre; car, il est évident que l'on ne peut avoir
qu'une idée imparfaite des corps si l'on ne joint pas
à la connaissance des lois générales qui les gouvernent
celle de leur nature intime.

CAROLINE. — Pour vous dire la vérité, maman, je
n'ai pas une idée bien favorable de la chimie, et je
ne m'attends pas à y trouver beaucoup d'intérêt. Je
préfère les sciences qui nous montrent la nature sur
une vaste échelle, à celles qui sont bornées à des détails minutieux. Pourrait-on comparer les études que
nous venons de suivre sur les propriétés générales
de la matière ou les révolutions des corps célestes,
au mélange de quelques drogues insignifiantes? J'a-
voue, cependant, qu'il peut y avoir certaines expériences chimiques assez amusantes; et j'aimerais à
en essayer quelques-unes, par exemple la distillation
des eaux de rose, de lavande, etc.

Mme DE BEAUMONT. — Je pense, ma chère Caroline,
que votre peu d'attrait pour la chimie provient de
l'idée beaucoup trop restreinte que vous vous formez
de son objet. Vous renfermez les travaux du chimiste
dans le cercle étroit des laboratoires du pharmacien
et du parfumeur, tandis qu'elle remplit un nombre
immense de fins utiles. En outre, ma chère, la chimie
n'est point du tout limitée aux ouvrages de l'art : la
nature a aussi son laboratoire; et ce laboratoire est
l'univers, où sans cesse elle travaille à des opérations
chimiques. Vous êtes surprise, Caroline; mais je vous
assure que les plus étonnants et les plus intéressants

phénomènes naturels sont presque tous produits par des puissances chimiques. Bergman, dans l'introduction de son *Histoire de la Chimie*, vous donnera une plus juste idée de cette science. Il divise la connaissance de la nature en trois périodes : La première est celle dans laquelle on étudie les formes extérieures et les caractères des objets ; on l'appelle *Histoire naturelle*. La seconde se rapporte aux effets des corps considérés comme agissant les uns sur les autres par leur puissance mécanique, savoir : leur poids et leur mouvement ; on la nomme *Physique*. La troisième est consacrée à l'examen des propriétés et de l'action mutuelle des parties élémentaires des corps : cette dernière est la *Chimie ;* et je ne doute pas que vous ne pensiez bientôt comme moi, que c'est la plus intéressante.

Ainsi donc, vous pouvez facilement concevoir que, sans entrer dans des détails de chimie pratique, une femme peut acquérir sur cette science des notions, qui non-seulement jetteront de l'intérêt sur les évènements ordinaires de sa vie, mais agrandiront la sphère de ses idées, et feront pour elle de la contemplation de la nature une source délicieuse d'instruction.

CAROLINE.—S'il en est ainsi, je me suis grandement trompée dans l'idée que je me suis faite de la chimie. J'avoue que je la croyais principalement bornée à la connaissance et à la préparation des médicaments.

Mme DE BEAUMONT. — Ce dont vous parlez n'est qu'une branche de la chimie, que l'on appelle *Pharmacie ;* et quoique son étude soit très importante pour le genre humain en général, elle appartient exclusivement aux personnes vouées à cette partie de l'art de guérir ; et serait la dernière que je vous engagerais à suivre.

GUSTAVE. — Mais les chimistes ne se sont ils pas occupés autrefois de la recherche de la pierre philosophale ou du secret de faire de l'or?

Mme DE BEAUMONT. — Ceux qui se livraient à cette recherche appartenaient à une secte particulière de philosophes égarés, qui prenaient le nom pompeux d'alchimistes pour se distinguer des chimistes, dont les études se bornaient à la connaissance des médicaments.

Mais depuis l'époque où cette fausse science occupait quelques individus, la chimie a subi une révolution complète. Elle est devenue une science aussi claire que régulière, au lieu d'un art obscur et mystérieux. Il faut convenir cependant que l'on doit aux alchimistes plusieurs découvertes utiles, qui ont fait tourner à l'avantage du genre humain leurs chimériques poursuites.

Les chimistes modernes, renonçant à la vaine ambition de produire les substances naturelles, ont dirigé leurs efforts vers l'analyse et l'imitation des opérations par lesquelles elles sont formées dans le grand laboratoire de l'univers ; et quelquefois, ils ont réussi à faire des combinaisons et des décompositions, sans exemple dans la chimie de la nature. D'ailleurs ils auraient peu de raison de regretter leur inhabileté à faire de l'or, quand leurs inventions et leurs découvertes innombrables ont si prodigieusement stimulé

l'industrie, et facilité les travaux en tous genres , que
nos jouissances en ont été augmentées à un très haut
degré, et peuvent l'être d'une manière incalculable.

GUSTAVE. — Je ne comprends pas bien comment la
chimie peut faciliter les travaux, j'aurais cru que cela
appartenait plutôt à la mécanique.

Mme DE BEAUMONT. — Le travail peut être rendu
plus facile par plusieurs moyens, outre les moyens
mécaniques. Mais souvent les inventions mécaniques
elles-mêmes tirent leur utilité d'un principe chimique.
C'est ainsi que la plus étonnante des machines, la machine à vapeur, n'aurait jamais été inventée sans la
chimie. En agriculture, la connaissance de la nature
des terrains et de la végétation est extrèmement utile,
et dans les arts qui se rapportent aux besoins et aux
agréments de la vie, on ne finirait point si l'on voulait
compter les avantages résultant de cette science.

CAROLINE. — Mais veuillez nous dire plus précisément, en quoi les découvertes des chimistes ont été
si avantageuses à la société ?

Mme DE BEAUMONT. — Ce serait une anticipation
peu judicieuse ; car vous ne comprendriez pas maintenant la nature de ces découvertes, non plus que leur
utilité. Si nous ne suivons pas une marche régulière,
il nous sera impossible de faire aucun progrès en chimie. Je commencerai donc par diriger votre attention
sur les opérations chimiques de la nature ; de là, nous
passerons à celles de l'art, qui sont de trop haute importance pour être négligées.

GUSTAVE. — Mettons-nous donc à l'œuvre d'une ma-

nière régulière. Je suis vraiment impatient de commencer.

Mme DE BEAUMONT. — L'objet de la chimie est de
connaître la nature intime des corps et leur action mutuelle les uns sur les autres. Vous semble-t-il, Caroline, qu'une science qui embrasse toutes les choses
matérielles de notre sphère, soit petite et bornée?

CAROLINE. — Au contraire, elle me paraît inépuisable; et j'ai peine à concevoir comment on peut faire
quelques progrès dans une science dont les objets sont
si nombreux.

Mme DE BEAUMONT. — Si chaque substance individuelle était composée de différents matériaux, l'étude
de la chimie serait en effet infinie; mais il faut observer que les divers corps existant dans la nature, sont
formés de certains principes élémentaires qui ne sont
pas très nombreux.

CAROLINE. — Oui, je sais que tous les corps sont
composés de feu, d'air, de terre et d'eau; il y a plusieurs années que l'on m'a appris cela.

Mme DE BEAUMONT. — Et vous devez maintenant l'oublier. Je vous ai déjà dit que la chimie avait éprouvé
de grands changements depuis que son étude est devenue régulière. Dans l'espace des trente dernières
années sur-tout, cette science a subi une entière révolution, et il est actuellement prouvé que le feu, l'air,
la terre et l'eau ne peuvent être regardés comme
des corps élémentaires : car un corps élémentaire
est un corps qui n'a jamais été décomposé, c'est-
à-dire séparé en d'autres substances; et le feu, l'air,

la terre et l'eau, sont tous susceptibles de décomposition.

GUSTAVE.— Je croyais que décomposer un corps était le diviser dans ses plus petites parties. Si la chose est ainsi, je ne comprends pas pourquoi une substance élémentaire ne serait pas susceptible d'être décomposée comme toute autre.

Mme DE BEAUMONT. — Vous entendez mal la *décomposition*, elle est tout-à-fait différente de la *division*. Cette dernière réduit simplement le corps en un nombre plus ou moins grand de parties; mais la première le sépare en divers ingrédients ou matériaux dont il est composé. Si nous prenons un morceau de pain et séparons les ingrédients avec lesquels il est fait, la farine, le levain, le sel et l'eau, nous ferons une opération bien différente de celle de hacher ou de raper ce même morceau de pain.

GUSTAVE.— Je vous entends bien à présent. Décomposer un corps est séparer l'un de l'autre les divers éléments qui le composent.

CAROLINE. — Mais, la farine, l'eau, le sel, le levain ne doivent pas être regardés comme des substances élémentaires d'après votre définition.

Mme DE BEAUMONT. — Non, ma chère, j'ai pris pour exemple un morceau de pain comme objet familier propre à éclaircir mon idée. Plus tard vous connaîtrez la différence des substances offertes par l'effet d'une première décomposition et de celles que produit la dernière décomposition qu'un corps est capable de subir.

Les substances élémentaires qui composent un corps, sont appelées ses *parties constituantes*. En le décomposant nous séparons donc ses parties constituantes. Si nous divisons un corps en le réduisant en petites pièces, même en le moulant ou le pilant en poudre fine, chacune des molécules consistera toujours en une portion des mêmes parties constituantes qui formaient le corps entier ; ces parties ainsi divisées, sont appelées molécules *intégrantes*. Entendez-vous la différence qui existe entre celles-ci, et les molécules constituantes?

Gustave.—Oui, je crois l'entendre parfaitement. On décompose un corps en molécules *constituantes ;* on le divise en molécules *intégrantes*.

Mme de Beaumont. — Cela est exact. Ainsi donc, si le corps consiste en une seule espèce de substances quoiqu'il puisse être divisé, il n'est pas possible de le décomposer. De tels corps sont nommés *corps simples* ou *élémentaires*, parce qu'ils sont les éléments dont se composent tous les autres corps. Les *corps composés* sont ceux qui renferment plus d'un de ces principes élémentaires.

Caroline. — Mais est-ce que le feu, l'air, la terre et l'eau consistent en plus d'une espèce de substances ?

Mme de Beaumont. — Oui, ma chère ; chacune de ces choses est susceptible d'être séparée en plusieurs corps simples. Au lieu de quatre substances élémentaires, la chimie en compte maintenant cinquante-six. L'existence de la plupart de ces substances est prouvée par les expériences les plus claires ; mais à l'égard de quelques-unes, particulièrement de ces agents les plus

subtils de la nature , le calorique , la lumière ,
l'électricité , il règne encore beaucoup d'incertitude,
et je ne pourrai vous donner à cet égard que les opinions qui paraissent les plus probables d'après les dernières découvertes. Je vais vous faire l'énumération des
corps élémentaires classés suivant leurs propriétés , et
nous examinerons ensuite chacun d'eux en lui même et
dans ses combinaisons avec les autres.

Si l'on excepte les agents les plus généraux, le calorique, la lumière, l'électricité , il paraît que la forme
la plus simple des corps est celle de métal.

CAROLINE. —Vous m'étonnez ! Je pensais que les métaux étaient seulement une classe de minéraux , et qu'il
y avait en outre des terres, des pierres, des roches,
des acides, des alcalis, des gaz, des fluides et tout ce
qui compose le règne végétal et le règne animal.

Mme DE BEAUMONT. — Vous avez fait une assez bonne
énumération, quoiqu'elle ne soit pas arrangée dans
l'ordre le plus scientifique. Mais, on croit fortement
maintenant que tous ces corps peuvent être réduits en
dernière analyse à des substances métalliques. Votre
surprise, en apprenant ceci, est au reste fort naturelle,
puisque la décomposition de quelques-uns de ces corps,
dernièrement opérée , a excité l'étonnement de tout
le monde savant.

Pour revenir à l'énumération des corps simples , je
vous ferai observer que comme on les trouve ordinairement combinés avec l'oxygène, je les classerai suivant
leurs propriétés quand ils sont en cet état. Cela facili-
tera leur examen futur.

GUSTAVE. — Qu'est-ce que l'oxygène, je vous prie ?

Mᵐᵉ DE BEAUMONT. — C'est un corps simple; du moins censé tel, puisqu'il n'a jamais été décomposé. On le trouve toujours uni avec l'électricité négative. Comme ce sera l'un des premiers corps élémentaires dont je vous expliquerai les propriétés, vous verrez bientôt quel rôle important il joue dans la nature : mais, il serait hors de propos d'entamer ce sujet en ce moment. Nous devons nous borner maintenant à l'énumération et à la classification des corps simples en général. On peut les diviser ainsi qu'il suit :

PREMIÈRE CLASSE.

Agents impondérables.

La chaleur ou le calorique.
La lumière.
L'électricité.

DEUXIÈME CLASSE.

Agents capables de s'unir aux corps inflammables, et dans la plupart des exemples d'effectuer leur combustion.

L'Oxygène.
Le Chlore.
L'Iode.
Le Fluor.

TROISIÈME CLASSE.

Corps capables de s'unir à l'oxygène, pour former divers composés. Cette classe peut se diviser ainsi :

PREMIÈRE DIVISION.

L'hydrogène, formant l'eau.

DEUXIÈME DIVISION.

Le nitrogène,	formant l'acide	nitrique.
Le soufre,	——————	sulfurique.
Le phosphore,	——————	phosphorique.
Le carbone,	——————	carbonique.
Le bore,	——————	borique.
Le fluorium,	——————	fluorique.
Le muratium,	——————	muriatique *.

TROISIÈME DIVISION.

Corps métalliques formant les alcalis.

Le potassium,	formant	la potasse.
Le sodium,	————	la soude.
L'ammonium,	————	l'ammoniaque.
Le lithium,	————	la lithine **.

* Ces deux dernières substances, bases des acides fluorique et muriatique, sont placées dans la nouvelle théorie, à la seconde classe des corps simples, sous les noms de *fluor* et de *chlore* (Davy). Suivant l'ancienne méthode ils appartiennent à la troisième classe.

** Ce quatrième alcali a été découvert en 1818, par M. Arfwedson, chimiste suédois.

QUATRIÈME DIVISION.

Corps métalliques formant les terres.

Le calcium,	formant	la chaux.
Le magnésium,	————	la magnésie.
Le barium,	————	la barite.
Le strontium,	————	la strontiane.
Le silicium,	————	la silice.
L'aluminium,	————	l'alumine.
L'yttrium,	————	l'yttria.
Le glucinium,	————	la glucine *.
Le zirconium,	————	la zircone.
Le thorinium,	————	la thorine **.

CINQUIÈME DIVISION.

Métaux soit naturellement métalliques, soit capables de céder leur oxygène au carbone ou au calorique seul.

PREMIÈRE SUBDIVISION.

Métaux malléables ou ductiles.

L'or.	Le cuivre.
Le platine.	Le fer.
Le palladium.	Le plomb.
L'argent ***.	Le nickel.

* De toutes ces terres trois ou quatre seulement ont été distinctement séparées de leur base.

** M. Berzélius a découvert cette nouvelle terre en 1816, dans un minerai composé d'acide fluorique et de cérium.

*** Ces quatre premiers métaux sont appelés *métaux parfaits*, à cause de leur extrême ductilité, de leur grande pesan-

Le mercure *.   Le zinc.
L'étain.   Le cadmium.

DEUXIÈME SUBDIVISION.

Métaux cassants.

L'arsenic.   L'antimoine.
Le bismuth.   Le manganèse.
Le sélénium ***.   L'urane.
Le tellure.   Le colombium ou
Le cobalt.   Tantale.
Le tungstène.   L'iridium.
Le molybdène   L'osmium.
Le titane.   Le rhodium.
Le chrôme.   Le cérium ****.

teur spécifique, et de la propriété qu'ils ont d'être très difficilement altérés.

* Le mercure, à l'état liquide, n'est point ductile, mais il le devient quand il est congelé.

** Ce métal, assez semblable à l'étain, a été trouvé dans du minerai de zinc en 1817, par M. Stromeyer.

*** Le Sélénium a été découvert par Berzélius dans les pyrites ferrugineuses de Falhun, en Suède. Il a l'éclat métallique, mais il n'est point du tont conducteur de l'électricité, et il est mauvais conducteur du calorique. Il passe à l'état d'oxyde et à celui d'acide, et pourrait peut-être se classer plus exactement avec le soufre.

**** Ces derniers corps métalliques, depuis l'urane, ne sont placés ici que provisoirement, leurs propriétés n'étant pas encore bien connues.

2

Caroline. — Oh! quelle formidable liste! Vous aurez bien à faire pour nous expliquer tout cela, maman, car je vous proteste que mes idées sont plutôt embrouillées qu'éclaircies par cette classification.

Mme de Beaumont. — Ne vous effrayez point, ma chère : cette classification vous paraîtra bientôt parfaitement claire, et, loin de vous embarrasser, elle vous aidera à débrouiller vos idées. Il serait impossible de former une division des substances tout-à-fait intelligible aux commençants ; car étant nécessairement fondée sur des propriétés qui leur sont inconnues, ils ne peuvent apprécier d'abord sa justesse et son utilité.

Mais, avant d'aller plus loin, je dois vous faire connaître l'attraction chimique, puissance sur laquelle repose toute la science.

L'attraction chimique ou attraction de composition est une tendance que des corps d'une nature différente ont à s'unir l'un à l'autre. C'est par cette force que toute composition ou décomposition est effectuée.

Gustave. — Quelle est la différence entre l'attraction chimique et l'attraction de cohésion ou d'agrégation dont vous nous avez souvent parlé dans nos entretiens sur la physique?

Mme de Beaumont. — L'attraction de cohésion unit des particules ou molécules de même nature, soit simples, soit composées ; ainsi, elle unit également les molécules d'un morceau de métal, qui est une substance simple et celles d'un morceau de pain qui est un composé. Au contraire, l'attraction de composition

unit et maintient dans un état de combinaison des
molécules d'une nature *dissemblable*. C'est cette puissance qui forme chacune des particules dont se compose le pain; et c'est par l'attraction de cohésion que
toutes ces particules s'unissent pour former une seule
masse.

Gustave. — Alors, l'attraction de cohésion est la
puissance qui unit les parties *intégrantes* d'un corps;
et l'attraction de composition, celle qui combine les
parties constituantes?

Mme de Beaumont. — Précisément; et remarquez
de plus, que l'attraction de cohésion unit des molécules d'une nature semblable, sans changer leurs propriétés primitives; par conséquent, le résultat de leur
union est un corps de la même espèce que les molécules desquelles il est formé; tandis que l'attraction
de composition, en combinant des molécules d'une
nature dissemblable, produit des corps composés
tout-à-fait différents de leurs constituants. Par exemple,
si je verse sur le morceau de cuivre renfermé dans ce
verre, un peu de ce liquide (que l'on nomme acide
nitrique), pour lequel le cuivre a une forte attraction,
chacune des molécules du métal se combinera avec
une molécule de l'acide, et toutes ensemble forme-
ront un nouveau corps entièrement différent du cuivre
ou de l'acide.

Remarquez-vous la commotion intérieure qui commence à se montrer? Elle est produite par la combinaison de ces deux substances; et cependant l'acide,
en ce cas, doit surmonter non-seulement la résistance

que la forte cohésion des molécules du cuivre oppose à une nouvelle combinaison; mais, de plus, la difficulté apportée à l'opération par le poids du métal qui le fait tomber au fond du verre, et empêche l'acide de le pénétrer aussi facilement que s'il était suspendu dans le liquide.

Gustave. — L'acide paraît cependant triompher sans peine de ces deux obstacles, et dissoudre le cuivre assez rapidement.

Mme de Beaumont. — Par ce moyen, le cuivre est réduit en molécules beaucoup plus petites que ne pourait le faire aucune puissance mécanique. Mais, comme l'acide ne peut agir que sur la surface du métal, il faudra un certain espace de temps pour que l'union des deux corps soit complète.

Toutefois, vous pouvez déjà voir à quel point le composé diffère de l'un et de l'autre de ses ingrédiens. Il n'est, ni sans couleur comme l'acide, ni dur, pesant et jaune, comme le cuivre. Si vous le goûtez, vous n'y trouverez plus la saveur piquante d'un acide. Il a maintenant l'apparence d'un liquide bleu; mais quand l'union sera complète, et l'eau avec laquelle l'acide est délayé, évaporée, ce composé prendra la forme de cristaux réguliers d'une belle couleur bleue et parfaitement transparents *. Je puis vous en montrer un échantillon que j'ai préparé exprès.

* Ces cristaux s'obtiennent plus aisément par un mélange d'acide sulfurique et d'un peu d'acide nitrique.

CAROLINE. — Quelle belle cristalisation! quelle vive couleur! quelle admirable transparence!

GUSTAVE. — Rien de plus frappant que cet exemple d'attraction chimique.

Mme DE BEAUMONT. — Le terme d'*attraction* a été récemment introduit dans la chimie au lieu de celui d'*affinité*, que les chimistes ont rejeté, comme dérivé d'une notion incertaine, savoir : que les combinaisons chimiques dépendent d'une certaine ressemblance ou relation entre les molécules qui sont ainsi disposées à s'unir; et cette notion est non-seulement imparfaite, mais erronée, puisque généralement les molécules de la nature la plus opposée ont la plus grande tendance à se combiner.

CAROLINE. — De plus, il n'y a, ce me semble, aucun avantage à se servir de plusieurs termes pour exprimer la même idée; cela peut causer au contraire de la confusion, et, comme nous sommes familiarisés avec le mot attraction dans la physique, il est mieux de l'adopter également pour la chimie.

Mme DE BEAUMONT. — Si vous avez une idée claire de la chose, je vous laisserai libres de vous servir du terme qu'il vous plaira pour l'exprimer. Quant à moi, j'avoue que le mot *attraction* me parait mieux adapté à la loi générale par laquelle les particules intégrantes des corps sont unies; et celui d'affinité, plus convenable à celle qui combine les particules constituantes, en ce qu'il indique une préférence de certains corps pour certains autres corps, qui ne me semble pas aussi bien exprimée par le terme d'attraction de composition.

2*

GUSTAVE.—Je pense de même : car, bien que cette préférence puisse ne point résulter de relation ou de similitude, entre les particules (comme vous dites qu'on l'avait autrefois supposé), cependant, comme elle existe en effet, elle devrait être exprimée.

Mme DE BEAUMONT.—Eh bien! convenons que vous userez des mots *affinité*, *attraction chimique* et *attraction de composition* indifféremment, pourvu que vous n'oubliez point que tous signifient la même chose.

GUSTAVE. — Je ne conçois pas comment les corps peuvent être décomposés par l'attraction chimique. On comprend aisément comment cette puissance opère leur composition ; mais qu'elle produise exactement l'effet contraire, c'est ce qui me parait tout-à-fait sin-gulier.

Mme DE BEAUMONT. — Décomposer un corps, c'est, vous le savez, séparer ses parties constituantes, ce qui, comme nous venons de le voir tout à l'heure, ne peut avoir lieu par des moyens mécaniques.

GUSTAVE. — Non : parce que les moyens mécaniques peuvent seulement séparer les molécules intégrantes, et n'agissant que sur l'attraction de cohésion, divisent simplement un composé en plus petites parties.

Mme DE BEAUMONT.—La décomposition d'un corps s'exécute ainsi par des puissances chimiques. Si vous présentez à un corps composé de deux principes, un troisième principe ayant une plus grande affinité pour l'un des deux premiers, qu'aucun de ceux-ci l'un envers l'autre, le corps sera décomposé ; c'est-à-dire que ses deux principes seront séparés par le moyen du troisième corps. Nommons les deux ingrédients dont le corps est composé A et B. Si nous en approchons un autre ingrédient C, qui ait une plus grande affinité pour B que celle qui l'unit avec A, il s'ensuit nécessairement que B quittera A pour se combiner avec C. Le nouvel ingrédient a donc effectué une décomposition des corps A. B. ; A est resté seul, et un nouveau composé B. C. a été formé.

GUSTAVE. — Nous pourrions, je pense, user de la comparaison de deux amis heureux dans la société l'un de l'autre jusqu'à ce qu'un troisième vienne les désunir par la préférence que l'un d'eux accorde au nouveau venu.

Mme DE BEAUMONT. — Très bien : je vais maintenant vous montrer comment cet effet a lieu en chimie.

Supposons que nous voulions décomposer le composé que nous venons de former par la combinaison du cuivre et de l'acide nitrique : nous pouvons le faire en présentant un morceau de fer pour lequel l'acide a une plus forte attraction que pour le cuivre ; en conséquence l'acide quittera le cuivre, se combinera avec le fer, et le cuivre sera ce que les chimistes appellent *précipité*, c'est-à-dire rejeté dans son état de séparation, et il reparaîtra sous sa forme simple.

Pour produire cet effet, je plongerai la lame de ce couteau dans le fluide ; et quand je l'en retirerai vous verrez qu'au lieu d'être humectée par un liquide bleu, tel que celui qui est contenu dans le verre, elle sera couverte d'une légère couche de cuivre.

CAROLINE. — C'est comme vous le dites en effet !

Mais alors, ce n'est pas l'acide mais le cuivre qui s'est combiné avec la lame de fer?

Mme DE BEAUMONT. — Non; vous êtes trompée par l'apparence, c'est l'acide qui se combine avec le fer, et qui, en se combinant, dépose ou précipite le cuivre sur la surface de la lame.

GUSTAVE. — Trois ou plus de substances ne peuvent-elles donc se combiner ensemble sans qu'aucune d'elles soit précipitée.

Mme DE BEAUMONT. —Cela arrive quelquefois; mais, en général, la plus forte affinité détruit la plus faible ; et il est rare que l'attraction de plusieurs substances, les unes pour les autres, soit assez également balancée pour produire des composés aussi compliqués.

CAROLINE. — Dites-nous, je vous prie, maman, quelle est la cause de l'attraction chimique des corps? Elle me paraît plus extraordinaire , plus surnaturelle, si je puis m'exprimer ainsi, que l'attraction de cohésion qui unit des molécules d'une même nature.

Mme DE BEAUMONT. — L'attraction chimique , de même que l'attraction de cohésion ou de gravitation, devrait peut-être se ranger parmi ces puissances inhé-rentes à la matière, que, dans l'état présent de nos connaissances, nous ne pouvons expliquer, qu'en les rapportant à une cause divine.

Toutefois sir H. Davy, dont les découvertes ont ouvert des vues si importantes en chimie, a suggéré une hypothèse qui pourra jeter de grandes lumières sur cette science. Il suppose qu'il existe deux sortes d'é-lectricité, qui entrent l'une ou l'autre dans la composition de tous les corps. On distingue ces deux électricités, par les noms d'électricité *positive* et d'électricité *négative*; et les corps dans lesquels se trouvent les électricités opposées, sont disposés à se combiner ensemble à cause de l'attraction que ces électricités ont l'une pour l'autre. Quelle que soit la vérité de cette hypothèse, il est impossible de douter que l'électricité n'ait une grande influence sur les combinaisons chimiques.

GUSTAVE. — Ainsi, nous supposerions que les deux électricités, étant toujours attirées l'une vers l'autre, forcent les corps dans lesquels elles existent, à se combiner?

CAROLINE. — Et cela ne pourrait-il pas aussi être la cause de l'attraction de cohésion?

Mme DE BEAUMONT.—Non; parce que dans des molécules de même nature, la même espèce d'électricité prédomine; et ce sont les fluides électriques contraires, qui ont de l'attraction l'un pour l'autre.

CAROLINE.—Ces électricités me semblent une sorte d'esprit chimique, animant les molécules des corps, et les poussant l'une vers l'autre.

GUSTAVE.—Si l'on savait avec laquelle des deux électricités les corps sont unis, on pourrait alors connaître ceux qui peuvent ou ne peuvent pas se combiner ensemble?

Mme DE BEAUMONT. — Assurément. Je ne dois pas omettre de mentionner ici qu'il existe quelques doutes au sujet de l'électricité; que les uns la croient un agent matériel, les autres une puissance inhérente aux corps semblables ou peut-être identique à l'attraction.

Gustave. — Mais, dans cette dernière supposition, que serait l'étincelle électrique, qui est visible, et qui doit être conséquemment matérielle ?

Mme de Beaumont. — Ce que nous appelons étincelles électriques, peut suivant M. Davy, n'être autre chose que le calorique, la lumière ou le feu produit par les combinaisons chimiques avec lesquelles ce phénomène est toujours lié. Nous n'avancerons pas davantage pour le présent dans cet important sujet, et nous réserverons les principaux faits qui y sont relatifs pour un autre entretien.

Avant de nous séparer, je vous recommanderai de fixer dans votre mémoire les noms des corps simples, pour notre prochaine entrevue.

DEUXIÈME ENTRETIEN.

Sur la Lumière et le Calorique.

La lumière et la chaleur peuvent être séparées. — Expérience d'Herschell sur ce sujet. — Phosphorescence. — Du calorique et de ses deux modifications. — Calorique libre ou rayonnant. — Des trois différents états des corps : le solide, le liquide et l'aériforme. — Dilatation des solides. — Pyromètre — Dilatation des fluides. — Thermomètre. — Dilatation des fluides élastiques. — Thermomètre d'air. — Égale diffusion du calorique. — Le froid, qualité négative. — Théorie de Prévost sur le rayonnement du calorique. — Expériences de Pictet sur la réflexion de la chaleur. — Expériences de Leslie sur le calorique rayonnant.

Mme DE BEAUMONT; CAROLINE; GUSTAVE.

CAROLINE. — Nous avons appris par cœur les noms des corps simples dont vous avez fait l'énumération, et nous sommes prêts à les examiner successivement. Vous commencerez, je suppose, par la lumière.

Mme DE BEAUMONT. — A l'égard de la nature de la lumière, nous n'avons guère que des conjectures. La plupart des physiciens la considèrent comme une substance réelle, émanant du soleil et de tous les corps lumineux, desquels elle est projetée en lignes droites avec une prodigieuse vélocité. Cependant comme la lumière est impondérable, on ne peut l'examiner en elle-même; c'est donc de ses effets, sur les autres corps, plutôt que de sa nature intrinsèque que nous devons nous occuper.

La connexion entre la lumière et la chaleur est si intime et si évidente, qu'il est extrêmement difficile d'examiner l'une indépendamment de l'autre.

Gustave. — Mais il ne me paraît pas possible de les séparer. J'ai toujours pensé que la lumière et la chaleur signifiaient seulement deux différents degrés d'une même chose, le *feu*.

Mme de Beaumont. — Je vous ai dit que le feu n'était pas considéré comme un élément. Je ne déciderai point si la lumière et la chaleur sont ou ne sont pas deux agents différents; mais en plusieurs cas il est de fait que la première a été séparée de l'autre. Scheele, célèbre chimiste suédois, a fait le premier cette découverte, et une autre preuve très frappante de la possibilité d'une telle séparation, a été donnée long-temps après par Herschell. Ce savant découvrit que lorsque ces deux agents étaient émis par les rayons du soleil, la chaleur était moins réfrangible que la lumière; car, en séparant, au moyen du prisme, les différents rayons colorés, il trouva que le plus haut degré de chaleur était au-delà du spectre, à une petite distance des rayons rouges, qui sont, comme vous le savez, les moins réfrangibles de tous.

Gustave. — J'aurais grand plaisir à faire cette expérience.

Mme de Beaumont. — Elle n'est rien moins que facile; la chaleur totale réfléchie par un prisme, est si lé-

gère qu'il faut un thermomètre bien parfait pour distinguer la différence entre les degrés de chaleur en dedans et en dehors du spectre ; car il est nécessaire
d'observer que la chaleur n'est pas entièrement séparée
de la lumière dans cette expérience ; chaque rayon
coloré en retient une certaine quantité, seulement la
totalité n'est pas suffisamment réfléchie pour tomber
dans le spectre.

Gustave. — Je suppose que les rayons colorés qui
sont moins réfrangibles, retiennent une plus grande
quantité de chaleur.

Mᵐᵉ de Beaumont. Cela est effectivement ainsi.

Gustave. — Quoique je ne doute plus que la chaleur et la lumière ne puissent être séparées, il me
semble cependant que l'expérience d'Herschell ne
prouve pas suffisamment que ces deux choses n'en font
qu'une : car la lumière, que vous nommez un corps
simple, pourrait se diviser également dans ses rayons
diversement colorés.

Mᵐᵉ de Beaumont. — Il est vrai et l'on a même reconnu que les divers rayons différaient entre eux par
leur pouvoir chimique, aussi bien que par leur couleur.
Les rayons bleus, par exemple, agissent plus puissam-
ment que les autres pour séparer l'oxigène des corps,
comme Scheele l'a démontré ; et d'après les expériences de Wollaston, on sait que des rayons plus réfrangibles que les bleus, produisent le même effet chimique
et, qui plus est, que ces rayons sont invisibles.

Gustave. — Mais croyez vous possible que la chaleur
ne soit qu'une modification de la lumière ?

3

Mme DE BEAUMONT. — C'est une supposition qui ne peut être ni positivement admise, ni positivement rejetée dans l'état présent de la science. Contentons-nous donc, au lieu de discuter ces points douteux, d'examiner ce qui est connu des effets chimiques de la lumière.

La lumière a le pouvoir d'entrer dans une sorte d'union passagère avec certaines substances : on a donné à cet effet le nom de *phosphorescence*. Les corps qui possèdent cette propriété paraissent lumineux dans l'obscurité après avoir été précédemment exposés aux rayons du soleil. Les coquilles des poissons, les os des animaux terrestres, le marbre, les pierres calcaires, et quantité de combinaisons terreuses sont plus ou moins susceptibles de phosphorescence.

CAROLINE. — Je me rappelle avoir été fort surprise, l'été dernier, par l'apparence phosphorescente de bois pourris que l'on avait retirés depuis peu de la terre : ils brillaient d'un tel éclat que je crus d'abord que c'était des vers luisants.

GUSTAVE. — Et la lumière du ver luisant n'est-elle pas d'une nature phosphorescente ?

Mme DE BEAUMONT. — C'est un exemple très remarquable de phosphorescence dans les animaux vivants ; mais il n'est pas le seul : une sorte de mouche particulière aux climats chauds répand de la lumière en volant, et produit pendant la nuit un spectacle des plus curieux. Il est cependant plus ordinaire de voir la matière animale dans l'état de mort posséder la propriété de phosphorescence : les poissons de mer l'ont à un très haut degré.

GUSTAVE. — J'ai ouï dire que la mer paraissait quelquefois comme illuminée, et que cela provenait du frai des poissons qui flotte à sa surface.

Mme DE BEAUMONT. — Cette lumière provient sans doute de cette matière ou de quelques autres matières animales. On a observé que l'eau de mer devient lumineuse en y plongeant la substance d'un hareng frais; et certains insectes de la famille des méduses produisent le même effet.

Mais la plus forte phosphorescence est produite par des combinaisons chimiques faites à cette fin : la plus commune se compose de coquilles d'huîtres et de soufre; on la connaît sous le nom de phosphore de Canton.

GUSTAVE. — Je m'étonne, maman, que vous nous ayez dit tant de choses sur la lumière émise par des corps phosphoriques, sans faire mention de celle que produisent les corps en combustion.

Mme DE BEAUMONT. — La lumière émise par ces derniers est si étroitement liée à la théorie chimique de la combustion, que je dois renvoyer son explication à l'époque où nous traiterons de ce procédé, l'un des plus intéressants de la chimie.

La lumière est un agent capable de produire divers changements chimiques. Elle est essntielle au bien être du règne végétal et du règne animal : car les hommes et les plantes deviennent pâles et malades si on les prive de son influence salutaire. La propriété qu'elle a de détruire les couleurs est également remarquable, et la rend d'une grande utilité dans le procédé du blanchiment.

GUSTAVE. — N'est-il pas étrange que la lumière que nous avons appris à considérer dans nos études d'optique comme la source et l'origine des couleurs, ait aussi le pouvoir de les détruire?

CAROLINE. — C'est un fait cependant, dont nous faisons chaque jour l'expérience; vous savez combien la lumière ternit les couleurs des étoffes.

GUSTAVE. — Certainement. Mais je me rappelle aussi que la chicorée devient blanche au lieu d'être verte, si on la couvre de manière à l'empêcher de recevoir la lumière. Et par quels moyens la lumière produit-elle ces différents effets?

M⁾ᵉ DE BEAUMONT. — C'est ce que je ne puis vous expliquer tant que vous ne serez pas plus avancés en chimie. Comme les propriétés chimiques de la lumière ne peuvent être entendues, si l'on ne connait leurs relations avec les corps composés, il serait inutile de vous arrêter plus long-temps sur ce sujet. Nous passerons à la chaleur ou calorique, principe qui nous est mieux connu.

Le calorique et la lumière peuvent toujours être distingués l'un de l'autre par la sensation diverse qu'ils produisent. La lumière affecte le sens de la vue; le calorique celui du toucher : la première produit la vision ; le second la sensation de chaleur.

Le calorique se manifeste sous diverses formes ou modifications, et je crois qu'on peut le considérer sous les deux chefs suivants :

1° Comme calorique libre ou rayonnant.

2° Comme calorique combiné.

Le premier prend aussi le nom de chaleur ou de température; il comprend toute chaleur perceptible aux sens, et il affecte le thermomètre.

GUSTAVE. — Vous parlez sans doute de la chaleur provenant du soleil, du poële, des chandelles, bref de tout ce qui brûle?

Mme DE BEAUMONT. — Et aussi des choses qui ne brûlent point, comme par exemple la chaleur du corps humain. Ce calorique comprend tout ce qui est chaleur sensible, quel que soit son degré ou son origine.

CAROLINE. — Quelles seront donc les autres modifications du calorique? comment concevoir une espèce de chaleur qui ne soit point aperçue par les sens?

Mme DE BEAUMONT. — Aucune des modifications du calorique ne devrait, à proprement parler, s'appeler chaleur; car ce mot, dans sa signification exacte, exprime la sensation produite par le calorique sur les corps animés. Cependant la coutume fait qu'on applique quelquefois ce terme à la matière inanimée; ainsi l'on dit la *chaleur d'un four*, la *chaleur du soleil*, sans que cette expression se rapporte à la sensation que ces objets sont capables d'exciter.

Pour éviter la confusion qui pourrait naître de cet abus de terme, les chimistes modernes ont adopté le nouveau mot de calorique pour désigner le principe de la chaleur. Toutefois eux mêmes, ne bornent pas le mot chaleur, (comme ils le devraient conformément à la langue de leur science) à l'expression de la sensa-

3*

tion, et ils l'appliquent fréquemment à des modifications du calorique totalement indépendantes de toute sensation.

CAROLINE. — Mais, vous ne nous avez pas encore expliqué ce que sont ces autres modifications du calorique.

Mme DE BEAUMONT. — Non, par la raison que vous ne connaissez pas encore les propriétés du libre calorique, et que nous sommes convenus de suivre une marche régulière.

L'une des propriétés les plus remarquables du calorique libre, est la puissance de dilater les corps : ce fluide est tellement subtil, qu'il pénètre dans tous les corps, s'introduit entre leurs molécules et non-seulement les sépare, mais souvent les lance à des distances considérables l'une de l'autre. C'est ainsi que le calorique étend un corps de manière à lui faire occuper un plus grand espace.

GUSTAVE. — L'effet qu'il a sur les corps est donc directement contraire à celui de l'attraction de cohésion : l'un rassemble réunit les molécules ; l'autre les disperse.

Mme DE BEAUMONT. — Précisément. Il y a une lutte continuelle entre l'attraction d'agrégation et la puissance expansive du calorique ; et c'est de l'action de ces deux forces opposées, que résultent les diverses formes de la matière ou ses degrés de consistance depuis l'état solide jusqu'à l'état gazeux ou aériforme. En conséquence nous trouvons que la plupart des corps sont capables de passer de l'une de ces formes à l'autre, en recevant simplement différentes quantités de calorique.

CAROLINE. — Cela est fort curieux ; mais je crois en comprendre la raison. Si une grande quantité de calorique est ajoutée à un corps solide, il s'introduit entre chaque particule de manière à surmonter à un très-haut degré l'attraction de cohésion, et le corps devient fluide de solide qu'il était.

Mme DE BEAUMONT. — C'est ce qui arrive toutes les fois qu'un corps est mis en fusion ; mais si vous ajoutez du calorique à un liquide, pouvez-vous me dire quel effet en résultera ?

CAROLINE. — Le calorique pénètre en plus grande abondance entre les particules du liquide, et les pousse à une telle distance l'une de l'autre, que leur attraction d'agrégation est tout-à-fait détruite : le liquide est alors transformé en vapeur.

Mme DE BEAUMONT. — Fort bien ; et c'est précisément le cas de l'eau bouillante, quand elle est convertie en vapeur, et de tous les corps qui passent à l'état aériforme.

GUSTAVE. — Je n'entends pas bien ce mot, *aériforme.*

Mme DE BEAUMONT. — On appelle aériforme, tout fluide élastique, soit qu'il ait seulement la forme de vapeur, soit qu'il ait celle de gaz ou air permanent.

Mais tous ces états de solide, de liquide et d'aériforme admettent divers degrés de densité ou consistance, toujours dérivés, principalement au moins, des différentes quantités de caloriques contenues dans les corps. Les solides ont divers degrés de densité depuis celui de l'or, jusqu'à celui d'une simple gelée; les liquides depuis la consistance de la glue et des métaux fondus, jusqu'à celle de l'éther, le plus léger de tous les liquides ; les différents fluides élastiques (que vous ne connaissez pas encore) sont susceptibles d'autant de variété dans leur degré de densité.

Gustave. Mais tous les corps individuels ne peuvent-ils pas aussi recevoir différents degrés de consistance sans changer d'état?

Mme de Beaumont. —Sans doute ; et je puis vous le prouver immédiatement par une expérience bien simple. Cette barre de fer est exactement proportionnée pour remplir l'ouverture dans laquelle elle passe ; mais si on la fait rougir, elle ne pourra plus y entrer, parce que les dimensions en seront augmentées par le supplément de calorique qu'elle aura reçu.

Le fer est chaud maintenant; vous voyez, en l'appliquant à l'anneau à quel point il s'est dilaté.

Gustave. —Considérablement en effet! je savais que la chaleur affectait les corps de cette manière; mais je ne croyais pas que ce fût autant sensible.

Mme de Beaumont. —Par le moyen de cet instrument (nommé pyromètre), on calcule de la manière la plus exacte, les divers degrés de dilatation que la chaleur fait subir à un corps solide. Nous allons soumettre à cette épreuve cette petite tige de fer; je la fixe à cet appareil (*Pl.* 1. *fig.* 1.) et je l'échauffe en allumant trois lampes au-dessous d'elle. Quand la tige de fer s'étend, elle s'accroît en longueur aussi bien qu'en

largeur; et comme l'une de ses extrémités communique
à ce rouage, tandis que de l'autre elle est fixée et ne
peut se déplacer, aussitôt qu'elle commence à se dilater, elle presse la roue et met en mouvement l'aiguille
qui marque sur un cadran les degrés de dilatation.

GUSTAVE.—C'est réellement un instrument curieux.
Mais, je ne comprends pas bien l'usage des roues. Ne
serait-il pas plus simple et également convenable au
but, de faire porter la barre sur l'aiguille, qu'elle met-
trait ainsi en mouvement sans l'intermédiaire des
roues?

Mme DE BEAUMONT. — L'usage des roues est seulement de multiplier le mouvement, et de rendre par là
l'effet du calorique plus évident. Car si l'aiguille ne
remuait qu'en proportion de l'accroissement de la tige
de fer, sans doute son mouvement serait à peine perceptible, mais le rouage l'augmente au point de rendre
les variations beaucoup plus sensibles.

En soumettant divers corps à l'épreuve du pyromètre, on a trouvé que tous ne se dilatent point dans
la même proportion. Les différents métaux s'étendent
à différents degrés; et les autres corps solides varient
plus encore à cette égard. Mais la différence de susceptibilité de dilation est beaucoup plus remarquable
dans les fluides que dans les solides, comme je vous le
montrerai. J'ai ici deux tubes de verre, terminés à l'une
de leurs extrémités par de grandes boules; nous remplirons l'une d'esprit de vin, l'autre d'eau. J'ai coloré
les deux liquides pour que vous puissiez mieux discerner l'effet. — Vous voyez que l'esprit de vin se dilate

par la chaleur de ma main, pendant que je tiens la boule.

GUSTAVE. — Oui vraiment : je le vois s'élever dans le tube. Mais il paraît que l'eau n'est pas si aisément affectée par la chaleur ; celle de la main produit à peine quelque changement sur ce liquide.

Mme DE BEAUMONT. — Il est vrai. Maintenant nous allons plonger les deux boules dans de l'eau chaude. (pl. 1. fig. 2.) et vous verrez les deux liquides s'élever dans les tubes ; mais l'esprit de vin montera plus haut.

CAROLINE. — Avec quelle rapidité il se dilate ! A présent il a presque atteint le sommet du tube, et l'eau commence seulement à monter.

GUSTAVE. — L'eau se dilate maintenant. Ces tubes de verre dans lesquels des liquides s'élèvent, ressemblent à des thermomètres.

Mme DE BEAUMONT. Les thermomètres sont faits d'après le même principe, et ces tubes n'exigeraient qu'une échelle de proportion, pour remplir l'office des thermomètres, mais leurs dimensions seraient peu favorables à cette fin. Les tubes et les boules des thermomètres, quoique de diverses grandeurs, sont toujours beaucoup plus petits que ceux-ci ; de plus le tube est hermétiquement fermé, et l'air en est exclus. Le liquide dont on se sert le plus généralement pour les thermomètres, est le mercure, vulgairement appelé vif-argent, qui se dilate et se contracte plus régulièrement que tout autre par l'addition ou la soustraction du calorique.

Caroline. — J'ai cependant vu souvent de l'esprit de vin coloré dans les thermomètres.

Mme de Beaumont. — Ce liquide ne se dilate ou ne se contracte pas avec la même uniformité que le mercure; mais dans les cas où l'on n'a pas besoin d'une grande précision dans la détermination des degrés de température, il remplit le but également bien, même mieux à quelques égards, puisque son expansion est plus grande, conséquemment plus apparente. On fait encore usage de ce fluide en des occasions où le mercure gèlerait; car cette substance, à un certain degré de froid, prend la consistance du plomb ou de tout autre métal, tandis que l'esprit de vin ne gèle point à la plus basse température connue.

Un thermomètre consiste donc en un tube terminé par une boule, et contenant un fluide dont les degrés de dilatation ou de contraction sont indiqués par une échelle sur laquelle le tube est attaché. Le degré qui indique le point d'eau bouillante signifie que lorsque le fluide est arrivé à ce point, la chaleur est telle que de l'eau exposée à la même température bouillirait. Quand d'autre part le fluide est assez condensé pour descendre au point de glace, on connait par là que l'eau gèlerait à cette température.

Les points extrêmes des échelles, et la division des degrés ne sont pas les mêmes dans tous les thermomètres.

Des physiciens de divers pays, ont adopte différentes échelles. Les deux thermomètres les plus usités sont ceux de Fahrenheit et de Réaumur : le premier est généralement préféré par les Anglais, le second par les Français.

Gustave. — Cette différence d'échelle doit avoir de grands inconvénients, et causer de la confusion quand on veut comparer les expériences françaises et anglaises.

Mme de Beaumont. — Ce n'est qu'un très léger inconvénient, parce que les diverses gradations de l'échelle ne font rien au principe sur lequel les thermomètres sont construits. Par exemple, puisque nous savons que l'échelle de Fahrenheit se divise en 212 degrés dans lesquels 32 correspond au point de glace et 212 à l'eau bouillante ; et que celle de Réaumur n'a que 80 degrés dans lesquels o marque le point de glace, et 80 celui d'eau bouillante ; il est facile en comparant les deux échelles de réduire l'une à l'autre. Mais pour plus de commodité, les thermomètres portent souvent les deux échelles placées de chaque côté du tube, de manière à ce que l'on aperçoive de suite la correspondance des degrés de chacune. Voici un de ces thermomètres (Pl. 2, fig. 1), vous pouvez y voir que chaque degré de Réaumur correspond à 2 degrés un quart de la division de Fahrenheit. Mais les Français ont adopté pour les expériences un thermomètre centigrade où l'espace entre les points de glace et d'eau bouillante se divise en 100 degrés.

Caroline. Cette division me semble la meilleure ; mais pourquoi le point de glace de Fahrenheit est-il à 32 ?

Mme de Beaumont. — C'est une méprise de Fahren-

heit, qui le premier a construit ces thermomètres. Il
avait mêlé de la neige et du sel, et produit par ce mélange un degré de froid qu'il jugea le plus grand possible; il fit commencer son échelle à ce point, établissant 212 degrés entre lui et le point d'eau bouillante,
et celui de glace se trouva à 32.

GUSTAVE. — L'esprit de vin et le mercure sont-ils
les seuls liquides employés pour ces instruments?

Mme DE BEAUMONT. — Je crois que ce sont les seuls
actuellement en usage, quoique plusieurs autres, tels
que l'huile de graine de lin, etc., pussent faire des
thermomètres passables. Mais pour les expériences
dans lesquelles les changements de température doivent être indiqués avec beaucoup de précision et de
promptitude, l'air est quelquefois employé. La boule
d'un thermomètre d'air, est remplie d'air atmosphérique, dont l'expansion et la contraction sont indiquées
par une petite goutte de liqueur colorée suspendue
dans le tube, et qui monte et descend suivant que l'air
de la boule se dilate ou se condense. Toutefois ces sortes de thermomètres, quoique sensibles aux moindres
changements de température, ne sont nullement précis
dans leurs indications.

Je vais vous montrer un de ces instruments, d'une
construction différente et parfaitement bien appro-
priée à certaines expériences chimiques, par la délicatesse et en même temps par l'exactitude des indications.

CAROLINE. — C'est comme un double thermomètre
renversé. Le tube forme un carré long, ouvert à la par-

4

tie supérieure, avec une grande boule à chacune de ses extrémités. (*Pl.* 2 . *fig.* 2.)

Gustave. — Pourquoi dites vous que cet instrument est un thermomètre d'air? Le tube contient un liquide coloré.

Mme de Beaumont. — Mais observez que les boules sont remplies d'air, et que le liquide renfermé dans une partie du tube sert seulement à marquer par ses mouvements, la dilatation ou la contraction comparative de l'air, par lesquelles la température relative des boules est indiquée. Ainsi, en échauffant la boule *A* par la chaleur de votre main, le fluide s'élèvera vers le tube *B*, et le contraire arrivera si vous faites l'expérience en sens inverse.

Mais si les tubes sont à la même température, comme cela est maintenant, le liquide coloré éprouvant une pression égale de chaque côté, conservera son niveau.

Caroline. — Cet instrument est en effet d'une délicatesse peu commune; le fluide est mis en mouvement au seul contact de la main.

Mme de Beaumont. — Vous devez remarquer cependant, que ce thermomètre ne peut indiquer la température d'aucun corps particulier ou du milieu dans lequel il est plongé. Il sert seulement à montrer la différence de température entre les deux boules quand elles sont placées dans diverses situations. Par cette raison, il a été nommé thermomètre *différentiel*. Vous verrez plus tard à quel usage on l'applique.

Gustave. — Mais les thermomètres ordinaires in·

diquent-ils l'exacte quantité du calorique, contenu soit dans l'atmosphère, soit dans les corps avec lesquels ils sont en contact?

Mme DE BEAUMONT. — Non; d'abord parce qu'il y a d'autres modifications du calorique, par lesquelles le thermomètre n'est pas affecté, ensuite, parce que la température du corps indiquée par le thermomètre, n'est que relative. Par exemple, quand le thermomètre reste stationnaire au point de glace, nous savons que l'atmosphère (ou le milieu dans lequel il est placé quel qu'il puisse être) est aussi froid que de l'eau glacée, et quand il s'arrête au point d'eau bouillante, nous savons que son milieu est aussi chaud que de l'eau bouillante; mais nous ne savons pas plus quelle est la quantité positive de calorique contenu, soit dans l'eau glacée, soit dans l'eau bouillante, que nous ne connaissons les extrêmes réels du chaud et du froid; conséquemment nous ne pouvons déterminer la quantité de calorique que contient le corps dans lequel le thermomètre est placé.

CAROLINE. — Je n'entends pas bien cette explication.

Mme DE BEAUMONT. — Comparons le thermomètre à un puits, dans lequel l'eau s'élève à différentes hauteurs suivant qu'elle est plus ou moins abondamment fournie par la source qui l'alimente. Si la profondeur du puits est inconnue, il est impossible de connaître la quantité absolue d'eau qu'il contient; mais on peut sans cette connaissance mesurer exactement le nombre de pieds auquel l'eau s'est élevée ou est descendue dans le puits , à différents temps , conséquemment savoir la quantité précise de son accroissement ou de sa diminution.

CAROLINE. — Maintenant je comprends très bien : rien, à mon avis, n'explique mieux une chose qu'une comparaison.

GUSTAVE. — Mais les thermomètres peuvent-ils supporter tous les degrés de chaleur?

Mme DE BEAUMONT. — Non; car si la température s'élevait beaucoup au-dessus du plus haut degré marqué sur l'échelle du thermomètre le mercure ferait éclater le tube en cherchant à monter. Aucun thermomètre ne peut être appliqué à des températures plus hautes que le point où le liquide employé dans leur construction entre en ébullition , parce que la vapeur produite par cette ébullition briserait le tube. Pour les fourneaux chimiques , ou tout autre cas dans lesquels une très haute température doit être mesurée , on se sert d'un pyromètre inventé par Wedgwood. Cet instrument est fait d'une sorte de terre argileuse qui a la propriété de se contracter par la chaleur, en sorte que le degré de contraction de cette substance indique le degré de la température à laquelle elle a été exposée.

GUSTAVE. — Mais est-il possible qu'un corps se contracte par la chaleur ? Je pensais que la chaleur dilatait tous les corps.

Mme DE BEAUMONT. — Ce fait n'est pas une exception à la règle. Il faut vous rappeler que la grandeur de l'argile n'est point comparée , étant échauffée , à ce qu'elle était, étant froide, mais que c'est des changements que cette substance subit en s'échauffant, que sont tirées les indications.

Ces changements sont dus à un commencement de fusion, lequel produit une plus étroite union des molécules de l'argile, et la rend ainsi moins poreuse, moins spongieuse.

On doit apprécier la porosité de l'argile en raison directe de l'eau qu'elle contenait quand elle était dans un état de consistance plus lâche. La chaleur diminue les pores ou interstices de cette substance, et poussée à un très haut degré, les oblitère complètement.

CAROLINE. — Et comment les degrés de contraction de l'argile sont-ils indiqués par le pyromètre ?

Mme DE BEAUMONT. — Les dimensions d'un morceau d'argile sont mesurées par une échelle marquée sur le côté d'une coulisse conique pratiquée dans une plaque de cuivre ; et plus l'argile se contracte par la chaleur, plus elle descend vers la partie la plus étroite de la coulisse.

Avant de terminer ce sujet, je vous ferai observer que les liquides sont plus susceptibles de dilatation que les solides ; et que les fluides élastiques (soit airs, soit vapeurs) sont les corps les plus expansibles.

Un fait qui peut paraître extraordinaire, c'est que tout fluide élastique prend le même degré d'expansion à la même température.

GUSTAVE. — Alors, je suppose que tous les fluide ont la même densité.

Mme DE BEAUMONT.—Bien loin de là ; ils varient entre eux à cet égard, beaucoup plus que les liquides et les solides. L'uniformité de leur capacité d'expansion, s'explique cependant fort aisément malgré sa singularité apparente. Car, s'il est vrai que les corps soient plus ou moins susceptibles de s'étendre en proportion de leur degré d'attraction de cohésion, les fluides élastiques ne peuvent offrir des différences sur ce point, leur attraction de cohésion étant détruite, et leur particules pourvues au contraire d'une force élastique ou répulsive : ils sont donc capables de recevoir le même degré d'extension par les mêmes degrés de chaleur.

Gustave. — Cela est vrai : comme aucune puissance ne s'oppose à celle du calorique, dans les corps élastiques, ses effets doivent être égaux sur tous ces corps.

Mme de Beaumont. — Passons maintenant aux autres propriétés du calorique libre ou rayonnant.

Le libre calorique tend constamment à pénétrer d'une manière égale tous les corps, c'est-à-dire que, lorsque deux corps en contact sont de différentes températures, le plus chaud perd graduellement de sa chaleur en faveur de l'autre jusqu'à ce que les deux se trouvent à la même température. Ainsi, quand un thermomètre est appliqué à un corps chaud, il reçoit du calorique, et quand il est appliqué à un corps froid il perd de son propre calorique ; et cette communication continue jusqu'à ce que le thermomètre et le corps arrivent à la même température.

Gustave. — Le froid n'est donc qu'une qualité négative, qui implique seulement l'absence de la chaleur?

Mme de Beaumont. — Non pas l'absence totale de la chaleur, mais la diminution de cette qualité ; car on ne connaît aucun corps dans lequel on ne puisse découvrir du calorique.

CAROLINE. — Mais quand je pose ma main sur cette table de marbre, je la sens positivement froide et ne puis concevoir qu'il y ait en elle le moindre calorique.

Mme DE BEAUMONT. — Le froid que vous sentez vient de la perte de calorique éprouvée par votre main quand cet agent cherche à se mettre en équilibre dans les deux corps en contact. Si vous mettiez sur ce même marbre un morceau de glace, vous verriez un effet tout contraire, la glace fondrait par la chaleur quelle tirerait du marbre.

CAROLINE. — Ne serait-ce pas en ce cas l'air de la chambre qui, bien plus chaud que le marbre, fondrait la glace ?

Mme DE BEAUMONT. — L'air agit très certainement sur la surface qui s'y trouve exposée ; mais la table fait fondre la partie avec laquelle elle est en contact.

CAROLINE. — Mais pourquoi le calorique a-t-il cette tendance à se mettre en équilibre ? Ce ne peut-être d'après le même principe que les autres fluides, puisqu'il n'a point de poids.

Mme DE BEAUMONT. — Cela est vrai, Caroline ; votre remarque est excellente. Vous pourriez aussi avec quelque raison m'objecter que le mot *équilibre* est mal appliqué à un corps sans poids ; mais je ne connais aucune expression qui explique aussi bien l'idée que je désire vous faire entendre. Vous devez donc la pren-

dre plutôt dans un sens figuré que littéral. Sa propre
signification en ce cas est *égale diffusion*. Nous ne pouvons en effet dire précisément par quel pouvoir le calorique se distribue ainsi également, quoiqu'il ne soit
point surprenant qu'il passe des parties qui en ont plus
à celles qui en ont moins. Ce sujet est expliqué de
la manière la plus satisfaisante par une théorie du
professeur Prévost de Genève, qui est, je crois, maintenant généralement adoptée.

Suivant cette théorie, le calorique est composé de
molécules parfaitement séparées les unes des autres,
et dont chacune se meut avec une extrême vélocité
dans une certaine direction. Les directions varient autant qu'on peut se l'imaginer, et il en résulte qu'il
existe des rayons ou lignes de ces molécules dans toutes les parties de l'espace. Le calorique est ainsi universellement dispersé, ensorte que, lorsqu'il arrive
qu'une partie de l'espace se trouve dans le voisinage
d'une autre partie plus chargée qu'elle de ce principe,
la partie la plus froide reçoit de l'autre une quantité de
rayons calorifiques suffisante pour établir l'équilibre
dans leurs températures respectives. Ce rayonnement
a lieu non-seulement dans le libre espace, mais il s'é-
tend aussi à des corps de toutes sortes. Ainsi, l'on
suppose que tous les corps émettant constamment
des rayons calorifiques, ceux qui sont de la même
température en donnent et en absorbent des quantités
égales; et, quand un corps possède plus de libre
calorique qu'un autre, l'échange est à l'avantage du
plus froid, jusqu'à ce que l'équilibre soit établi : c'est

ce qui est arrivé, et quand le marbre a refroidi votre main, et quand il a fait fondre la glace.

CAROLINE. — Cette émission réciproque de rayons me surprend extrêmement. Je pensais, d'après ce que vous nous aviez dit précédemment, que les corps les plus chauds émettaient seuls des rayons de calorique, qui étaient absorbés par les plus froids; car il semble peu naturel qu'un corps chaud reçoive du calorique d'un corps froid, quand même le premier devrait en renvoyer une quantité plus considérable.

Mme DE BEAUMONT. — On en juge ainsi au premier abord; cependant cela n'est pas plus extraordinaire que le phénomène d'une chandelle, qui envoie des rayons de lumière au soleil; et vous ne doutez pas de ce dernier fait.

CAROLINE. — Bien, maman, je vois qu'il faut que j'abandonne ce point. Mais je voudrais seulement voir ces rayons de calorique, j'aurais alors une plus grande foi en eux.

Mme DE BEAUMONT. — Ne voulez-vous vous fier à aucun sens, hors à celui de la vue? Vous pouvez sentir les rayons de calorique, que vous recevez de tous les corps d'une température plus élevée que la vôtre; la perte de calorique, éprouvée par vous en retour, est, il est vrai, imperceptible, parce que gagnant plus que vous ne perdez, au lieu de souffrir une diminution, vous faites une acquisition de calorique : ce n'est donc que dans le cas où vous perdez du calorique, en le donnant à un corps d'une température plus basse que vous pouvez ressentir la sensation du froid;

parce que vous éprouvez alors une perte absolue de calorique.

GUSTAVE. — Et dans ce cas là nous ne pouvons nous apercevoir de la petite quantité de chaleur que nous recevons en échange du corps plus froid, parce qu'elle sert seulement à diminuer la perte.

Mme DE BEAUMONT. — Fort bien Gustave. Le professeur Pictet de Genève, a fait quelques expériences très intéressantes, qui prouvent non-seulement que tous les corps émettent des rayons de calorique ; mais que ces rayons peuvent être réfléchis selon les lois de l'optique, de même que ceux de lumière. Je répéterai ces expériences devant vous. J'ai préparé des miroirs à cet effet ; et cela nous donnera l'occasion de nous servir du thermomètre différentiel, qui est particulièrement bien adapté à ces expériences. Je place au foyer de ce grand miroir métallique concave (pl. 3, fig. 1.), un boulet defonte de deux pouces environ de diamètre, chauffée à un degré non suffisant pour le rendre lumineux. Les rayons de chaleur qui tombent sur ce miroir sont réfléchis, suivant la propriété des miroirs concaves, dans une direction parallèle, de manière à tomber sur un autre miroir semblable, placé en face du premier, à la distance de dix pieds ; delà, les rayons convergent au foyer du second miroir, dans lequel je place une des boules de ce thermomètre. Observez maintenant de quelle manière il est affecté par le calorique, réfléchi sur lui par le boulet. L'air se dilate dans la boule placée dans le foyer du miroir, et la liqueur monte considérablement dans la tige opposée.

Gustave. — Mais le même effet n'aurait-il pas lieu, si les rayons de calorique du boulet tombaient directement sur le thermomètre, sans le secours des miroirs?

Mme de Beaumont. — L'effet serait en ce cas si insignifiant à la distance ou le boulet et le thermomètre se trouvent l'un de l'autre, qu'il serait presque imperceptible. Vous savez que les miroirs accroissent beaucoup l'effet en rassemblant en un foyer une grande quantité de rayons; mettez votre main dans le foyer d'un miroir, vous trouverez là bien plus de chaleur qu'en la posant plus près du boulet.

Gustave. — Cela est très vrai. Il paraît extrêmement singulier de sentir la chaleur diminuer en approchant du corps qui l'envoie.

Caroline. — Et le miroir qui produit tant de chaleur en convergeant les rayons, est lui-même tout-à-fait froid.

Mme de Beaumont. — Le même nombre de rayons qui sont dispersés sur la surface du miroir, sont rassemblés par lui dans le foyer; et si vous considérez combien cette surface est grande comparée au foyer, conséquemment combien les rayons y sont plus éloignés l'un de l'autre, je pense que vous ne serez plus surprise que le foyer soit beaucoup plus chaud que le miroir.

Le principal usage des miroirs dans cette expérience est de prouver que les émanations calorifiques se réfléchissent de la même manière que la lumière.

Caroline. — Et le résultat est, je pense, très concluant.

Mme DE BEAUMONT. — L'expérience peut être répétée avec une bougie au lieu du boulet, afin de séparer la lumière du calorique. Pour cet effet, un plateau de verre transparent est interposé entre les miroirs ; parce que la lumière passe comme vous savez, très facilement à travers le verre, tandis que la transmission du calorique est presque totalement interceptée par cette substance. Nous trouverons cependant que quelques rayons de calorique passent avec la lumière, puisque le thermomètre s'élèvera un peu : mais aussitôt que le plateau de verre sera enlevé, et laissera un libre passage au calorique, le thermomètre montera beaucoup plus haut.

GUSTAVE. — Cette expérience, aussi bien que celle d'Herschell, prouve que la lumière et la chaleur peuvent être séparées ; et leur séparation n'est pas plus parfaite dans la dernière que dans celle de M. Pictet.

CAROLINE. — Je serais curieuse de répéter cette expérience, en mettant un boulet froid à la place d'un chaud, pour voir si le froid ne pourrait pas se réfléchir aussi bien que la chaleur.

Mme DE BEAUMONT. — Cette expérience a été proposée à M. Pictet, par un savant, incrédule comme vous, et elle fut immédiatement essayée, en substituant un morceau de glace au boulet.

CAROLINE. — Eh bien ! quel fut le résultat ?

Mme DE BEAUMONT. — Nous le verrons à l'instant ; je me suis procuré de la glace à cet effet.

GUSTAVE. — Le thermomètre baisse considérablement.

Caroline. — Cela n'est-il pas une preuve que le froid n'est pas une qualité purement négative, impliquant simplement un degré inférieur de chaleur? Le froid est positif sans doute, puisqu'il est capable d'être réfléchi.

Mme de Beaumont.—M. Pictet en jugea ainsi au premier abord; mais, sur plus ample considération, il trouva que cela fournissait seulement une preuve de plus de la réflexion de la chaleur : c'est ce que je vais tâcher de vous expliquer.

Suivant la théorie de M. Prévost, on suppose que tous les corps émettent des rayons de calorique; or, le thermomètre dont on se sert pour ces expériences, doit émettre des rayons de même que toute autre substance; et quand sa température est en équilibre avec celle des corps environnants, comme il rend autant de rayons qu'il en reçoit, aucun changement n'est produit; mais quand un corps d'une moins haute température est introduit, comme ce dernier envoie moins de calorique qu'il n'en reçoit, sa température s'élève, et celle des corps environnants baisse en proportion.

Gustave. — Par exemple, si j'apportais un grand morceau de glace dans cette chambre, la glace fondrait au bout d'un certain temps, en absorbant le calorique du rayonnement général qui a lieu dans la chambre; et comme elle enverrait peu de calorique en retour de celui qu'elle aurait reçu, la chambre serait nécessairement refroidie.

Mme de Beaumont.—C'est justement cela : et comme, en conséquence des miroirs, un plus grand échange

5

de rayons a lieu entre la glace et le thermomètre qu'entre ces miroirs et les autres corps environnants, la
température du thermomètre doit être plus abaissée
que celle d'aucun des autres objets adjacents.

CAROLINE. — J'avoue que je ne comprends pas très
bien votre explication.

Mme DE BEAUMONT. — Cette expérience est exactement
semblable à celle du boulet : seulement le thermomètre
tient sa place ; car il a le même degré de chaleur, relativement à la glace, que le boulet relativement aux autres corps, et c'est par la perte des rayons calorifiques
lancés par lui à la glace, et non par des rayons froids
qu'il en recevrait, que l'abaissement de sa température
est occasionné. La glace, loin d'émettre des rayons de
froid, envoie des rayons de calorique, lesquels dimi-
nuent la perte soufferte par le thermomètre.

Par exemple, si la radiation du thermomètre vers
la glace est égale à 20°, et celle de la glace vers le thermomètre à 10, l'échange en faveur de la glace est
comme 20 à 10, ou bien le thermomètre perd 10,
tandis que la glace gagne 10.

CAROLINE. — Mais si la glace envoie réellement des
rayons de calorique au thermomètre, ne doit-il pas
tomber encore plus bas quand la glace est retirée ?

Mme DE BEAUMONT. — Non ; parce que l'espace occupé par la glace admet des rayons de tous les corps
environnants par lesquels il est traversé ; et ces corps
étant de la même température que le thermomètre, ne
peuvent l'affecter, puisqu'ils lui renvoient autant de
chaleur qu'ils en reçoivent.

CAROLINE. — Il faut avouer que vous expliquez cela d'une manière satisfaisante, et je suis maintenant convaincue que le froid n'a aucun titre pour être compté parmi les êtres positifs.

Mme DE BEAUMONT. — Avant de terminer le sujet du rayonnement du calorique, je vous ferai observer que les différents corps, ou plutôt les différentes surfaces, n'ont pas à un égal degré le pouvoir d'émettre des rayons de calorique.

M. Leslie a fait des expériences fort curieuses sur ce sujet, pour lequel il inventa le thermomètre différentiel. A l'aide de cet instrument il a observé que les surfaces qui ont la radiation la plus abondante, sont les noires, puis celles de verre; et que les surfaces polies ont le pouvoir émissif le plus faible.

GUSTAVE. — En supposant que toutes soient à la même température ?

Mme DE BEAUMONT. — Sans aucun doute. Je vais maintenant vous montrer le simple et très ingénieux appareil avec lequel il a fait ces expériences. Cette boîte d'étain, en forme de cube, a chacune de ses faces extérieurement couverte de différents matériaux : l'une est seulement noircie, la suivante est couverte de papier blanc, la troisième d'un panneau de verre, et la surface d'étain poli reste à découvert pour la quatrième. Nous allons remplir ce vase d'eau assez chaude pour que nous ne puissions douter que tous ses côtés soient à la même température. Présentement mettons la boîte dans le foyer d'un des miroirs, en plaçant successive-

ment chacun des côtés en face de l'autre miroir : commençons par la surface noire.

CAROLINE. — Le thermomètre qui est dans le foyer de
l'autre miroir s'élève rapidement. Tournons la surface
couverte de papier vers le miroir. Le thermomètre
descend un peu, il faut donc que cette surface émette
moins de rayons calorifiques.

GUSTAVE. — Cela est tout-à-fait surprenant; car les
côtés sont exactement semblables en grandeur, et doivent être à la même température. Mais faisons à présent l'épreuve de la surface de verre.

Mme DE BEAUMONT. — Vous voyez que le thermomètre continue à descendre : ces deux surfaces émettent donc moins de rayons que la première, et la
troisième en envoie moins que la précédente.

CAROLINE. — Je crois en avoir trouvé la raison.

Mme DE BEAUMONT. — Je serai bien aise de l'entendre; d'autant plus que cet effet, du moins à ma
connaissance, n'a pas encore été expliqué.

CAROLINE. — L'eau contenue dans la boîte se refroidit par degrés, et cela cause l'abaissement du
thermomètre.

Mme DE BEAUMONT. — Il est vrai que l'eau se refroidit,
mais certainement dans une proportion beaucoup
moins grande que celle de l'abaissement du thermomètre, comme vous pouvez vous en apercevoir si vous
remettez la surface noire à la place de celle d'étain.

CAROLINE. — J'étais dans l'erreur assurément; car
le thermomètre s'élève encore, maintenant que la surface noire est en face du miroir.

Mme DE BEAUMONT.— Et cependant l'eau du vase se refroidit toujours.

GUSTAVE. — Je m'étonne que la surface d'étain soit celle qui renvoie le moins de calorique : car un vase de métal, une théière d'argent, par exemple, parait bien plus chaude au toucher qu'une théière de terre brune.

Mme DE BEAUMONT. — Cela tient à la puissance de conduire, de pousser au dehors le calorique, puissance qui diffère dans les divers corps, et que nous allons examiner tout à l'heure. Ainsi, quoique un vase de métal paraisse plus chaud à la main, il est reconnu qu'il conserve la chaleur du liquide qu'il renferme, mieux qu'un vase formé de toute autre matière. C'est par cette raison que dans les théières d'argent on fait le thé meilleur, que dans celles de terre ou de porcelaine.

GUSTAVE. — D'après ces expériences, il paraîtrait que des habits de couleurs claires seraient plus pro-pres à nous tenir chauds en hiver, que les vêtements noirs, puisque ces derniers ont un rayonnement de calorique si supérieur à celui des premiers.

Mme DE BEAUMONT.— Et cela est en effet comme vous le dites.

GUSTAVE. — Cette propriété que différentes surfaces ont d'émettre les rayons calorifiques à divers degrés, me semble en contradiction avec l'équilibre du calorique; puisque cela implique ce me semble, que les corps qui renvoient le plus de rayons doivent finir par devenir les plus froids.

5*

Supposons que, pour varier l'expérience nous eussions deux vases métalliques pleins d'eau bouillante, l'un noirci, l'autre non, le noir ne refroidirait-il pas le premier?

Mme DE BEAUMONT. — Sans doute : mais quand l'un et l'autre seraient remis à la température de la chambre, l'échange de calorique entre ces vases et les autres corps étant alors égal, leur température resterait la même.

GUSTAVE. — Je ne conçois pas comment cela pourrait être ainsi; car si différentes surfaces renvoient différentes quantités de rayons calorifiques, pourquoi ne continueraient-elles pas à faire de même quand elles seraient retombées à la température de la chambre?

Mme DE BEAUMONT. — Vous avez élevé une difficulté, Gustave, pour laquelle il faut nécessairement une explication. Les expériences démontrent que la puissance d'absorption répond et se proportionne à celle de rayonnement; en sorte que, sous une égale température les corps compensent ce qu'ils perdent par un plus grand rayonnement, par ce que leur fait gagner une plus grande capacité d'absorption. Si vous faisiez votre expérience dans une atmosphère échauffée au même degré que l'eau renfermée dans les deux boîtes, quoique leur rayonnement ne fût pas égal, elles ne changeraient point de température, parce que chacune absorberait du calorique en proportion de celui qu'elle lancerait.

GUSTAVE. — Mais les boîtes remplies d'eau bouillante n'absorberaient-elles pas le calorique à différents degrés dans une chambre d'une température commune ?

Mme DE BEAUMONT. — Oui, sans doute. Mais les autres corps contenus dans la chambre ne pourraient à une température plus basse fournir aux boîtes une quantité de calorique suffisante pour compenser ce qu'elles en perdraient ; car, en supposant que la boîte noire absorbât 400 rayons de calorique et celle de la couleur du métal seulement 200, si la première émet 800 rayons et la seconde 400, la boîte noire tombera avant l'autre à la température de la chambre. Aussitôt, cependant, que l'équilibre serait rétabli, la boîte noire recevant et donnant 400 rayons, et celle de simple métal 200, aucun changement de température n'aurait lieu entre elles.

GUSTAVE. — A présent, je comprends très bien. Mais que devient le surplus de calorique émis par les corps bons radiateurs, et que les mauvais radiateurs refusent de recevoir ; il doit errer de toutes parts *cherchant un lieu de repos?*

Mme DE BEAUMONT. — C'est ce qu'il fait réellement : car ses rayons surabondants sont rejetés, repoussés, en d'autres termes, *réfléchis* par les corps mauvais radiateurs de caloriques ; et ils sont ainsi transmis à d'autres corps qui se trouvent sur leur chemin, et par lesquels ils sont ou absorbés ou réfléchis de nouveau, suivant que la propriété, soit d'absorber, soit de réfléchir, prédomine dans ces corps.

CAROLINE. — Je n'entends pas bien la différence entre le rayonnement et la réflexion du calorique; car le calorique réfléchi par un corps en émane en droite ligne; on peut donc dire que c'est un rayonnement.

Mme DE BEAUMONT. — Il est vrai qu'au premier aperçu, on trouve une grande analogie entre le *rayonnement* et la *réflexion*, en tant que l'une et l'autre impliquent l'idée de transmission de calorique.

Toutefois, si vous considérez la chose de plus près, vous verrez que dans un corps rayonnant, le calorique émis procède non-seulement de lui, mais encore qu'il a son origine en lui; tandis que le corps réfléchissant ne se sépare d'aucune parcelle de son calorique, et renvoie simplement celui qu'il a reçu d'autres corps.

GUSTAVE. — Nous avons sous les yeux des exemples frappants de cette différence, dans la boîte d'étain et les miroirs concaves : la première émet des rayons de son propre calorique; les seconds réfléchissent ceux qu'ils reçoivent des autres corps.

CAROLINE. — Maintenant que je comprends cette différence, je ne m'étonne plus que les corps qui ont une plus grande puissance de rayonnement, ou qui se séparent plus facilement de leur calorique, ne puissent transmettre avec une égale facilité celui qu'ils reçoivent des autres corps.

GUSTAVE.—Cependant on ne peut dire que des corps possèdent du calorique qui leur soit propre, si tout calorique dérive originairement du soleil.

Mme DE BEAUMONT. — Quand je dis qu'un corps émet des rayons de son propre calorique, j'entends celui qu'il a absorbé, qu'il s'est incorporé, en le tirant soit directement des rayons du soleil, soit par l'intermédiaire d'autres substances.

CAROLINE.—Il me semble assez naturel que la puissance d'absorption soit en opposition avec celle de réflexion; car plus le corps admet de calorique, moins il en rejette.

GUSTAVE. — Et aussi que la puissance de rayonnement corresponde à celle d'absorption. C'est réellement cause et effet : car le corps ne peut émettre des rayons de chaleur sans les avoir primitivement absorbés; de même qu'un jet d'eau bien alimenté coule abondamment.

Mme DE BEAUMONT. — Les fluides sont en général mauvais radiateurs de calorique, et l'air n'a aucune radiation ni aucune absorption sensible de cet agent.

Nous n'avons pas encore terminé nos observations sur le libre calorique; mais je renvoie le reste à notre prochaine entrevue, et je crois que cela nous fournira un ample sujet d'entretien.

TROISIÈME ENTRETIEN.

CONTINUATION DU MÊME SUJET.

Différents pouvoirs des corps pour conduire le calorique. —
Théorie pour expliquer ce pouvoir. — Opinion de Rumford sur la non-capacité des fluides comme conducteurs
du calorique. — Phénomène de l'ébullition.   De la solution en général. — Pouvoir dissolvant de l'eau. — Différence entre la solution et la mixtion. — Pouvoir dissolvant
du calorique. — Des nuages, de la pluie, théorie de Wells
sur la rosée, l'évaporation, etc. — Influence de la pression
atmosphérique sur l'évaporation. — Ignition.

Mme DE BEAUMONT. — Dans notre dernière conversation, nous avons commencé par examiner la tendance du calorique rayonnant à mettre la température
en équilibre. Cette propriété, une fois bien entendue,
explique beaucoup de faits auparavant incompréhen-
sibles. Remarquez, en premier lieu, que l'effet de cette
tendance est de pousser graduellement à la même température tous les corps qui sont en contact. Ainsi le
feu qui brûle dans cette cheminée communique sa chaleur d'un objet à l'autre, jusqu'à ce que toutes les
parties de la chambre en aient une égale proportion.

GUSTAVE. — Et cependant ce livre n'est pas aussi

roid que la table sur laquelle il est posé, quoique tous eux soient à une égale distance du feu, et en contact un avec l'autre; en sorte que, suivant votre théorie, ils devraient être à la même température.

CAROLINE. — Et le marbre devant la cheminée, qui est beaucoup plus près du feu que le tapis, est assurément le plus froid des deux.

Mme DE BEAUMONT. — Si vous cherchez à reconnaître l'exacte température de ces divers corps, par le moyen du thermomètre, ce qui est une bien plus sûre épreuve que celle de votre attouchement, vous verrez qu'il n'y a pas la moindre différence entre eux à cet égard.

CAROLINE. — Mais s'ils sont à la même température, pourquoi l'un parait-il plus froid que l'autre au toucher?

Mme DE BEAUMONT. — Le devant de cheminée et la table paraissent plus froids que le livre et le tapis, parce que les derniers ne sont pas aussi bons *conducteurs de calorique* que les premiers. Le calorique traverse plus aisément le marbre et le bois, que le cuir et la laine; les deux premières substances doivent donc absorber plus rapidement la chaleur de votre main, conséquemment produire une sensation de froid plus intense que les deux dernières, quoique toutes soient réellement à la même température.

CAROLINE. — Alors la sensation que j'éprouve, en touchant un corps froid, est proportionnée à la rapidité avec laquelle ma main cède son calorique à ce corps.

Mme DE BEAUMONT. — Précisément ; et si vous portez successivement la main sur tous les objets qui son dans la chambre, vous découvrirez lesquels sont bons ou mauvais conducteurs de calorique, par les différents degrés de froid que vous éprouverez. Mais, pour bien constater ce point, il est nécessaire que les diverses substances soient à la même température, ce qui ne peut être à l'égard de celles qui sont exposées à un courant d'air froid, ou bien très près du feu.

GUSTAVE. — Mais quelle est la raison pour laquelle certains corps sont plus mauvais conducteurs du calorique que d'autres ?

Mme DE BEAUMONT. — C'est un point qui n'est pas encore bien éclairci. On a conjecturé qu'une certaine union ou adhérence a lieu entre le calorique et les particules du corps dans lequel il passe. Si cette adhérence est forte, le corps retient la chaleur et la transmet lentement et difficilement ; si elle est légère, le corps propage la chaleur librement et rapidement. Le pouvoir conducteur des corps est donc en raison inverse de leur tendance à s'unir au calorique.

GUSTAVE. — C'est-à-dire que les meilleurs conducteurs sont ceux qui ont le moins d'affinité pour le calorique.

Mme DE BEAUMONT. — Oui ; mais le mot affinité est sujet à objection en ce cas, parce que l'on se sert de ce mot pour exprimer l'attraction chimique, (qui ne peut être détruite que par la décomposition) et qu'il est impropre de l'appliquer à l'union passagère et légère qui a lieu entre le libre calorique et les corps à

travers lesquels il passe; union si faible qu'elle cède
constamment à la tendance du calorique à l'équilibre.
Maintenant vous entendez clairement que le passage
du calorique à travers les corps qui sont bons conducteurs, est plus rapide qu'à travers les mauvais
conducteurs, et que les premiers le cédant et le recevant plus aisément (conséquemment en plus grande
abondance en un temps donné) que les mauvais conducteurs, les uns paraissent plus froids ou plus chauds
que les autres au toucher, quoique tous puissent avoir
la même température.

CAROLINE. — Oui, j'entends fort bien cela maintenant. La table, et le livre qui est sur elle, étant réellement de même température, recevraient de ma main et
lui rendraient la même proportion de chaleur, si l'une
et l'autre avaient le même pouvoir conducteur ; mais,
comme la table en possède un plus grand que le livre,
elle absorbe la chaleur de ma main plus rapidement ,
et conséquemment produit une plus forte sensation de
froid.

Mme DE BEAUMONT. — Fort bien, ma chère; et observez encore que si vous échauffez et la table et le
livre à un degré fort au-dessus de la température de
votre corps, la table, qui dans le cas précédent paraissait la plus froide des deux, sera alors la plus chaude ;
car, de même qu'elle prenait le calorique de votre main
avec plus de rapidité dans le premier exemple, elle le
cède avec une égale rapidité dans le second. Ainsi la
table de marbre que nous sentons plus froide qu'une
table d'acajou, sera plus chaude que celle-ci par rap-

port à un morceau de glace dont la température est
au-dessous de celle de ces deux objets. Concevez-vous
la raison de ses effets opposés?

GUSTAVE. — Parfaitement. Un corps, s'il est bon
conducteur de calorique, le reçoit et le renvoie facilement, par conséquent il prend plus de calorique à
un corps d'une température au-dessous de la sienne,
mis en contact avec lui, et en cède davantage à un corps
d'une température plus haute que ne pourrait le faire
une substance dont la puissance conductrice serait
moindre. Ainsi, en touchant un corps de cette espèce,
on reçoit plus de chaleur s'il est plus chaud que notre
propre corps; et on en perd plus s'il est plus froid,
qu'en touchant un corps de la même température,
mais mauvais conducteur.

Mme DE BEAUMONT. — Il faut observer de plus que
cela arrive ainsi, seulement quand les conducteurs
sont ou plus chauds ou plus froids que votre main;
car si vous mettez différents conducteurs à la température de votre corps, vous les sentirez d'une égale chaleur, puisque l'échange de calorique entre les corps
de la même température est égal. Pourriez-vous maintenant me dire pourquoi la flanelle, qui est un très
mauvais conducteur de calorique nous empêche de
sentir le froid?

CAROLINE. — Elle empêche le froid de pénétrer.....

Mme DE BEAUMONT. — Mais vous oubliez que le froid
n'est qu'une qualité négative.

CAROLINE. — Il est vrai: cette substance empêche
donc seulement la chaleur de s'échapper de nos corps

aussi rapidement qu'elle pourrait le faire sans son interposition.

Mme DE BEAUMONT. — A présent, vous expliquez très bien la chose. La flanelle conserve plutôt la chaleur qu'elle ne garantit du froid. Si l'atmosphère était d'une température plus élevée que nos corps, cette même substance serait également efficace pour les maintenir à leur degré, en s'opposant au libre accès du calorique extérieur, comme mauvais conducteur de cet agent.

GUSTAVE. — Cela me paraît très clair. La chaleur, soit intérieure soit extérieure, passe difficilement à travers la flanelle : ainsi donc, elle nous tient chaud dans un temps froid, et nous tiendrait frais si l'air était plus chaud que notre corps.

Mme DE BEAUMONT. — En général, les corps les plus denses sont les meilleurs conducteurs du calorique; probablement parce que plus un corps a de densité, plus le nombre de points ou de particules qui se trouvent en contact avec le calorique, est grand. A la température ordinaire de l'atmosphère, une pièce de métal paraîtra beaucoup plus froide qu'un morceau de bois, celui-ci le paraîtra plus qu'un morceau de drap, et ce dernier plus que de la flanelle; enfin le duvet, l'un des corps solides les plus légers est en même temps l'un des plus chauds.

CAROLINE. — C'est là je pense la raison pour laquelle les plumes des oiseaux les garantissent si bien de l'influence du froid en hiver.

Mme DE BEAUMONT. — Oui; et le duvet est une sorte de plumage particulier aux oiseaux aquatiques, et qui

couvre sur-tout leur poitrine, la partie la plus exposée
à l'eau ; car, bien que la surface de l'eau ne soit pas
à une température plus basse que l'atmosphère, comme
elle est meilleur conducteur du calorique, elle paraît
plus froide, et la poitrine de l'oiseau a besoin de cette
couverture dont la nature l'a pourvu.

De plus, la poitrine des oiseaux aquatiques est exposée
au froid, et par la vélocité avec laquelle elle frappe
contre l'eau, et par l'évaporation rapide occasionée
dans cette partie, par l'air qui la frappe après avoir été
mouillée en plongeant de temps en temps dans l'eau.

Si vous tenez un de vos doigts immobiles dans un
vase d'eau, et que vous agitiez en même temps un
doigt de l'autre main dans de l'eau à la même température, vous apercevrez bientôt une différente sensation dans vos deux doigts.

La plupart des substances animales, spécialement
celles que la Providence a destinées à couvrir les animaux, comme les poils, la laine, la peau, etc.,
sont mauvais conducteurs de calorique, et par cette
raison excellents préservatifs contre le froid : aussi ces
matériaux composent nos meilleurs vêtements d'hiver.

Gustave. — Le bois est, je pense, plus mauvais
conducteur de calorique que le métal ; et c'est sans
doute à cause de cela que les cafetières d'argent ont
toujours des manches de bois?

Mme de Beaumont. — Oui ; et c'est la facilité avec
laquelle les métaux conduisent le calorique qui vous a
fait supposer qu'un vase d'argent envoie plus de rayons
calorifiques qu'un vase de terre. Le vase d'argent est en

effet plus chaud à la main ; mais c'est parce que son pouvoir conducteur fait plus que contrebalancer ce qui lui manque à l'égard du rayonnement.

On a observé que les corps les plus denses sont en général les meilleurs conducteurs ; et vous savez que les métaux sont de cette classe. Les corps poreux, tels que les terres et les bois, sont mauvais conducteurs, peut-être à cause de l'air qui remplit leurs pores ; car l'air est extrêmement mauvais conducteur.

CAROLINE. — Et cela est fort heureux ; puisque la chaleur des corps exposés à l'air froid est ainsi conservée.

Mme DE BEAUMONT. — C'est là une des nombreuses dispensations bienfaisantes de la Providence pour adoucir la rigueur des saisons, et rendre tous les climats habitables pour l'homme.

Dans les fluides de consistance différente, la puissance de conduire le calorique, varie à un degré non moins remarquable. Si vous plongez la main dans ce vase plein de mercure, vous aurez peine à concevoir que sa température ne soit pas plus basse que celle de l'atmosphère.

CAROLINE. — Effectivement, j'ai peine à croire cela ; ce liquide me paraît si excessivement froid. — Mais nous pouvons aisément nous assurer de sa température véritable par le thermomètre. — Il n'est réellement pas plus froid que l'atmosphère ; la différence apparente est donc produite par les diverses capacités pour conduire la chaleur que possèdent le mercure et l'air.

Mme DE BEAUMONT. — Oui : et vous pouvez juger

par là du peu de foi que l'on doit avoir au témoignage du toucher à l'égard de la température des corps ; et de la nécessité du thermomètre pour déterminer ce point.

Il n'est pas encore bien certain que les fluides aient le pouvoir de conduire le calorique de la même manière que les corps solides. Le comte Rumford, il y a quelques années, a tenté de prouver, par diverses expériences, que les fluides, quand ils sont en repos, ne possèdent nullement cette propriété.

CAROLINE. — Comment cela pourrait-il être, puisqu'ils sont capables de nous communiquer de la chaleur ou du froid ; car, s'ils n'étaient pas conducteurs de calorique, ils ne pourraient ni en prendre ni en donner.

Mme DE BEAUMONT. — Le comte Rumford ne veut pas dire que les fluides ne communiquent pas leur chaleur aux corps solides, mais seulement que la chaleur ne pénètre pas les fluides, c'est-à-dire qu'elle n'est pas transmise d'une molécule d'un fluide à une autre de la même manière que dans les corps solides.

GUSTAVE. — Mais, lorsque vous échauffez un vaisseau rempli d'eau, si les molécules de l'eau ne se communiquent pas la chaleur l'une à l'autre, comment toute l'eau devient elle chaude ?

Mme DE BEAUMONT. — Par la continuité d'agitation. L'eau, comme vous l'avez observé, s'étend par la chaleur comme les corps solides ; les molécules de l'eau qui sont au fond du vase prennent donc une moindre pesanteur spécifique, et, se trouvant plus légères que le reste du liquide, montent à la surface, où en cédant quelques parties de leur chaleur à l'atmosphère plus froide, elles laissent leur place à une nouvelle suite de molécules, qui arrivent du fond ; et celles-ci sont à leur tour déplacées par d'autres. Ainsi, chaque molécule est alternativement échauffée par le feu au fond du vase, et refroidie par l'air extérieur à la surface du liquide ; mais, comme le feu communique plus rapidement la chaleur que l'atmosphère ne refroidit les surfaces successives, toute la liqueur finit par s'échauffer.

CAROLINE. — Cette explication rend compte d'une manière fort ingénieuse de la propagation de la chaleur du bas en haut. Mais supposons que l'on échauffât la partie supérieure d'un liquide, les molécules étant d'une pesanteur spécifique moindre que celles du reste de la liqueur au-dessous, ne pourraient pas descendre, comment donc la chaleur serait-elle communiquée en descendant?

Mme DE BEAUMONT. — Le comte Rumford assure que s'il n'y avait pas d'agitation pour forcer les molécules échauffées à descendre, la chaleur ne serait point communiquée dans le bas. Pour prouver cela, il a réussi à faire bouillir et évaporer la surface supérieure d'un vase d'eau, tandis qu'un morceau de glace restait au fond.

CAROLINE. — Cela est en effet bien extraordinaire!

Mme DE BEAUMONT. — Vous le trouvez ainsi, parce que nous ne sommes pas accoutumés à chauffer les liquides par leur surface supérieure : mais vous entendrez mieux cette théorie, si je vous montre le mouvement intérieur qui a lieu dans les liquides quand ils éprouvent un changement de température. Le mouvement du liquide lui-même est en effet imperceptible, en raison de l'extrême petitesse de ses molécules; mais si vous y mêlez quelque poudre colorée, à peu près de la même pesanteur spécifique, vous pourrez juger de sa commotion intérieure par celle de la poudre colorée qu'il contient. — Voyez-vous ces petits morceaux d'ambre se mouvoir dans le liquide que renferme cette fiole?

CAROLINE. — Oui, parfaitement.

Mme DE BEAUMONT.—Nous allons maintenant plonger la fiole dans un verre d'eau chaude, et le mouvement de ce liquide sera démontré par celui qu'il donnera à l'ambre.

GUSTAVE. — Je vois deux courants : l'un qui s'élève le long des parois de la fiole, l'autre qui descend dans le centre; mais je ne comprends pas la raison de cela.

Mme DE BEAUMONT. — L'eau chaude communique son calorique, par l'intermédiaire de la fiole, aux particules du fluide les plus proches du verre; celles-ci se dilatent, et montent latéralement à la surface, où perdant de leur chaleur elles sont condensées, et en redescendant forment le courant central.

CAROLINE. — C'est réellement une expérience très claire et très satisfaisante. Mais voyez à présent combien les courants ont un mouvement moins rapide qu'au commencement.

Mme DE BEAUMONT. — C'est parce que la circulation des molécules a presque produit un équilibre de température entre le liquide du verre et celui de la fiole.

CAROLINE. — Mais, ces liquides communiquent l'un avec l'autre latéralement, et je pensais que la chaleur dans les liquides ne se propageait que de bas en haut.

Mme DE BEAUMONT. — Mais vous ne prenez pas garde que la chaleur est communiquée d'un liquide à l'autre par l'intermédiaire de la fiole, dont la surface extérieure reçoit la chaleur de l'eau du verre, tandis que sa surface intérieure la transmet au liquide qu'elle contient. A présent, retirons la fiole de l'eau chaude, et observez les effets de son refroidissement.

GUSTAVE. — Les courants ont changé de direction, le courant extérieur descend, et le courant intérieur monte. — Je devine la raison de ce changement. La fiole étant en contact avec l'air froid au lieu de l'eau chaude, les molécules les plus proches d'elles sont réfroidies au lieu d'être échauffées; elles descendent donc, et forcent les molécules centrales, qui étant plus chaudes sont plus légères à remonter vers la surface.

Mme DE BEAUMONT. — C'est précisément cela. Le comte Rumford infère de là, qu'aucune altération de température n'a lieu dans un fluide sans une commotion intérieure de ses molécules, et, comme ce mouvement n'est produit que par la légèreté comparative des molécules échauffées, la chaleur ne peut être propagée de haut en bas.

Toutefois, quoique la théorie du comte Rumford, quant à l'incapacité de la chaleur pour pénétrer les fluides, ne me paraisse pas tout-à-fait juste, on ne

peut douter qu'il n'y ait beaucoup de vérité dans son
observation à l'égard de l'influence du mouvement des
molécules sur la propagation de la chaleur ; et cela explique très bien pourquoi le fond des lacs de la Suisse,
qui sont alimentés par des rivières sortant des neiges
des Alpes, est plus froid que leur surface. L'eau de ces
rivières étant plus froide, par conséquent plus dense
que celle des lacs, est poussée au fond, où elle ne peut
être affectée par la température plus douce de la surface. Le mouvement des vagues peut communiquer
cette température à une légère profondeur, mais non
pas plus loin que l'étendue de l'agitation.

GUSTAVE. — Mais, quand l'atmosphère est plus
froide que le lac, la surface de l'eau étant plus froide
descendra, par la même raison qu'elle ne peut le faire
quand elle est plus chaude.

Mme DE BEAUMONT. — Assurément ; et c'est pour
cela qu'un lac ou toute autre masse d'eau, ne peut geler avant que toutes les molécules qui le composent se
soient élevées à la surface, pour céder de leur calorique à l'atmosphère plus froide : ainsi donc plus une
masse d'eau est profonde, plus il faut de temps pour
qu'elle devienne glace.

GUSTAVE.—Mais si la température de la masse d'eau
tout entière est descendue au point de glace, pourquoi la surface seule est-elle congelée ?

Mme DE BEAUMONT. — La température de la masse
entière est descendue, mais non au point de glace.
Vous savez que la diminution de chaleur produit une
contraction dans les dimensions des fluides et des soli-

des. Mais cette contraction progressive ne continue dans l'eau que jusqu'à environ 3 degrés (Réaumur) au-dessous du point de glace. Au-dessous de ce point, l'eau acquiert plus de volume au lieu d'en perdre, effet dû à l'arrangement des molécules en cristaux pour prendre la forme de glaces. Alors l'eau ne se condensant plus à la surface, ne s'y renouvelle pas, et passe bientôt à l'état de congélation ; et, comme la glace est mauvais conducteur de calorique, l'eau qui se trouve au-dessous d'elle reste long-temps avant d'être affectée par le froid extérieur.

CAROLINE. —Et je suppose que la mer ne gèle point, parce que sa profondeur est si grande, que la gelée ne dure jamais assez long-temps pour faire descendre une telle masse aux degrés nécessaires?

M⁰ᵉ DE BEAUMONT. — C'est une des raisons pour lesquelles on suppose que la mer ne peut geler. Mais, indépendamment de·cela, l'eau salée fait exception aux lois ordinaires, et ne gèle qu'à plusieurs degrés au-dessous du point de glace. Quand le calorique de l'eau douce est emprisonné par la glace de sa surface, l'océan continue à lancer du calorique à l'atmosphère, ce qui paraît un bienfait insigne de la Providence, pour modérer l'intensité du froid en hiver.

CAROLINE. —Cette théorie de l'incapacité des fluides pour conduire la chaleur ne s'étend pas, je suppose, à l'air; autrement l'atmosphère ne pourrait être échauffé par les rayons du soleil qui le traversent?

Mᵐᵉ DE BEAUMONT. — Il n'est pas non plus échauffé

de cette manière. L'atmosphère pure est un milieu
parfaitement transparent, qui n'est susceptible, ni d'é-
mettre le calorique par rayonnement, ni de le conduire, ni de l'absorber, mais qui transmet seulement
les rayons du soleil sans rien diminuer de leur intensité. L'air n'est donc pas plus échauffé par les rayons
du soleil qui le traversent, que le diamant, le verre,
l'eau ou tout autre substance transparente.

CAROLINE. — Cela est tout-à-fait extraordinaire!
Cependant, les vitres ne sont-elles pas échauffées quand
le soleil a frappé sur elles?

Mme DE BEAUMONT. — Non, si le verre en est parfaitement transparent. La lentille ardente est une preuve
des plus convaincantes que le verre transmet les rayons
du soleil sans être échauffé, puisqu'en convergeant les
rayons à un foyer, elle peut brûler les corps combustibles sans que sa propre température soit élevée.

GUSTAVE. — Cependant, maman, si je tiens un
morceau de verre très près du feu, il sera presque immédiatement échauffé; il faut donc que le verre puisse
retenir quelques uns des rayons émis par le feu? serait-
ce les seuls rayons solaires qui auraient le privilège de
passer à travers le verre sans payer de tribut? Il semble
difficile d'expliquer pourquoi les rayons d'un feu commun pourrait faire ce qui n'est pas possible aux rayons
du soleil.

Mme DE BEAUMONT. — Ce n'est point parce que les
rayons du feu ont plus de pouvoir, mais plutôt parce
qu'ils en ont moins, qu'ils échauffent le verre et autres corps transparents. Toutefois il est bien vrai qu'en

approchant de la source de la chaleur, les rayons étant plus près l'un de l'autre, la chaleur peut être plus condensée, et produire des effets dont les rayons du soleil, vu la grande distance de leur source, sont incapables. Ainsi l'on ne peut faire cuire un morceau de viande au feu du soleil, tandis qu'à celui de la cuisine on peut le faire aisément. Cependant ce calorique émané des corps brûlants, qui est communément appelé *chaleur culinaire*, n'a ni l'intensité, ni la vélocité des rayons solaires. Tout calorique, comme nous l'avons dit, est censé procéder originairement du soleil; mais, après avoir été incorporé avec les corps terrestres et de nouveau émis par eux, quoique sa nature ne soit pas essentiellement altérée, il ne conserve ni l'intensité ni la vélocité avec laquelle il émanait primitivement de cet astre : il n'a donc plus le pouvoir de passer à travers les milieux transparents tels que le verre et l'eau, sans être partiellement retenu par ces corps.

Gustave. — Je me rappelle que dans l'expérience sur la réfraction de la chaleur, le plateau de verre que vous interposâtes entre la bougie allumée et le miroir arrêta les rayons de calorique, et ne laissa passer que ceux de lumière.

Caroline. — Alors, des carreaux de vitres, quoiqu'ils ne puissent être échauffés par le soleil qui les frappe, peuvent l'être intérieurement par la chaleur de la chambre? Mais, maman, puisque l'atmosphère n'est pas échauffée par les rayons solaires qui la traversent, comment gagne-t-elle de la chaleur? car tous les feux qui brûlent sur la surface de la terre ne pourraient contribuer que bien peu à l'échauffer.

GUSTAVE. — Le rayonnement de chaleur n'est pas borné aux corps brûlants; car vous savez que tous les corps ont cette propriété ; par conséquent, non-seulement toutes les choses qui couvrent la terre, mais la terre elle-même, émettent du calorique de cette manière : et ce calorique terrestre, n'ayant pas, je le suppose, le pouvoir de traverser l'atmosphère, lui communique sa chaleur.

Mme DE BEAUMONT. — Votre conclusion est parfaitement juste, Gustave; mais le principe sur lequel vous la fondez n'est pas exact. Le fait est que, la chaleur terrestre, quoiqu'elle ne puisse traverser sans perte un milieu d'une certaine densité, tel que du verre ou de l'eau, peut traverser complétement l'atmosphère; ensorte que toute la chaleur émise par le rayonnement de la terre, à moins qu'elle ne soit interceptée par quelque nuage ou autre corps étranger, va se perdre dans l'espace.

CAROLINE. — Quelle pitié, qu'une si grande quantité de calorique soit perdue!

Mme DE BEAUMONT. — Avant de vous permettre des objections contre une des lois de la nature, réfléchissez pour savoir si elle n'est point une des nombreuses dispensations de la Providence en notre faveur. Assurément si toute la chaleur que la terre a reçue du soleil depuis la création, s'était accumulée, sa température serait présentement trop élevée pour que le corps humain pût la supporter.

CAROLINE. — Je parlais en effet très inconsidéré-
ment. Mais, maman, quoique la terre, à une aussi
haute température, pût nous brûler les pieds, nous
aurions toujours un air frais à respirer, puisque le
rayonnement de la terre n'échauffe pas l'atmosphère.

GUSTAVE. — L'air frais ne pourrait contrebalancer
l'effet des rayons brûlants de la terre sur nos corps.

Mme DE BEAUMONT. — Nous ne pourrions pas non
plus respirer un air frais en ce cas ; parce que, bien
qu'il soit vrai que la chaleur ne se communique pas à
l'atmosphère par rayonnement, l'air est échauffé par le
contact des corps chauds, de la même manière que les
solides et les liquides. La couche d'air qui est en contact direct avec la terre, est échauffée par elle ; et, diminuant ainsi de pesanteur spécifique, s'élève et laisse
sa place à une autre couche d'air qui est à son tour
échauffée, et poussée en haut ; en sorte que chaque
couche d'air se trouve échauffée par le contact de la
terre. Vous pouvez remarquer cet effet dans un jour
très chaud. La couche d'air la plus voisine de la surface
de la terre paraît dans une continuelle agitation ; car
l'air, quoique invisible en lui-même, devient visible
par le moyen des vapeurs qu'il contient, sur lesquelles le soleil réfléchit sa lumière, et qui font l'effet de la
poussière d'ambre dans l'eau. La température de la
surface de la terre est donc la source de la chaleur de
l'atmosphère ; mais cette chaleur ne lui est communiquée, ni par rayonnement, ni d'une molécule à l'autre,
comme par la force conductrice ; et chaque molécule

d'air, pour être échauffée, doit se trouver en contact avec la terre.

GUSTAVE. — Alors le vent, en agitant l'air, pourrait contribuer à rafraîchir la terre et à réchauffer l'atmosphère, en donnant plus d'activité au déplacement des couches d'air ? cependant un temps orageux paraît plus froid qu'un temps calme.

Mme DE BEAUMONT. — Parce que l'agitation de l'air emporte la chaleur de la surface de notre corps beaucoup plus vite, en amenant un plus grand nombre de points en contact dans un temps donné.

GUSTAVE — Puisque c'est de la terre, et non du soleil que l'atmosphère reçoit sa chaleur, je ne m'étonne plus que les régions élevées soient plus froides que les plaines et les vallées. Ce fut toujours un sujet de surprise pour moi de voir, en montant une montagne et en s'approchant du soleil, l'air devenir plus froid au lieu de devenir plus chaud.

Mme DE BEAUMONT. — A la distance d'environ cent millions de milles qui nous sépare du soleil, un rapprochement de quelques mille pieds ne peut faire une différence sensible, tandis qu'elle est considérable par rapport à la chaleur que l'atmosphère tire de la terre.

CAROLINE. — Cependant, comme l'air chaud s'élève de la terre, et que l'air froid descend vers elle, j'aurais pensé que la chaleur se serait accumulée dans les hautes régions de l'atmosphère, et que l'air deviendrait plus chaud à mesure qu'on monterait.

Mme DE BEAUMONT. — Vous savez que l'atmosphère

perd de sa densité , par conséquent de son poids à mesure qu'il s'éloigne de la terre. L'air chaud ne peut
donc s'élever que jusqu'à la hauteur où il rencontre
des couches d'une densité égale à la sienne; et il ne
peut monter aux régions supérieures de l'atmosphère ,
tant que toutes les parties au-dessous n'ont pas été
préalablement échauffées. La durée de l'été, dans les
climats les plus chauds, n'est pas suffisante pour faire
fondre les neiges amoncelées pendant l'hiver sur les
sommets des hautes montagnes, quoique ces sommets
soient constamment exposés à la chaleur des rayons
du soleil; parce que leur élévation permet rarement
qu'ils soient enveloppés de nuages capables de retenir
cette chaleur.

GUSTAVE. — Ces explications sont très satisfaisantes;
mais permettez-moi de vous faire encore une question
concernant l'accroissement de légèreté des liquides
échauffés. Vous dites que, quand l'eau est exposée
au-dessus d'un feu, les molécules qui sont au fond du
vase montent aussitôt qu'elles sont échauffées en conséquence de leur légèreté spécifique : pourquoi le même
effet n'est-il pas continué quand l'eau bout, et se convertit en vapeur? et pourquoi la vapeur s'élève-t-elle
de la surface, et non du fond des liquides.

Mme DE BEAUMONT. — La vapeur s'élève du fond
quoiqu'elle paraisse s'élever de la surface du liquide.
Nous allons faire bouillir de l'eau dans ce flacon (Pl.
4., fig. 1) pour vous faire bien connaître le procédé
de l'ébullition. Vous verrez à travers le cristal, que
la vapeur montera du fond en forme de bulles. Nous

7*

nous servirons d'une lampe plus commode pour cette opération que le feu de la cheminée.

Gustave. — Je vois monter quelques bulles; et un grand nombre s'arrêtent sur les parois intérieures du flacon. L'eau commencerait-elle déjà à bouillir?

Mme de Beaumont. — Non; ce que vous voyez sont des bulles d'air qui étaient, soit en solution dans l'eau, soit attachées à l'intérieur du flacon, et qui étant raréfiées par la chaleur, montent à la surface.

Gustave. — Mais la chaleur qui raréfie l'air enfermé dans l'eau, devrait aussi raréfier l'eau; par conséquent, puisqu'il pouvait rester stationnaire dans l'eau, quand elle et lui étaient plus froids, il pourrait encore rester tel, quand ils sont l'un et l'autre réchauffés au même point.

Mme de Beaumont. — L'air étant beaucoup moins dense que l'eau, est plus aisément raréfié, le premier prend donc plus d'expansion, tandis que la dernière occupe à peu près le même espace. L'eau se dilate comparativement très peu, avant de passer à l'état de vapeur. Maintenant que l'eau commence à bouillir dans le flacon, voyez quelles larges bulles s'élèvent du fond.

Gustave. — Je les distingue parfaitement; mais je m'étonne qu'elles aient assez de puissance pour se frayer un passage à travers l'eau.

Caroline. — Vous savez qu'elles peuvent s'élever par leur légèreté spécifique.

Mme de Beaumont. — Vous avez raison, Caroline : mais la vapeur n'a pas, dans tous les liquides, lorsqu'elle arrive au degré de vaporisation , la puissance de surmonter la pression de la surface plus froide. Les métaux, par exemple, le mercure excepté, ne s'évaporent qu'à leur surface ; ainsi donc aucune vapeur ne peut s'en élever avant que le degré de chaleur nécessaire pour la former, ait gagné leur surface, c'est-à-dire jusqu'à ce que tout le métal liquéfié soit en état d'ébullition.

GUSTAVE. — J'ai remarqué que la vapeur, immédiatement au-dessus du jet d'unes théïère est moins visible que celle qui en est un peu plus éloignée ; cependant elle devrait être plus dense, lorsqu'elle vient de se former, que lorsqu'elle commence à se mêler avec l'air.

Mme DE BEAUMONT. — Quand la vapeur vient de se former, elle est assez parfaitement dissoute par le calorique pour être invisible. Pour vous faire comprendre cela, il faut que je vous donne quelques explications sur le procédé de la *solution*.

Il y a solution , quand un corps est fondu dans un fluide. Dans cette opération, le corps est divisé en si petites parties par le fluide, qu'il devient invisible en lui, et participe de sa nature. Mais, dans les solutions ordinaires, cet effet n'entraine aucune décomposition, le corps étant simplement divisé dans ses parties intégrantes par le fluide avec lequel il est mêlé.

CAROLINE. — C'est alors un moyen de détruire l'attraction d'agrégation ?

Mme DE BEAUMONT. — Sans doute. — Les deux principaux fluides dissolvants sont l'*eau* et le *calorique*. Vous avez pu observer que, lorsque vous faites fondre du sel dans de l'eau, celle-ci demeure aussi claire, aussi transparente qu'auparavant : néanmoins, quoique l'union apparente de ces deux corps paraisse si complète, elle n'est produite par aucune combinaison chimique; le sel et l'eau ne sont altérés ni l'un ni l'autre; et si vous les sépariez en faisant évaporer la dernière, vous retrouveriez le sel tel qu'il était avant.

GUSTAVE. — Je suppose que l'eau est le dissolvant des corps solides, et le calorique celui des liquides?

Mme DE BEAUMONT. — Et les liquides ne peuvent conséquemment être convertis en vapeur que par le calorique. Toutefois le pouvoir dissolvant de cet agent n'est point borné à cette classe de substances; un grand nombre de solides sont dissous par la chaleur : ainsi les métaux, qui sont insolubles dans l'eau, se dissolvent par une chaleur intense, passant d'abord à un état de fusion, ou se convertissant en liquide, puis se raréfiant en vapeur invisible; plusieurs autres corps, tels que les sels, les gommes, etc., cèdent à l'un et l'autre de ces dissolvants.

CAROLINE. — Et c'est sans doute pour cette raison que l'eau chaude peut dissoudre un corps beaucoup plus vite que l'eau froide?

Mme DE BEAUMONT. — Cela est vrai. Le calorique peut en effet être considéré comme participant à quelque degré à la solution d'un corps par l'eau, puisque l'eau, quelque basse que puisse être sa température, contient toujours plus ou moins de calorique.

GUSTAVE. — L'eau doit peut-être alors sa puissance dissolvante seulement au calorique renfermé en elle?

Mme DE BEAUMONT. —Ce serait, je pense, pousser trop loin la supposition. Je croirais plutôt que l'eau et le calorique unissent leurs efforts pour dissoudre un corps, et que la difficulté ou la facilité de cette opération dépendent, et du degré d'attraction d'agrégation qui doit être surmonté, et de l'arrangement des molécules plus ou moins aptes à être divisées ou pénétrées par le dissolvant.

GUSTAVE. — Mais tous les liquides n'ont-ils pas autant de pouvoir dissolvant que l'eau?

Mme DE BEAUMONT. — Le pouvoir dissolvant des autres liquides varie suivant leur nature et celle des substances soumises à leur action. La plupart de ces dissolvants diffèrent essentiellement de l'eau, en ce qu'ils ne séparent pas simplement les particules intégrantes des corps sur lesquels ils agissent, mais attaquent leurs principes constituants par la puissance d'attraction chimique, et produisent ainsi une véritable décomposition. Nous parlerons dans un autre moment de ces opérations plus compliquées, et nous ne nous occuperons, pour le présent, que des solutions par l'eau et le calorique.

CAROLINE. — Mais quantité de substances rendent l'eau trouble et épaisse, quand elles y sont dissoutes.

Mme DE BEAUMONT. — Dans ces cas là, ce n'est point une solution, mais un simple mélange. Je vous montrerai la différence entre une solution et un mélange en jetant un peu de sel commun dans un verre, et de la craie en poudre dans un autre; ces deux substances sont blanches, et cependant leur effet sur l'eau sera très différent.

Caroline. — Très différent en effet! Le sel diparait totalement, et laisse l'eau transparente, et la craie la change en un liquide opaque comme du lait.

Gustave. — Et des morceaux de sel ou de craie feraient-ils le même effet sur l'eau.

Mme de Beaumont. — Oui; mais moins promptement. Le sel, sans être pilé, fondrait encore assez vite, mais la craie, qui n'a pas la même tendance à se mêler avec l'eau, demanderait un plus long espace de temps pour cette opération. J'ai donc préféré faire l'expérience avec les deux substances réduites en poudre, ce qui n'altère sous aucun rapport leur nature, et facilite la séparation des molécules, en présentant une plus grande quantité de surface à l'eau.

Je ne dois pas oublier de vous parler d'une circonstance fort curieuse des solutions : c'est qu'un fluide n'est pas, à beaucoup près, autant augmenté de volume par un corps qu'il tiendrait en solution, qu'il le serait par son simple mélange avec le même corps.

Caroline. — Comment cela serait-il possible, puisque deux corps ne peuvent exister dans le même espace qui suffirait à l'un deux.

Mme de Beaumont. — Deux corps peuvent, par l'effet de la condensation, occuper moins d'espace unis ensemble que séparés; et je vais vous prouver cela par une expérience très facile.

Nous remplirons cette fiole qui contient du sel, avec de l'eau, en la versant assez vite pour qu'elle ne puisse pas dissoudre beaucoup de ce sel ; nous la boucherons ensuite, étant complètement pleine ; puis nous l'agiterons jusqu'à ce que le sel soit dissout, et vous verrez qu'elle ne sera plus tout-à-fait remplie.

CAROLINE. — Je vais essayer d'y ajouter un peu plus de sel. Vous voyez, maman ; l'eau, déborde maintenant.

Mme DE BEAUMONT. — Oui ; mais songez que la dernière dose de sel est restée solide au fond du vase, et a déplacé l'eau, parce que celle-ci a déjà fondu tout le sel qu'elle est capable de tenir en solution. Cela s'appelle le point de *saturation* : l'eau dans ce cas est *saturée* de sel.

GUSTAVE. — Je crois maintenant concevoir parfaitement la solution d'un corps solide par l'eau ; mais je ne me fais pas une idée aussi claire de la solution d'un liquide par le calorique.

Mme DE BEAUMONT. — Elle est probablement d'une nature analogue à celle de la première. Mais, comme le calorique est un fluide invisible, son action dissolvante est moins évidente que celle de l'eau. Nous pouvons cependant concevoir que le calorique agit sur l'eau, et la convertit en vapeur, de la même manière que l'eau dissout le sel, c'est-à-dire que les molécules de l'eau sont divisées par le calorique de manière à devenir invisibles. Ainsi, vous pouvez maintenant comprendre pourquoi la vapeur de l'eau bouillante, au sortir du vase, est invisible : c'est qu'elle est alors complètement dissoute par le calorique. Bientôt, cependant, l'air avec lequel elle se trouve en contact, étant beaucoup plus froid que la vapeur, celle-ci lui transmet une certaine portion de son calorique. Les molécules de vapeur étant ainsi privées à un assez haut degré de leur dissolvant, se refroidissent graduellement, et prennent la forme de cette vapeur visible qui n'est que de l'eau dans un état de solution imparfaite. Et si vous la priviez d'une plus grande partie de son calorique, elle reprendrait son premier état liquide.

CAROLINE. — J'entends fort bien cela. Si l'on tient une assiette froide au-dessus d'une bouilloire, la vapeur qui sort de cette dernière est convertie de suite en gouttes d'eau, lorsque par le contact de l'assiette froide elle est forcée de perdre une grande partie de son calorique : mais quel est l'état de la vapeur quand elle devient invisible en se dispersant dans l'air?

Mme DE BEAUMONT.—Elle est plus que dispersée dans l'air, elle est de nouveau dissoute par lui.

GUSTAVE. — En ce cas l'air a donc un pouvoir dissolvant de même que l'eau et le calorique?

Mme DE BEAUMONT. — On l'a cru anciennement ; mais il paraît, d'après des recherches plus récentes que le pouvoir dissolvant de l'atmosphère n'est dû qu'au calorique qu'il contient. Quelquefois la vapeur aqueuse, disséminée dans l'atmosphère, y est en solution imparfaite, et c'est ce qui forme les nuages et les brouillards ; mais, lorsqu'elle gagne des régions suffisamment chaudes, elle devient tout-à-fait invisible.

GUSTAVE. — L'eau pourrait-elle être dissoute dans l'atmosphère sans avoir été premièrement convertie en vapeur par l'ébullition ?

Mme DE BEAUMONT — Sans aucun doute, et cela constitue la différence entre *la vaporisation* et *l'évaporation*. L'eau chauffée au point d'ébullition ne peut plus exister en forme d'eau, et doit nécessairement prendre celle de vapeur, quel que soit l'état et la température de l'atmosphère environnante ; cet effet s'appelle vaporisation. Mais l'atmosphère, par le moyen du calorique qu'il contient, peut s'emparer d'une certaine quantité d'eau, et la tenir en solution à toutes les températures : c'est ce qu'on nomme évaporation. Et c'est ainsi que l'atmosphère emporte sans cesse de l'humidité de la surface de la terre, jusqu'à ce qu'il en soit saturé.

CAROLINE. — C'est sans doute alors que l'on sent l'atmosphère humide ?

Mme DE BEAUMONT. — Au contraire ; quand l'humidité est bien dissoute cela ne produit point cet effet. L'eau ne donne de l'humidité à l'atmosphère que lorsqu'elle y est dans un état de solution imparfaite, et flotte en forme de vapeur aqueuse. Cela arrive plus souvent l'hiver que l'été, parce que plus la température de l'atmosphère est basse, moins elle peut dissoudre d'eau ; et elle ne contient réellement jamais, en aucun temps, autant d'humide que dans un jour sec et chaud.

CAROLINE. — Vous m'étonnez ! Mais, pourquoi donc, l'air est-il si sec dans les gelées, quand sa température est très basse ?

GUSTAVE. — Je crois que cela ne provient pas de la dissolution de l'eau, mais de ce qu'elle est gelée.

Mme DE BEAUMONT.—C'est cela. Et la vapeur aqueuse que l'air ne peut dissoudre, produit en se congelant ce qu'on appelle une gelée blanche, parce que les molécules descendent à mesure qu'elles gèlent et s'attachent à tout ce qu'elles rencontrent à la surface de la terre.

La tendance du calorique libre à l'équilibre et sa puissance dissolvante concourent également à produire les phénomènes de la pluie et de la rosée, etc. Quand de l'air humide, d'une certaine température, vient à passer dans une région plus froide de l'atmosphère, il cède une partie de son calorique à l'air environnant, et n'en possédant plus conséquemment la quantité nécessaire pour maintenir l'eau en état de vapeur, les molécules aqueuses se rapprochent l'une de l'autre, et forment des gouttes de pluies qui, étant plus lourdes que l'atmosphère, descendent vers la terre. Quelques autres circonstances, particulièrement les variations dans la pesanteur de l'air, et dans son état électrique, peuvent aussi contribuer à la formation de la pluie. Mais ce sujet compliqué ne doit pas être traité maintenant.

GUSTAVE. — Comment expliquez-vous la formation de la rosée?

Mme DE BEAUMONT. — La rosée est formée par des molécules d'eau qui sont précipitées de l'atmosphère, par la fraîcheur du soir ou du matin.

CAROLINE. — Je suppose que cette précipitation a lieu, parce que le refroidissement de l'air fait qu'il n'a plus le pouvoir de tenir en solution autant de vapeur aqueuse qu'il pouvait le faire pendant la chaleur du jour.

Mme DE BEAUMONT. — Telle a été de temps immémorial l'opinion généralement reçue à l'égard de la rosée ; mais par une suite d'expériences ingénieuses, le docteur Wells a prouvé dernièrement que la déposition des gouttes de rosée est produite par le refroidissement de la surface de la terre, qui précède, comme il l'a démontré, celui de l'atmosphère. En observant la température d'un banc de gazon un moment avant la rosée, il a trouvé qu'il était beaucoup plus froid que l'air à quelques pieds au-dessus, d'où la rosée fut bientôt après précipitée.

GUSTAVE. — Mais pourquoi la terre se refroidit-elle le soir, plutôt que l'atmosphère ?

Mme DE BEAUMONT. —Parce qu'elle se sépare de son calorique plus facilement que l'air. La terre est un excellent radiateur de calorique, et l'atmosphère n'a point cette propriété, du moins à un degré sensible. Vers le soir donc, quand la chaleur solaire décline, et cesse enfin entièrement, la terre se refroidit rapidement en émettant des rayons calorifiques vers les cieux; tandis que l'air ne peut perdre de sa chaleur que par le contact de la surface refroidie de la terre à laquelle il communique son calorique. Ainsi réduit, son pouvoir dissolvant ne peut plus retenir une aussi grande quantité de vapeurs aqueuses, et il en dépose une partie sous la forme de ces gouttes perlées que nous appelons rosée.

GUSTAVE. — Si telle est la cause de la rosée, nous

ne devons pas en craindre les effets ; puisqu'elle ne peut être déposée que sur des surfaces plus froides que l'atmosphère, nos corps sont exempts de ses attaques.

Mme DE BEAUMONT. — Il est vrai ; mais je ne vous conseillerais cependant pas de vous exposer trop à l'influence de la rosée, car elle peut s'attacher à vos habits et vous refroidir ensuite en s'évaporant. De plus, quand la rosée est abondante il règne une sorte de fraîcheur humide dans l'air, qu'il n'est pas toujours sûr de braver.

CAROLINE. — Le vent pourrait peut-être hâter la chute de la rosée, en renouvelant plus rapidement les couches d'air en contact avec la terre, de même qu'il produit le refroidissement de la terre, et réchauffe l'atmosphère pendant la chaleur du jour?

Mme DE BEAUMONT. — Cela pourrait être jusqu'à un certain point ; mais pourvu que l'agitation de l'air ne fût pas trop considérable ; car, lorsque le vent est violent, on observe que la rosée est moins abondante que dans un temps calme, sur-tout si l'atmosphère est chargée de nuages. Ces accumulations d'humidité empêchent non-seulement le rayonnement de la terre vers les hautes régions, mais elles-mêmes rayonnent vers la terre ; et par ces raisons, il se forme moins de rosée pendant une soirée nuageuse que dans une belle et claire soirée, où les rayons émis par la terre, passent sans obstacle à travers l'atmosphère, jusqu'aux régions les plus éloignées de l'espace, qui ne rendent aucun calorique en échange. La rosée continue à tomber toute la nuit, et devient plus abondante vers le matin, parce que c'est alors que le contraste entre la température de la terre et celle de l'atmosphère est le plus grand. Après le lever du soleil, l'équilibre se rétablit graduellement dans la température respective des ces corps, par les rayons solaires qui arrivent à la terre à travers l'atmosphère, et quand la matinée est plus avancée, la terre reprend l'avantage dans sa température, et cède à son tour du calorique à l'air par le contact, comme elle en a reçu de lui pendant la nuit.

Pouvez-vous me dire maintenant, pourquoi une bouteille de vin apportée nouvellement de la cave, (particulièrement en été) est bientôt couverte de rosée, et les verres dans lesquels le vin frais est versé sont également humectés par une vapeur semblable?

GUSTAVE. — La bouteille étant plus froide que l'air environnant, absorbe du calorique qu'il contient, et l'humidité qui s'y trouvait en solution, devient visible et forme l'espèce de rosée qui est déposée sur la bouteille.

Mme DE BEAUMONT. — Fort bien Gustave. Et vous Caroline, me direz vous pourquoi dans une chambre chaude et bien fermée, ou dans une voiture bien close, l'effet contraire a lieu; c'est-à-dire que l'intérieur des vitres est couvert de vapeur?

CAROLINE. — J'ai ouï dire que cela provenait de la respiration des personnes qui sont dans la chambre ou dans la voiture, et je suppose que c'est l'effet de la température plus froide des fenêtres, qui ôte à l'air respiré une partie de son calorique, et par ce moyen e convertit en vapeur aqueuse.

Mme DE BEAUMONT. — Vous avez tous deux expliqué ces effets parfaitement bien. Les corps attirent la rosée en proportion de leur pouvoir émissif ou de rayonnement, cette qualité étant la cause de la réduction de leur température au-dessous de celle de l'atmosphère; c'est pour cela que les rochers, le sable, l'eau ne reçoivent que peu ou point de rosée, tandis que le gazon, les végétaux vivants auxquels cette substance est si favorable l'attirent en abondance; et c'est encore un exemple remarquable des bienfaisantes dispensations de la Providence.

GUSTAVE. — L'abondance de la rosée en été et dans les climats chauds, situation où son effet rafraîchissant est le plus nécessaire, prouve encore cette prévoyante bonté du créateur; mais je ne comprends pas quelle cause naturelle produit l'accroissement de la rosée dans les temps chauds.

Mme DE BEAUMONT. — Plus la terre a reçu de calorique pendant le jour, plus elle en renvoie quand l'atmosphère est refroidie; conséquemment, plus sa température est rapidement réduite, le soir, en comparaison de celle de l'air. Dans les climats brûlants où la chaleur intense de la journée, contraste fortement avec la fraîcheur des soirées, la rosée est prodigieusement abondante. Pendant les sécheresses, la rosée diminue, parce que la terre n'a plus assez d'humidité pour en saturer l'atmosphère.

CAROLINE. — J'ai souvent remarqué, maman, en me promenant pendant un temps de gelée, que ma respiration se glaçait sur le voile qui couvrait mon visage.

Mme DE BEAUMONT. — C'est parce que l'air froid

s'empare immédiatement du calorique de votre respiration, et en le privant de son dissolvant, le réduit à l'état d'un fluide plus dense, qui est cette vapeur aqueuse que vous voyez se poser sur votre voile, où continuant à perdre du calorique, elle est amenée à la température de l'atmosphère et prend la forme de glace.

Vous avez peut-être observé que la respiration des animaux ou plutôt l'humidité qu'elle contient, est visible pendant le temps d'humidité ou de gelée. Dans le premier cas, l'air se trouvant surchargé d'humidité, ne peut plus en dissoudre ; dans le dernier, le froid condense l'humidité en vapeur visible : c'est par la même cause, que la vapeur qui s'élève au-dessus de l'eau, dont la température est plus haute que celle de l'atmosphère, devient visible. N'avez vous jamais pris garde à la vapeur qui s'élève de vos mains, quand vous les avez plongées dans de l'eau chaude ?

CAROLINE. — Très souvent, sur-tout quand il fait froid.

Mme DE BEAUMONT. — Nous avons déjà remarqué que la pression est un obstacle à l'évaporation. Il est des liquides qui contiennent une si grande quantité de calorique, et dont les molécules adhèrent conséquemment si faiblement l'une à l'autre, qu'ils sont rapidement convertis en vapeur, sans aucun changement de température, et seulement en les dégageant du poids de l'atmosphère. Il est évident que ces substances ne sont maintenues en forme de liquides que par la seule pression de l'atmosphère qui rassemble leurs molécules.

CAROLINE. — Je ne comprends pas bien pourquoi les molécules de ces fluides sont désunies et converties en vapeur, sans aucune élévation de température, et en dépit de l'attraction de cohésion.

Mme DE BEAUMONT. — C'est parce que le degré de chaleur dans lequel nous pouvons ordinairement observer ces fluides, est suffisant pour surmonter l'attraction de cohésion. L'éther est de cette espèce; il bout et se convertit en vapeur à la température commune de l'air, si la pression de l'atmosphère cesse.

GUSTAVE. — Je croyais que l'éther s'évaporait sans que la pression de l'atmosphère fût empêchée, ni la chaleur appliquée, et que c'était pour cela qu'on le conservait soigneusement bouché?

Mme DE BEAUMONT. — Il est vrai qu'il s'évapore en ce cas; mais sans bouillir. Je parle maintenant de la vaporisation de l'éther ou de sa conversion en vapeur par l'ébullition. Je vais vous montrer avec quelle promptitude l'éther renfermé dans cette fiole sera transformé en vapeur, en le plaçant sous un récipient où je ferai le vide en pompant l'air. Voyez comme les bulles montent rapidement, à mesure que je diminue la pression de l'atmosphère.

CAROLINE. — L'éther bout réellement : combien il est singulier de voir bouillir un liquide sans chaleur!

Mme DE BEAUMONT. — Maintenant je mettrai la fiole d'éther dans ce verre, où elle ne laisse qu'un petit espace que je remplirai d'eau; et je les replacerai ensemble sous le récipient. (Pl. 4, fig. 1 *.) Vous verrez,

* Deux tubes de verre mince, scellés à l'une de leurs ex-

à mesure que j'épuiserai l'air, l'éther bouillonner, tandis que l'eau se glacera.

CAROLINE. — Il est en effet très étonnant de voir l'eau se congeler en contact avec un fluide bouillant.

GUSTAVE. — Je ne puis concevoir comment l'éther peut passer à l'état de vapeur sans addition de calorique. Est-ce qu'il ne contient pas plus de calorique en état de vapeur, qu'en état de liquide ?

Mme DE BEAUMONT. — Certainement il en contient davantage; car, bien que ce soit la pression de l'atmosphère qui le condense en liquide, cela se fait en poussant en dehors le calorique qui appartient à cette substance quand elle est dans un état aériforme.

GUSTAVE. — Vous avez donc deux difficultés à expliquer, maman? — Premièrement, d'où l'éther obtient le calorique nécessaire pour le convertir en vapeur, quand il est dégagé de la pression de l'atmosphère. — Secondement, quelle est la raison pour laquelle l'eau qui entoure la bouteille d'éther, devient glace.

CAROLINE. — Je crois pouvoir répondre à ces deux

trémités rempliraient mieux cette fin. L'expérience telle qu'elle est décrite ici est difficile et demande un appareil très délicat. Mais si au lieu de fioles ou de tubes on se servait de deux verres de montre, l'eau se glacerait presque immédiatement de la même manière. Les deux verres sont posés l'un sur l'autre avec quelques gouttes de liqueur interposées entre eux, et le verre supérieur est rempli d'éther. Après avoir fait jouer la pompe une ou deux minutes, on trouve les verres adhérents ensemble et une légère couche de glace entre eux.

questions ; l'éther obtient l'addition de calorique nécessaire de l'eau renfermée dans le verre ; et la perte du
calorique subie par celle-ci, est ce qui la fait geler.

Mme DE BEAUMONT. — Vous avez parfaitement expliqué la chose ; et si vous voulez regarder le thermomètre que j'ai placé dans l'eau, vous verrez que chaque
fois qu'une bulle de vapeur est produite, le mercure
descend ; ce qui prouve que la chaleur de l'eau diminue en proportion de l'ébullition de l'éther.

CAROLINE. — J'entends fort bien cela maintenant ;
mais, si l'eau se congèle en conséquence du calorique
qu'elle cède à l'éther, l'équilibre de chaleur est, en
ce cas, totalement détruit. Cependant vous nous avez
dit que l'échange de calorique, entre deux corps d'é-
gale température, était toujours égal ; alors, comment
l'eau, qui était en premier lieu de la même température que l'éther, lui donne-t-elle assez de son calorique pour passer, elle, à l'état de glace, et faire bouillir l'éther ?

Mme DE BEAUMONT. — Je me doutais bien que vous
me feriez cette objection, et pour y répondre, j'ai mis
deux thermomètres dans la machine pneumatique,
l'un dans le verre d'eau, l'autre dans la fiole d'éther :
vous verrez par leur moyen, que l'équilibre de température n'est point détruit, car à mesure que le
thermomètre descend dans l'eau celui de l'éther descend également, en sorte que les deux thermomètres indiquent le même point quoique l'un d'eux
soit dans un liquide glacé, l'autre dans un liquide
bouillant.

GUSTAVE. — L'éther devient donc plus froid en bouillant ? Cela est tellement contraire à l'expérience commune, que j'en suis, je l'avoue, excessivement étonné.

CAROLINE. — Cette circonstance est en effet des plus extraordinaires. Mais je vous prie, comment expliquez-vous ce fait ?

Mme DE BEAUMONT. — Je ne puis satisfaire votre curiosité pour le présent ; car, avant d'essayer d'expliquer ce paradoxe apparent, il faut apprendre à connaître le calorique latent, et c'est un sujet que nous devons renvoyer à notre prochaine entrevue.

CAROLINE. — Je crois, maman, que vous n'êtes pas fâchée de différer l'explication, car c'est un point dont il me parait difficile de rendre compte ?

Mme DE BEAUMONT. — J'espère cependant le faire à votre satisfaction.

GUSTAVE. — Mais, avant de nous séparer, permettez-moi de vous faire une question. L'eau ne pourrait-elle, aussi bien que l'éther, bouillir avec moins de chaleur, si elle était débarrassée de la pression de l'atmosphère ?

Mme DE BEAUMONT. — Elle le pourrait sans doute. Vous devez toujours vous rappeler que deux forces doivent être surmontées pour faire bouillir ou évaporer un liquide ; l'attraction d'agrégation, et le poids de l'atmosphère. Sur le sommet d'une haute montagne (comme M. de Saussure l'a éprouvé sur le Mont-Blanc) il faut beaucoup moins de chaleur pour faire bouillir l'eau que dans la plaine, où le poids de l'at-

mosphère est plus grand*. En effet, si le poids de l'atmosphère est tout-à-fait enlevé par le moyen d'une
bonne machine pneumatique, et que l'eau soit placée
dans le récipient épuisé, elle s'évapore si vite, quelque
froide qu'elle soit, qu'elle a l'apparence de l'ébullition
à la surface. Mais, je puis vous montrer, sans le secours de la machine pneumatique, une fort jolie expérience qui prouve l'influence de la pression atmosphérique à cet égard.

Observez que ce flacon est à peu près à moitié plein
d'eau, et que sa partie supérieure est remplie de vapeur invisible, produite par l'ébullition. — Je le retire
de la lampe et le bouche avec soin. — Vous voyez que
l'eau cesse immédiatement de bouillir. — Présentement je vais plonger le flacon dans un bassin d'eau
froide **.

CAROLINE. — Oh! voyez maman, l'eau chaude commence à bouillir, quoique l'eau froide ait dû lui enlever encore plus de son calorique! Quelle peut être
la raison de cela?

Mme DE BEAUMONT. — Examinons sa température.
Vous voyez que le thermomètre, plongé dans le flacon,
reste stationnaire à environ douze degrés au-dessous

---

* Sur le sommet du Mont-Blanc l'eau a bouilli à une température de 86 degrés centigrades, au lieu de 100.

** On produit le même effet en enveloppant la partie supérieure du flacon avec un linge mouillé d'eau froide. Pour
montrer à quel point l'eau refroidit en bouillant, on peut introduire dans le flacon, à travers son bouchon, une table de
verre gradué.

du point d'eau bouillante. Quand j'ai retiré le flacon
de la lampe, je vous ai fait remarquer que la partie
supérieure était remplie de vapeur; cette vapeur
étant forcée de céder de son calorique à l'eau froide,
se condense, et redevient eau. — Alors, de quoi la
partie supérieure du flacon est-elle remplie?

GUSTAVE. — De rien, parce qu'il est trop bien bouché, pour que l'air s'y introduise; ainsi donc, la partie supérieure du flacon est un espace vide.

Mme DE BEAUMONT. — L'eau placée au-dessous de
ce vide ne supporte donc plus la pression de l'atmosphère, et doit alors bouillir à une plus basse température. Ainsi, vous voyez que malgré les degrés de chaleur qu'elle a perdus, elle recommence à bouillir dès
l'instant que le vide est formé au-dessus d'elle. Maintenant l'ébullition à cessé, la température de l'eau étant
encore plus réduite; et si c'eût été de l'éther au lieu
d'eau, il aurait continué de bouillir beaucoup plus
long-temps; car l'éther bout, sous la pression atmosphérique ordinaire à trente-cinq degrés, et dans
le vide, à peu près à toute température; tandis que
l'eau étant un fluide plus dense, exige une quantité
plus considérable de calorique pour s'évaporer promptement, même dégagée de la pression de l'atmosphère.

GUSTAVE. — Quelle proportion de vapeur, l'atmosphère peut-elle tenir dans un état de solution?

Mme DE BEAUMONT. — Je ne sais point si l'on a cher-
ché à calculer cela par expériences; quoi qu'il en soit,
cette proportion doit varier suivant la température de

l'atmosphère; plus elle est basse, moins l'atmosphère doit contenir de vapeur.

Pour terminer le sujet du calorique libre ou rayonnant, je vous dirai quelque chose de *l'ignition*, mot qui signifie l'émission de lumière, produite dans les corps d'une très haute température, par l'accumulation du calorique.

GUSTAVE. — Vous voulez parler, je pense, de cette lumière que produit un corps brûlant?

Mme DE BEAUMONT. — Non; l'ignition est tout-à-fait indépendante de la combustion. L'argile, la craie, et toutes les substances incombustibles, peuvent être chauffées au point de rougir. Quand un corps brûle, la lumière qu'il émet est l'effet d'un changement chimique, tandis que l'ignition est causée par le calorique seul, et qu'elle n'altère les corps soumis à son action que sous le rapport de leur température.

Tous les corps solides et la plupart des liquides sont susceptibles d'ignition, en d'autres termes, d'être échauffés de manière à devenir lumineux. Il est remarquable que cet effet à lieu presqu'à la même température pour tous les corps, c'est à dire, approximativement, à 425 degrés centigrades.

GUSTAVE. — Mais comment les liquides peuvent-ils atteindre à ce degré sans être convertis en vapeur?

Mme DE BEAUMONT. — Par le moyen de la pression, et en les enfermant dans un espace limité. De l'eau contenue dans un fort vaisseau de fer, nommé *machine de Papin* peut monter à plus de 212 degrés. Sir James Hall, a fait quelque expériences fort curieuses sur les effets de la chaleur, aidée de la pression. Il a réussi à fondre dans de forts canons de fusil, des substances jusqu'alors considérées comme infusibles : et il ne serait pas impossible que l'eau elle-même pût être portée au point de la chaleur rouge, par des moyens semblables.

GUSTAVE. — Je suis surpris de cela. Je croyais que la force de la vapeur était si grande qu'elle était capable de surmonter presque toute résistance mécanique.

Mme DE BEAUMONT. — La force expansive de la vapeur est prodigieuse, mais pour assujétir l'eau à une si haute température, on a soin de l'empêcher, en la renfermant, de se convertir en vapeur, et l'expansion de l'eau chaude est très peu de chose. — Mais nous nous sommes arrêtés si long-temps sur le libre calorique, qu'il faut remettre les autres modifications de cet agent à la prochaine séance. Nous tâcherons de marcher plus rapidement, à l'avenir.

QUATRIÈME ENTRETIEN.

SUR LE CALORIQUE COMBINÉ, COMPRENANT LA CHALEUR SPÉCIFIQUE ET LA CHALEUR LATENTE.

Chaleur spécifique. -- Différentes capacités des corps pour la chaleur. — Chaleur spécifique, imperceptible aux sens. - - Comment son existence est reconnue. - - Chaleur latente. - Distinction entre la chaleur spécifique et la chaleur latente. -- Phénomènes de la formation de la glace, de la formation de la vapeur, et de la condensation des fluides élastiques.- - Exemples de condensation et du dégagement de chaleur qui en est la conséquence. - - Effets produits par divers mélanges et par le délayement de la chaux. — Observations générales sur la chaleur latente. ·   Explication du phénomène de l'ébullition de l'éther et de la congélation de l'eau à la même température. — Froid produit par l'évaporation. - - Calorimètre. — Remarques météorologiques.

Mᵐᵉ DE BEAUMONT; CAROLINE; GUSTAVE.

Mᵐᵉ DE BEAUMONT. — Nous examinerons aujourd'hui les autres modifications du calorique.

CAROLINE. — Je suis fort curieuse de connaître leur nature, car je ne puis me faire aucune idée d'une chaleur qui n'est pas perceptible aux sens.

Mme DE BEAUMONT. — Pour vous mettre en état de les comprendre, il est nécessaire d'entrer dans quelques explications préliminaires.

Les chimistes modernes ont découvert que des corps de différente nature, chauffés au même degré, ne contiennent pas la même quantité de calorique.

CAROLINE. — Comment a-t-on pu vérifier cela? Ne nous avez-vous pas dit qu'il est impossible de découvrir la quantité absolue de calorique, contenue dans un corps?

Mme DE BEAUMONT. — Il est vrai; mais j'ai dit en même temps, que l'on pouvait estimer la quantité de calorique proportionnelle que les corps contiennent. Ainsi, pour élever au même degré la température de divers corps, on sait qu'il faut différentes quantités de calorique. Par exemple, si vous mettez dans un four chauffé, une livre de plomb, une livre de craie, et une livre de lait, tous les trois arriveront graduellement à la température du four; mais le plomb y arrivera le premier, la craie ensuite, et le lait le dernier.

CAROLINE. — C'est une conséquence naturelle de leur différent volume; le plomb étant le plus petit corps, est échauffé le premier, et le lait qui est le plus grand, exige plus de temps pour cela.

Mme DE BEAUMONT. — Cette explication n'est pas suffisante : car, si le plomb est le moindre en volume, il présente aussi moins de surface au calorique; donc, la quantité de chaleur qui peut s'y introduire dans un espace de temps égal, est proportionnément plus petite.

9*

Gustave. — Pourquoi, les trois substances n'attei-
gnent-elles pas en même temps la température du four?

Mme de Beaumont. —On suppose que la différence,
à cet égard, provient de la plus ou moins grande capacité de ces corps pour le calorique.

Caroline. — Qu'entendez-vous par la *capacité* d'un
corps pour le calorique?

Mme de Beaumont. — J'entends une certaine dispo-
sition à requérir plus ou moins de calorique pour
prendre une température plus élevée. On pourrait
peut-être expliquer le fait ainsi :

Mettons dans ce verre autant de billes de marbre
qu'il peut en contenir, et jetons du sable sur elles;
vous voyez comme le sable pénètre, s'insinue entre les
billes. — Remplissons un autre verre de cailloux, de
diverses formes, vous voyez qu'ils se rangent d'eux-
mêmes d'une manière plus compacte que les billes de
marbre, qui, étant globulaires, ne peuvent se toucher
l'une l'autre que par un seul point. Les cailloux ne
peuvent donc recevoir entre eux autant de sable; et
conséquemment un des deux verres en contiendra nécessairement plus que l'autre, quoique tous deux
soient également pleins.

Caroline.—Je comprends très bien cela. Les billes
de marbre et les cailloux représentent deux corps, de
nature diverse; et le sable serait le calorique contenu
dans ces corps.Cette comparaison montre clairement
qu'un corps peut admettre plus de calorique qu'un
autre entre ses molécules.

Mme de Beaumont. — Vous ne devez plus mainte-

nant être étonnée, que des corps de différente capacité pour le calorique, exigent différentes proportions
de ce fluide, pour arriver au même degré de température.

GUSTAVE. —Mais je ne conçois pas pourquoi le corps
qui contient plus de calorique, n'est pas d'une température plus élevée; c'est-à-dire, ne paraît pas chaud
au toucher, en proportion du calorique contenu en
lui.

Mme DE BEAUMONT.—Le calorique, employé à remplir la capacité d'un corps, n'est pas le calorique libre,
il est pour ainsi dire emprisonné dans ce corps, conte-
séquemment il est imperceptible; car on peut sentir
le calorique dont un corps se dégage, non celui qu'il
retient.

CAROLINE. — Il me paraît très singulier que la chaleur soit renfermée dans un corps, de manière à être
imperceptible.

Mme DE BEAUMONT. — Quand vous mettez la main
sur un corps chaud, vous sentez seulement le calorique cédé par ce corps à votre main : car il est impossible que vous puissiez sentir le calorique qui reste
dans ce corps. De même le thermomètre n'est affecté
que par le calorique libre des corps avec lesquels il
se trouve en contact, et qui le lui transmettent, et
nullement par celui que ces corps conservent en eux.

CAROLINE. — Je commence à comprendre; mais
j'avoue que l'idée d'une chaleur insensible est pour moi
si nouvelle, si étrange, qu'il me faudra un certain
temps, pour me familiariser avec elle.

Mme DE BEAUMONT. — Appelez cette modification, *calorique insensible*, et la difficulté vous paraîtra moins formidable. Il y a en effet une sorte de contradiction à nommer chaleur, ce qui est incapable de produire cette sensation. Cependant le nom encore communément admis pour désigner ce calorique, est celui de *chaleur spécifique*.

CAROLINE. — Mais, le terme de *calorique spécifique* eût été ce me semble plus correct.

GUSTAVE. — Je ne comprends point comment ce terme de spécifique peut s'appliquer à cette modification du calorique?

Mme DE BEAUMONT. — Ce mot exprime la quantité relative de calorique que des corps, de différente espèce, de même poids et de même température, sont capables de contenir. Cette modification est aussi appelée *chaleur de capacité*, terme peut-être préférable en ce qu'il explique mieux l'idée, qu'il doit suggérer.

Vous concevez, je pense, maintenant, pourquoi le lait et la craie demandent plus de temps que le plomb pour arriver à la température du four?

GUSTAVE. — Oui: le lait et la craie ayant une plus grande capacité pour le calorique que le plomb, une plus grande proportion de ce fluide devient insensible dans ces corps, et leur température doit donc s'élever plus lentement.

CAROLINE. — Mais cette différence ne pourrait-elle pas procéder de la différence des pouvoirs conducteurs de la chaleur, dans les trois corps; puisque celui qui est le meilleur conducteur doit nécessairement arriver le premier à la température du four?

Mme DE BEAUMONT.—C'est très-bien observé, Caroline, et cette objection serait insurmontable, si l'on ne prouvait, par une expérience en sens inverse, que le lait, la craie et le plomb, ont réellement absorbé diverses quantités de calorique. On sent que si le différent espace de temps que chacun de ces corps prend pour s'échauffer tenait seulement à l'inégalité de leurs pouvoirs conducteurs, chacun d'eux aurait acquis une égale quantité de calorique.

CAROLINE. — Certainement. Mais comment fait-on l'expérience inverse?

Mme DE BEAUMONT. — En refroidissant les divers corps au même degré, dans un appareil adapté à recevoir et mesurer le calorique qu'ils dégagent. Ainsi, l'on peut juger, en plongeant les trois corps dans trois quantités égales d'eau, à la même température, de la quantité relative de calorique contenue en chacun d'eux, par celle qu'ils communiquent à l'eau en se refroidissant : car, la même quantité qu'ils ont absorbée en passant à une plus haute température doit les abandonner quand ils passent à une plus basse ; et l'on trouve, en examinant les trois vases d'eau, que le moins chaud est celui dans lequel a été plongé le plomb ; le plus chaud, celui qui a reçu le lait ; et que celui de la craie est à une température au-dessous du dernier, et au-dessus du premier. Le célèbre Lavoisier a inventé une machine pour estimer d'après ce principe, la chaleur spécifique des corps de la manière la plus exacte. Mais je ne puis vous expliquer ce procédé avant de vous avoir fait connaître la modification suivante du calorique.

Gustave. — Je suppose que la capacité d'un corps pour le calorique soit en raison inverse de sa densité?

Mme DE BEAUMONT.—Il n'en est pas toujours ainsi : le fer, par exemple, contient plus de chaleur spécifique que l'étain, quoiqu'il soit plus dense. Cela semble prouver que la chaleur spécifique ne dépend pas uniquement des interstices entre les molécules ; mais probablement aussi, de certaines propriétés des corps qui nous sont inconnues.

Gustave. — Mais, maman, il me paraîtrait plus convenable de comparer les corps par la *mesure* que par le *poids*, quand on veut estimer leur chaleur spécifique. Pourquoi, par exemple, ne pas comparer ensemble une pinte de lait, une de craie, une de plomb, au lieu d'une livre de chacune de ces substances : car, des poids égaux peuvent être composés de quantités très différentes ?

Mme DE BEAUMONT. — Vous vous trompez, mon fils, un poids égal contient une égale quantité de matière ; et si l'on veut connaître la quantité relative de calorique que diverses substances ont la capacité de contenir sous la même température, il faut comparer des poids égaux et non des volumes égaux de ces substances. Des corps d'un même poids peuvent sans doute être de différente dimension, mais cela ne change rien à leur quantité réelle de matière. Une livre de plume ne contient pas un atôme de plus qu'une livre de plomb.

Caroline. — J'ai une autre difficulté à proposer. Il me semble que si la température des trois corps enfermés dans le four, ne s'élevait pas également vite, ils ne pourraient jamais arriver au même degré. Le plomb devrait toujours conserver son avantage sur la craie et le lait, et peut-être arriver à l'ébullition avant que les autres aient atteint la température du four.

Mme de Beaumont. — Votre supposition n'est pas juste, Caroline. Aussitôt que le plomb atteint la température du four, il doit rester stationnaire, puisque alors il rend autant de chaleur qu'il en reçoit. Vous auriez dû vous rappeler que l'échange de calorique rayonnant est égal entre deux corps d'une égale température; il serait donc impossible que le plomb accumulât plus de chaleur une fois qu'il serait parvenu à la température du four; et celle de la craie et du lait arriveraient finalement au même point. D'après votre idée, je devrais espérer conserver toute ma vie, l'avantage que l'âge me donne sur vous; et qu'à mesure que vos forces se développeraient, les miennes augmenteraient dans la même proportion.

Gustave. — Je crois avoir trouvé une bonne comparaison pour la chaleur spécifique. Supposons que deux hommes égaux en poids et en grandeur, mais qui auraient besoin de différentes quantités de nourriture pour satisfaire leur appétit respectif, éprouvent une faim égale; l'un consommerait une plus grande quantité d'aliments que l'autre, pour être également satisfait.

Mme de Beaumont. — Oui, cela est fort juste; car la quantité de nourriture nécessaire pour appaiser leur appétit respectif varie, de même que la quantité de calorique requise pour élever à une égale température des corps de nature différente.

GUSTAVE. — Le thermomètre ne donne donc aucune indication sur la chaleur spécifique des corps?

Mme DE BEAUMONT. — Absolument aucune, pas plus que la satiété ne donne la mesure de la quantité de nourriture consommée. Le thermomètre, comme je vous l'ai souvent répété, ne peut être affecté que par le calorique libre, qui seul élève la température des corps.

Il existe encore un autre mode de prouver l'existence de la chaleur spécifique, et si je n'en ai pas parlé plus tôt, quoiqu'il fournisse les explications les plus satisfaisantes sur ce sujet, c'est qu'il pouvait d'abord vous paraître un peu compliqué. Si vous mêlez deux fluides de différentes températures, supposons l'un à 25, l'autre à 5o degrés, de quelle température pensez-vous que sera le mélange?

CAROLINE. — Sans doute le terme moyen entre les deux nombres, c'est-à-dire 37 degrés et demi.

Mme DE BEAUMONT. — Cela serait ainsi, dans le cas où les deux corps se trouveraient avoir une égale capacité pour le calorique; mais s'ils en avaient une différente, un autre résultat serait obtenu. Par exemple, si vous mêlez ensemble une livre de mercure, chauffée à 25 degrés, et une livre d'eau chauffée à 5o degrés et demi, la température du mélange au lieu d'être de 37 degrés sera de 44 : en sorte que l'eau ne perdra que 6 degrés tandis que le mercure en gagnera 19 ; et de là vous pouvez conclure que la capacité du mercure pour la chaleur est moindre que celle de l'eau.

CAROLINE. — Je m'étonne que le mercure ait si peu de chaleur spécifique. N'avons-nous pas vu qu'il était meilleur conducteur du calorique que l'eau?

Mᵐᵉ DE BEAUMONT. — Et c'est précisément pour cela que sa chaleur spécifique est moins grande. Car, puisque la puissance conductrice des corps, dépend comme nous l'avons observé précédemment, de leur aptitude à recevoir et à rendre la chaleur, on doit s'attendre à voir les plus mauvais conducteurs, absorber plus de calorique, avant d'en transmettre aux autres corps. — Passons maintenant à la chaleur latente.

CAROLINE. — De quelle sorte est celle-ci, je vous prie?

Mᵐᵉ DE BEAUMONT. — C'est une autre modification du calorique combiné, tellement analogue à la chaleur spécifique, que la plupart des chimistes ne font aucune différence entre elles; mais M. Pictet dans son *Essai sur le feu*, les a si clairement séparées, que je suis portée à adopter ses vues sur ce sujet. On appelle donc *chaleur latente*, cette portion du calorique insensible, qui est employée à changer l'état des corps; c'est-à-dire à convertir les solides en liquides, et les liquides en gaz. Quand un corps passe de la forme solide à celle de liquide, ou de cette dernière à celle de gaz, son expansion occasionne un accroissement subit et considérable dans sa capacité pour la chaleur; en conséquence de quoi, il absorbe immédiatement une cer-

taine quantité de calorique, qui se fixe en lui et sert à
le transformer ; et comme ce calorique est tout-à-
fait caché à nos sens, il a reçu le nom de chaleur latente.

CAROLINE. — Je pense qu'il serait plus exact de dire
calorique latent, au lieu de chaleur latente, puisque
cette modification du calorique n'excite aucune sensation de chaleur.

Mme DE BEAUMONT. — Cette modification de la cha·
leur a été découverte et nommée par le docteur Black,
long-temps avant que les chimistes français, aient in·
troduit le mot *calorique* ; et comme de meilleurs chimistes que nous en font encore usage, nous pouvons
l'employer sans scrupule. De plus, vous ne devez pas
supposer que la nature du fluide soit altérée dans ses
diverses modifications : car, si la chaleur latente et la
chaleur spécifique n'excitent pas les mêmes sensations
que le libre calorique, cela tient seulement à ce qu'étant
renfermées dans les corps, elles ne peuvent agir sur
nos organes ; conséquemment, aussitôt qu'elles sont
extraites du corps dans lequel elles étaient emprisonnées, elles retournent à leur état de calorique libre,
et deviennent encore perceptibles.

GUSTAVE. — Je ne vois pas bien en quoi la chaleur
latente, diffère de la chaleur spécifique ; car l'une et
l'autre sont emprisonnées et cachées dans les corps.

Mme DE BEAUMONT. — La chaleur spécifique est celle
qui est employée à remplir la capacité d'un corps
pour le calorique, dans l'état sous lequel le corps
existe actuellement. La chaleur latente est celle qui

est employée à effectuer un changement d'état, à convertir un solide en liquide, ou un liquide en gaz. Mais je pense que sous un point de vue général, ces deux modifications peuvent être comprises dans le terme de *chaleur de capacité*, puisque dans l'un et l'autre cas le calorique remplit la capacité des corps.

Je vais vous montrer une expérience qui vous donnera, je l'espère, une idée claire de la chaleur latente.

La neige que vous voyez dans cette fiole a été refroidie par des moyens chimiques (inutiles à expliquer en ce moment) jusqu'à 10 ou 12 degrés au-dessous de glace, comme le thermomètre plongé dans le vase vous l'indique. Nous allons exposer cette fiole à la chaleur d'une lampe et vous verrez le thermomètre monter graduellement jusqu'a ce qu'il parvienne au point de glace.

GUSTAVE. — Mais il s'arrête là, maman, cependant la lampe brûle tout comme avant. Pourquoi sa chaleur ne se communique-t-elle plus au thermomètre?

CAROLINE. — Et la neige commence à fondre, elle doit donc être au-dessus de glace?

Mme DE BEAUMONT. — La chaleur n'affecte plus le thermomètre parce qu'elle est entièrement employée à convertir la glace en eau. A mesure que la glace fond, le calorique devient *latent* dans le liquide nouvellement formé, il ne peut donc élever la température; et le thermomètre doit par conséquent rester stationnaire jusqu'à ce que toute la glace soit fondue.

CAROLINE. — Maintenant elle est entièrement fondue et le thermomètre recommence à monter.

Mme DE BEAUMONT. — Parce que le changement de la glace en eau étant consommé, le calorique cesse de devenir latent : et la chaleur que l'eau reçoit élève sa température, comme le thermomètre vous l'indique.

GUSTAVE. — Mais je ne crois pas que le thermomètre s'élève aussi promptement dans l'eau qu'il le faisait dans la glace, avant qu'elle commençât à fondre, quoique la lampe brûle également bien.

Mme DE BEAUMONT. — Cela dépend de la différence de chaleur spécifique entre la glace et l'eau. La capacité de l'eau pour le calorique étant plus grande que celle de la glace, il faut plus de chaleur pour élever sa température, et le thermomètre doit donc monter moins vite dans l'eau que dans la glace.

GUSTAVE. — Cela est vrai ; vous nous avez dit en effet qu'un corps solide prend toujours plus de capacité pour le calorique en devenant fluide.

Mme DE BEAUMONT. — Oui ; et c'est la chaleur latente qui est absorbée en conséquence de l'accroissement de capacité que l'eau prend pour la chaleur, en sortant de l'état de glace.

Je dois vous parler maintenant d'un calcul très curieux, fondé sur ces observations. Je vous ai déjà fait remarquer que le thermomètre, quoiqu'il montre la chaleur comparative des corps et donne le moyen de la déterminer en différents temps et lieux, n'indique en aucune manière la quantité absolue de chaleur qui existe dans les corps : on ne sait point jusqu'à quel degré il pourrait tomber par la privation de toute

chaleur, mais on a tenté de l'inférer de la manière suivante. Des expériences ont prouvé que la capacité de
l'eau pour la chaleur, comparée à celle de la glace est
de 10 à 9 ; en sorte qu'à la même température l'eau
contient un dixième de calorique de plus que la glace.
On a observé en outre que, pour fondre la glace, il
fallait y ajouter autant de chaleur qu'il en faudrait dans
le cas où elle ne fondrait pas, pour élever sa température à 75 degrés. Cette quantité de chaleur est donc
absorbée quand la glace en se convertissant en eau se
trouve contenir un dixième de calorique de plus qu'elle
ne le faisait avant. Ainsi donc, 75 degrés sont la
neuvième partie de la chaleur contenue dans la glace
au point zéro , alors la privation absolue de chaleur
pour l'eau doit être de 742 degrés au-dessous de
zéro.

Ce calcul est fort ingénieux ; mais son exactitude
n'est pas encore bien établie à l'égard des autres corps.
Les points de froid absolu indiqués par cette méthode,
en différents corps , sont extrèmement éloignés les uns
des autres : il est cependant possible que cela tienne à
quelque imperfection dans les expériences.

CAROLINE. — C'est très ingénieux en effet ; mais
songeons à notre expérience. L'eau commence à bouillir
et le thermomètre est stationnaire.

Mme DE BEAUMONT. — A votre tour , Caroline , expliquez-nous ce phénomène.

CAROLINE. — Il est extrèmement curieux. Maintenant le calorique s'emploie, je suppose, à changer
l'eau en vapeur, dans laquelle il se cache et devient

insensible. C'est un autre exemple de chaleur latente
produisant un changement de forme. Dans le premier,
elle a converti un solide en liquide, ici elle transforme
ce liquide en vapeur.

Mme DE BEAUMONT. — Vous voyez, ma chère, avec
quelle facilité vous vous êtes familiarisée avec ces modifications de chaleur insensible qui vous paraissaient
d'abord inintelligibles. Si nous voulions maintenant
faire l'expérience contraire et condenser la vapeur en
eau et l'eau en glace, la chaleur latente reparaîtrait
tout entière en forme de calorique libre.

GUSTAVE. — Je vous prie, maman, laissez-nous
voir l'effet de ce retour de la chaleur latente à son état
libre.

Mme DE BEAUMONT. — Pour vous montrer cela, il nous
faut simplement conduire la vapeur à travers un tube
dans ce vase d'eau froide où elle se dégagera de sa chaleur latente et reprendra sa forme liquide.

GUSTAVE. — Comme l'eau est rapidement échauffée
par la vapeur!

Mme DE BEAUMONT. — C'est parce que non-seulement elle donne de son calorique libre à l'eau, mais
encore sa chaleur latente. Cette méthode de chauffer
les liquides a été avantageusement employée dans plu-
sieur établissements économiques. Les cuisines à vapeur qui deviennent d'un usage si général sont faites
d'après ce principe. La vapeur est conduite par un
tuyau à travers les différents vaisseaux qui contiennent
les mets que l'on veut faire cuire, et après leur avoir
communiqué son calorique latent elle revient à l'état

d'eau. Le comte Rumford a fait un grand emploi de ce
principe dans plusieurs cheminées de son invention.
Son but principal est d'éviter toute consommation superflue de calorique, et pour cela il le renferme de
manière à ce qu'il ne s'en échappe pas une particule
inutilement; et non-seulement il ménage ainsi le calorique libre, mais il tire avantage de la chaleur latente. Par ce mode il est parvenu à produire un degré
de chaleur supérieur à celui des cheminées ordinaires,
en employant moins de combustibles.

GUSTAVE. — L'avantage de ces inventions est si évident que je ne conçois pas comment elles ne sont pas
universellement adoptées!

Mᵐᵉ DE BEAUMONT. — Il faut toujours assez long-
temps pour que les innovations, même les plus utiles,
triomphent des préjugés vulgaires.

GUSTAVE. — Quelle pitié! qu'il existe des préjugés
contre les inventions nouvelles. Combien le monde
se perfectionnerait plus rapidement, si les découvertes utiles étaient immédiatement et universellement
adoptées !

Mᵐᵉ DE BEAUMONT. — Je pense, mon cher, que
parmi les nouveautés présentées il y en aurait autant
de nuisibles que d'avantageuses à la société. Les savants, quoiqu'ils ne soient pas exempts d'erreur, ont
un grand avantage sur les ignorants, pour apprécier
ce qui peut être vraiment profitable dans une découverte; aussi voyons-nous toujours les premiers s'em-
presser d'accueillir celles qu'ils croyent faites pour
devenir utiles, tandis que les derniers, ne pouvant

recourir qu'au temps et à l'expérience pour juger de ce qu'elles ont de bon ou de mauvais, s'opposent à tout hasard à leur introduction. Toutefois l'homme instruit se trompe souvent dans ses espérances, et les préjugés du vulgaire, quoiqu'ils retardent les progrès des connaissances, ont quelquefois empêché la propagation de dangereuses erreurs. — Mais nous nous éloignons trop de notre sujet.

Nous avons converti la vapeur en eau, et nous devons à présent changer l'eau en glace, pour rendre sensible la chaleur latente qui se dégagera de l'eau quand elle passera à l'état solide.

CAROLINE. — Cela sera difficile à faire dans une chambre chaude.

Mme DE BEAUMONT. — Pas tant que vous le croyez. Il existe des mixtions chimiques par lesquelles un prompt changement de l'état solide à l'état fluide ou *vice versâ* a lieu dans les substances combinées ; et suivant la nature de ce changement, la chaleur latente est absorbée ou dégagée.

GUSTAVE. — Je ne vous entends pas bien.

Mme DE BEAUMONT. — Cette neige et ce sel que vous me voyez mêler ensemble fondent rapidement ; la chaleur doit donc être absorbée par ce mélange et le froid produit.

CAROLINE. — Je sens ce mélange plus froid que la glace même, et cependant la neige n'est pas encore fondue. C'est très extraordinaire.

Mme DE BEAUMONT. — La cause du froid intense du mélange doit être attribuée au passage d'un corps solide à un état fluide. L'union de la neige et du sel produit un nouvel arrangement del eurs molécules, en conséquence de quoi elles deviennent liquides , et la quantité de calorique nécessaire pour effectuer ce changement est enlevée par la mixtion à tous les objets environnants. L'avidité de ce mélange pour le calorique pendant le temps de sa liquéfaction est telle qu'elle convertit une partie de son propre calorique libre en chaleur latente, et sa température baisse en proportion.

Gustave. — Toutes les substances que vous mettriez dans ce mélange se congèleraient donc ?

Mme de Beaumont. — Oui ; du moins tous les fluides susceptibles de se congeler à cette température.

J'ai préparé cette mixtion de neige et de sel pour glacer l'eau de laquelle vous désirez voir la chaleur latente s'échapper. J'ai placé un thermomètre dans le verre d'eau, qui doit être congelée, pour que vous puissiez voir son refroidissement.

Caroline. — Le thermomètre descend ; mais la chaleur que l'eau perd maintenant, est son calorique libre, non sa chaleur latente.

Mme de Beaumont. — Assurément ; elle ne perdra sa chaleur latente, que lorsqu'elle se transformera en glace.

Gustave. — Mais, voici une circonstance très extraordinaire. Le thermomètre est descendu au-dessous de zéro, et l'eau n'est pas glacée.

Mme de Beaumont. — Cela est toujours ainsi un peu avant que l'eau se glace, quand elle est en repos. Maintenant elle commence à se congeler, et vous pouvez observer que le thermomètre remonte à glace.

CAROLINE. — Il me semble très étrange que le thermomètre monte au moment où l'eau se glace; car cela impliquerait que l'eau était plus froide avant l'instant de sa congélation.

Mme DE BEAUMONT. — Et cela est ainsi, en effet. Mais après une si longue dissertation, je n'aurais pas cru que ce fait pût vous paraître si surprenant. Réfléchissez un peu, et vous trouverez la raison de ce qui vous étonne.

CAROLINE. — Cela est sans doute causé par le dégagement du calorique latent, qui élève la température à l'instant de la congélation de l'eau.

Mme DE BEAUMONT. — Certainement : et si vous examinez à présent le thermomètre, vous trouverez que son élévation n'est que momentanée, et ne dure que le temps du dégagement de la chaleur lalente. Maintenant que toute l'eau est glacée, il redescend et continuera de tomber jusqu'à ce que la glace et la mixtion soient à la même température.

GUSTAVE. — Et pouvez-vous nous montrer quelque expérience, dans laquelle des liquides se changent en solides par leur mélange, et dégagent de la chaleur latente.

Mme DE BEAUMONT. — Je pourrais vous en montrer plusieurs, mais vous n'êtes pas assez avancés pour les bien comprendre. Toutefois j'en essaierai une qui vous donnera une exemple frappant de ce fait. Le fluide que vous voyez dans cette fiole, consiste en une quantité d'un certain sel, nommé *muriate de chaux*, dissout dans de l'eau. Si je verse dans la fiole quelques gouttes de cet autre fluide, appelé *acide sulfurique*, le tout, ou à peu de chose près, sera transformé en une masse solide.

GUSTAVE. — Comme cela devient blanc ! Je sens que la chaleur latente s'est échappée ; car la bouteille est chaude, et le fluide est changé en une substance blanche et solide, qui ressemble à de la craie.

CAROLINE. — C'est je crois l'expérience la plus curieuse que nous ayons faite. Mais, je vous prie, qu'elle est cette vapeur blanche qui s'élève du mélange ?

Mme DE BEAUMONT. — Vous ne pouvez encore entendre cela. — Mais prenez garde, Caroline, n'approchez pas trop de cette vapeur, elle a une odeur excessivement piquante.

Je vous ferai voir un autre exemple semblable à celui de l'eau que vous avez vue devenir plus chaude en se glaçant. J'ai dans cette fiole une solution d'un sel, nommé sulfate de soude ou sel de Glauber ; le verre de la bouteille est très fort, et je la bouche soigneusement après l'avoir chauffée ; puis je la laisse refroidir sans l'agiter. Vous pouvez sentir maintenant que la liqueur est froide ; j'enlève le bouchon et je laisse pénétrer l'air, (étant fermée, vous savez qu'il devait y avoir un vide dans la partie supérieure) remarquez que le sel se cristallise subitement.....

CAROLINE. — Que cela est surprenant ! Comme les aiguilles ou lames de sel qui se sont formées dans toute la fiole sont belles !

Mme DE BEAUMONT. — Oui, cet effet est admirable.
— Mais n'oubliez pas, je vous prie, l'objet de
l'expérience. Sentez - vous combien la fiole s'est
échauffée par la conversion d'une partie du liquide en
solide?

GUSTAVE. — Oui; elle est maintenant très chaude.
C'est une preuve des plus frappantes du dégagement de
la chaleur latente.

Mme DE BEAUMONT.—Le procédé d'éteindre la chaux
est un autre exemple remarquable d'extraction de la
chaleur latente. N'avez-vous jamais observé, lorsqu'on
verse de l'eau sur de la chaux vive, quelle fumée en sort
et quelle chaleur elle produit?

CAROLINE. — J'ai souvent remarqué cet effet; mais
je ne conçois pas quel changement d'état de la chaux
occasionne ce dégagement de chaleur latente. Cette
opération, si je m'en souviens bien, réduit la chaux,
de masse solide qu'elle était, en poussière; elle gagne
donc plutôt de l'expansion qu'elle n'en perd.

Mme DE BEAUMONT.—C'est de l'eau, non de la chaux,
que se dégage la chaleur latente. L'eau s'incorpore
avec cette substance, et devient solide comme elle;
en conséquence, la chaleur qui servait à maintenir
l'eau dans l'état liquide, se dégage et s'échappe sous
une forme sensible.

CAROLINE. — J'avais toujours pensé que la chaleur
venait de la chaux. Il paraît étrange que de l'eau,
surtout de l'eau froide, contienne tant de chaleur.

GUSTAVE. — Après cette extraction de calorique,
l'eau doit exister dans la chaux en état de glace, puis-

qu'elle a perdu la chaleur qui la maintenait dans la forme liquide.

Mme DE BEAUMONT. — On ne peut pas dire que ce soit, à proprement parler de la glace, puisque la glace implique toujours un degré de froid, au moins égal au point de gelée. Cependant comme l'eau, en se combinant avec la chaux, dégage plus de chaleur qu'en se glaçant, elle doit être plus solide dans la chaux, qu'elle ne l'est en forme de glace; et vous pouvez observer qu'elle ne liquéfie pas la chaux, au plus léger degré.

GUSTAVE. — Mais, maman, la fumée qui s'élève de la chaux est blanche; si ce n'était que du calorique pur, nous le sentirions sans le voir.

Mme DE BEAUMONT. — Cette vapeur blanche est formée par quelques molécules de chaux, réduites en fine poussière, qui sont entraînées par le calorique.

GUSTAVE. — Dans tous les changements d'état, il paraît que les corps absorbent ou dégagent de la chaleur latente?

Mme DE BEAUMONT. — Vous ne pouvez dire précisément qu'ils *absorbent de la chaleur latente*, puisque la chaleur ne devient *latente*, que par son emprisonnement dans un corps. Mais vous pouvez dire en général que les corps, en passant d'une forme solide à une fluide, et de celle-ci à l'état de vapeur, absorbent de la chaleur, et en dégagent dans les cas opposés *.

---

* Cette règle, si elle n'est pas universelle, a du moins très peu d'exceptions.

11

GUSTAVE. — Nous pouvons maintenant, je crois, nous rendre compte de l'ébullition de l'éther, et de la congélation de l'eau dans un vide à la même température *.

Mme DE BEAUMONT. — Voyons comment vous l'expliquez.

GUSTAVE. — La chaleur latente que l'eau dégage en se congelant, est immédiatement absorbée par l'éther, pendant son changement en vapeur; ainsi, ce calorique, qui est à l'état latent dans un liquide, reste latent en passant dans un autre corps.

Mme DE BEAUMONT. — Mais cela n'explique qu'une partie des résultats de l'expérience, il reste encore à dire pourquoi la température de l'éther pendant qu'il est en ébullition baisse jusqu'au point de glace. — Cet effet a lieu parce que l'éther pendant son évaporation baisse de température dans la même proportion que l'eau, en convertissant son calorique libre en chaleur latente : ainsi, quoique l'un des deux liquides bouille et que l'autre devienne glace leur température reste en équilibre.

GUSTAVE. — Mais pourquoi l'eau, aussi bien que l'éther ne baisse-t-elle pas de température en s'évaporant?

Mme DE BEAUMONT. — Sa température baisse en effet aussi, mais beaucoup moins rapidement. Vous avez peut-être observé à quel point dans l'ardeur

* Voyez plus haut, page 84.

de l'été on peut rafraichir la terre en y jetant de l'eau. La simple évaporation de l'eau produit tant de fraicheur que les Indiens en tirent de grands avantages, pour contrebalancer la chaleur brûlante de leur atmosphère ; et ils réussissent à faire de la glace par l'effet du froid de la nuit ou de la brise du soir, remarquablement fraiche dans ces climats.

Pour cet effet, ils mettent l'eau dans des jattes de terre, peu profondes, de manière à présenter à l'action de l'évaporation beaucoup de surface : et le matin ces vases se trouvent couverts d'une couche de glace ; on la recueille, et ce procédé en fournit suffisamment pour les usages de luxe.

CAROLINE. — Quel délice de boire des liquides aussi frais dans ces climats brûlants! Mais, maman, ne pourrions nous pas essayer cette expérience?

Mᵐᵉ DE BEAUMONT. — A la campagne rien ne serait plus facile que de produire de la glace par les mêmes moyens : mais nous pouvons faire tout à l'heure l'expérience en petit, dans cette chambre même, où le thermomètre est à 20 degrés. Il faut simplement mettre un peu d'eau, dans une petite tasse, sous le récipient de la machine pneumatique (pl. 5, fig. 1) et pomper l'air. Quelle sera la conséquence de ce procédé, Caroline?

CAROLINE. — L'eau doit naturellement s'évaporer plus vite en ce cas, puisqu'elle est dégagée de la pression atmosphérique : mais cela serait-il suffisant pour la faire geler

Mᵐᵉ DE BEAUMONT. — Probablement non : parce que la vapeur ne pourrait être emportée assez vite, mais ce changement s'accomplira aisément en introduisant sous le récipient, (fig. 1) dans un autre vaisseau plat et large, de l'acide sulfurique concentrée, substance qui a une grande attraction pour l'eau, soit en forme de vapeur soit dans l'état liquide. Cette attraction est si forte que l'acide absorbera la vapeur, à mesure qu'elle s'élèvera de l'eau et donnera lieu à la formation d'une nouvelle vapeur, ce qui hâtera le procédé ; alors le froid produit par la rapide évaporation de l'eau sera suffisant pour faire congeler sa surface *. Nous allons maintenant pomper l'air du récipient.

GUSTAVE. — Mille petites bulles s'élèvent déjà de la surface intérieure de la tasse ; pourquoi cela ?

Mᵐᵉ DE BEAUMONT. — Ce sont des bulles d'air dont les unes étaient attachées au vase, les autres disséminées dans l'eau, lesquelles montent et se dilatent en conséquence de l'absence de la pression atmosphérique.

CAROLINE. — Voyez, maman, le thermomètre dans la tasse descend rapidement.

GUSTAVE. — L'eau paraît de temps en temps violemment agitée à la surface, comme si elle était prête

* Cette expérience a été d'abord faite par M. Leslie ; elle a depuis été répétée sous une très grande variété de formes.

à bouillir, cependant le thermomètre descend toujours aussi vite!

Mme DE BEAUMONT.—Vous pouvez appeler cette agitation ébullition si cela vous plait, car c'est de même que l'ébullition ordinaire, un effet de la formation de la vapeur : mais ici, comme vous l'avez très bien observé, le mouvement a lieu à la surface, parce que ce n'est que lorsque la chaleur est appliquée au fond du vase que la vapeur y est formée.

CAROLINE. — Que cela est admirable! La surface est complètement glacée; mais le thermomètre est resté à glace.

Mme DE BEAUMONT. — Et il doit y rester conformément à notre doctrine de la chaleur latente, jusqu'à ce que toute l'eau soit congelée : alors il descendra encore en conséquence de l'évaporation qui se fera à la surface de la glace.

GUSTAVE. — C'est une expérience bien intéressante, mais elle serait encore plus frappante si l'on n'y employait point d'acide.

Mme DE BEAUMONT. — Je vais vous montrer un appareil pour faire la glace, inventé par le docteur Wollaston, d'après le principe démontré dans l'expérience de Leslie. L'eau se congèle avec cet instrument par l'effet de sa propre évaporation, sans le secours de l'acide.

Ce tube que vous voyez (pl. 5, f. 2) est terminé à chaque bout par une boule, dont l'une est à moitié remplie d'eau, et parfaitement dégagée d'air, ce qui dispose l'eau de cette boule à s'évaporer. L'évaporation n'est cependant pas assez prompte pour faire glacer l'eau; mais en refroidissant l'autre boule vide par des moyens artificiels, de manière à ce qu'elle condense rapidement la vapeur de l'eau, le procédé d'évaporation est suffisamment activé pour produire la glace. Le docteur Wollaston a donné à cet instrument le nom de *Cryophore*.

CAROLINE. — Ainsi le froid joue ici le même rôle que l'acide sulfurique dans l'expérience de Leslie.

Mme DE BEAUMONT. — Précisément; essayons cependant l'expérience.

GUSTAVE. — Comment refroidirez-vous l'instrument, vous n'avez ni neige, ni glace.

Mme DE BEAUMONT. — Il est vrai : mais nous avons d'autres moyens de produire cet effet. * Vous vous rappelez quel froid intense produit l'évaporation de l'éther dans un récipient épuisé d'air. Nous allons envelopper la boule vide dans un petit sac de flanelle fine (pl. 5. f. 3) puis après l'avoir plongée dans de l'éther nous l'introduirons sous le récipient (fig. 5) Pour cet effet il conviendra mieux d'employer un cryophore de cette forme (fig. 4) dont la tête oblongue passe facilement entre le plateau de cuivre qui couvre

* Cette manière de faire l'expérience a été proposée et développée par le docteur Marcet dans le vol. 34 du Journal de Nicholson, p. 119.

le récipient. Si nous épuisions promptement l'air, nous verrions en moins d'une minute l'eau se glacer dans l'autre boule en dehors.

Gustave. — La boule se ternit déjà, et de petites gouttes d'eau se condensent à sa surface.

Caroline. — Et maintenant des cristaux de glace paraissent de tous côtés dans l'eau. C'est vraiment une expérience très curieuse.

Mme de Beaumont. — Vous verrez quelque autre fois, que par une méthode semblable, le vif argent lui-même peut se congeler. Mais nous ne pouvons pousser plus loin les digressions.

Maintenant je crois devoir vous faire la description du calorimètre, instrument inventé par Lavoisier, (d'après les principes que nous venons de déduire) pour estimer la chaleur spécifique des corps. Cet instrument consiste en un vaisseau dont la surface intérieure est doublée de glace, de manière à former une espèce de globe de glace creux, au milieu duquel on place le corps dont on veut estimer la chaleur spécifique. La glace absorbe le calorique de ce corps, jusqu'à ce qu'il ait été porté au degré de glace; ce calorique change une partie de la glace en eau, qui coule par une ouverture pratiquée au fond de la machine; et la quantité de glace ainsi transformée sert à évaluer la quantité de calorique dégagé par un corps en descendant d'une certaine température au point de glace.

Caroline. — Je suppose que dans cet appareil, le

lait, la craie, et le plomb feraient fondre différentes quantités de glace, en raison de leurs différentes capacités pour le calorique.

Mme DE BEAUMONT. — Certainement : et par ce moyen on estime avec précision leur capacité respective. Mais le calorimètre ne donne pas plus de renseignement que le thermomètre, sur la quantité absolue de chaleur contenue dans un corps; puisque, bien que l'on puisse extraire par son moyen, et le calorique libre et le calorique combiné, on ne peut les extraire que jusqu'à un certain degré, qui est le point de glace; et l'on ne sait pas du tout, ce que les corps peuvent contenir, soit de l'une soit de l'autre modification de la chaleur au-dessous de ce point.

GUSTAVE. — Suivant la théorie de la chaleur latente, le temps devrait, ce me semble, être plus chaud quand il gèle, que dans un dégel : car la chaleur latente est dégagée de toutes les substances qui se glacent, et ce supplément de chaleur doit rendre l'air plus doux; tandis que pendant le dégel une grande quantité de calorique libre est enlevée à l'atmosphère pour être remise en état latent dans les corps qui dégèlent.

Mme DE BEAUMONT. — Votre observation est très naturelle : mais considérez que dans une gelée l'air est tellement froid, en comparaison de la terre, qu'il ne peut élever sa température au-dessus du point de glace, malgré le calorique qu'il prend aux corps qui se congèlent.

Toutefois si la quantité de chaleur latente dégagée

en ce cas ne suffit pas pour détruire la gelée, elle sert du moins à rendre le changement de température moins brusque au commencement d'une gelée ou d'un dégel.

Dans le premier exemple, elle diminue la rigueur du froid, dans le second elle atténue la chaleur, et produit même quelquefois une sorte de sensation de froid pénétrante, au moment ou le dégel se décide.

CAROLINE. — Mais, quelles sont les causes générales de ces changements soudains, spécialement du chaud ou froid ?

Mme DE BEAUMONT. — Cette question nous mènerait à des discussions météoriques, qui ne sont pas à ma portée. Toutefois il est une circonstance dans ces variations qu'il nous est facile de concevoir. Quand l'air a passé à travers des régions froides, il nous arrive probablement à une température au-dessous de la nôtre ; alors il doit absorber de la chaleur de tous les objets qu'il rencontre, et produire ainsi un abaissement dans leur température.

CAROLINE. — Maintenant que nous connaissons tant d'effets de la chaleur, ne nous apprendrez-vous pas si c'est réellement un corps distinct, ou, comme je l'ai entendu dire, une sorte de mouvement dans les corps?

Mme DE BEAUMONT. — Comme je vous l'ai dit précédemment, on n'a encore aucune idée certaine de la nature de ces agents subtils. Mais je suis disposée à considérer la chaleur plutôt comme une substance réelle que comme un simple mouvement. Des expériences récentes semblent prouver que c'est un corps composé de deux électricités. A notre première entrevue, je vous apprendrai les principaux faits sur lesquels cette opinion est fondée.

CINQUIÈME ENTRETIEN.

SUR L'ACTION CHIMIQUE DE L'ÉLECTRICITÉ.

Électricité positive et négative. — Découverte de Galvani. — Batterie de Volta. — Machine électrique. — Théorie de l'excitation galvanique. — Son influence sur l'aiguille aimantée. — Courants électro-magnétiques.

Mme DE BEAUMONT, CAROLINE, GUSTAVE.

Mme DE BEAUMONT. — Avant de commencer le sujet que nous allons traiter, il est nécessaire de vous faire connaître certaines propriétés de l'électricité, qui, d'après les découvertes faites dans ces dernières années, ont paru essentiellement liées au phénomène d'affinité chimique.

GUSTAVE. — C'est l'électricité, si je m'en souviens bien, qui se présente maintenant la première, dans notre liste des substances simples.

Mme DE BEAUMONT. — J'ai fait entrer l'électricité dans cette liste, plutôt faute de savoir où la placer, que d'après la conviction qu'elle ait un titre réel à cette place. Nous sommes tellement ignorants de sa nature intime, que nous ne pouvons non-seulement déterminer si elle est simple ou composée, mais même si elle est en effet un agent matériel. Sir Humphry Davy a insinué qu'elle pourrait être simplement une propriété inhérente à la matière. Toutefois, comme il est nécessaire d'adopter une hypothèse quelconque pour expliquer les découvertes que cet agent nous a donné les moyens de faire, j'ai choisi la plus généralement admise, savoir, celle de l'existence de deux électricités, distinguées par les noms *d'électricité positive* et d'électricité *négative*.

CAROLINE. — Eh bien ! s'il faut l'avouer, je prends moins d'intérêt à une science dans laquelle règne tant d'incertitude, qu'à celles qui reposent sur des principes établis. Je n'ai jamais eu de goût pour l'électricité, malgré la beauté et la singularité des phénomènes qu'elle nous montre; parce que les théories par lesquelles on les explique, sont tellement obscures et indécises qu'elles ne m'ont jamais satisfaite. J'espérais que les nouvelles découvertes en électricité avaient jeté assez de jour sur ce sujet, pour que chacun des faits qui le concerne pût être clairement expliqué.

Mme DE BEAUMONT. — C'est un point que nous sommes encore bien loin d'avoir atteint. Mais, en dépit des imperfections des théories, vous serez amplement dédommagée par l'importance et la nouveauté du sujet. Le grand nombre de faits déjà connus, et l'immense perspective qui a été dernièrement ouverte, conduiront finalement, je l'espère, à un éclaircissement complet de cette partie de la physique : pour le présent, il faut nous contenter d'étudier les effets, et d'expliquer jusqu'à un certain point les phénomènes électriques, sans aspirer à une connaissance parfaite de leur cause éloignée.

Vous avez déjà quelques notions sur l'électricité. Je me bornerai donc à cette partie de la science découverte en dernier lieu, et plus particulièrement liée à la chimie.

Cette nouvelle branche de la physique a été découverte par une circonstance accidentelle. Galvani, professeur de physique, à Bologne, étant occupé, il y a une vingtaine d'années, à faire des expériences sur l'irritabilité musculaire, observa que lorsqu'on posa t une pièce de métal sur un nerf d'une grenouille récemment tuée, tandis que le membre auquel ce nerf donnait le mouvement, était posé sur un autre métal, ce membre était subitement mis en mouvement par une communication établie entre les deux substances métalliques.

Gustave. — Comment se fait cette communication ?

Mᵐᵉ de Beaumont. — Soit en mettant les deux métaux en contact direct, soit en les liant ensemble au moyen d'un conducteur aussi métallique. Mais sans vous donner le cruel spectacle de l'expérience sur la grenouille, je puis vous faire éprouver par vous même l'effet de cette sorte d'action électrique. Voici un morceau de zinc (l'un des métaux que j'ai cités dans la liste des corps élémentaires), placez-le *sous* votre langue, et cette pièce d'argent *sur* votre langue, en laissant les deux métaux se projeter un peu plus loin que le bout de la langue. Très bien : — Maintenant, faites toucher l'une à l'autre les parties saillantes des deux métaux, et vous éprouverez à l'instant une sensation particulière.

GUSTAVE. — En effet, j'ai senti un singulier goût, et je crois aussi un certain degré de chaleur, mais bien peu sensible.

Mme DE BEAUMONT. — L'action de ces deux morceaux de métal sur la langue est, je crois, absolument semblable à celle produite sur le nerf de la grenouille. Je ne vous détaillerai pas la théorie par laquelle Galvani essaya d'expliquer ce fait, puisqu'elle a été renversée par des expériences subséquentes qui ont prouvé que le *Galvanisme* (nom par lequel on avait désigné cette nouvelle puissance) n'était autre chose que l'électricité. Galvani supposait que la force de ce nouvel agent résidait dans les nerfs de la grenouille; mais Volta, qui poussa plus loin les recherches à ce sujet, et avec plus de succès, démontra que le phénomène ne dépendait point des organes de l'animal, mais de l'action électrique des métaux excitée par l'humidité animale, les organes de la grenouille n'étant en ce cas qu'un moyen de s'assurer de la présence de l'influence électrique.

CAROLINE. — Je suppose que la salive, dans l'expérience que vient de faire Gustave, remplit l'office de l'humidité de la grenouille, en excitant l'électricité des morceaux de zinc et d'argent?

Mme DE BEAUMONT. — Précisément; cependant il ne paraît pas qu'il soit nécessaire que le fluide employé à cet effet soit d'une nature animale. L'eau et les acides très délayés dans l'eau ont été reconnus les plus efficaces pour provoquer le développement de l'électricité dans les métaux. Suivant ce principe, le premier appareil construit par Volta, consista en une pile de petites plaques de zinc et de cuivre, dont chaque paire était séparée de la suivante par un morceau de drap ou de carton imbibé d'eau ; et cet instrument, d'abord très limité dans ses dimensions, et par conséquent dans sa force, est arrivé graduellement au perfectionnement et à la puissance de la batterie dite voltaïque. Dans cet appareil, dont vous voyez un exemple (pl. VI, fig. 1.), les plaques de zinc et de cuivre sont soudées en semble, paire par paire, et chacune placée à distances régulières, dans des cases pratiquées dans une auge de bois, les interstices des cases étant remplis par un fluide.

CAROLINE. — Quoique vous ne vouliez pas nous permettre de chercher la cause précise de l'électricité, ne pouvons-nous pas demander de quelle manière le fluide agit sur les métaux quand il produit son action?

Mᵐᵉ DE BEAUMONT. — L'influence du fluide sur les métaux, soit que l'on emploie de l'eau ou un acide, est d'une nature tout-à-fait chimique. Mais les physiciens ne sont pas d'accord entre eux pour décider si l'électricité est produite par l'action chimique ou par le contact des deux métaux.

GUSTAVE. — Le simple contact de deux métaux pourrait-il produire l'électricité, sans l'intervention d'un fluide?

Mme DE BEAUMONT. — Oui, s'ils sont à une distance assez grande l'un de l'autre. C'est un fait reconnu, que quand deux métaux sont mis en contact, ensuite séparés, celui qui a la plus forte attraction pour l'oxygène, donne des marques d'électricité positive, l'autre d'électricité négative.

CAROLINE. — Il semblerait alors raisonnable d'inférer que la puissance de la batterie voltaïque dépend du contact des plaques de zinc et de cuivre.

Mme DE BEAUMONT. — C'est d'après ce principe que Volta et Davy expliquent le phénomène de la pile : mais nonobstant ces deux grandes autorités, plusieurs savants doutent de la vérité de cette théorie. La principale difficulté qui se présente dans l'explication de la batterie de Volta, d'après ce principe, est, que deux plaques de métaux semblables à celles de cet instrument ne donnent aucun signes des différents états d'électricité, tant qu'elles sont en contact, mais seulement quand on les éloigne l'une de l'autre après le contact. D'autre part, les plaques mises en contact dans la batterie de Volta ne sont jamais séparées étant soudées ensemble, et n'ont pas alors d'occasion de se charger d'électricité par des changements de position. De plus, si nous considérons comme unique cause de l'électricité voltaïque, le dérangement dans l'équilibre de l'électricité produit par le contact des plaques, il reste à expliquer comment ce dérangement devient une source inépuisable de force électrique, capable de fournir ce fluide dans une abondance continue et sans aucun moyen de le tirer d'autres sources. Ce sujet,

on doit l'avouer, est enveloppé de trop d'obscurité
pour que nous puissions nous déterminer en faveur
d'aucune théorie. Mais, pour ne pas vous fatiguer de
suppositions, et d'explications diverses, je me bornerai à celle qui me parait la moins embrouillée et la
plus probable *.

Cette théorie attribue l'excitation de l'électricité à
l'action chimique de l'acide et du zinc : je vais vous
donner quelques explications sur la nature de cette
action.

Tous les métaux ont une forte attraction pour l'oxygène, et cet élément se trouve en grande abondance
et dans l'eau et dans les acides. L'action de l'acide
délayé, sur le zinc, consiste donc dans la combinaison
de son oxygène, avec ce métal, dont il dissout la surface.

CAROLINE. — De même que nous avons vu un acide
dissoudre du cuivre.

Mme DE BEAUMONT. — Oui, mais dans la batterie
voltaïque, l'acide délayé n'est pas assez fort pour
produire un effet aussi complet. Il n'agit que sur la
surface du zinc, auquel il cède son oxygène, en y for-

---

* Cette manière d'expliquer les phénomènes de la pile de
Volta est appelée théorie chimique d'électricité, parcequ'elle
attribue ces phénomènes à certains changements chimiques qui
ont lieu pendant leur apparence. Le mode décrit ici a été suggéré par le docteur Bostock, qui a publié récemment (1818),
une *Histoire du Galvanisme*, où l'on trouve un résumé très
complet des opinions de l'auteur et des autres savants sur ce
sujet.

mant une sorte de croute, qui est un composée de l'oxygène et du métal.

GUSTAVE. — Puisqu'il y a une si forte attraction chimique entre l'oxygène et les métaux, je suppose qu'ils sont naturellement dans un état d'électricité opposée.

Mᵐᵉ DE BEAUMONT. — Oui. Il paraît que tous les métaux sont unis à l'électricité positive, et que l'oxygène est la grande source de l'électricité négative.

CAROLINE. — L'acide n'a-t-il pas d'action sur les plaques de cuivre aussi bien que sur celles de zinc ?

Mᵐᵉ DE BEAUMONT. — Non, car bien que le cuivre ait de l'affinité pour l'oxygène, cette affinité étant plus faible que celle du zinc, toute l'énergie de l'acide s'exerce sur ce dernier.

Il vaudra mieux je crois, pour vous faire comprendre l'action de la batterie de Volta, fixer d'abord votre attention seulement sur les effets de deux plaques. (Pl. VI, fig. 2).

Si l'on met une plaque de zinc en face d'une plaque de cuivre ou de tout autre métal qui ait moins d'attraction pour l'oxygène que le zinc, et que l'espace entre les deux plaques, supposons-le de l'épaisseur de deux pouces, soit rempli d'un acide ou d'un fluide quelconque capable d'oxider le zinc, la surface oxidée perdra de sa capacité pour l'électricité, ensorte qu'elle en émettra une certaine quantité. Cette électricité sera absorbée par le fluide contigu qui la transmettra à la surface métallique opposée, laquelle n'étant pas oxydée sera disposée à la recevoir ; de cette manière la plaque de cuivre sera électrisée positivement, et celle de zinc le sera négativement.

Cette évolution de fluide électrique est cependant très limitée : car les deux plaques n'admettant qu'une fort petite accumulation d'électricité, et étant censées privées de toute communication avec d'autres corps, l'action de l'acide et le développement d'électricité seront immédiatement arrêtés.

GUSTAVE. — Cette action ne peut sans doute continuer plus long-temps que celle d'une machine électrique ordinaire isolée des autres corps?

M⁰ᵉ DE BEAUMONT. — Précisément. La machine électrique lorsqu'elle est excitée par la friction, dégage de l'électricité positive et de l'électricité négative. (P. VI, fig. 3.) La première est conduite par la rotation du cylindre de verre dans le conducteur, et la seconde passe dans le frottoir. Mais, lorsqu'il n'y a point de communication établie entre le frottoir et la terre, on ne peut exciter une quantité très considérable d'électricité; car le premier, de même que les plaques de la batterie, a trop peu de capacité pour admettre une grande accumulation de ce fluide. Ainsi donc, à moins que l'électricité ne puisse passer hors du frottoir, elle cessera d'y arriver, et conséquemment aucune accumulation additionnelle n'aura lieu, et comme l'une des électricités ne peut être émise sans l'autre, le développement de l'électricité positive est arrêté en même temps que celui de la négative, et le conducteur ne peut plus recevoir de charge.

CAROLINE. — Mais le conducteur, aussi bien que

le frottoir, n'a-t-il pas besoin d'une communication avec la terre, pour se décharger de son électricité?

Mme DE BEAUMONT. — Non : car il est susceptible de recevoir et de contenir une quantité considérable d'électricité, étant plus grand que le frottoir, par conséquent ayant une plus grande capacité; cette continuité d'accumulation d'électricité dans le conducteur est ce qu'on appelle charge.

GUSTAVE. — Quand une machine électrique est pourvue de deux conducteurs, pour recevoir les deux électricités, je suppose que la communication avec la terre n'est point nécessaire?

Mme DE BEAUMONT. — Certainement non ; car jusqu'à ce que les deux conducteurs soient complètement chargés, ils reçoivent d'égales quantités d'électricités.

CAROLINE. — Je pensais que la chaîne servait à conduire l'électricité de la terre dans la machine ?

Mme DE BEAUMONT. — C'était l'opinion de Francklin, qui supposait qu'il n'y avait qu'une sorte d'électricité, et qui, par les termes de *positive* et de *négative*, qu'il a introduit le premier, entendait seulement différentes quantités de la même électricité. La chaîne en ce cas était censée conduire l'électricité du centre commun, à travers le frottoir, dans le conducteur. Mais comme nous avons adopté l'hypothèse des deux électricités, nous devons considérer la chaîne comme un véhicule pour conduire l'électricité négative dans la terre.

GUSTAVE. — Et les deux espèces sont-elles produites quand l'électricité est excitée?

M⸺ DE BEAUMONT. — Oui, toujours. Si vous frottez un tube de verre avec un morceau d'étoffe de laine, le verre sera électrisé positivement, la laine négativement. Au contraire si vous excitez par le même moyen un bâton de cire d'Espagne, ce sera le morceau de laine qui deviendra positif et la cire négative.

A l'égard de la batterie de Volta, pour que l'action de l'acide sur le zinc fut libre et les deux électricités produites sans interruption, il fallait trouver quelque manière de faire abandonner aux plaques leur électricité aussi vite qu'elles la recevraient. Imaginez-vous quelque moyen d'atteindre ce but?

GUSTAVE. — Les deux chaînes, ou fils de fer suspendus de chaque plaque vers la terre y conduisent les deux électricités et remplissent peut être la fin demandée?

M⸺ DE BEAUMONT. — J'admets qu'ils remplissent l'office d'emporter l'électricité; mais souvenez-vous que quoiqu'il soit nécessaire de trouver un écoulement pour ce fluide, on ne doit cependant pas en perdre, puisque c'est la puissance que l'on désire obtenir. Au lieu donc de la conduire dans la terre, faisons que les fils de fer dans chaque plaque se rencontrent, et mettant ainsi les deux électricités en contact, les combinent et les neutralisent de nouveau. Tant que cette communication continuera, les deux plaques ayant un débouché pour leurs électricités respectives, l'action de l'acide restera libre et non interrompue.

GUSTAVE. — Cela est fort clair, tant qu'il n'est ques-

tion que de deux plaques ; mais je ne comprends pas
aussi bien comment la suite de plaques ou plutôt de
paires de plaques, dont la batterie galvanique est
composée, propage et accumule son énergie.

Mme DE BEAUMONT. — Pour vous montrer comment
l'intensité de l'électricité est augmentée par le nombre
des plaques, nous allons examiner l'action de deux
paires ; et si vous l'entendez bien, vous entendrez
facilement celle d'un plus grand nombre. (P. VI. fig. 1.)
Vous voyez dans cette figure que les deux plaques
centrales sont unies, elles sont soudées ensemble,
comme nous l'avons remarqué dans la description de
la batterie de Volta, de manière à former une seule
plaque, qui présente deux surfaces différentes, l'une
de cuivre l'autre de zinc.

Vous vous rappelez sans doute que nous avons supposé, en expliquant l'action des deux plaques, qu'il y
avait une certaine quantité d'électricité émise de la
surface de la plaque de zinc, en conséquence de l'action de l'acide, et que cette électricité était reportée par
le fluide intermédiaire à la plaque de cuivre n° 2,
qui devient ainsi positive. Cette plaque de cuivre
communique son électricité à la plaque de zinc contiguë, n° 3, dans laquelle conséquemment il se fait une
certaine accumulation d'électricité. Ainsi donc,
quand le fluide de la case suivante agit sur la plaque
de zinc, l'électricité en est dégagée en plus grande
quantité et sous une forme plus concentrée qu'elle ne
le faisait auparavant. Cette électricité concentrée est
encore reportée par le fluide à la paire de plaques sui-

vante, n° 4 et 5, où elle est encore renforcée par l'action du fluide de la troisième case, et ainsi de suite, quel que soit le nombre qui compose la batterie. De cette manière, l'énergie électrique continue à s'accumuler en proportion du nombre de paires de plaques, la première plaque de zinc étant la plus négative, et la dernière plaque de cuivre la plus positive.

CAROLINE. — Mais la batterie se charge-t-elle de plus en plus si on la laissait simplement en repos?

Mme DE BEAUMONT. — Non, car l'action cesserait bientôt, comme je l'ai expliqué tout à l'heure, à moins qu'on n'établit un débouché pour les électricités accumulées: mais c'est ce qu'il est facile de faire par le moyen des fils de métal (fig. 1.) qui unissent les deux extrémités de la batterie, lesquels étant en contact opèrent ainsi la neutralisation des deux électricités l'une par l'autre, et produisent le choc et les autres effets électriques; l'action continue alors avec une nouvelle énergie, n'étant plus empêchée par l'accumulation des deux électricités.

GUSTAVE. — C'est donc la combinaison des deux électricités qui produit l'étincelle électrique?

Mme DE BEAUMONT. — Oui, et c'est, je crois, cette circonstance qui donna lieu à cette opinion de sir H. Davy, savoir, que le calorique pourrait bien n'être qu'un composé des deux électricités.

CAROLINE. — Cependant, le calorique est assurément très différent de l'étincelle électrique.

Mme DE BEAUMONT. — Probablement leur différence

ne consiste que dans l'intensité; car, la chaleur de l'é-
tincelle électrique est beaucoup plus intense dans le
petit espace qu'elle occupe, que toute chaleur produite par les autres moyens.

GUSTAVE. — Est-il tout-à-fait certain que l'électricité de la batterie voltaïque soit de même nature que
celle des machines électriques ordinaires?

Mme DE BEAUMONT. — Très certain : le choc donné
au corps humain , l'étincelle, l'identité des substances
conductrices ou non conductrices employées dans l'un
et l'autre appareil, sont des preuves frappantes de
ce fait. De plus, M. Davy a montré dans ses cours
qu'une bouteille de Leyde et une machine électrique
ordinaire , peuvent être chargées d'électricité tirée
d'une batterie de Volta; l'effet produit par celle-ci
étant parfaitement semblable à celui qu'on obtient par
la machine ordinaire.

Le docteur Wollaston a également prouvé que les
mêmes décompositions chimiques sont effectuées par
les deux appareils; et il a rendu très probable , par
d'autres expériences, que les deux électricités ont
essentiellement une même origine, en montrant que
le frottoir de la machine électrique commune, de même
que le zinc de la batterie voltaïque, produit les deux
électricités en se combinant avec l'oxygène.

CAROLINE. — Mais, je ne vois pas d'où le frottoir
peut obtenir l'oxygène; car, l'on ne se sert ni d'eau ni
d'acide dans la machine électrique ordinaire; et j'ai
toujours entendu dire que l'électricité était excitée par
la friction.

Mme DE BEAUMONT. — Il paraît que le frottoir se procure par la friction de l'oxygène de l'atmosphère qui est composé en partie de cet élément. L'oxygène se combine avec l'amalgame du frottoir, qui est d'une nature métallique, à peu près de la même manière que l'oxygène de l'acide se combine avec le zinc, dans la batterie de Volta, et c'est ainsi que les deux électricités sont dégagées.

CAROLINE. — Et si l'électricité des deux machines est semblable, pourquoi n'use-t-on pas de la machine ordinaire pour les décompositions chimiques.

Mme DE BEAUMONT. — Quoique ses effets soient semblables à ceux de la batterie voltaïque, ils sont incomparablement plus faibles. Le docteur Wollaston, pour appliquer l'ancien appareil à des décompositions chimiques a été obligé d'opérer sur de très petites quantités de matière; et bien que les résultats aient prouvé suffisamment l'identité d'effet entre les deux machines, ceux de l'ancienne étaient d'une étendue trop bornée pour être employés avec avantage pour des analyses.

CAROLINE. — Combien le choc de la batterie voltaïque doit être terrible, puisqu'elle a une puissance tellement supérieure à celle d'une machine électrique ordinaire!

Mme DE BEAUMONT. — Ce choc n'est pas aussi formidable que vous le pensez : du moins, il n'est pas du tout proportionné à l'effet chimique. La grande supériorité de la batterie voltaïque gît dans la grande *quantité* d'électricité propagée; mais quant à la *rapidité* ou *l'intensité* de la charge, elle est de beaucoup surpassée

par la machine commune. Il semblerait que le choc ou
l'effet physique dépendrait principalement de l'intensité; tandis que pour les opérations chimiques ce serait
la quantité qui serait exigée. Dans la batterie voltaïque,
l'électricité, quoique abondante, est si faible qu'elle
ne peut se frayer un passage à travers le fluide qui sépare les plaques; et l'électricité d'une machine ordinaire peut traverser quelque espace d'eau que ce soit.

CAROLINE. — Ne serait-il pas possible d'accroître
l'intensité de la batterie voltaïque jusqu'à ce qu'elle fût
égale à celle d'une machine électrique ordinaire?

M⁰ᵉ DE BEAUMONT. — Elle peut être accrue au point
d'imiter une faible machine électrique, en produisant
une étincelle visible par l'accumulation du fluide électrique dans une bouteille de Leyde. Mais elle ne peut
être augmentée suffisamment pour traverser une étendue considérable, à cause de la communication facile,
offerte par les fluides employés dans l'appareil.

En augmentant le nombre des plaques d'une batterie, on augmente son *intensité*; et en agrandissant les
dimensions de ces plaques, on augmente sa *quantité*;
et comme la supériorité de cette sorte d'appareil consiste entièrement dans la quantité d'électricité produite;
on a cru d'abord, que c'était la grandeur plutôt que le
nombre des plaques qui était essentielle à l'accroissement de puissance. Cependant, la pratique a démontré
que l'électricité produite par une batterie voltaïque,
même d'une dimension modérée, était toujours suffisamment copieuse, et que l'avantage principal qu'on
devait chercher à donner à ces instruments était l'in-

tensité, qui néanmoins restait toujours fort au-dessous
de celle d'une machine commune.

Je ne dois pas omettre de vous dire que sir H. Davy
a fait construire une des plus belles et des plus puissantes batteries voltaïques, avec laquelle il a fait des expériences pendant son cours d'électricité chimique. Elle
se compose de deux mille doubles plaques de zinc et
de cuivre, de six pouces carrés, rangées dans des cases
de terre de Wedgwood, contenant chacune vingt de
ces plaques. Les cases sont pourvues d'un appareil qui
enlève les plaques d'une manière aussi commode qu'ex-
péditive *.

CAROLINE. — Maintenant que nous entendons la
batterie de Volta, je suis impatiente de connaître les
découvertes chimiques auxquelles elle a donné lieu.

Mme DE BEAUMONT. — Il faut que vous réprimiez
votre impatience, ma chère; je ne puis convenablement vous parler de ces découvertes avant le temps où
elles se présenteront dans le cours régulier de nos études. Il en est cependant une récente, concernant la
batterie de Volta qui, bien qu'elle ne soit pas directement liée à la chimie est trop curieuse pour être passée
sous silence. C'est l'influence de l'électricité sur le magnétisme, dernièrement découverte par un physicien
danois, M. Oersted.

CAROLINE. — Quoi! le magnétisme animal? J'en ai
souvent entendu parler; mais je pensais qu'il n'y avait
rien de vrai dans ce qu'on en disait.

---

* Voyez pl. XIII, fig. 1, un modèle de cette construction.

Mme DE BEAUMONT. — Ce n'est pas de cette espèce
de magnétisme, mais de celui qui affecte la boussole,
dont il est question ici. Vous avez déjà quelques connaissances sur la propriété merveilleuse que possède
l'aiguille magnétique, de diriger toujours une de ses
extrémités vers le nord, vous pouvez donc vous figu-
rer aisément de quel intérêt doit être tout fait nouveau,
relatif à cet agent mystérieux. Voici le premier que
l'on a découvert : En plaçant une batterie voltaïque
de manière à avoir son pôle négatif dirigé vers le
nord, et son pôle positif vers le sud. En établissant
en même temps une communication au-dessus de la
batterie, entre ses deux pôles, par le moyen d'un fil
métallique, et en suspendant une aiguille d'aimant
juste au-dessus de ce fil, dans une direction parallèle,
l'aiguille se meut immédiatement sur son pivot, la
pointe ordinairement dirigée vers le nord, se tournant
plus ou moins vers l'ouest, suivant l'énergie de la pile ;
au contraire, en plaçant la même aiguille au-dessous
du conducteur voltaïque elle tourne également, mais
son pôle nord se dirige vers l'est.

GUSTAVE. — Cela est extrêmement curieux. Mais je
vous prie, comment ce singulier effet est-il expliqué ?

Mme DE BEAUMONT. — C'est un des points les plus
obscurs de la physique, et sur lesquels on n'a guère
que des conjectures incertaines. Toutefois plusieurs
savants distingués s'occupent en ce moment de recherches à ce sujet, et l'on peut espérer de leurs travaux
quelque importante découverte. Ils ont déjà reconnu
plusieurs faits curieux relatifs à l'influence que l'élec-

tricité et le magnétisme exercent l'un sur l'autre. Le fil métallique qui sert à unir les deux extrémités de la batterie de Volta attire pendant le passage de l'électricité de la limaille de fer, et la retient adhérente à lui tant que le courant électrique continue. Le fil conducteur peut aussi donner un magnétisme permanent à des aiguilles ou petites barres d'acier. Une circonstance très remarquable c'est que ces effets ont lieu quand le conducteur est d'argent, de platine, de cuivre ou de tout autre métal, aussi bien que quand il est de fer ou d'acier.

GUSTAVE. — Cela est surprenant en effet : car, j'ai toujours pensé que le fer était le seul métal qui eût des propriétés magnétiques.

Mme DE BEAUMONT. — Vous pouvez encore considérer le fer et l'acier comme les seules substances capables d'acquérir un magnétisme permanent. Car dans ces expériences le platine, ou tout autre conducteur métallique, n'est que le véhicule de l'influence magnétique; laquelle influence appartient, à proprement parler, à l'électricité qui traverse le métal. Aussi, tous les effets magnétiques produits par le conducteur, tels que l'attraction des aiguilles, l'introduction du magnétisme dans du fer doux, et l'action sur les pôles d'une aiguille aimantée, cessent-ils dès l'instant que la circulation électrique est interrompue.

GUSTAVE. — Le conducteur de la batterie agit-il sur une aiguille aimantée placée près de lui, de la même manière que pourrait agir sur elle une autre aiguille aimantée ?

13*

Mme DE BEAUMONT. — Ils agissent d'une manière très différente. Le fil conducteur n'a point comme la boussole, des pôles nord et sud ; et son action n'est pas exercée en lignes parallèles à lui-même, mais transversales où à angles droits avec lui-même, et elle est excitée de tous côtés également. Cette action peut être regardée comme s'exerçant dans des circonférences de cercles dont le fil métallique est le centre. Cela explique pourquoi l'effet produit sur les deux pôles de la boussole quand elle est placée au-dessus ou contre l'un des côtés du conducteur, ou quand elle est placée au contraire au-dessous, ou contre l'autre côté, est tout-à-fait opposé.

L'observation de cette loi, a suggéré au docteur Wollaston, l'idée que chacun des pôles d'une aiguille magnétique, devait avoir une tendance à tourner autour d'un fil métallique à travers lequel passe un courant d'électricité, et de plus que le conducteur avait lui-même une tendance à tourner autour des pôles de l'aiguille. M. Faraday a inventé un appareil très ingénieux pour montrer les révolutions réelles de l'aiguille d'aimant autour du fil métallique, et de celui-ci autour de l'aiguille ; il a même réussi à rendre sensible les mouvements semblables produits par le magnétisme de la terre.

Sir H. Davy a trouvé qu'en conséquence de la même loi, lorsqu'un courant électrique passe à travers du mercure entre les deux pôles opposés de deux boussoles adjacentes, les particules de mercure obéissant à cette influence de rotation, et se mouvant rapidement en cercle, forment de petits tourbillons à la surface.

Gustave. — Vous nous avez dit qu'une aiguille d'acier peut être rendue magnétique par l'action du conducteur d'une batterie voltaïque. Veuillez nous expliquer comment cela se fait.

Mme de Beaumont. — Si l'on place une aiguille d'acier dans la direction de l'influence magnétique, c'est-à-dire, *en travers* du fil métallique, elle deviendra magnétique au bout de quelques secondes, au point d'attirer et de repousser le fer comme un aimant. Cependant le mode le plus efficace pour communiquer le magnétisme à une aiguille ; est de tourner le fil métallique à travers lequel l'électricité est transmise, en spirale cylindrique, en prenant soin que les cercles ne se touchent point, et de placer l'aiguille au milieu d'eux, mais sans qu'elle en touche aucun. De cette manière l'aiguille est immédiatement douée de la vertu magnétique, comme je vous le prouverai la première fois que nous mettrons la pile voltaïque en action ; car elle est maintenant trop épuisée pour produire cet effet. Nous terminerons ici notre leçon, qui a été suffisamment longue et difficile.

SIXIÈME ENTRETIEN.

Mᵐᵉ DE BEAUMONT, CAROLINE, GUSTAVE.

Mᵐᵉ DE BEAUMONT. — Nous examinerons aujour-
d'hui les propriétés chimiques de l'atmosphère.

CAROLINE. — Je pensais que nous devions nous occuper de l'oxygène, qui se présente maintenant le premier dans notre liste des corps indécomposés ?

Mᵐᵉ DE BEAUMONT. — Et c'est aussi de ce corps que
je vous entretiendrai. L'atmosphère étant composée de

deux principes, l'oxygène et l'azote, nous commencerons par l'analyser, pour considérer ensuite à part ses deux constituants.

GUSTAVE. — J'aurais cru que l'atmosphère était un fluide très compliqué, composé des différentes exhalaisons de la terre.

Mme DE BEAUMONT. — Ces sortes de substances doivent plutôt être regardées comme hétérogènes et accidentelles dans l'air, que comme formant aucune de ses parties constituantes ; et la proportion qu'elles ont avec le reste de la masse est tout-à-fait insignifiante.

L'air atmosphérique est composé de deux gaz connus par les dénominations de gaz oxygène et de gaz azote ou nytrogène.

GUSTAVE. — Qu'est-ce qu'un gaz, je vous prie ?

Mme DE BEAUMONT. — On donne le nom de gaz à tous les fluides capables d'exister constamment dans l'état aëriforme, sous la pression et à la température de l'atmosphère.

CAROLINE. — L'eau ou toute substance évaporée par la chaleur ne peut-elle prendre le nom de gaz?

Mme DE BEAUMONT. — Non ma chère. La vapeur est bien en effet un fluide élastique et ressemble infiniment à un gaz; mais elle en diffère essentiellement sous divers points par lesquels il vous sera toujours facile de les distinguer. La vapeur ne doit son élasticité qu'à une température égale à celle d'eau bouillante; et ne diffère de l'eau bouillante qu'en ce qu'elle est unie à plus de calorique en état latent, comme nous l'avons expliqué précédemment. Aussitôt que la vapeur se

refroidit, elle reprend de suite la forme d'eau; mais un
air ou un gaz ne devient liquide ni solide à aucun degré de froid *.

GUSTAVE. — Mais le gaz, de même que la vapeur,
ne doit-il pas son élasticité au calorique?

Mme DE BEAUMONT. — C'est l'opinion prédominante;
et la différence entre le gaz et la vapeur est supposée
dépendre de la manière différente dont le calorique est
combiné avec la base de ces deux sortes de fluide élastique. Dans la vapeur, le calorique est considéré
comme latent ; dans le gaz, on le suppose combiné
chimiquement.

GUSTAVE. — Quand vous parlez de l'oxygène et de

* M. Faraday est parvenu récemment à réduire à la forme
liquide plusieurs substances qui jusqu'ici avaient été considérées comme des gaz permanents, en les soumettant à une
grande pression dans des vaisseaux de verre. Dans cet état
l'acide carbonique, l'acide sulfureux, l'hydrogène sulfuré,
l'acide nitreux, l'euchlorine, le cyanogène, l'ammoniaque,
le chlore et l'acide muriatique, prennent tous la forme
liquide et paraissent des fluides limpides et extrêmement
mobiles. Il est probable que d'autres gaz pourraient aussi
être condensés par des moyens semblables, et que l'azote,
l'oxygène et même l'hydrogène deviendraient liquides, si une
force compressive suffisante leur était appliquée. M. Perkins a
trouvé que l'air atmosphérique soumis à une pression de mille
fois son poids, se condense en liquide : et qu'une partie même
reste à l'état liquide quelque temps après que la compression a
cessé. Il a trouvé aussi que l'acide acétique cristallise sous
cette énorme pression.

l'azote comme corps simple , vous entendez seulement les substances bases de ces deux gaz.

Mme DE BEAUMONT. —Oui, dans la stricte signification du mot, puisque ni l'une ni l'autre ne peuvent être nommées gaz que quand elles sont en état aériforme.

CAROLINE. — Dans quelle proportion sont-elles combinées pour former l'atmosphère? .

Mme DE BEAUMONT. — Le gaz oxygène forme un peu plus d'un cinquième de l'air atmosphérique. Quand ces deux gaz sont respirés séparément , on leur trouve des qualités très différentes l'un de l'autre. Le premier est essentiel à la respiration et à la combustion; et le second ne permettrait ni l'un ni l'autre de ces phénomènes.

CAROLINE. — Mais, si l'azote est impropre à la respiration , comment se fait-il que ce gaz entre dans la composition de l'air en si grande proportion , sans être un obstacle à la vie ?

Mme DE BEAUMONT. — Notre respiration serait plus active que nos poumons ne peuvent le comporter si nous respirions le gaz oxygène pur. L'azote n'est pas un obstacle à la respiration , et probablement il remplit quelque fin utile à cet égard , quoique nous ne sachions point de quelle manière il agit dans ce phénomène.

GUSTAVE. — Et par quel moyen les deux gaz qui composent l'atmosphère sont-ils séparés?

Mme DE BEAUMONT. — On a plusieurs manières d'analyser l'atmosphère : premièrement, les deux gaz peuvent être séparés par la combustion.

GUSTAVE. — Vous me surprenez! Comment est-il possible que la combustion les sépare?

Mme DE BEAUMONT. — Je dois préalablement vous apprendre que jusqu'à ces dernières années, l'oxygène passait pour le seul corps simple, avec lequel l'électricité négative était naturellement combinée. M. Davy a, depuis, ajouté le chlore et l'iode à l'oxygène; mais ces deux corps sont très peu importants. Dans tous les autres éléments, l'électricité positive prédomine, et tous ont, par conséquent, de l'attraction pour l'oxygène.

CAROLINE. — Cela m'étonne beaucoup : comment, en ce cas, les combinaisons des autres corps peuvent-elles se faire, si d'après votre explication d'attraction chimique, les corps ne peuvent se combiner qu'en vertu de leur électricité opposée?

Mme DE BEAUMONT. — Les corps composés, dans lesquels l'oxygène domine, sont négatifs comme lui, et leur énergie négative est plus ou moins grande, suivant la proportion de l'oxygène avec les autres constituants. Au contraire, les composés dans lesquels l'oxygène entre pour une proportion plus petite que les autres principes, sont positifs, et leur énergie positive diminue en raison de la quantité d'oxygène admise dans leur composition.

Ainsi donc, les corps non combinés avec l'oxygène doivent l'attirer, et en certaines circonstances absorber celui de l'atmosphère, et, dans ce cas, le gaz azote reste isolé, et peut être observé séparément.

CAROLINE. — Je ne conçois pas comment un gaz peut être absorbé.

Mᵐᵉ DE BEAUMONT. — C'est seulement l'oxygène proprement dit, ou la base du gaz, qui est absorbée ; et les deux électricités s'échappent alors : savoir, la négative de l'oxygène, et la positive du corps qui se combine avec lui ; elles s'unissent, et produisent le calorique.

GUSTAVE. — Et que devient ce calorique ?

Mᵐᵉ DE BEAUMONT. — Nous allons faire attirer à ce morceau de bois sec l'oxygène de l'atmosphère, et vous verrez ce que deviendra le calorique.

CAROLINE. — Vous plaisantez, maman, vous ne pensez pas décomposer l'atmosphère avec un brin de fagot ?

Mᵐᵉ DE BEAUMONT. — Non pas toute la matière de l'atmosphère assurément, mais si nous pouvons faire absorber à ce morceau de bois une certaine quantité d'oxygène de l'air atmosphérique, une quantité proportionnelle de cet air sera décomposée.

CAROLINE. — Puisque le bois a une si forte attraction pour l'oxygène, d'où vient qu'il ne décompose pas l'atmosphère spontanément ?

Mᵐᵉ DE BEAUMONT. — On a trouvé, par expériences, qu'une certaine élévation de température est requise pour commencer l'union de l'oxygène et du bois.

Cette élévation de température était autrefois supposée nécessaire pour diminuer la cohésion du bois, et mettre l'oxygène en état de le pénétrer, de se combiner avec lui plus facilement. Mais depuis les nouvelles théories des combinaisons chimiques, on assigne une autre cause à cela , et l'on suppose que la haute température en exaltant l'énergie électrique des corps , et conséquemment leur force d'attraction , favorise leur combinaison.

GUSTAVE. — S'il est vrai que le calorique se compose de deux électricités , une élévation de température doit nécessairement augmenter l'énergie électrique des corps.

Mme DE BEAUMONT. — Je ne suis pas bien sûre que ce soit une conséquence nécessaire : car , en admettant cette composition du calorique , l'électricité ne pourrait être produite que par sa décomposition. M. Davy, dans ses nouvelles expériences , a cependant trouvé que l'énergie électrique des corps était toujours augmentée par l'élévation de la température.

Quels moyens pourrions-nous donc employer pour élever la température du bois au point de le mettre en état d'attirer l'oxygène de l'atmosphère ?

CAROLINE. — Nous pouvons le tenir près du feu, cela remplirait peut-être le but.

Mme DE BEAUMONT. — Oui , pourvu que vous le teniez assez long-temps proche du feu ; car , il faut un très haut degré de température.

CAROLINE. — Il a maintenant pris feu ; cependant je ne lui ai pas laissé toucher les charbons ; mais je l'ai tenu aussi près du foyer que je le jugeais nécessaire pour qu'il s'enflammât par la seule intensité de la chaleur.

Mme DE BEAUMONT. — Vous pourriez dire en d'autres termes , que le calorique imbibé par le bois , a tellement·élevé sa température et exalté son énergie électrique , qu'il est devenu capable d'attirer rapidement l'oxygène de l'atmosphère.

GUSTAVE.—Le bois absorbe donc de l'oxygène quand il brûle?

— Mme DE BEAUMONT. — Oui : et la chaleur ainsi que la lumière sont produites par l'union de deux électricités , qui se dégagent en conséquence de la combinaison de l'oxygène avec le bois.

CAROLINE.—Vous m'étonnez! Alors la chaleur d'un corps brûlant procède autant de l'atmosphère que du corps lui-même?

Mme DE BEAUMONT. — On a supposé que le calorique dégagé pendant la combustion, procède entièrement ou presque entièrement de la décomposition du gaz oxygène ; mais suivant M. Davy , les combustibles et l'oxygène concourent l'un et l'autre au dégagement de lumière et de chaleur par l'union des deux électricités.

GUSTAVE. — Je n'ai rien trouvé dans la chimie, qui m'ait causé autant de plaisir et d'étonnement que cette explication de la combustion. Je ne concevais pas d'abord la connexion qui pouvait exister entre l'affinité d'un corps pour l'oxygène, et sa combustibilité, maintenant je crois l'entendre parfaitement.

Mme DE BEAUMONT. — Vous voyez, donc que la combustion n'est autre chose que la rapide combinaison d'un corps avec l'oxygène, accompagnée d'un dégagement de chaleur et de lumière.

GUSTAVE. — Mais , n'existe-t-il point de corps

combustibles dont l'attraction pour l'oxygène soit si
forte qu'ils puissent se combiner avec lui sans l'application de la chaleur?

CAROLINE. — Cela ne pourrait être ; car , nous verrions alors des corps brûler spontanément.

Mme DE BEAUMONT. — Il y a quelques exemples de
cette sorte , tels que le phosphore , le potassium et
quelques composés, que je vous ferai connaître par
la suite. Cependant , ces corps sont préparés par l'art ;
et en général toutes les combustions possibles à s'effectuer spontanément à la température de l'atmosphère,
ont déjà eu lieu ; ainsi donc , aucune nouvelle combustion ne peut arriver sans l'élévation de la température du corps : seulement, quelques substances
brûlent à une température plus basse que d'autres.

CAROLINE.—Cependant la manière la plus commune
de brûler un corps , n'est pas de l'approcher simplement d'un autre corps déjà en feu, mais plutôt de les
mettre en contact l'un avec l'autre, comme je brûle
maintenant ce morceau de papier , en le tenant dans
la flamme du foyer.

Mme DE BEAUMONT. — Plus le contact avec la source
du calorique , est intime, plutôt la température du
corps que l'on veut brûler, s'élève au degré nécessaire
pour sa combustion. Si vous teniez le papier seulement
près du feu , le même effet serait produit , mais plus
lentement. Comme vous avez pu en juger par l'expérience du morceau de bois.

GUSTAVE. — Et pourquoi l'application du calorique
n'est-elle pas nécessaire pendant toute la durée du

procédé de combustion, pour maintenir l'énergie
électrique, en vertu de laquelle le bois est capable de
se combiner avec l'oxygène?

Mme DE BEAUMONT. — Le calorique graduellement
produit par les deux électricités pendant la combustion
maintient la température du corps brûlant; en sorte
qu'aussitôt la combustion commencée, aucune application subséquente de chaleur n'est exigée.

CAROLINE. — Depuis que j'ai appris cette merveilleuse théorie de la combustion, je ne puis m'empêcher
d'examiner le feu; et j'ai peine à concevoir que la chaleur et la lumière que je croyais procéder uniquement
des charbons soient produites également par l'atmosphère.

GUSTAVE. — Quand vous soufflez le feu, vous ac-
croissez la combustion, sans doute en fournissant aux
charbons une plus grande abondance de gaz oxygène.

Mme DE BEAUMONT. — Certainement; cependant
l'action de souffler ne produit pas la combustion, si la
température des charbons n'a pas été premièrement
élevée. Mais, une seule étincelle est souvent suffisante
pour produire cet effet; car, comme je viens de vous
le dire, une fois la combustion commencée, le calorique qui se dégage suffit pour élever la température
du reste du corps brûlant, pourvu que l'oxygène y ait
un libre accès. Cependant, il arrive que si un feu est
mal fait, il s'éteint avant que tout le combustible soit
consumé, par la seule raison que la combustion est
trop lente, et que le calorique dégagé ne suffit pas pour
maintenir la haute température du corps. Vous vous

14*

rappelerez que trois choses sont nécessaires pour la combustion ; un corps combustible, de l'oxygène et la température nécessaire pour que les deux premiers puissent se combiner ensemble.

GUSTAVE. — Vous dites que la combustion est un moyen de décomposer l'atmosphère, et d'obtenir le gaz azote dans son état simple ; mais comment pouvez-vous renfermer ce gaz et l'empêcher de se mêler au reste de l'atmosphère ?

Mme DE BEAUMONT. — Il faut pour cela brûler un corps dans un vaisseau fermé, ce qui peut se faire aisément.—Nous placerons une bougie allumée (pl. VII, fi. 1) sous cette cloche ou récipient de verre, qui est posée sur un bassin d'eau, pour empêcher toute communication avec l'air extérieur.

CAROLINE. — Comme la lumière s'affaiblit ! —Elle est déjà éteinte.

Mme DE BEAUMONT. — Pouvez vous me dire pourquoi elle s'est éteinte ?

CAROLINE.—Laissez-moi réfléchir un peu.—Le récipient de verre était plein d'air atmosphérique ; La bougie, en brûlant, a dû se combiner avec l'oxygène de l'air ; et le calorique dégagé pendant ce procédé, produisait la lumière. Mais, quand tout l'oxygène a été absorbé, et l'électricité qu'il contenait entièrement dégagée, comme il ne pourrait plus y avoir de production de calorique, la bougie a cessé de brûler, et sa flamme s'est éteinte.

Mme DE BEAUMONT. — Votre explication est parfaitement juste.

GUSTAVE. — Le gaz oxygène étant ainsi absorbé, ce qui reste dans le récipient doit être du gaz azote pur?

Mᵐᵉ DE BEAUMONT. — Quelques circonstances empêchent que le gaz azote ainsi obtenu soit tout-à-fait pur ; mais il nous est facile de nous assurer si l'oxygène a entièrement disparu en mettant sous le récipient une autre bougie allumée. — Vous voyez que la flamme en est éteinte à l'instant, faute de l'oxygène nécessaire pour la formation du calorique ; et si nous mettions un animal sous le récipient, il serait immédiatement suffoqué. Mais c'est une expérience que vous ne serez, je pense, nullement tentés d'essayer.

GUSTAVE. — Certainement non. — Mais voyez, maman, le récipient est rempli d'une épaisse fumée blanche. Est-ce le gaz azote?

Mᵐᵉ DE BEAUMONT. — Non, mon fils, l'azote est parfaitement transparent et invisible comme l'air commun. Le nuage provient des exhalaisons diverses, produites par la bougie en brûlant, et vous ne pouvez encore entendre leur nature.

GUSTAVE. — L'eau est montée dans le récipient un peu au-dessus de son niveau dans le bassin. Quelle en est la raison?

Mᵐᵉ DE BEAUMONT. — Avec un peu de réflexion, j'ose dire que vous auriez pu l'expliquer vous-même. L'eau monte en conséquence de la destruction, ou plutôt de la séparation d'une partie de l'oxygène par la combustion de la bougie.

CAROLINE. — Alors., pourquoi l'eau n'a-t-elle pas monté aussitôt que l'oxygène a commencé à être absorbé ?

Mme DE BEAUMONT. — Parce que la chaleur de la bougie, pendant qu'elle brûlait, en causant une dilatation de l'air dans le vaisseau, et en produisant de l'acide carbonique, agissait d'abord en sens contraire de cet effet.

Un autre moyen de décomposer l'atmosphère est *l'oxygénation* de certains métaux. Ce procédé est très analogue à la combustion; ce n'est en effet qu'un terme plus général pour exprimer la combinaison d'un corps avec l'oxygène.

CAROLINE. — En quoi l'oxygénation diffère-t-elle de la combustion ?

Mme DE BEAUMONT — La combinaison de l'oxygène est toujours accompagnée dans la combustion d'un dégagement de lumière et de chaleur, et cette circonstance n'est pas une conséquence nécessaire de la simple oxygénation.

CAROLINE. — Mais, comment un corps peut-il absorber l'oxygène sans cette combinaison des deux électricités qui produit le calorique ?

Mme DE BEAUMONT. — L'oxygène ne se présente pas toujours en forme de gaz, il entre dans la composition d'un grand nombre de substances solides ou liquides, dans lesquelles il existe à un état plus dense que dans l'atmosphère; et il peut être obtenu de ces substances sans un grand dégagement de calorique. Il peut aussi en plusieurs cas, être absorbé de l'atmosphère sans aucune production sensible de lumière ou de chaleur : car si le procédé est lent, le calorique se dégage en si petites quantités , et si graduellement , qu'il n'est capable de produire ni chaleur ni lumière. En ce cas, l'absorption de l'oxygène est appelée *oxygénation* ou *oxydation* au lieu de *combustion* , l'émission sensible de lumière et de chaleur étant essentielle à cette dernière.

GUSTAVE. — Je suis surpris que les métaux s'unissent à l'oxygène, car leur densité doit rendre leur force d'agrégation très forte; et j'aurais cru que l'oxygène ne pourrait pénétrer des corps de cette nature.

Mme DE BEAUMONT. — Leur forte attraction pour l'oxygène contrebalance cet obstacle. Cependant, la plupart des métaux demandent à passer au rouge, avant de pouvoir attirer l'oxygène dans une proportion un peu considérable. Par cette combinaison , ils perdent presque toutes leurs propriétés métalliques, et sont réduits à une sorte de poudre que l'on nomme actuellement , et très proprement oxyde: ainsi, nous avons l'oxyde de plomb , l'oxyde de fer , etc.

GUSTAVE. — Et l'effet de la batterie de Volta est , je suppose, la production de l'oxyde de zinc, par l'union de l'oxygène avec ce métal ?

Mme DE BEAUMONT. — Oui, c'est cela.

CAROLINE. — Le mot oxyde signifie donc simplement un métal combiné avec de l'oxygène ?

Mme DE BEAUMONT. Oui ; mais ce terme n'est pas borné aux métaux quoiqu'il leur soit principalement appliqué. Tous les corps, combinés avec une certaine quantité d'oxygène, soit par l'oxydation, soit par la combustion, prennent le nom d'oxyde, et l'on dit qu'ils sont *oxydés* ou *oxygénés*, quelle que soit leur nature.

GUSTAVE. — Quand les métaux sont convertis en oxydes, ils deviennent, je suppose, négatifs?

Mme DE BEAUMONT. — Non pas en général, parce que dans la plupart des oxydes l'énergie positive du métal l'emporte sur l'énergie négative de l'oxygène avec lequel il se combine.

Cette poudre noire est de l'oxyde de manganèse, métal dont l'affinité pour l'oxigène est si grande qu'il l'extrait de l'atmosphère à toutes les températures connues : on ne trouve donc jamais le manganèse en forme métallique, mais toujours sous celle d'un oxyde qui, comme vous le voyez, a bien peu de ressemblance avec un métal. Il est devenu plus lourd qu'il ne l'était avant son oxydation en conséquence du poids additionnel de l'oxygène avec lequel il s'est combiné.

CAROLINE. — Je suis bien aise d'entendre cela ; car, j'avoue qu'il me restait encore des doutes sur la réalité substantielle de l'oxygène, vu qu'il ne pouvait être obtenu dans un état simple et palpable : mais son poids est, je pense, une preuve décisive qu'il est réellement un corps.

Mme DE BEAUMONT. — Il est facile d'estimer son poids en le séparant du manganèse, et en vérifiant combien ce dernier a perdu.

GUSTAVE. — Mais si l'on peut séparer l'oxygène du

métal ; on peut alors avoir le premier dans une forme simple et palpable?

Mᵐᵉ DE BEAUMONT. — Non ; car l'on ne peut séparer l'oxygène du manganèse qu'en lui présentant quelqu'autre susbtance pour laquelle il a plus d'affinité. Le calorique, en fournissant les deux électricités, est décomposé, et l'une d'elles, en s'unissant à l'oxygène, le rend à l'état gazéiforme.

GUSTAVE. — Mais vous nous disiez tout-à-l'heure que le manganèse attirait l'oxygène de l'atmosphère dáns lequel il est combiné avec l'électricité négative : l'oxygène n'a donc pas une affinité bien supérieure pour cette électricité, puisqu'il l'abandonne pour se combiner avec le manganèse ?

Mᵐᵉ DE BEAUMONT. — Votre objection est fort juste, Gustave ; et je ne puis rien y répondre, sinon que, l'affinité mutuelle des métaux pour l'oxygène et de l'oxygène pour l'électricité, varie à différents degrés de température ; ainsi, un certain point de chaleur est nécessaire pour disposer un métal à se combiner avec l'oxygène ; et le premier sera forcé d'abandonner le dernier par un surcroît d'élévation dans la température. J'ai mis un peu d'oxyde de manganèse dans une cornue, qui est un vaisseau de terre avec un col recourbé, tel que vous le voyez ici (pl. VII, fig. 2.)—Vous ne pouvez apercevoir la cornue contenant le manganèse, parce que je l'ai enfermée dans ce fourneau où maintenant elle est rouge. Mais pour vous rendre sensible le dégagement du gaz qui, en lui-même, est invisible, j'ai fait communiquer le col de la cornue à ce tube recourbé dont, l'extrémité est plongée dans ce vase d'eau. (Pl. VII, fig. 3.) Voyez-vous les bulles d'air s'élever à travers l'eau?

CAROLINE. — Très bien. Ces bulles sont probablement du gaz oxygène pur. Quel dommage qu'il soit perdu! Ne pourrions nous le conserver de quelque manière?

Mᵐᵉ DE BEAUMONT. — Nous pouvons le recueillir dans ce récipient. — Pour cet effet, observez que je commence à le remplir d'eau afin d'en exclure l'air atmosphérique; puis je le place au-dessus des bulles, qui sortent de la cornue, de manière à ce qu'elles montent à travers l'eau, dans la partie supérieure du récipient.

GUSTAVE. — Les bulles de gaz oxygène s'élèvent, je suppose, à cause de leur légèreté spécifique?

Mᵐᵉ DE BEAUMONT. — [Oui; car, l'oxygène, (quoique ce soit un des gaz les plus pesants) est plus léger que l'eau. Vous voyez comme petit à petit il déplace l'eau du récipient. Maintenant, que celui-ci est plein de gaz, je puis le renverser dans l'eau sur cette tablette, et je conserverai le gaz aussi long-temps qu'il me plaira pour de futures expériences. Cet appareil (indispensable dans toute expérience sur les gaz) se nomme bain-d'eau.

CAROLINE. — C'est un instrument vraiment ingénieux, et aussi simple qu'utile. La tablette sur laquelle le récipient est posé au-dessous de l'eau, et les trous pratiqués dans cette tablette pour permettre au gaz de passer dans le récipient, tout cela est parfaitement bien inventé. Je suis impatiente de faire quelque expérience avec cet appareil.

Mᵐᵉ DE BEAUMONT. — Quand vous serez un peu plus avancés, vous ferez quelques essais de ce genre. Maintenant je vais vous montrer une expérience qui prouve de la manière la plus frappante combien l'oxygène est essentiel à la combustion. Vous verrez le fer brûler dans ce gaz avec une rapidité et une lumière surprenante.

CAROLINE. — Réellement ! Je ne croyais pas qu'il fût possible de brûler le fer.

GUSTAVE. — Le fer est un corps simple, et vous savez, Caroline, que tous les corps simples sont naturellement positifs, et doivent avoir par conséquent de l'affinité pour l'oxygène.

Mᵐᵉ DE BEAUMONT. — Cependant, le fer ne peut brûler dans l'air atmosphérique sans une grande élévation de température ; mais il est éminemment combustible dans le gaz oxygène pur ; et ce qui vous surprendra encore plus, il peut être mis en feu sans une élévation remarquable de température. Vous voyez ce fil de fer tourné en spirale. — Je vais l'attacher à une des extrémités de ce bouchon, qui est fait pour remplir une ouverture au sommet du récipient de verre. (Pl. VII, fig. 4.)

GUSTAVE. — Je vois l'ouverture dans le récipient ; mais elle est soigneusement bouchée par un couvercle de verre.

Mᵐᵉ DE BEAUMONT — C'est pour empêcher le gaz de s'échapper. Maintenant je vais ôter le couvercle,

15.

et placer le bouchon auquel le fil de fer est suspendu. J'ai l'intention de brûler ce fil de fer dans le gaz oxygène, et pour cela je dois fixer un morceau d'amadou enflammé à son extrémité, afin de donner la première impulsion à la combustion ; car, vous savez que, quelle que soit la puissance de l'oxygène pour provoquer la combustion, elle ne peut avoir lieu sans quelque élévation de température. J'introduis maintenant le fil de fer dans le récipient en faisant promptement l'échange des bouchons.

CAROLINE. — Le gaz ne pourrait-il pas s'échapper pendant que vous échangez les bouchons ?

Mme DE BEAUMONT. — Le gaz oxygène est un peu plus lourd que l'air atmosphérique, il ne peut donc se mêler avec celui-ci très rapidement ; et, si je ne laisse pas l'ouverture débouchée, nous n'en perdrons pas du tout.

CAROLINE. — Oh ! quelle belle et brillante flamme !

GUSTAVE. — Elle est aussi éclatante, aussi claire que le soleil ! — Voici une goutte de fer fondu, qui tombe au fond : je crains qu'il ne s'éteigne ; mais non, il brûle avec autant d'éclat qu'auparavant.

Mme DE BEAUMONT. — Il brûlera jusqu'à ce qu'il soit entièrement consumé, pourvu que l'oxygène ne s'épuise pas avant ; car vous savez que sa combustion ne peut durer qu'autant qu'il trouve de l'oxygène pour se combiner avec lui.

CAROLINE. — Je n'ai jamais vu de lumière plus belle. Mes yeux ont peine à la supporter ! combien il est surprenant de penser que tout ce calorique était contenu dans la petite quantité de gaz et de fer enfermés sous le récipient; et cela sans produire aucune chaleur sensible!

GUSTAVE. — Comme la combustion est rapide dans le gaz oxygène pur! Mais, dites-moi, je vous prie, ces gouttes de fer fondu, sont-elles aussi lourdes que le fil de fer?

Mme DE BEAUMONT. — Elles sont encore plus lourdes; car, le fer en brûlant acquiert exactement le poids de l'oxygène qui a disparu, et s'est combiné avec lui. Le résultat de cette combinaison est un oxyde de fer.

CAROLINE. — Je n'entends pas ce que vous voulez dire par l'oxygène *qui a disparu ;* car il a toujours été invisible.

Mme DE BEAUMONT. — Il est vrai, ma chère, cette expression était incorrecte. Mais, quoique vous ne puissiez point voir le gaz oxygène, je pense que vous ne doutez pas de sa présence; l'effet qu'il produit sur le fer en est une preuve assez évidente.

CAROLINE. — Oui, sans doute. Cependant vous savez que c'était le calorique, et non le gaz oxygène lui-même, qui produisait cet éclat éblouissant.

Mme DE BEAUMONT. — Vous vous exprimez incorrectement, à votre tour, en disant que le calorique vous éblouissait; car le calorique est invisible; il n'affecte que le sens du toucher; c'était la lumière qui vous éblonissait.

CAROLINE. — Cela est vrai, mais la lumière et le calorique sont si constamment unis, qu'il est difficile de les séparer, même en idée.

Mme DE BEAUMONT. — Plus il est facile de les confondre, plus on doit prendre soin d'en faire une juste distinction.

CAROLINE. — Mais pourquoi l'eau s'élève-t-elle maintenant, et remplit-elle une partie du récipient?

Mme DE BEAUMONT. — Je n'aurais pas supposé, Caroline, que vous pussiez faire une question semblable. J'ose dire que Gustave pourra vous répondre.

GUSTAVE. —Voyons… L'oxygène s'est combiné avec le fil de fer ; le calorique s'est dégagé; conséquemment rien ne reste dans le récipient, et l'eau doit s'élever pour remplir le vide.

CAROLINE. — Je suis surprise de n'avoir pas pensé à cela. J'aurais voulu que nous eussions pesé le fer et le gaz oxygène avant la combustion : nous aurions vu si le poids de l'oxyde est égal à celui des deux substances qui l'ont formé.

Mme DE BEAUMONT. — Vous pouvez faire cette expérience si vous le désirez ; mais je puis vous assurer que lorsqu'elle est faite avec exactitude , elle manque rarement de montrer que le poids additionnel de l'oxyde est précisément égal à celui de l'oxygène absorbé, soit que le procédé ait été une combustion parfaite , ou seulement une simple oxygénation.

CAROLINE. — Mais, il n'en est pas de même en cas de combustion ordinaire ; car , si l'on brûle une substance dans l'air commun , loin de devenir plus pesante, elle diminue évidemment, et quelquefois se consume tout-à-fait.

Mme DE BEAUMONT. — Quelle signification attachez-

vous au mot *consumer?* Vous ne pouvez supposer
que la moindre particule de substance puisse être réellement détruite. Quand un corps composé est décomposé par la combustion, quelques unes de ses
parties constituantes se dispersent en forme de gaz,
tandis que les autres restent en état de concrétion; les
premières sont appelées *produits volatils*, les dernières *produits fixes* de la combustion. Mais si les uns
et les autres étaient recueillis, on trouverait qu'ils surpassent tous ensemble le poids du corps brûlé, de tout
celui de l'oxygène qui s'est combiné avec eux pendant
la combustion.

GUSTAVE. — Par exemple, dans la combustion d'un
feu de charbon, je suppose que les produits fixes sont
les cendres, et les produits volatils la fumée.

Mme DE BEAUMONT. — Mais, quand le feu brûle le
mieux, et que la quantité de produits volatils doit être
conséquemment plus grande, il n'y a point de fumée;
comment expliquerez-vous cela?

GUSTAVE. — Je ne le puis; il faut donc que je me
sois trompé dans ma conjecture?

Mme DE BEAUMONT. — Non pas tout-à-fait; les cendres, comme vous l'avez supposé, sont un produit
fixe de la combustion; mais la fumée, à proprement
parler, n'est pas un de ses produits volatils, puisqu'elle consiste en petites particules de charbon, non
décomposées, qui sont emportées par l'air échauffé,
sans être brûlées, et sont ou déposées en forme de suie,
ou dispersées par le vent. La fumée devient donc finalement un des produits fixes de la combustion. Et vous

pouvez facilement concevoir que plus le feu est ardent,
moins il se forme de fumée , parce qu'il y a dans ce
cas moins de particules qui échappent à la combustion.
De ce principe dépend l'invention des lampes d'Ar-
gand. On fait passer un courant d'air à travers la mèche cylindrique de la lampe , par lequel elle est assez
abondamment fournie d'oxygène, pour qu'à peine une
seule molécule d'huile échappe à la combustion, et il
ne se forme point de fumée.

GUSTAVE. — Mais, quels sont donc les produits volatils de la combustion ?

Mme DE BEAUMONT. —Plusieurs composés, qui ne
vous sont pas encor connus, et qui, étant convertis par
le calorique, soit en vapeur, soit en gaz , sont invisibles ; mais ils peuvent être recueillis, et nous les examinerons plus tard.

CAROLINE. — Existerait-il d'autres gaz outre les gaz
oxygène et azote ?

Mme DE BEAUMONT. —Oui, plusieurs. Toute substance qui peut prendre et conserver la forme de fluide
élastique à la température de l'atmosphère, est nommée
gaz. Mais nous examinerons les différents gaz dans
leurs places respectives; nous devons maintenant
borner notre attention à ceux qui composent l'atmosphère.

Je vous montrerai un autre moyen très simple de
décomposer l'atmosphère. Dans la respiration nous re-
tenons une certaine proportion d'oxygène, et nous expirons tout le gaz azote; en sorte qu'en respirant
dans un vaisseau fermé , pendant un certain espace de

temps, l'air que contient ce vaisseau sera privé de gaz oxygène. Lequel de vous essaiera cette expérience ?

CAROLINE. — Je serai charmée de la faire.

Mme DE BEAUMONT. — Bien, respirez à travers ce tube de verre dans le récipient auquel il est attaché, jusqu'à ce que votre respiration soit épuisée.

CAROLINE. — Je suis déjà hors d'haleine.

Mme DE BEAUMONT. — Présentement, nous allons éprouver la nature du gaz, avec une bougie allumée.

GUSTAVE. — C'est du gaz azote pur, car la bougie s'éteint de suite.

Mme DE BEAUMONT. — Cela ne prouve pas que le gaz azote soit pur, mais seulement l'absence de l'oxygène, puisque ce principe seul peut produire la combustion, tout autre gaz en étant absolument incapable.

GUSTAVE. — Dans les divers moyens de décomposer l'atmosphère que vous nous avez montrés, l'oxygène abandonne toujours l'azote : mais n'y a-t-il pas quelque manière d'enlever l'azote à l'oxygène, et d'obtenir de l'atmosphère ce dernier dans toute sa pureté?

Mme DE BEAUMONT. — Vous devez observer que toutes les fois que l'oxygène est tiré de l'atmosphère, c'est par la décomposition du gaz oxygène; et l'on ne peut faire la même chose avec le gaz azote, parce que l'azote a plus d'affinité pour le calorique qu'aucun autre principe connu. Il paraît donc impossible de séparer ce gaz de l'atmosphère par la puissance des affinités. Mais si l'on ne peut obtenir le gaz oxygène pur par ce moyen, vous avez vu que l'on pouvait se le procurer sans peine sous sa forme gazeuse, en le séparant des substances qui l'avaient absorbé de l'atmosphère, comme nous l'avons fait avec l'oxyde de manganèse.

GUSTAVE.— L'air atmosphérique peut-il être re-composé par le mélange de l'oxygène et de l'azote en convenable proportions?

Mme DE BEAUMONT. —Oui, en mélant environ une partie de gaz oxygène à quatre parties de gaz azote, on produit de l'air atmosphérique *.

GUSTAVE.— L'air est alors un oxyde d'azote?

Mme DE BEAUMONT.— Non mon cher, parceque la combinaison chimique de l'oxygène et de l'azote est nécessaire pour produire un oxyde : et dans l'air atmosphérique, ces deux substances sont séparement combinées avec le calorique, et forment deux gaz distincts, qui sont simplement mêlés pour former l'at-mosphère.

Je ne dirai rien de plus en ce moment sur l'oxygène et l'azote, auxquels nous aurons souvent occasion de revenir dans nos futurs entretiens. L'un et l'autre existent en grande abondance dans la nature; l'azote prédomine dans l'atmosphère, et se trouve encore dans toutes les substances animales; l'oxygène est une des parties constituantes , et des animaux et des

---

* La proportion d'oxygène dans l'atmosphère varie de 21 à 22 par cent.

végétaux, desquels il peut être obtenu par divers procédés chimiques. Mais, il est temps de finir notre leçon. Je crains que vous n'ayez appris aujourd'hui plus que vous ne pourriez retenir.

CAROLINE. — Je vous assure que tout ce que j'ai entendu, m'a trop intéressée, pour que je l'oublie jamais. A l'égard de l'azote, il y a peu de chose à se rappeler; il fait une figure très insignifiante, en comparaison de l'oxygène, quoiqu'il compose une plus grande partie de l'atmosphère.

Mme DE BEAUMONT. — Peut-être cette insignifiance dont vous accusez l'azote, tient à sa nature complèxe, car, je l'ai considéré jusqu'ici comme corps simple, parce qu'il n'a été décomposé par aucun procédé naturel connu; cependant quelques expériences de sir H. Davy, donnent lieu de soupçonner que l'azote est un corps composé, comme nous le verrons par la suite. Mais, même dans son état simple il ne vous paraîtra pas aussi peu important, quand vous le connaîtrez mieux, et quoiqu'il semble jouer un rôle passif dans l'atmosphère, et que ses propriétés soient peu frappantes en le considérant isolément, vous verrez quel puissant agent il devient, lorsqu'il est combiné avec d'autres corps. Mais, nous devons renvoyer ce sujet à un autre temps.

SEPTIÈME ENTRETIEN.

SUR L'HYDROGÈNE.

Hydrogène. — Formation de l'eau par la combustion de l'hydrogène. — Décomposition de l'eau. — Description de l'appareil de Lavoisier pour la formation de l'eau. — Gaz hydrogène essentiel à la production de la flamme. — Sons particuliers produits par la combustion du gaz hydrogène dans un tube de verre. — Combustion des chandelles expliquée. — Lampes à gaz. — Détonation du gaz hydrogène dans des bulles de savon. — Ballons. — Phénomènes météoriques attribués au gaz hydrogène. — Lampes de sûreté pour les mineurs.

Mme DE BEAUMONT; CAROLINE; GUSTAVE.

Caroline. — Nous en sommes à présent au chlore et à l'iode; ces substances sont-elles aussi invisibles?

Mme de Beaumont. — Non, car le chlore à l'état de gaz, a une couleur verdâtre particulière qui le rend visible; et l'iode une belle couleur pourpre. Ces corps, comme je vous l'ai dit précédemment, sont ainsi que l'oxygène doués de l'électricité négative; mais l'explication de leurs propriétés entraîne plusieurs considérations qui ne sont pas actuellement à votre portée. Nous renvoyons donc leur examen à quelque leçon future, et nous passerons à la suivante substance simple, qui est l'hydrogène, que l'on ne peut obtenir, non plus que l'oxygène, sous une forme visible ou palpable. Nous la connaissons seulement dans son état de gaz, de même que l'oxygène et l'azote.

CAROLINE. — Mais dans l'état de gaz, l'oxygène ne peut être appelé simple, puisqu'il est combiné avec du calorique et de l'électricité.

Mme DE BEAUMONT. — Cela est vrai, ma chère; mais comme nous ne connaissons aucune substance dans la nature qui ne soit plus ou moins combinée avec le calorique et l'électricité, nous disons qu'une substance est pure quand elle est combinée avec ces seuls agents.

L'hydrogène était autrefois appelé *air inflammable*, parce qu'il est extrêmement combustible, et produit en brûlant une grande flamme. Depuis la nouvelle nomenclature, cette substance a reçu le nom d'hydrogène, qui est composé de deux mots grecs, dont la signification est *générateur de l'eau*.

GUSTAVE. — Et comment l'eau est-elle produite par l'hydrogène?

Mme DE BEAUMONT. — Par la combustion de cette dernière substance. L'eau se compose de 89 parties pesantes d'oxygène, combinées avec 11 parties d'hydrogène, ou bien de deux tiers en volume de gaz hydrogène, et un tiers de gaz oxygène.

CAROLINE. — Est-il possible que l'eau soit un composé de deux gaz, l'un desquels est de l'air inflamma-

mable. L'hydrogène doit être un gaz bien extraordinaire pour produire ainsi et le feu et l'eau.

GUSTAVE. — Il me semble que vous nous avez dit
que la combustion ne pouvait avoir lieu dans aucun
autre gaz que dans le gaz oxygène.

Mme DE BEAUMONT. — Vous souvenez-vous bien de
ce qui constitue le procédé de combustion ?

GUSTAVE. — Il consiste dans la combinaison du corps
brûlé avec l'oxygène, accompagnée d'un dégagement
de lumière et de chaleur.

Mme DE BEAUMONT. — Alors, quand je dis que l'hydrogène est combustible, j'entends par là qu'il a de l'affinité pour l'oxygène : mais comme tout autre substance combustible, il ne peut brûler sans être pourvu
d'oxygène, et de plus, échauffé jusqu'à la température
demandée.

CAROLINE. — Le simple mélange de 11 parties d'hydrogène, et de 89 parties d'oxygène, ne produit
donc pas de l'eau ?

Mme DE BEAUMONT. — Non ; l'eau étant un fluide
beaucoup plus dense que les gaz, pour réduire ceux-
ci à l'état liquide, il est nécessaire de diminuer la quantité de calorique ou d'électricité qui les maintient dans
leur forme élastique.

GUSTAVE. — C'est ce qu'on pourrait faire, à ce qu'il
me semble, en combinant ensemble l'oxygène et l'hydrogène; car, en s'unissant ils dégageraient leur électricité respective sous forme de calorique, et seraient
condensés par ce moyen.

CAROLINE. — Mais vous oubliez, Gustave, que pour

faire combiner ensemble l'oxygène et l'hydrogène, il faut commencer par élever leur température, ce qui augmente leur énergie électrique, au lieu de la diminuer.

Mme DE BEAUMONT. — Gustave a cependant raison; car, s'il est vrai que l'élévation de la température de ces corps est nécessaire pour qu'ils puissent se combiner, il n'est pas moins vrai que cette combinaison leur donnant le moyen de perdre une partie de leur électricité cause accidentellement la diminution de leur énergie électrique.

CAROLINE. — Vous donnez dans les paradoxes aujourd'hui, maman! — Le feu produirait donc l'eau, à ce compte?

Mme DE BEAUMONT. — Il n'est pas douteux que la combustion de l'hydrogène ne produise cet effet. Mais vous ne paraissez pas vous rappeler la théorie de la combustion aussi bien que vous l'espériez. Dites-moi, je vous prie ce qui arrive dans la combustion du gaz hydrogène?

CAROLINE. — L'hydrogène se combine avec l'oxygène, et leurs électricités opposées sont dégagées en forme de calorique. — Oui, je crois comprendre maintenant; par la perte de ce calorique les gaz condensés deviennent liquides.

GUSTAVE. — Je suppose alors, que l'eau, quand elle est évaporée et incorporée à l'atmosphère, se décompose, et se convertit en gaz hydrogène et en gaz oxygène?

Mme DE BEAUMONT. — Non, mon cher. — Ici vous

vous méprenez totalement ; la décomposition de l'eau diffère essentiellement de son évaporation : Dans le dernier cas, comme vous pouvez vous en souvenir, l'eau est seulement très divisée et suspendue dans l'atmosphère sans aucune combinaison chimique, ni séparation de ses parties constituantes. Tant que ces parties restent combinées ensemble, elles forment de l'eau, soit dans un état liquide, soit dans celui de fluide élastique, tel que la vapeur ; soit enfin sous la forme solide de glace.

Dans nos expériences sur la chaleur latente, vous vous rappelez que nous avons fait prendre successivement à l'eau ces trois formes, seulement en accroissant ou en diminuant le calorique, sans employer aucune force d'attraction.

CAROLINE. — Mais n'y a-t-il pas quelques moyens de décomposer l'eau ?

Mme DE BEAUMONT. — Il y en a plusieurs : le charbon de bois et les métaux rougis attirent l'oxygène de l'eau, de même qu'ils attirent celui de l'atmosphère.

CAROLINE. — Je vois que l'hydrogène est comme l'azote, un humble ami de l'oxygène, continuellement abandonné par lui pour de plus grands favoris.

Mme DE BEAUMONT. — La connexion ou l'amitié, comme vous voulez l'appeler, est beaucoup plus intime entre l'oxygène et l'hydrogène dans l'état d'eau, qu'entre l'oxygène et l'azote dans l'atmosphère : car, dans le premier cas, il y a union chimique et condensation des deux substances ; dans le second elles sont simplement mêlées ensemble sous forme gazeuse. Vous trouverez néanmoins qu'en plusieurs exemples, l'azote est aussi étroitement uni à l'oxygène que peut l'être l'hydrogène. — Mais ceci nous éloigne de notre sujet.

GUSTAVE. — L'eau pourrait alors être un oxyde, quoique l'air atmosphérique n'en soit pas un?

Mᵐᵉ DE BEAUMONT. — On ne lui donne pas ordinairement le nom d'oxyde; quoique d'après notre définition elle semble devoir être classée parmi les corps de cette espèce.

CAROLINE. — J'aimerais fort à voir la décomposition de l'eau.

Mᵐᵉ DE BEAUMONT. — Je puis satisfaire votre curiosité sur ce point, sans recourir à l'oxydation du charbon ou des métaux. La décomposition de l'eau par ces derniers moyens exige beaucoup de temps et de peine; car il faut d'abord que le charbon ou le métal soit poussé au rouge dans un fourneau, que l'eau passe au-dessus en état de vapeur, que le gaz formé soit recueilli dans un bain d'eau, etc.; bref, c'est une opération très compliquée. Mais le même effet est obtenu avec la plus grande facilité par la batterie de Volta. Et celle que nous avons ici, me donnera le moyen de vous montrer ce phénomène curieux.

CAROLINE. — J'en suis charmée; car je désirais vivement voir exercer la puissance de cet appareil pour décomposer les corps.

Mᵐᵉ DE BEAUMONT. — Je remplis d'eau ce tube de verre, (pl. VIII, fig. 1.) en bouchant ses deux extrémités;

j'introduis à travers un des bouchons ce fil de fer de la batterie qui conduit l'électricité positive , et je fais passer dans l'autre bouchon le fil qui conduit l'électricité négative, de manière à ce que les deux fils soient suffisament rapprochés pour dégager leur électricité respective

CAROLINE. — Vous n'approchez pas les fils l'un de l'autre au même degré que vous le faisiez quand vous avez fait agir la batterie sur elle-même.

Mme DE BEAUMONT. — L'eau étant un meilleur conducteur d'électricité que l'air, les deux fils métalliques peuvent agir l'un sur l'autre à une plus grande distance dans le premier que dans le dernier cas.

GUSTAVE. — L'effet électrique devient sensible. Je vois de petites bulles d'air sortir des fils métalliques.

Mme DE BEAUMONT. — Chacun de ces fils décomposent l'eau, le positif en attirant l'oxygéné, et le négatif en attirant l'hydrogène qui est positif.

CAROLINE. — Rien n'est plus curieux! mais qu'est-ce que ces petites bulles d'air ?

Mme DE BEAUMONT.— Celles qui paraissent sortir du fil positif sont le résultat de la décomposition qu'il fait de l'eau. Les particules d'hydrogène ayant naturellement la même électricité que le fil positif, sont repoussées par lui, et passent au fil négatif, vers lequel elles sont attirées.

GUSTAVE. — Et je suppose que l'oxygène est au contraire repoussé par le fil négatif et attiré par le positif.

Mme DE BEAUMONT.—Justement; et ces deux éléments

se trouvant ainsi séparés l'un de l'autre et mis en liberté, reparaissent en forme de petites bulles d'air ou de gaz ; l'oxygène sur le fil positif, l'hydrogène sur le fil négatif.

Je ne dois pas oublier de vous faire observer que les fils métalliques employés dans cette expérience sont de platine, métal incapable de se combiner avec l'oxygène ; car sans cela, le fil se combinerait avec l'oxygène, et l'hydrogène seul serait dégagé.

CAROLINE. — Et ne pourrait-on pas décomposer l'eau, sans que la circulation électrique soit complète ? Par exemple, si vous plongez simplement le fil positif dans l'eau, ne se combinera-t-il pas avec l'oxygène, tandis que l'hydrogène sera dégagé ?

Mme DE BEAUMONT. — Non ; car, comme vous pouvez vous en souvenir, la batterie ne peut agir à moins que le cercle électrique ne soit complet ; puisque le fil conducteur positif ne peut émettre son électricité, sans qu'elle soit attirée par le conducteur négatif.

CAROLINE. — Je comprends cela maintenant. — Mais, voyez, maman, la décomposition de l'eau a déjà duré quelque temps, et je ne trouve pas sa quantité diminuée d'une manière sensible ; quelle peut en être la raison ?

Mme. DE BEAUMONT. — C'est que la quantité décomposée est extrêmement petite. Comparez la densité de l'eau à celle du gaz qu'elle forme en se décomposant, vous concevrez qu'une seule goutte d'eau peut produire mille de ces petites bulles que vous apercevez.

16*

CAROLINE. — Mais, dans cette expérience nous obtenons les gaz mêlés ensemble. Ne pourroit-on se les procurer séparément?

Mme DE BEAUMONT. — On le peut facilement, par une légère modification de l'expérience. Au lieu d'un tube nous en employons deux, comme vous le voyez ici (c'est-à-dire pl. VIII, fig. 2.) en les bouchant l'un et l'autre d'uns eul côté, et après les avoir remplis d'eau nous les poserons dans un verre d'eau (c)leur extrémité non bouchée tournée en bas, et vous verrez qu'à l'instant ou nous mettrons les fils (A. B.) qui montent de l'intérieur de chaque tube, en contact, l'un avec une extrémité de la batterie, l'autre avec l'extrémité opposée, l'eau des tubes sera décomposée; l'oxygène sera dégagé autour du fil dans le tube communiquant à l'extrémité positive de la batterie; l'hydrogène passera de la même manière dans l'autre, et ces gaz seront dégagés dans la proportion exacte que j'ai mentionnée : savoir, deux mesures d'hydrogène pour une d'oxygène. Commençons maintenant l'expérience. — Il faudra un certain espace de temps pour recuillir une quantité sensible de gaz.

GUSTAVE. — La décomposition de l'eau par cette voie, toute lente qu'elle est, me parait admirable: mais, j'avoue que je serais plus satisfait de la voir sur une plus grande échelle, et par un procédé plus prompt. Je suis fâché que la décomposition de l'eau par le charbon et les métaux, offre tant d'inconvénients.

Mme DE BEAUMONT. — L'eau peut être décomposée par les métaux sans aucune difficulté, mais pour cela,

l'intervention d'un acide est absolument nécessaire.
Si nous ajoutons un peu d'acide sulfurique (substance qui vous est encore inconnue) à l'eau que le
métal doit décomposer, cet acide dispose le métal à
se combiner avec l'oxygène de l'eau, en si grande
abondance et si facilement, qu'aucune chaleur n'est
réquise pour accélerer le procédé. Je vais vous montrer un exemple de cet effet. Je mets dans cette bou-
eille l'eau que je veux décomposer, et le métal qui doit
opérer cette décomposition, en se combinant avec
l'oxygène et l'acide par lequel la combinaison doit
être favorisée. Vous verrez avec quelle violence ces
substances agiront l'une sur l'autre.

CAROLINE. — Quel métal employez-vous pour cette
expérience?

Mme DE BEAUMONT. — Du fer; et on l'emploie en
limaille pour qu'il présente plus de surface à l'action
de l'acide. Car, l'acide n'agissant que sur la surface
du métal, et cette partie seule étant ainsi disposée à
recevoir l'oxygène produit par la décomposition de
l'eau, plus la surface est étendue, et plus l'effet est
considérable. — Les globules qui s'élèvent maintenant sont du gaz hydrogène.

CAROLINE. — Quelle odeur désagréable elles répan-
dent!

Mme DE BEAUMONT. — Elle est en effet déplaisante,
quoique point nuisible à ce que je crois. Nous laisserons cependant échapper encore un peu de ce gaz,
qui nous sera utile pour d'autres expériences. Je
vais donc le recueillir dans un récipient de verre,

en le faisant passer à travers ce tube recourbé qui le conduira dans le bain d'eau (pl. VIII, fig. 3 .

GUSTAVE. — Comme le gaz s'échappe rapidement ! il est parfaitement transparent, sans aucune couleur. — A présent, le récipient est plein.

Mme DE BEAUMONT. — Nous allons donc l'enlever et en mettre un autre à sa place. Mais vous devez observer que quand le récipient est plein, il est nécessaire de le laisser renversé, son ouverture sous l'eau, sinon le gaz échapperait. Et pour qu'il ne se perde point pendant le déplacement, je passe dans le bain, sous l'eau une jatte dans laquelle je glisse le récipient, de manière à pouvoir le retirer du bain et le transporter ailleurs, l'eau de la jatte remplaçant celle du bain pour empêcher le dégagement du gaz (pl. VIII, fig. 4).

GUSTAVE. — Je suis tout-à-fait surpris de voir la grande quantité d'hydrogène que produit une si petite quantité d'eau, sur-tout, le principal constituant de cette substance étant l'oxygène.

Mme DE BEAUMONT. — C'est le principal en poids, non en volume. Quoique la proportion en poids, soit presque de huit parties d'oxygène pour une d'hydrogène, la proportion dans le volume de gaz est d'environ une partie d'oxygène pour deux d'hydrogène ; tant le premier est plus pesant que le dernier.

CAROLINE. — Mais pourquoi le vaisseau dans lequel l'eau est déposée est-il si chaud? Comme l'eau passe d'une forme liquide à une forme gazeuse, il semble que cela devrait plutôt produire du froid.

Mme DE BEAUMONT. — Non; car, si l'un des constituants de l'eau est réduit en gaz , l'autre devient solide en se combinant avec le métal.

GUSTAVE. — En ce cas, il ne devrait y avoir aucun changement de température, le calorique dégagé par l'oxygène , pouvant remplacer celui qu'absorbe l'hydrogène.

Mme DE BEAUMONT. — Il est vrai ; mais observez que la chaleur sensible, dégagée dans cette opération, n'est pas due à la décomposition de l'eau , mais à une extraction de chaleur , produite par le mélange de l'eau et de l'acide sulfurique. Je vais mêler un peu d'eau et d'acide sulfurique dans ce verre, et vous sentirez quelle prodigieuse quantité de chaleur est dégagée par leur union. — Prenez maintenant le verre.

CAROLINE. — Je ne le puis, réellement : il paraît aussi chaud que de l'eau bouillante. J'aurais pensé qu'un tel dégagement de chaleur eût été suffisant pour rendre le liquide solide.

Mme DE BEAUMONT. — Comme cela ne produit point cet effet, nous ne pouvons donc rapporter cette chaleur à la modification dite chaleur latente , mais plutôt à la chaleur de capacité , puisque le liquide est condensé par sa perte ; et si vous répétiez cette expérience dans un tube gradué, vous trouveriez que les deux liquides mêlés , occupent beaucoup moins d'espace qu'ils ne le faisaient séparés. Mais nous réserverons cette épreuve pour une autre occasion, et nous nous occuperons du gaz hydrogène que nous venons de produire.

Si je mets en liberté tout le gaz hydrogène contenu dans ce récipient, en y mettant le feu à mesure qu'il viendra en contact avec l'atmosphère, par le moyen d'une bougie allumée que je lui présenterai, il décomposera si promptement et si soudainement le gaz oxygène de l'air en se combinant avec sa base, qu'une explosion, ou en langage chimique une *détonation*, sera produite. Pour cet effet, je n'ai qu'à enlever le récipient, et présenter sur-le-champ son ouverture à la bougie, de cette manière.

CAROLINE. — Cela ne produit qu'une espèce de sifflement et un vif éclair de lumière. Je m'attendais à un bruit bien plus fort.

Mme DE BEAUMONT. — Et il eût été plus fort en effet si les gaz avaient été plus étroitement renfermés au moment de leur explosion. Par exemple, si nous mettions dans cette bouteille un mélange d'hydrogène et d'air atmosphérique, et qu'après l'avoir bien bouchée nous missions le feu au mélange par un très petit orifice, la subite dilatation des gaz au moment de leur combinaison briserait la bouteille ou ferait sauter le bouchon avec une grande violence.

CAROLINE. — Mais, dans les expériences que nous venons de voir, si vous n'aviez pas mis le feu à l'hydrogène, ne se serait-il pas également combiné avec l'oxygène?

Mme DE BEAUMONT. — Certainement non : comme je vous l'ai déjà dit, il faut que les gaz oxygène et hydrogène soient brûlés ensemble pour se combiner chimiquement, et produire de l'eau.

Caroline. — Cela est vrai ; mais je croyais que c'était une combinaison différente que vous nous montriez ici ; car je ne vois point d'eau produite par cette union des deux gaz.

Mme de Beaumont. — L'eau résultant de cette détonation est en si petite quantité, et divisée en si petites parties, qu'elle est invisible. Mais il y a certainement de l'eau produite ; car l'oxygène ne peut se combiner avec l'hydrogène dans aucune proportion que dans celle qui forme l'eau ; donc, l'eau est toujours le résultat de leur combinaison.

Si, au lieu de mettre le gaz hydrogène en contact subit avec l'atmosphère (comme nous l'avons fait tout-à-l'heure) de manière à ce qu'il fasse explosion en totalité au moment où il prend feu, nous ne le laissions échapper que peu à peu, la combustion se ferait doucement à mesure que de nouvelles surfaces seraient en contact avec l'atmosphère, et il n'y aurait aucune détonation, les surfaces présentées l'une à l'autre étant trop petites pour permettre l'union directe des deux gaz. Cette expérience est facile. Cette fiole à col étroit (Pl. VIII, fig. 5.) est pleine d'hydrogène, et soigneusement bouchée. Si je tire le bouchon sans agiter la fiole et que j'approche promptement la bougie de l'orifice, vous verrez combien le résultat sera différent de celui de tout-à-l'heure.

Gustave. — Comme ce gaz brûle bien, avec une belle flamme bleue! La flamme s'enfonce peu à peu dans la fiole.—Maintenant elle a disparu entièrement Cette combustion ne produit-elle pas aussi de l'eau?

Mme DE BEAUMONT. — Sans aucun doute. Pour vous rendre sensible la formation de l'eau , je me procurerai un supplément de gaz hydrogène, en mettant dans cette bouteille (pl. VIII, fig. 6.) de la limaille de fer, de l'eau et de l'acide sulfurique , matériaux semblables à ceux dont nous venons d'user pour la même fin. Je boucherai la bouteille en laissant un petit orifice ouvert dans le bouchon , avec un petit tube de verre fixé à cet orifice , au travers duquel le gaz découlera en courant continu et rapide.

CAROLINE. — J'entends déjà le sifflement du gaz à travers le tube , et je sens le passage d'un fort courant contre ma main.

Mme DE BEAUMONT. — Je vais enflammer ce courant avec la bougie..... Voyez comme il jette une vive flamme.

GUSTAVE. — Il brûle comme une chandelle avec une grande flamme. Mais pourquoi cette combustion dure-t-elle plus long-temps que celle de l'expérience précédente ?

Mme DE BEAUMONT. — La combustion continue sans interruption, aussi long-temps que le nouveau gaz continue à être produit. Maintenant, si je renverse le récipient sur la flamme, vous verrez sa surface intérieure couverte d'une très fine rosée qui est de l'eau pure.

CAROLINE. — En effet : le verre est maintenant terni par l'humidité ! Que je suis content d'avoir vu de l'eau produite par cette combustion.

GUSTAVE. — C'est précisément, ce que je désirais

le plus de voir : car j'avoue que j'étais un peu incrédule.

Mme DE BEAUMONT. — Si je n'avais pas tenu la cloche de verre au-dessus de la flamme, l'eau se serait
échappée en état de vapeur, comme la première fois.
Nous n'avons obtenu ici qu'une très petite quantité
d'eau : mais la difficulté de se procurer des appareils
convenables, et une quantité suffisante des deux gaz
m'empêche de vous montrer l'expérience plus en
grand.

La composition de l'eau a été découverte presqu'à
la même époque par Cavendish en Angleterre, et par le
célèbre Lavoisier en France. Le dernier inventa un
appareil très ingénieux pour opérer avec beaucoup
d'exactitude et sur une grande échelle la formation
de l'eau par la combinaison du gaz oxygène et du gaz
hydrogène. Deux tubes, contenant la proportion
due, l'un d'oxygène l'autre d'hydrogène, sont insérés
aux côtés opposés d'un grand globe de verre, qu'on
a premièrement épuisé d'air : les deux courants de
gaz sont allumés dans le globe par l'étincelle électrique à leur point de contact ; ils brûlent ensemble,
c'est-à-dire que l'hydrogène se combine avec l'oxygène, le calorique se dégage, et une quantité d'eau
est produite, exactement égale en poids à celui
des deux gaz introduit dans le globe.

CAROLINE. — Et quelle a été la plus grande quantité d'eau formée par le moyen de cet appareil ?

Mme DE BEAUMONT. — Plusieurs onces ; près d'une

livre si je m'en souviens bien ; mais l'opération dura plusieurs jours.

GUSTAVE. — Cette expérience doit avoir convaincu tout le monde de la vérité de la découverte. Mais je vous prie, quel serait le résultat, si l'on mêlait des proportions de gaz impropres à la formation de l'eau, et qu'on y mit le feu ?

Mᵐᵉ DE BEAUMONT. — On formerait également de l'eau, mais il y aurait de plus un résidu de l'un ou l'autre gaz ; car, comme je vous l'ai déjà dit, ils ne s'unissent que dans la proportion réquise pour former l'eau.

GUSTAVE. — Regardez je vous prie, maman. Notre expérience avec la batterie voltaïque (pl. VIII, fig. 2) a fait de grands progrès ; une quantité de gaz a été formée dans chaque tube ; mais l'un en contient deux fois plus que l'autre.

Mᵐᵉ DE BEAUMONT. — Oui, parce que l'eau, comme vous le savez, est composée de deux volumes d'hydrogène contre un d'oxygène ; — et si nous mêlions ces gaz et si nous y mettions le feu par une étincelle électrique, ils disparaîtraient tous deux, et une petite quantité d'eau serait formée.

Il est un autre effet curieux, produit par la combustion du gaz hydrogène, que je vais vous montrer ; mais dont je ne pourrais exactement vous expliquer la cause. Je commencerai par mettre dans notre appareil les matériaux convenables pour obtenir un courant d'hydrogène, comme nous l'avons déjà fait.

Maintenant le gaz a pris son cours dans le tube : — je vais l'allumer avec la bougie.

GUSTAVE.— Il brûle exactement comme l'autre fois. Où donc est le curieux effet dont vous parliez?

Mme DE BEAUMONT. —Au lieu du récipient, par le moyen duquel nous avons vu tout-à-l'heure les gouttes d'eau se former , nous renverserons sur la flamme ce tube de verre de deux pieds de long sur deux pouces de diamètre (pl. VIII, fig. 7), mais vous remarquerez qu'il est ouvert aux deux bouts.

GUSTAVE. — Quel bruit étrange cela produit! c'est quelque chose d'assez semblable à la harpe éolienne, mais moins doux.

CAROLINE. — C'est un effet singulier; [trop fort cependant pour être agréable. Et l'on ne donne aucune raison de ce bruit?

Mme DE BEAUMONT. — Il n'est pas extraordinaire que la percussion du verre, par le courant rapide du gaz, produise un son quelconque; mais qu'il soit d'une nature telle qu'aucun autre gaz ne puisse avoir un semblable effet, c'est ce qui paraît singulier. Peut-être cela dépend-il de la vibration brusque du verre, occasionnée par la formation successive et la condensation de petites gouttes d'eau sur les parois du tube, et aussi de l'air qui se presse de remplir le vide formé *.

CAROLINE.— Comme cette flamme ressemble à celle d'une chandelle.

---

* Cette ingénieuse explication est due à M. Delarue. *Voyez le Journal de l'Institut royal,* tome. 1 , p. 159.

Mme DE BEAUMONT. — La flamme des chandelles et des bougies est produite à peu près par les mêmes moyens. Le suif et la cire contiennent beaucoup d'hydrogène. Cet hydrogène étant converti en gaz par la chaleur de la bougie ou de la chandelle allumée, se combine avec l'oxygène de l'atmosphère, et l'eau et la flamme sont les produits de leur combinaison : Ensorte que la fumée d'une chandelle est due en effet à cette combustion du gaz hydrogène. Pour donner la première impulsion à la combustion, une élévation de température, produite par une allumette ou une autre chandelle allumée, est nécessaire ; mais ensuite elle continue d'elle-même, parce que la chandelle reçoit de nouveau calorique à mesure qu'elle brûle, par les suppléments successifs de chaleur que donne l'union des deux électricités dégagées pendant la combustion des gaz. Mais d'autres circonstances qui accompagnent la combustion des chandelles et de l'huile, ne peuvent encore vous être expliquées, parce que vous ne connaissez pas le *carbone*, l'une de leurs parties constituantes. En général cependant, toutes les fois que vous voyez de la flamme vous pouvez inférer qu'elle est due à la formation et à la combustion du gaz hydrogène * ; car brûler avec flamme est un mode de combustion particulier à ce gaz, à une ou deux exceptions près.

GUSTAVE. — Vous m'étonnez ! Je pensais que la

---

* Ou plutôt de l'hydrogène carboné, gaz composé d'hydrogène et de carbone, dont il sera parlé à l'article carbone.

flamme était le calorique produit par l'union des deux électricités, dans toutes les combustions.

Mme DE BEAUMONT. — Votre erreur tenait à l'idée vague et inexacte que vous aviez de la flamme, en la confondant avec la lumière et le calorique en général. La flamme implique toujours le calorique, puisqu'elle est produite par la combustion du gaz hydrogène; mais, tout calorique n'implique pas la flamme. Un grand nombre de corps brûlent avec une chaleur interne, et ne produisent point de flammes. Par exemple : le charbon brûle avec flamme jusqu'à ce que tout l'hydrogène qu'il contient soit évaporé; mais quand il passe au rouge, il dégage beaucoup plus de calorique et ne produit plus de flamme.

CAROLINE. — Mais, le fer que vous avez brûlé dans le gaz oxygène m'a paru émettre de la flamme ; cependant, comme c'est un simple métal, il ne peut contenir de l'hydrogène.

Mme DE BEAUMONT. — Aussi produisait il un vif éclat de lumière, mais non une véritable flamme.

GUSTAVE. — Et quelle est la cause de la forme régulière de la flamme d'une chandelle ?

Mme DE BEAUMONT. — La régularité du courant de gaz hydrogène qui s'exhale de la matière combustible dont la chandelle est formée.

CAROLINE. — Mais, si le gaz hydrogène doit, d'après sa grande légèreté, monter vers les régions supérieures de l'atmosphère : pourquoi la flamme ne continue-t-elle pas à l'accompagner?

Mme DE BEAUMONT. — La combustion du gaz hydro-

17*

gène est complète au point où se termine la flamme :
il cesse alors d'être du gaz hydrogène, étant converti
par sa combinaison avec l'oxygène en vapeur a-
queuse ; mais dans un état de division si tenue qu'il
est invisible.

CAROLINE. — Je ne comprends pas bien quel est
l'usage de la mèche d'une chandelle, puisque le gaz
hydrogène brûle si bien sans cela ?

Mme DE BEAUMONT. — Pour que la matière combustible, qui forme la chandelle, émette le gaz hydrogène,
il faut qu'elle soit décomposée, et la mèche aide à cette
décomposition. Sa combustion propre , commence à
fondre la matière combustible, et ...

CAROLINE. — Mais dans les lampes , cette matière
est déjà fluide , et cependant elles exigent également
des mèches.

Mme DE BEAUMONT. — J'allais ajouter , qu'ensuite la
mèche brûlante (par la force d'attraction capillaire)
fait monter graduellement le fluide jusqu'au point
où la combustion a lieu ; et vous avez pu observer que la flamme de la mèche ne commence qu'un
peu au-dessus de son insertion à la chandelle ou à la
lampe.

CAROLINE. — Oui ; mais je ne comprends pas pourquoi.

Mme DE BEAUMONT. — C'est parce que l'air n'a pas
un aussi libre accès à cette partie de la mèche qui se
trouve en contact immédiat avec la chandelle , qu'à
celle qui est au-dessus ; et la chaleur n'y étant pas
suffisante pour produire la décomposition , la com-

bustion ne commence qu'un peu au-dessus de ce point.

CAROLINE.—Mais, maman, ces belles lumières nommées *becs de gaz*, que nous voyons éclairer plusieurs rues, et qui seront, j'espère, adoptées généralement, n'ont, à ce qu'il m'a semblé, aucune sorte de mèche; comment leur lumière est-elle alimentée?

Mme DE BEAUMONT. — Je suis bien aise que vous m'ayez fait penser à dire quelques mots sur ce perfectionnement utile et intéressant. Dans ce mode d'éclairage, le gaz est conduit à l'extrémité d'un tube où il est allumé, et brûle ensuite tant que le courant continue. Il n'y a donc besoin ni de mèche, ni d'aucun autre combustible.

GUSTAVE. — Mais comment se procure-t-on ce gaz en si grande quantité?

Mme DE BEAUMONT. — On le tire du charbon par la distillation. Quand le charbon est exposé à la chaleur dans des vaisseaux fermés, il se décompose; et l'hydrogène, qui est un de ses constituants, s'élève en forme de gaz, combiné avec une autre de ses parties constituantes, le carbone, et les deux forment un gaz composé, nommé hydrogène carboné, dont nous expliquerons la nature, en parlant du carbone. Ce gaz, de même que l'hydrogène, est parfaitement transparent, invisible et éminemment inflammable; et il émet, en brûlant, cette vive lumière, que vous avez remarquée.

CAROLINE. — Et le procédé employé pour se le procurer, consiste simplement à échauffer les charbons, et conduire le gaz à travers les tubes?

Mme DE BEAUMONT. — Il n'exige rien de plus, sinon que l'on doit faire passer le gaz aussitôt après sa formation, à travers deux ou trois grandes cuves d'eau, dans lesquelles il dépose quelques ingrédients étrangers, spécialement de l'eau, du goudron et de l'huile, qui ont été produits en même temps que lui par la distillation des charbons. L'appareil du gaz d'éclairage, consiste simplement en un grand vaisseau de fer, dans lequel le charbon est exposé à la chaleur d'un fourneau, quelques réservoirs d'eau, dans lesquels le gaz se purifie, et des tubes pour le distribuer où il doit être employé, étant poussé avec une égale vélocité dans tous ces tubes par le moyen d'une certaine pression faite sur le réservoir.

GUSTAVE. — Quelle admirable invention ! Pensez-vous, maman, qu'elle soit bientôt généralement adoptée?

Mme DE BEAUMONT. — Très probablement. Pour l'éclairage des rues, des bureaux, des lieux publics quelconques, ce moyen surpasse tout ce qui a jamais été inventé. Mais, à l'égard de l'éclairage intérieur des maisons privées, ce mode n'a pas encore été assez éprouvé pour qu'on sache s'il sera avantageux, soit pour l'économie, soit pour la commodité. On peut cependant le considérer comme une des plus heureuses applications de la chimie, au bien être de la société, et l'on a toute raison de supposer qu'il répondra pleinement à l'attente publique.

J'ai à vous montrer une autre expérience avec le gaz hydrogène, qui, je crois, vous divertira. N'avez-vous jamais fait de bulles d'eau et de savon?

GUSTAVE. — Pardonnez-moi, très souvent, quand j'étais petit; j'avais coutume de les faire voler en les soufflant en l'air.

Mme DE BEAUMONT. — Nous remplirons quelques bulles semblables avec du gaz hydrogène, ou bien de l'air atmosphérique, et vous verrez avec quelle rapidité elles s'élèveront sans le secours de votre souffle, et par la seule légèreté du gaz. — Mêlez, je vous prie, un peu d'eau et de savon pendant que je remplis cette vessie avec le gaz renfermé dans la cloche.

CAROLINE. — Pourquoi ce bouchon de cuivre à robinet au sommet du récipient?

Mme DE BEAUMONT. — C'est pour donner passage au gaz, quand nous en aurons besoin. Vous voyez un bouchon semblable adapté à cette vessie, je les visse l'un sur l'autre, puis je tourne les deux robinets pour établir une communication entre le récipient et la vessie, et en faisant glisser le premier hors de la tablette, et le plongeant doucement dans le bain, l'eau vient le remplir, et pousse le gaz dans la vessie. (Pl. IX, fig. 1.)

CAROLINE. — Oui; je vois la vessie s'enfler à mesure que l'eau monte dans le récipient.

Mme DE BEAUMONT. — Je pense que nous en avons déjà une quantité suffisante. Il faut avoir grand soin de fermer les deux robinets avant de séparer la vessie du récipient, pour que le gaz ne puisse échapper. — Maintenant, je fixerai un tuyau au bouchon de la ves-

sie, et en plongeant son extrémité opposée dans le savon et l'eau, j'en prendrai quelques gouttes ; puis
je tournerai le robinet et presserai la vessie pour forcer
le gaz à entrer dans le savon au bout du tuyau. (Pl. IX,
fig. 2.)

GUSTAVE. — Voici une bulle ; mais elle tombe de
l'ouverture du tuyau.

Mme DE BEAUMONT. — Il faut prendre patience, et
essayer encore ; il n'est pas si facile de former des
bulles par le moyen d'une vessie qu'avec le soufle.

CAROLINE. — Peut-être qu'il n'y a pas assez de savon dans l'eau. Si j'avais eu de l'eau chaude, le savon
se serait mieux dissous.

GUSTAVE. — N'échappe-t-il pas un peu de gaz entre
la vessie et le tuyau ?

Mme DE BEAUMONT. — Non ; ils sont parfaitement
joints ensemble. — Nous réussirons maintenant, je
crois.

CAROLINE. — Une bulle s'élève ; elle monte avec
la rapidité d'un ballon. Comme elle réfléchit admirablement la lumière.

GUSTAVE. — Elle a crevé contre le plafond.... Vous
réussissez maintenant parfaitement ; mais pourquoi
toutes s'élèvent-elles en droite ligne, et vont-elles
crever contre le plafond ?

Mme DE BEAUMONT. — Le gaz hydrogène étant
beaucoup plus léger que l'air atmosphérique, monte
rapidement avec sa mince enveloppe qui crève par la
force avec laquelle elle frappe contre le plafond.

Les ballons à air sont remplis de ce gaz, et s'ils ne

portaient aucun autre poids que leur enveloppe, ils s'élèveraient aussi rapidement que nos bulles.

CAROLINE. — Cependant leur enveloppe doit être plus lourde que celles des bulles?

Mme DE BEAUMONT. — Non pas en proportion de la quantité de gaz qu'elles contiennent.

Je ne sais si vous avez jamais vu remplir un grand ballon. L'appareil pour ce procédé est fort simple. Il consiste en un certain nombre de vaisseaux, barrils ou jarres, dans lesquels on mêle les matériaux nécessaires à la formation du gaz : chacun des vaisseaux est pourvu d'un tube, et communique à un long tuyau flexible qui porte le gaz dans le ballon.

GUSTAVE. — Mais les ballons à feux, qui furent les premiers inventés, et sont maintenant abandonnés, à cause du danger qu'ils entraînaient; étaient construits sans doute sur un principe différent?

Mme DE BEAUMONT. — Ils étaient simplement remplis d'air atmosphérique extrêmement raréfié par la chaleur; et la nécessité d'avoir du feu sous le ballon pour maintenir la raréfication de l'air qu'il contenait, était la circonstance qui produisait tant de danger.

Si vous n'êtes pas fatigués d'expériences, j'en ai encore une autre à vous montrer. Elle consiste à remplir des bulles de savon d'un mélange de gaz hydrogène et de gaz oxygène, dans la proportion qui forme l'eau ; ensuite à y mettre le feu.

GUSTAVE. — Cela produira, je pense, une détonation?

Mme DE BEAUMONT. — Oui. Comme vous avez vu la

manière de transporter le gaz du récipient dans la
vessie, il n'est point nécessaire de recommencer cette
opération. J'ai préparé une vessie remplie de la proportion voulue des deux gaz, et nous n'aurons qu'à
enfler des bulles avec ce mélange.

CAROLINE. — En voici une belle qui s'élève : puis-je
y mettre le feu avec la bougie ?

Mme DE BEAUMONT. — Si cela vous plait...

CAROLINE. — Bon Dieu ! quelle explosion ! — C'était
comme un coup de fusil. J'avoue que j'ai été très ef-
frayée. Je ne m'attendais pas à une aussi forte détonation.

GUSTAVE. — Et la flamme était aussi brillante qu'un
éclair.

Mme DE BEAUMONT. — La combinaison des deux gaz
a lieu dans l'espace de temps où vous voyez la flamme,
et entendez la détonation.

GUSTAVE. — Cela ressemble infiniment au tonnerre
et aux éclairs.

Mme DE BEAUMONT. — Ces derniers phénomènes,
cependant, sont en général électriques. Mais divers
effets météorologiques peuvent être attribués à des dé-
tonations accidentelles du gaz hydrogène : car, ce gaz
abonde dans la nature ; il constitue une grande partie
de l'air qui appartient à notre globe, et presque tous
les corps en sont fournis par cette source ; il entre dans
la composition de toutes les substances animales, et
d'un grand nombre de minéraux ; mais il est principalement abondant chez les végétaux. Souvent il se dégage spontanément de cette immense quantité de corps ;

sa grande légèreté le fait monter vers les régions supérieures de l'atmosphère ; et lorsque, par une étincelle
électrique, ou quelque élévation accidentelle de température, il vient à prendre feu , il produit ces météores , ou apparences lumineuses qui se montrent
quelquefois dans l'air ; ces grands éclairs que l'on voit
pendant les soirées d'été , et qui ne sont suivis d'aucune détonation , dépendent probablement aussi de
ce principe.

GUSTAVE. — Je suppose que chaque éclair produit
une certaine quantité d'eau ?

CAROLINE. — Et cette eau descend naturellement
en forme de pluie.

Mme DE BEAUMONT. — Cela arrive probablement
très souvent ; quoique ce ne soit point une conséquence
nécessaire du fait : car l'eau peut être prise en solution
par l'atmosphère à mesure qu'elle descend vers les
basses régions , et y rester en forme de nuages.

L'application de l'attraction électrique aux phénomènes chimiques, conduira probablement à des découvertes intéressantes en météorologie ; car l'électricité joue très certainement un rôle important dans
l'atmosphère. Toutefois, ce sujet n'est pas assez bien
développé pour que je m'aventure à le traiter amplement. Les phénomènes atmosphériques ne sont encore
qu'imparfaitement entendus ; et le peu d'idées claires
que l'on a sur eux ne me sont pas tout-à-fait fami-
lières.

Mais avant de prendre congé de l'hydrogène, il ne
faut pas que j'omette de vous parler d'une intéressante

découverte de M. Davy, qui se rapporte a ce principe.

CAROLINE. — C'est, je suppose, la lampe de sûreté
pour les mineurs, dont on a tant parlé dernièrement?
J'ai long-temps désiré savoir en quoi consistait cette
découverte, et quel était son but.

Mme DE BEAUMONT. — Il arrive souvent dans les
mines de charbon, que des quantités d'un gaz, nommé
par les chimistes *hydrogène carboné*, et par les mineurs
feu humide (fire-damp), le même dont on se sert pour
l'éclairage au gaz, sort des fissures entre les couches de charbon, et remplit les cavités dans lesquelles
les hommes travaillent. Ce gaz étant inflammable,
il s'en suit que lorsque les ouvriers approchent une
chandelle allumée des endroits où il est concentré,
il se fait des explosions capables de faire périr tous les
ouvriers et les chevaux employés dans cette partie de
la mine.

GUSTAVE. — Quels horribles accidents cela doit
produire! Mais comment ce gaz est-il formé?

Mme DE BEAUMONT. — Comme ce gaz inflammable
est le principal produit de la combustion du charbon,
il n'est pas étonnant qu'il paraisse accidentellement
dans les lieux où ce minéral abonde, puisqu'il n'est
pas douteux que le procédé de combustion n'ait lieu
fort souvent à une grande profondeur dans la terre.
Ainsi donc les accumulations de ce gaz peuvent naître, soit de combustions actuelles, soit de combustions
antérieures; le gaz ayant pu rester renfermé pendant
des siècles.

Caroline. — Et comment la lampe de sir H. Davy empêche-t-elle ces terribles explosions ?

Mme de Beaumont. — Par une invention aussi simple qu'ingénieuse, une invention qui fait autant d'honneur aux vues philosophiques sur lesquelles elle est fondée, qu'aux motifs bienfaisants qui ont provoqué à la chercher. Voici en peu de mots quel est le principe de cette lampe. Il a été reconnu, il y a deux ou trois ans, par MM. Tennant et Davy, que la combustion du gaz inflammable ne pouvait se propager à travers de très petits tubes, en sorte que si un jet d'un mélange gazeux inflammable, en sortant d'une vessie ou de tout autre vaisseau est poussé dans un petit tube, et qu'on y mette le feu, il brûle à l'orifice du tube, mais la flamme ne pénètre jamais dans le vaisseau. C'est sur ce fait que la lampe de sûreté de sir H. Davy est fondée.

Gustave. — Mais qui empêche la flamme de pénétrer dans le vaisseau d'où le gaz s'échappe, de manière à faire faire explosion à tout le gaz à la fois ?

Mme de Beaumont. — C'est sans doute que le gaz inflammable est tellement refroidi par son passage dans un petit tube, qu'il cesse de pouvoir brûler avant que la combustion arrive au réservoir.

Caroline. — Et comment ce principe peut-il s'appliquer à la construction d'une lampe.

Mme de Beaumont. — Très facilement. Vous n'avez qu'à supposer une lampe entourée de verre ou de corne transparente, ayant vers le fond un certain nombre de petits tubes ouverts, et d'autres vers le sommet pour laisser entrer et sortir l'air. Maintenant, qu'une lampe ou lanterne semblable soit portée dans une atmosphère capable d'explosion, une explosion ou combustion du gaz aura lieu dans l'intérieur de la lampe ; mais, quoique l'issue fournie par les tubes suffise pour empêcher la lampe d'éclater, la combustion ne peut être propagée par ces tubes jusqu'à l'air extérieur, et aucune conséquence fatale ne peut s'en suivre.

GUSTAVE. — Et c'est là tout le mystère de cette précieuse lampe ?

Mgr DE BEAUMONT. — Non : quand les recherches commencèrent, une lampe ainsi construite fut proposée ; mais ce n'était qu'une ébauche grossière, comparée à l'état de perfectionnement où elle est maintenant poussée. Après une longue suite d'expériences, par lesquelles sir H. Davy améliorait toujours de plus en plus son invention, il eut enfin l'heureuse idée d'entourer la lampe d'une gaze d'acier très serrée, au lieu du verre ou de la corne, et de se passer ainsi de l'appareil tubulaire, chaque interstice de la gaze remplissant l'office d'un tube pour empêcher la propagation de l'explosion. De cette manière, l'enveloppe de la lampe remplissait les diverses conditions de transparence, de perméabilité à l'air, et de protection contre l'explosion. Sir H. Davy mit sur-le-champ son idée à l'épreuve, et le résultat a répondu à ses plus grandes espérances, tant dans son laboratoire que dans les nombreuses mines où l'on a déjà employé cette lampe. Il a maintenant le bonheur de penser que son invention sauvera chaque année un grand nombre de personnes qui auraient péri en tirant du sein de la terre une des choses les plus nécessaires à la vie. Voici une de ces lampes dont vous comprendrez de suite toutes les parties (Pl. X, fig. 1.).

CAROLINE. — Combien cette machine est ingénieuse et simple! Mais je ne vois pas bien pourquoi si une explosion avait lieu dans la lampe, elle ne se communiquerait pas à l'air extérieur à travers le treillis de fer?

Mme DE BEAUMONT. — Cet effet a été et il est encore un sujet d'étonnement, même pour les physiciens; et la seule explication que ces derniers puissent en donner, est que la flamme ou ignition ne peut passer à travers un fin treillis, parce que les fils métalliques refroidissent assez la flamme pour qu'elle s'éteigne en traversant le tissu. Cette propriété du tissu métallique est tout-à-fait analogue à celle des petits tubes que j'a cités en parlant de la première invention; et l'on peut considérer chaque maille de la gaze de fer comme un tube très court et d'un diamètre extrêmement petit.

GUSTAVE. — Mais j'aurais cru que les fils rougiraient par la brûlure du gaz dans l'intérieur de la lampe.

Mme DE BEAUMONT. — Et c'est ce qui arrive aussi; le haut de la lampe est souvent rouge. Mais, heureusement, les mélanges gazeux inflammables des mines ne peuvent faire explosion à l'application d'un fer rouge; l'intervention d'une véritable flamme est nécessaire pour que cet effet ait lieu; alors les fils de fer rougis ne peuvent enflammer le gaz détonnant qui les entoure.

GUSTAVE. — J'entends bien cela; mais si les fils

métalliques sont rouges, comment peuvent-ils refroidir la flamme qui est en dedans de la lampe, et l'empêcher de traverser la gaze?

Mme DE BÉAUMONT. — Ce tissu, quoique rouge, est moins chaud que la flamme qui l'a échauffé; et comme les fils métalliques sont bons conducteurs, la chaleur ne s'accumule pas beaucoup en eux, et passe promptement aux autres parties de la lampe et aux corps adjacents.

CAROLINE. — C'est réellement une découverte des plus intéressantes, et qui prouve de quelle utilité les sciences peuvent être à la société, en les appliquant à des fins importantes.

HUITIÈME ENTRETIEN.

SUR LE SOUFRE ET LE PHOSPHORE.

Histoire naturelle du soufre. — Sublimation. — Alambic. —
Combustion du soufre dans l'air atmosphérique. — De l'acidification en général. — Nomenclature des acides. — Combustion du soufre dans le gaz oxygène. — Acide sulfurique.
— Acide sulfureux. — Décomposition du soufre. — Gaz
hydrogène sulfuré. — Eaux hydro-sulfurées. — Phosphore.
— Sa décomposition. — Comment découvert. — Sa combustion. — Acide phosphorique. — Acide phosphoreux. —
Eudiomètre. — Combinaison du phosphore et du soufre. —
Gaz hydrogène phosphoré. — Nomenclature des composés
binaires.—Combustion du phosphore de chaux, sous l'eau.

Mme DE BEAUMONT; CAROLINE; GUSTAVE.

Mme DE BEAUMONT. — Le soufre est la première
substance qui se présente à notre examen. Elle diffère
essentiellement de la précédente en ce qu'elle existe
sous forme solide à la température de l'atmosphère.

CAROLINE. — Je suis bien aise que nous ayons enfin
un corps solide à examiner ; un corps que l'on puisse

voir et toucher. Dites-moi, je vous prie, si ce n'est
pas avec du soufre que la pointe des allumettes est
couverte, pour les faire brûler plus facilement?

Mme DE BEAUMONT. — Oui; et vous savez déjà par
conséquent que le soufre est une substance très combustible. Il se trouve rarement dans la nature sous sa
forme simple, et son affinité est si grande pour certaines substances, qu'il est presque toujours combiné
avec quelques unes d'elles. Il est le plus communément
uni avec les métaux, sous diverses formes, et il en est
séparé par un procédé fort simple. Le soufre existe
aussi dans plusieurs sortes d'eaux minérales, et quelques
végétaux le possèdent en assez grande proportion,
principalement les crucifères. On le trouve encore
dans la matière animale ; bref les trois règnes offrent
tous plus ou moins de cette substance.

GUSTAVE. —J'ai entendu parler de *fleurs de soufre*,
est-ce le produit d'une plante ?

Mme DE BEAUMONT. — Nullement : les fleurs de soufre sont du soufre commun réduit en poudre très fine
par un procédé appelé *sublimation*. — Vous voyez un
peu de cette matière dans cette fiole ; c'est exactement
la même substance que ce morceau de soufre, seulement la couleur est d'un jaune plus pâle à cause de
l'extrême division des molécules.

GUSTAVE. — Qu'est-ce que la sublimation, je vous
prie?

Mme DE BEAUMONT. — C'est l'évaporation, ou pour
parler plus exactement, la volatilisation des substances
solides qui en se refroidissant reprennent une forme

concrète. Le procédé doit être exécuté dans un vaisseau fermé pour empêcher la combustion qui aurait lieu si l'air n'était pas soigneusement exclu, et de plus pour recueillir la substance après l'opération. Comme cette expérience demande beaucoup de temps, nous ne l'essayerons pas maintenant; mais vous la comprendrez parfaitement en voyant l'appareil dont on se sert pour la faire (pl. XI, fig. 1.). On met quelques morceaux de soufre dans cette espèce de récipient appelé *cucurbite*, dont la forme se rapproche de celle d'une poire, et qui est ouvert par le haut, de manière à s'adapter exactement à un récipient conique nommé chapiteau. Le cucurbite ainsi couvert de son chapiteau est placé sur un bain de sable, c'est-à-dire un vaisseau plein de sable chauffé par un fourneau, qui maintient l'appareil , à une température douce et uniforme. Le soufre commence bientôt à fondre, puis une fumée blanche et épaisse s'élève au-dessus de lui et va se déposer peu-à-peu dans le chapiteau ou la partie supérieure de l'appareil, où elle se condense contre les parois, à peu près dans la forme d'une végétation, ce qui lui a fait donner le nom de fleur de soufre. Cet appareil que l'on appelle un *alambic* est d'une grande utilité pour toute sorte de distillation, comme vous le verrez quand nous en serons à ces opérations. Les alambics ne sont pas ordinairement en verre comme celui-ci, qui ne serait propre qu'à des distillations de petite étendue. Ceux qu'on emploie dans les manufactures sont généralement en cuivre, par conséquent peuvent être beaucoup plus grands. Cependant la construction générale est toujours la même, avec quelques légères modifications dans la forme.

CAROLINE. — A quoi sert ce col ou tube qui descend de la pièce supérieure de l'appareil?

Mme DE BEAUMONT. — Il n'est d'aucun usage pour les sublimations; mais pour les distillations dont l'objet est en général d'évaporer dans des vaisseaux fermés les parties volatiles d'un corps composé, et de les condenser ensuite en liquide, ce tube sert à emporter le liquide nouvellement condensé, qui sans cela retomberait dans le cucurbite. Mais ceci nous éloigne un peu de notre sujet, et pour y revenir, je vous prie de me dire si vous entendez bien ce que c'est que la sublimation?

GUSTAVE. — Je crois le comprendre. Ce procédé me semble consister à détruire, par le moyen de la chaleur, l'agrégation des molécules d'un corps solide, qui sont ainsi volatilisées; et sitôt qu'elles perdent le calorique par lequel cet effet était produit, elles sont déposées en forme de poudre fine.

CAROLINE. — Il me parait que ce procédé a quelque analogie à la transformation de l'eau en vapeur, qui reprend sa forme liquide dès qu'elle est privée du calorique qui la vaporisait.

GUSTAVE. — Avec cette différence cependant, que le soufre ne reprend pas son premier état, puisqu'au lieu de morceaux on a une poudre très fine.

Mme DE BEAUMONT. — Chimiquement parlant c'est exactement la même substance sous les deux formes, car si la poudre est fondue une seconde fois, elle revient en refroidissant au même état solide où elle était avant sa transformation.

CAROLINE. — Mais s'il n'y a aucun changement réel produit par la sublimation du soufre, à quoi bon faire cette opération ?

Mme DE BEAUMONT. — A diviser le soufre en très petites parties, et le disposer ainsi à se combiner plus facilement avec d'autres corps. C'est aussi un moyen de purification.

CAROLINE. — La sublimation me parait être un commencement de combustion, à laquelle il ne manque pour être complète que la circonstance de l'absorption de l'oxygène de l'atmosphère.

Mme DE BEAUMONT. — Mais cette seule circonstance constitue la combustion. Aucune altération essentielle n'est produite dans le soufre par la sublimation ; tandis que dans la combustion il se combine avec l'oxygène, et forme un nouveau composé totalement différent du soufre dans sa pureté.

Nous brûlerons un peu de soufre et vous verrez quel résultat différent cela produira. — Je vais mettre une petite quantité de fleur de soufre dans une tasse que je poserai dans un plat où j'ai mis un peu d'eau, puis j'allumerai le soufre avec la pointe de ce fil de fer rouge, car cette substance ne peut prendre feu, à moins que sa température ne soit considéralement élevée. — Vous voyez que le soufre brûle avec une faible flamme bleuâtre, et quand je le renverse sur le récipient, une fumée blanche s'élève du soufre et remplit le vaisseau. Vous verrez bientôt que l'eau s'élèvera dans le récipient au-dessus de son niveau dans l'assiette. — Pouvez-vous expliquer cela, Gustave?

GUSTAVE. — Je suppose que le soufre a dû absorber l'oxygène de l'air atmosphérique contenu dans le récipient, et que nous trouverons du soufre oxygéné dans la tasse; quant à la fumée blanche je ne puis deviner ce que ce peut être.

Mme DE BEAUMONT. — Votre première conjecture est très juste; mais vous vous trompez dans la seconde, car il ne reste rien dans la tasse, la vapeur blanche est le soufre oxygéné, qui prend la forme d'un fluide élastique d'une odeur piquante et nuisible, et qui est un puissant acide. Vous voyez là une combinaison chimique d'oxygène et de soufre produisant un véritable gaz, qui resterait en cet état sous la pression et à la température de l'atmosphère, s'il ne s'unissait pas à l'eau de l'assiette, à laquelle il communique toutes ses propriétés acides. — Maintenant, vous voyez de quels curieux effets la combustion du soufre est accompagnée.

CAROLINE. — Ils sont tout-à-fait surprenants, mais j'avoue que je n'entends pas bien pourquoi le soufre devient acide.

Mme DE BEAUMONT. — C'est parce qu'il s'unit à l'oxygène qui est le principe acidifiant. Le nom d'oxygène dérive de deux mots grecs qui signifient *générateur d'acide*.

CAROLINE. — Alors, pourquoi l'eau qui contient une si grande quantité d'oxygène n'est-elle pas acide?

Mme DE BEAUMONT. — Parce que son autre consti-

tuant, l'hydrogène, n'est pas susceptible d'acidification.
—Je crois nécessaire, avant d'aller plus loin, de dire
quelques mots sur la nature générale des acides,
quoique ce soit une déviation du plan que nous nous
sommes fait d'examiner les substances simples séparément, avant de les considérer dans un état de
combinaison.

Les acides peuvent être regardés comme une classe
particulière de corps *brûlés* qui, pendant leur combustion ou leur combinaison avec l'oxygène, ont pris
des propriétés caractéristiques. Ils se distinguent principalement par une saveur aigre, et par le pouvoir
qu'ils ont de changer en rouge la plupart des couleurs
bleues végétales. Ces deux qualités sont communes à
tous les acides; mais chacun d'eux en a d'autres qui
le distinguent du reste de sa classe. Un acide est formé
d'une substance particulière (que l'on appelle base de
l'acide et qui diffère dans chacun d'eux) et de l'oxygène qui leur est commun à tous.

GUSTAVE. — Je ne vois pas clairement la différenc·
qui existe entre les acides et les oxydes.

Mᵐᵉ DE BEAUMONT. — Les acides sont en effet des
oxydes qui, par l'addition d'une quantité suffisante
d'oxygène, ont été convertis en acides. Car, il faut
observer que l'acidification implique toujours une
oxydation précédente, puisque le corps formant la
base d'un acide a dû se combiner avec la quantité
d'oxygène exigée pour constituer un oxyde, avant d'a-
voir pu s'unir à la quantité plus grande, nécessaire
pour le changer en acide.

19

CAROLINE. — Tous les oxydes sont-ils susceptibles d'être convertis en acides?

Mme DE BEAUMONT. — Bien loin de là ? ce ne sont que certaines substances qui peuvent entrer dans cette sorte d'union avec l'oxygène, et leur nombre est même très borné. Toutefois on peut considérer tout corps brûlé comme appartenant soit à la classe des oxydes soit à celle des acides. Nous traiterons plus amplement ce sujet dans un autre moment. Je n'ai plus maintenant qu'une seule circonstance à vous faire observer à l'égard des acides : c'est que la plupart sont susceptibles de deux degrés d'acidification suivant les différentes quantités d'oxygène avec lesquelles leur base se combine.

GUSTAVE. — Et comment se distinguent ces deux degrés ?

Mme DE BEAUMONT. — Par les propriétés particulières qu'ils produisent. L'acide que nous venons de faire est un premier ou un plus faible degré d'acidification, et on l'appelle *acide sulfureux* ; s'il eût été pleinement saturé d'oxygène c'eût été de l'*acide sulfurique*. Vous devez donc vous rappeler que pour cet acide comme pour tous les autres le premier degré d'acidification est exprimé par la terminaison en *eux* ; le plus fort par la terminaison en *ique*, jointe au nom de la base.

CAROLINE. — Et comment se fait l'acide sulfurique ?

Mme DE BEAUMONT. — En brûlant du soufre au-dessus de l'eau, dans du gaz oxygène pur, et rendant

ainsi sa combustion plus complète. Je me suis procuré
du gaz oxygène pour faire cette expérience; mais il
faut premièrement faire passer le gaz dans la cloche
pleine d'eau qui est maintenant sur la tablette.

CAROLINE. — Laissez-moi essayer cette opération,
je vous en prie, maman.

Mme DE BEAUMONT. — Elle demande une certaine
adresse. Tenez la bouteille de gaz tout-à-fait sous
l'eau, et ne tournez pas le goulot en haut, avant
qu'il ne soit directement sous l'ouverture de la tablette à travers laquelle le gaz doit passer dans le récipient, alors relevez doucement votre bouteille. —
Très bien; vous n'avez laissé échapper que quelques
bulles, c'est bien peu pour un premier essai. — A
présent je vais mettre ce morceau de soufre dans le récipient par l'ouverture supérieure, et j'introduirai en
même temps de l'amadou enflammé pour lui faire
prendre feu. Il faut que cela soit fait très promptement
pour que l'air atmosphérique ne pénètre pas avec le
soufre et ne se mêle pas au gaz oxygène pur.

GUSTAVE. — Quelle belle flamme!

CAROLINE. — Mais elle est déjà enveloppée par la
vapeur qui, je pense, est l'acide sulfurique.

GUSTAVE. — Ces acides sont-ils toujours dans un
état gazeux?

Mme DE BEAUMONT. — L'acide sulfureux, comme
nous l'avons déjà remarqué, est un gaz permanent,
et ne peut être obtenu en forme liquide que par sa condensation dans l'eau. Dans son état pur l'acide sulfureux est invisible, et s'il se montre sous la forme d'une

fumée blanche c'est par sa combinaison avec de l'humidité. Cependant la vapeur d'acide sulfurique que vous venez de voir s'élever pendant la combustion , n'est pas un gaz, c'est seulement une vapeur qui se condense en acide sulfurique liquide en perdant son calorique. Il paraît cependant d'après des expériences de sir H. Davy que la formation et la condensation de l'acide sulfurique exigent la présence de l'eau, c'est pourquoi la vapeur est recueillie dans de l'eau froide , qui est ensuite séparée de l'acide par évaporation.

Le soufre a été considéré jusqu'à présent comme une substance simple ; mais sir H. Davy soupçonne qu'il contient une faible partie d'hydrogène, peut-être aussi de l'oxygène.

En soumettant le soufre à l'action de la batterie voltaïque, ce chimiste a observé que le fil conducteur négatif dégageait de l'hydrogène, et l'existence de cette substance dans le soufre a été rendue encore plus probable par la circonstance que pendant sa combustion une petite quantité d'eau était produite.

Gustave. — Et de quelle nature est le soufre parfaitement pur ?

Mᵐᵉ de Beaumont. — On n'a probablement jamais obtenu cette substance complètement dégagée de toute combinaison , ensorte qu'il serait possible que son radical eût des propriétés fort différentes de celles du soufre, telles que nous les connaissons. On a soupçonné que le radical du soufre pouvait être d'une nature métallique ; mais ce n'est qu'une simple conjecture.

Pour terminer ce sujet , je dois vous dire que le

soufre est susceptible de se combiner avec un grand
nombre de substances , spécialement avec l'hydrogène
qui vous est déjà connu. Le gaz hydrogène peut dissoudre une petite quantité de soufre.

GUSTAVE. — Comment! un gaz pourrait dissoudre
une substance solide?

Mme DE BEAUMONT. — Oui ; une substance solide
peut être réduite à une division si tenue par la chaleur, qu'elle devient soluble dans un gaz ; et l'on a
plusieurs exemples de cet effet. Il faut observer toutefois que, dans le cas dont il s'agit, il y a union chimique
du soufre et du gaz hydrogène , et non pas simple solution du premier dans le second. Pour effectuer cette
combinaison, le soufre doit être fortement échauffé et
en contact avec le gaz ; la chaleur divise le soufre et le
disperse en si petites parties à travers le gaz, que les
deux substances se combinent et s'incorporent ensen-
ble. Ce qui prouve suffisamment l'union chimique du
soufre et du gaz , c'est qu'ils ne se séparent point quand
le soufre perd le calorique, par lequel il avait été volatilisé. D'ailleurs , il est évident, d'après l'odeur particulière et fétide du gaz nouvellement formé que c'est
un composé totalement différent de ses constituants ;
on l'appelle *gaz hydrogène sulfuré* , et les eaux minérales sulfureuses en contiennent en grande quantité.

CAROLINE. — Les eaux de Barrège ne sont-elles
pas de cette nature?

Mme DE BEAUMONT. — Oui, elles sont naturellement
imprégnées de gaz hydrogène sulfuré , et plusieurs
autres sources du même genre prouvent que ce gaz

est souvent formé dans le sein de la terre par quelque procédé spontané.

Caroline. — Et ne peut-on produire artificiellement des eaux semblables ?

Mme de Beaumont. — On le peut sans doute ; et on imite en effet parfaitement toutes les eaux de cette espèce.

Le soufre se combine aussi avec le phosphore, les alcalis et les terres alcalines, toutes substances qui ne vous sont pas encore connues. Nous ne pouvons donc parler de ces combinaisons en ce moment. Le phosphore sera le sujet de la prochaine leçon.

Gustave. — Nous pourrions la commencer aujourd'hui, cette leçon a été bien courte.

Mme de Beaumont. — Je le veux bien, si vous n'êtes point fatigués, qu'en pensez-vous, Caroline?

Caroline. — Je désire autant que Gustave de prolonger la leçon d'aujourd'hui, sur-tout si nous entamons un autre sujet ; car j'avoue que le soufre ne m'a pas semblé aussi intéressant que les autres substances simples.

Mme de Beaumont. — Peut-être trouverez-vous le phosphore plus intéressant. Cependant, vous ne devez pas être découragés quand vous rencontrez quelques parties de la science moins amusantes que d'autres, il serait mal entendu de choisir les plus agréables pour les étudier de préférence, puisque si l'on ne procède avec méthode, il est impossible d'acquérir une idée générale de l'ensemble d'un sujet, par conséquent de s'y intéresser sérieusement.

PHOSPHORE

Le phosphore est considéré comme un corps simple ,
quoique de même que le soufre , on ait soupçonné qu'il
contenait de l'hydrogène. Les premiers chimistes ne
connaissaient point cette substance. Elle fut découverte
par Brandt, chimiste, de Hambourg, dans ses recherches
pour trouver la pierre philosophale ; mais la manière
de l'obtenir demeura secrète jusqu'à l'époque où elle
fut découverte une seconde fois, par Kunckel et Boyle
en 1680. Vous voyez un échantillon de phosphore
dans cette fiole, sous la forme de petits cylindres, qu'on
lui donne communément.

CAROLINE. — Je ne comprends pas bien en quoi
consiste la découverte dont vous parlez. Il peut y avoir
un secret pour faire une composition artificielle ; mais
comment pouvez vous parler de faire une substance
qui existe naturellement ?

Mme DE BEAUMONT. — Un corps peut exister dans la
nature, si étroitement combiné avec d'autres substances qu'il échappe à l'observation ou qu'il soit très difficile
de l'obtenir dans son état pur. C'est ce qui arrive pour
le phosphore , qui est toujours en combinaison si intime avec d'autres corps que son existence resta igno-
rée jusqu'à ce que Brandt eut trouvé le moyen de le séparer. On trouve le phosphore dans toutes les substances animales , et on l'extrait maintenant des os par un
procédé chimique. Il existe aussi dans quelques plantes.

qui ont une grande analogie avec la matière animale
dans leur composition chimique.

GUSTAVE. — Mais ne trouve-t-on jamais le phosphore dans son état pur ?

Mme DE BEAUMONT. — Jamais ; et c'est par cette
raison qu'il a été si long-temps inconnu.

Le phosphore est éminemment combustible : il fond
et prend feu à la température de 43 degrés et absorbe dans sa combustion presque une fois et demie
son poids en oxygène.

CAROLINE. — Comment ! une livre de phosphore
consommerait une livre et demie d'oxygène ?

Mme DE BEAUMONT. — Il paraît qu'oui, d'après des
expériences fort exactes. Je puis vous montrer avec
quelle violence il se combine avec l'oxygène, en brûlant un peu de phosphore dans ce gaz. Nous devons
conduire cette expérience comme celle de la combustion du soufre. Vous voyez que je suis obligée de cou-
per le petit morceau de phosphore dont je veux me
servir sous l'eau, de peur qu'il ne prenne feu par le
contact de ma main. Je le place maintenant dans le
récipient, et j'y mets le feu avec un fil de fer chaud.

GUSTAVE. — Quel éclat ! J'ai peine à le contempler.
Jamais je ne vis rien de si brillant. Cette lumière ne
vous fait-elle pas mal aux yeux, Caroline ?

CAROLINE. — Oui ; mais je ne puis m'empêcher de
la regarder. Il faut en effet qu'une prodigieuse quantité
d'oxygène soit absorbée pour dégager autant de lumière et de calorique !

Mme DE BEAUMONT. — Dans la combustion d'une

livre de phophore il se dégage une quantité de calorique suffisante pour fondre plus de cent livres de glace ;
cela a été calculé exactement par des expériences faites
exprés avec le calorimètre.

Gustave. — Et le résultat de cette combinaison est-
il encore un acide ?

Mme de Beaumont. — Oui ; de l'acide phosphorique. Si nous avions exactement proportionné le phosphore et l'oxygène , ils eussent été l'un et l'autre convertis en acide phosphorique, ayant le même poids
que les deux substances séparées. L'eau serait montée
dans le récipient , en conséquence du vide formé, et
l'aurait entièrement rempli. En ce cas, de même
que dans la combustion du soufre, la vapeur acide
produite est absorbée et condensée dans l'eau du récipient. Mais quand cette combustion est opérée sans
la présence de l'eau , ni d'aucune humidité , l'acide
paraît en forme de petits flocons , qui sont cependant
extrêmement prompts à se fondre à la moindre introduction d'humidité.

Gustave. — Le phosphore en brûlant dans l'air atmosphérique , peut-il comme le soufre produire une
espèce plus faible du même acide?

Mme de Beaumont. — Non ; car il brûle dans l'air
atmosphérique presqu'à la même température que dans
le gaz oxygène pur ; et dans les deux cas il a une telle
propension à se combiner avec l'oxygène, que la combustion est parfaite et le produit semblable , avec
cette seule différence, que le procédé est plus lent

dans l'air atmosphérique, l'oxygène arrivant moins
facilement au contact.

CAROLINE. — N'y a-t-il aucun moyen d'acidifier le
phosphore à un plus faible degré, de manière à former
de l'acide phosphoreux?

Mme DE BEAUMONT. —Oui; en exposant le phosphore
à l'atmosphère il subit une sorte de combustion lente
à toutes les températures au dessus de zéro.

GUSTAVE. — Le procédé en ce cas n'est-il pas plutôt une oxydation qu'une combustion? Car, si l'oxygène est trop lentement absorbé pour qu'une quantité
perceptible de lumière et de chaleur se dégage, ce
n'est point une véritable combustion.

Mme DE BEAUMONT. — Oui, mais il n'en est pas ainsi;
une faible lumière est émise, et l'on peut facilement
la discerner dans l'obscurité; mais la chaleur dégagée
n'est pas assez forte pour être sensible. Une vapeur
blanchâtre s'élève de cette combustion, et cette vapeur en s'unissant à l'eau se condense et forme de l'a-
cide phosphoreux liquide.

CAROLINE. —N'est-il pas singulier que le phosphore
puisse brûler dans l'air atmosphérique à une si basse
température, tandis qu'il ne peut brûler dans le gaz
oxygène pur sans l'intervention de la chaleur?

Mme DE BEAUMONT. — Cela parait d'abord extraordinaire, mais cette circonstance dépend du gaz azote
de l'atmosphère. Ce gaz dissout de petites particules de phosphore, qui, étant ainsi extrêmement
divisé et dispersé dans l'air atmosphérique se combine
avec l'oxygène et subit cette combustion lente. Et le

même effet n'a pas lieu dans le gaz oxygène, parce qu'il n'est pas capable de dissoudre le phosphore : il faut donc, en ce dernier cas, l'application de la chaleur pour diviser les molécules comme l'azote le fait dans l'exemple précédent.

GUSTAVE. — J'ai vu des lettres écrites avec du phosphore, qui sont invisibles à la clarté du jour, mais peuvent se lire dans l'obscurité par leur propre lumière. Elles paraissent écrites avec du feu, cependant il ne semble pas qu'elles brûlent.

Mme DE BEAUMONT. — Mais elles brûlent réellement; car c'est par la combustion lente que la lumière est émise, et l'acide phosphoreux est le résultat de cette combustion.

On se sert quelquefois du phosphore pour estimer le degré de pureté de l'air. Pour cet effet on brûle du phosphore dans l'eudiomètre (pl. XI, fig. 2), et la proportion d'oxygène contenue dans l'air examiné est déduite de la quantité d'air absorbé par le phosphore; car cette substance ne prend que l'oxygène de l'air et l'azote reste seul.

GUSTAVE. — Et je suppose que plus l'air contient d'oxygène, plus il est pur?

Mme DE BEAUMONT.—Certainement. Quand le phosphore est en fusion il se combine avec un grand nombre de substances. Il forme avec le soufre un composé si éminemment combustible, qu'il prend feu par le seul contact de l'air. C'est de cette composition que sont faites les allumettes phosphoriques, qui s'enflamment aussitôt qu'on les expose à l'air.

GUSTAVE. — J'ai une boîte de ces curieuses allumettes, mais j'ai observé que dans les temps très
froids elles ne prennent feu qu'après avoir été frottées.

Mme DE BEAUMONT. — En les frottant vous élevez
leur température, car vous savez que la friction est
un des moyens d'exciter la chaleur.

GUSTAVE. — Le phosphore peut-il comme le soufre
se combiner avec le gaz hydrogène?

Mme DE BEAUMONT. — Oui; et le gaz composé résultant de cette combinaison, a une odeur encore plus
fétide que l'hydrogène sulfuré : elle ressemble à celle
de l'ail.

L'hydrogène phosphoré a cela de particulier, qu'il
prend feu spontanément dans l'atmosphère, à toutes
les températures, c'est probablement ainsi que sont
formés ces feux ou éclairs passagers que le vulgaire
nomme *feux follets* qui naissent spontanément dans
les cimetières et autres lieux où la putréfaction de la
matière animale fait exhaler du phosphore et du gaz
hydrogène.

CAROLINE. — Les gens de campagne, qui sont si
effrayés de ces lumières, se réconcilieraient bientôt
avec elles s'ils savaient de quelle simple cause elles procèdent.

Mme DE BEAUMONT — D'autres combinaisons du
phosphore ont aussi de singulières propriétés, particulièrement celle qui résulte de son union avec la
chaux.

GUSTAVE. — La combinaison de deux substances
telles que le phosphore et la chaux se distingue-t-

elle par un nom qui indique son origine, de même
que les combinaisons dont l'oxygène fait partie ?

Mme DE BEAUMONT. — Oui, les noms de ces combi-
binaisons se composent de ceux de leurs ingrédients
avec un léger changement dans leur terminaison.
Ainsi la combinaison du soufre avec la chaux est nommée *sulfure de chaux*, et celle du phosphore avec la
chaux, *phosphure de chaux*. Cette dernière a la propriété de décomposer l'eau dans la quelle on l'a mêlée
en absorbant son oxygène, en conséquence de quoi
le gaz hydrogène s'élève en petits globules qui contiennent un peu de phosphore en dissolution.

GUSTAVE. — Ces globules doivent être du gaz hydrogène phosphoré.

Mme DE BEAUMONT. — Oui; et ils produisent le
singulier phénomène d'une flamme sortant de l'eau,
parceque les globules s'enflamment et détonnent aussitôt qu'ils sont en contact avec l'atmosphère.

CAROLINE. — Cet effet n'est-il pas presque semblable à celui que produit la combinaison du soufre et
du phosphore, ou, pour parler plus proprement, du
phosphure de soufre ?

Mme DE BEAUMONT. — Oui; mais le phénomène
paraît plus extraordinaire par la présence de l'eau et
la forme gazeuse du composé combustible, et cette
expérience surprend d'autant plus qu'elle est extrêmement simple. Vous n'auriez qu'à jeter un morceau de
phosphure de chaux dans un verre d'eau, et les globules s'élèveraient immédiatement.

CAROLINE. — Ne pouvons-nous tenter l'expérience?

Mme DE BEAUMONT. — Rien de plus facile : mais il faut la faire en plein air; car l'odeur du gaz hydrogène phosphoré est trop fétide pour être tolérable dans un endroit fermé. Cependant avant de quitter la chambre, nous pouvons par un autre procédé produire des globules du même gaz, qui ont beaucoup moins cette propriété désagréable.

Cette petite cornue contient une solution de potasse dans de l'eau, j'y ajoute un morceau de phosphore, je place la cornue au dessus de la lampe pour la chauffer après avoir fait passer son col dans un autre vase d'eau. — Maintenant elle commence à bouillir; les globules paraitront dans quelques minutes, et vous les verrez prendre feu et détonner à mesure qu'elles sortiront.

CAROLINE. —En voici une et une autre; que cela est curieux! mais je ne conçois pas d'où provient cet effet.

Mme DE BEAUMONT. — C'est la conséquence d'affinités trop compliquées pour que vous puissiez le comprendre parfaitement à présent.

En peu de mots, l'action réciproque de la potasse, du phosphore, du calorique et de l'eau décomposant une partie de cette dernière, il se dégage du gaz hydrogène qui entraine quelques petites particules de phosphore, avec les quelles il forme un gaz *hydrogène phosphoré*, composé qui prend feu spontanément à peu près à toutes les températures.

GUSTAVE.— Qu'est-ce que ces cercles de fumée qui

montent lentement au dessus de chaque bulle après sa détonnation?

Mme DE BEAUMONT. — C'est de l'eau et de l'acide phosphorique en vapeur, qui sont produits par la combustion de l'hydrogène et du phosphore.

NEUVIÈME ENTRETIEN.

SUR LE CARBONE.

Méthode pour obtenir le carbone pur. — Méthode pour faire
le charbon commun. — Carbone pur, ne peut être obtenu
artificiellement. — Diamant. — Propriétés du carbone. —
Sa combustion. — Formation du gaz acide carbonique. —
Carbone, susceptible d'un seul degré d'acidification. —
Oxyde gazeux de carbone. — Eaux de Seltz et autres es-
pèces d'eaux minérales. — Effervescence. — Décomposition
de l'eau par le carbone. — Huiles fixes et essentielles. —
Combustion des lampes et chandelles. — Acides végétaux.
— Pouvoir du carbone pour revivifier les métaux.

Mme DE BEAUMONT, CAROLINE, GUSTAVE.

Caroline. — Je pense, maman, que nous appren-
drons aujourd'hui la nature et les propriétés du *carbone*. Cette substance est tout-à-fait nouvelle pour
moi ; je n'en ai jamais entendu parler. •

Mme de Beaumont. — Elle n'est pas si nouvelle pour
vous que vous l'imaginez ; car le carbone n'est autre
chose que le charbon dans sa pureté ; c'est-à-dire séparé de tout ingrédient étranger.

Caroline. — Mais, maman, le charbon est un produit de l'art; et comment peut-on fabriquer un corps qui consiste en une substance simple?

Mᵐᵉ de Beaumont. — Vous confondez encore une fois l'idée de faire un corps avec celle de le séparer d'un composé. Les procédés chimiques par lesquels on obtient un corps simple dans sa pureté, consistent à *défaire* le composé dans lequel il est contenu, pour en tirer la substance en question. Le moyen ordinairement employé pour avoir du charbon, est en effet appelé *faire du charbon ;* mais en examinant la chose de plus près, vous verrez qu'il consiste simplement à séparer cette substance d'autres corps avec lesquels il était combiné.

Le carbone forme une grande partie de la matière solide des corps organisés ; mais il abonde surtout dans les végétaux , et on le tire principalement du bois. Quand l'eau et l'huile (qui sont d'autres constituants de la matière végétale) sont évaporées, la substance noire, poreuse et cassante qui reste, est du carbone.

Caroline. — Mais si la chaleur est appliquée au bois pour en faire évaporer l'eau et l'huile , la température du charbon n'est-elle pas alors assez élevée pour le faire brûler , et s'il se combine avec l'oxygène peut-il être appelé pur ?

Mᵐᵉ de Beaumont. — J'allais ajouter que dans cette opération l'air devait être soigneusement exclu.

Caroline. — Comment la vapeur de l'huile et de l'eau peut-elle donc être emportée?

Mme DE BEAUMONT. — Pour obtenir du charbon
dans son état le plus pur (et il n'est même alors
qu'une sorte de carbone moins imparfait), il faut
que l'opération se fasse dans une cornue de terre. La
chaleur étant appliquée au corps de la cornue, la partie évaporable du bois s'échappe par son col dans
lequel l'air ne peut pénétrer tant il est exactement
rempli par la vapeur chaude qui s'y précipite continuellement. Si l'on veut recueillir les produits volatils
du bois, on peut le faire aisément en passant le col de
la cornue dans le bain d'eau. Mais la préparation du
charbon commun, tel qu'on l'emploie dans les cuisines
et les manufactures, se fait sur une plus grande échelle
et par un procédé plus facile et moins dispendieux.

GUSTAVE. — J'ai vu faire du charbon commun. Le
bois est rangé sur le sol, en pile de forme pyrami-
dale, on y met le feu en dessous ; puis on recouvre
le tout avec de la terre glaise, en laissant seulement
quelques ouvertures pour la circulation de l'air.

Mme DE BEAUMONT. — Ces trous sont bouchés aussitôt que le bois est bien allumé, ensorte que la combustion est arrêtée et ne continue qu'imparfaitement.
Mais la chaleur qu'elle a produite est suffisante pour
volatiliser et repousser en dehors à travers l'enveloppe de terre les parties acqueuses et huileuses du
bois, quoiqu'elle ne soit pas assez forte pour le réduire en cendre.

GUSTAVE. — Le carbone pur est-il aussi noir que
le charbon ?

Mme DE BEAUMONT. — Le carbone le plus pur que

l'on puisse obtenir a cette couleur ; mais les chimistes n'ont jamais pu le séparer complètement de l'hydrogène. Sir H. Davy assure que le carbone le plus parfait que l'art puisse préparer, contient environ cinq pour cent d'hydrogène ; et il pense que si l'on pouvait obtenir cette substance tout-à-fait dégagée d ingrédients étrangers, elle serait métallique de même que les autres substances simples.

Mais il est une forme sous laquelle le charbon se montre, et qui vous surprendra beaucoup. — Croiriez-vous que cette bague que je porte à mon doigt est un petit morceau de charbon ?

CAROLINE. — Vous plaisantez , j'en suis sûre , maman.

GUSTAVE. — Je croyais que votre bague était un diamant.

Mme DE BEAUMONT. — C'est un diamant en effet : mais le diamant n'est que du carbone cristallisé.

GUSTAVE. — C'est bien étonnant ! Est-il possible que des choses, en apparence, si différentes, soient d'une substance semblable ?

CAROLINE. — Il est très curieux de penser que nous nous parons avec des morceaux de charbon.

Mme DE BEAUMONT. — D'autres substances principalement composées de charbon , sont aussi d'une blancheur remarquable. Le coton , par exemple, consiste presque entièrement en carbone.

CAROLINE. — C'est là ce que je n'aurais jamais imaginé. Mais je vous prie, maman, puisqu'on sait de quelle substance le diamant et le coton sont composés, pourquoi ne pourraient-ils pas être artificiellement imités par des procédés chimiques, ce qui rendrait ces objets moins chers et plus abondants ?

Mme DE BEAUMONT. — Vous pourriez aussi bien, ma chère, demander pourquoi l'on ne fabrique pas les fleurs, les fruits, même les animaux par des procédés chimiques : car on sait de quoi se composent tous ces corps ; puisqu'il n'existe rien dans la nature qui ne soit formé des substances simples dont je vous ai fait l'énumération. Cependant vous ne devez pas supposer que la connaissance des parties constituantes d'un corps nous rende capables de l'imiter dans tous les cas. Il est beaucoup moins difficile de décomposer les corps et de découvrir de quels matériaux ils sont faits que de les recomposer. Le premier de ces procédés s'appelle *analyse*, le second *synthèse*. Quand on peut s'assurer de la nature d'une substance par ces deux modes, de manière que le résultat de l'un confirme celui de l'autre, on a sur elle la connaissance la plus complète qu'il nous soit permis d'acquérir. L'eau, l'atmosphère, la plupart des oxydes, des acides et des sels neutres avec plusieurs autres composés, sont susceptibles de ces deux opérations. Mais les combinaisons naturelles, plus compliquées, même dans le règne minéral, sont en général au-dessus de notre portée, et toute tentative pour imiter les corps organisés seront toujours sans succès : leur formation est un secret qui repose dans le sein du créateur. Vous voyez donc, combien il serait vain de tenter de faire du coton par des moyens chimiques. Et nous n'avons d'ailleurs aucun sujet de nous pl indre de notre impuissance à cet égard, puisque la nature nous fournit une méthode si facile de l'obtenir aussi parfait qu'abondant.

CAROLINE. — Je n'imaginais pas que le principe vital pût être imité par la chimie ; mais il ne me paraissait pas si absurde de supposer que les chimistes pouvaient atteindre à une parfaite imitation de la nature inanimée.

Mme DE BEAUMONT. — Ils ont réussi à cet égard dans un assez grand nombre d'exemples ; mais comme vous l'observez très judicieusement le principe de vie , même la délicate et intime organisation des végétaux, sont des secrets qui ont toujours échappé aux recherches des philosophes ; et je ne pense pas que l'art humain soit jamais capable de les sonder avec un plein succès.

GUSTAVE. — Mais, puisque le diamant est une simple substance inorganique, on pourrait le croire susceptible d'être imité.

Mme DE BEAUMONT. — Il est souvent aussi impossible à l'art humain d'obtenir une simple substance dans un état de parfaite pureté, que d'imiter une combinaison compliquée. Les opérations par lesquelles la nature sépare les corps, sont très souvent aussi inimitables que celles dont elle use pour les combiner. Il en est ainsi à l'égard du carbone ; tous les efforts des chimistes pour le séparer entièrement d'autres substances ont été infructueux , et dans l'état le moins imparfait dans lequel on a pu se le procurer, il contient encore une partie d'hydrogène, et proba-

blement quelques autres ingrédients étrangers *. Nous
ignorons les moyens que la nature emploie pour le
cristalliser. Peut-être, l'épurement, l'arrangement,
l'union des molécules de carbone sous la forme de
diamant sont l'ouvrage des siècles. Voici du carbone
aussi pur que l'on puisse l'avoir ; vous voyez que c'est
une substance très noire, friable, légère et poreuse,
dénuée de saveur et d'odeur. La chaleur sans l'air ne
produit aucune altération dans le carbone, parce qu'il
n'est point volatil ; et il reste invariablement au fond
du vaisseau, après que toutes les autres parties du
végétal sont évaporées.

GUSTAVE. — Cependant on ne peut douter que le
carbone ne soit combustible; puisque vous avez dit
que le charbon absorberait l'oxygène si l'air était admis pendant sa préparation ?

CAROLINE. — Cela est indubitable : de plus vous
savez, Gustave, de quel usage il est pour la cuisine.
Mais pourquoi, je vous prie, le charbon brûle-t-il
sans fumée, tandis que le bois en produit une si
grande quantité.

Mme DE BEAUMONT. — Parce que pendant la conversion du bois en charbon, les particules volatiles du
premier ont été évaporées.

---

* M. William Hare a découvert dernièrement un moyen de
donner une extrême intensité à la pile galvanique, ce qui l'a
mis en état de fondre dans le vide quelques molécules de carbone, et l'on dit que sous cette forme elles prennent les propriétés du diamant.

Caroline. — Cependant j'ai vu souvent le charbon brûler avec flamme ; donc, il doit, en ce cas, contenir de l'hydrogène.

Mme de Beaumont. — Vous ne devez pas oublier que le charbon, surtout celui qu'on emploie aux usages communs, n'est point pur. Il conserve généralement quelques restes des autres constituants des végétaux, principalement de l'hydrogène, ce qui rend compte de la flamme en question.

Caroline. — Mais que devient le carbone lui-même pendant sa combustion ?

Mme de Beaumont. — Il se combine graduellement avec l'oxygène de l'atmosphère de la même manière que le soufre et le phosphore, et, comme ces substances, il est converti en un acide particulier qui s'échappe en forme de gaz : avec cette différence, cependant, que l'acide n'est pas dans le premier cas, de même que dans les deux autres, une simple vapeur susceptible de condensation, mais un fluide élastique permanent qui reste en état de gaz à la température ordinaire de l'atmosphère *. Le docteur Black d'Édimbourg a le premier reconnu la nature de cet acide. Avant la nouvelle nomenclature on l'appelait *air fixe*. On lui donne à présent le nom mieux appoprié de *gaz acide carbonique*.

Gustave. — Le carbone se volatilise donc en brû-

---

* On vient de découvrir, comme il a été déjà dit, que le gaz acide cabonique peut être condensé en liquide par une forte pression.

lant, quoique la chaleur seule ne puisse produire cet effet?

Mme DE BEAUMONT. — Oui ; mais il n'est plus alors du carbone simple, il devient un acide dont le carbone est la base. En cet état, le carbone ne conserve pas plus d'apparences corporelles et solides que les bases des autres acides ; et vous pouvez de là vous former quelque idée des bases des gaz oxygène, hydrogène et azote, dont vous aviez peine à croire l'existence réelle, parce que vous ne pouvez les voir sous une forme solide.

GUSTAVE. — Cela est vrai : nous pouvons concevoir les bases de ces gaz comme des substances pesantes et solides qui, de même que le carbone, base de l'acide carbonique, ont été si fort divisées par le calorique, qu'elles sont devenues invisibles.

CAROLINE. — Mais le gaz acide carbonique ne participe donc pas de la noirceur du charbon?

Mme DE BEAUMONT. — Pas le moins du monde. Vous savez que la noirceur n'est pas une qualité essentielle du carbone, et c'est le carbone pur, non le charbon, qu'il faut considérer comme la base de l'acide carbonique. Nous allons faire de l'acide carbonique, et pour accélérer le procédé, nous ferons brûler le carbone dans le gaz oxygène?

GUSTAVE. — Essaierez-vous de brûler du diamant?

Mme DE BEAUMONT. — Le charbon remplira mieux nos vues, étant moins compacte, et plus facile à enflammer ; d'ailleurs les expériences sur les diamants seraient un peu trop dispendieuses.

Caroline. — Mais est-il vraiment possible de brûler du diamant ?

Mme de Beaumont. — Oui, cela est possible ; et pour effectuer cette combustion, il ne faut que l'application du degré de chaleur nécessaire par le moyen du moufle et d'un courant de gaz oxygène. C'est en brûlant le diamant que l'on s'est assuré de sa nature chimique *.

Essayons maintenant de faire notre acide carbonique. Voulez-vous, Gustave, verser un peu de gaz oxygène de cette grande jarre dans le récipient où nous allons brûler le carbone ? et moi j'y introduirai ce petit morceau de charbon avec un peu d'amadou allumé pour donner la première impulsion à la combustion.

Gustave. — Je ne puis concevoir comment un si petit morceau d'amadou, que l'on vient d'allumer à l'instant, peut élever la température du carbone au point de lui faire prendre feu ; car cette amorce ne produit presque aucune chaleur sensible, et touche à peine le carbone.

Mme de Beaumont. — Elle est assez allumée pour commencer sa propre combustion, qui deviendra bientôt si rapide dans le gaz oxygène que la température du charbon en sera suffisamment élevée pour qu'il brûle lui-même, comme vous l'allez voir à l'instant.

---

* Darcet, a le premier prouvé que ce corps était combustible, par des expériences devant l'Académie des Sciences de Paris, en 1770. Lavoisier, Tennant, Guyton-Morveau, Davy, etc., ont depuis pleinement démontré sa nature.

GUSTAVE. — Je suis surpris que la combustion du charbon ne soit pas plus brillante; elle ne produit pas la moitié autant de calorique et de lumière que celle du phosphore et du soufre : cependant, puisqu'il se combine avec une si grande quantité d'oxygène, commment ne se dégage-t-il pas une proportion de calorique et de lumière égale à la décomposition de l'oxygène, par l'union de son électricité avec celle du carbone?

Mme DE BEAUMONT. — Il n'est pas surprenant que cette combustion produise moins de lumière et de chaleur que presque toutes les autres, puisque l'oxygène, au lieu d'entrer dans une combinaison solide ou liquide, (comme lorsqu'il forme les acides phosphorique et sulfurique) est employé à composer un autre fluide élastique; et il perd conséquemment beaucoup moins de son calorique.

GUSTAVE. — Cela est vrai : et je trouve maintenant qu'il est au contraire surprenant que l'oxygène, dans sa combinaison avec le carbone, retienne assez de son calorique pour maintenir les deux substances combinées en état de gaz.

CAROLINE. — On peut, en ce cas, juger du degré de solidité que l'oxygène a pris en se combinant avec un corps brûlé, par la quantité de calorique émise pendant la combustion ?

Mme DE BEAUMONT —Oui, pourvu que l'on prenne en considération la quantité d'oxygène absorbée par le combustible, et que l'on observe la proportion de cet oxygène absorbé avec le calorique émis.

CAROLINE. — Mais pourquoi l'eau, après la combustion du carbone, s'élève-t-elle dans le récipient, puisque le gaz qui y est contenu ne change point de forme ?

Mme DE BEAUMONT.—Parce que le gaz acide carbonique est graduellement absorbé par l'eau ; et cet effet sera accéléré, en agitant le récipient.

CAROLINE. — Le charbon est éteint maintenant, quoiqu'il soit loin d'être consommé. Il a une telle avidité pour l'oxygène que le récipient n'en contient sans doute pas assez pour saturer le tout, et achever la combustion.

Mme DE BEAUMONT. — C'est précisément le cas. Si la combustion était opérée, dans la proportion précise de 28 parties de carbone contre 72 d'oxygène, ces deux ingrédients disparaîtraient, laissant à leur place 100 parties d'acide carbonique.

CAROLINE. — Cet acide doit être extrêmement fort, puisqu'il contient une si grande proportion d'oxygène.

Mme DE BEAUMONT. — Votre conclusion est très naturelle ; néanmoins elle est erronée. L'acide carbonique est le plus faible de tous les acides. Il paraît que la force d'un acide dépend autant de la nature de sa base et de son mode de combinaison, que de la proportion du principe acidifiant. La même quantité d'oxygène qui convertit certains corps en acides puissants, est seulement suffisante pour oxyder d'autres corps.

CAROLINE. — Puisque cet acide est si faible, les chimistes auraient dû l'appeler acide *carboneux* et non acide *carbonique*.

GUSTAVE. — Mais, je suppose que l'acide carboneux est encore plus faible, et se forme en brûlant le
carbone dans l'air atmosphérique.

Mme DE BEAUMONT. — L'on a découvert depuis peu
que le carbone pouvait se convertir en gaz par son
union à une quantité d'oxygène moindre que celle
avec laquelle il forme l'acide carbonique : mais comme
ce gaz n'a aucune propriété acide, on le compte parmi
les oxydes, et on le nomme *oxyde gazeux de carbone*.

CAROLINE. — Le gaz acide carbonique doit être extrêmement sain à respirer, puisqu'il contient une si
grande proportion d'oxygène.

Mme DE BEAUMONT. — Il est au contraire excessivement pernicieux. Dans la plupart des cas, l'oxygène
combiné avec d'autres substances, perd ses qualités
respirables, et la capacité de produire les effets salutaires, qu'il a sur l'économie animale, quand il est libre.
Non seulement, l'acide carbonique est impropre à la
respiration, il a même une influence délétère lorsqu'il pénètre dans les poumons.

GUSTAVE. — Vous savez, Caroline, que la fumée
du charbon passe pour être extrêmement malfaisante.

CAROLINE. — Oui; mais à dire vrai, je ne pensais
pas qu'un feu de charbon ordinaire produisit du gaz
acide carbonique. — Peut-on faire passer ce gaz à l'é-
tat liquide?

Mme DE BEAUMONT. — Non, comme je vous l'ai dit
tout à l'heure, c'est un fluide permanent; mais l'eau
peut absorber une certaine quantité de ce gaz, et

même s'en imprégner à un très haut degré à l'aide de
l'agitation et de la pression, comme je vais vous le
montrer. Je verse du gaz acide carbonique dans cette
bouteille, que j'ai d'abord remplie d'eau pour en exclure l'air atmosphérique; le gaz s'introduit à travers
l'eau que vous voyez qu'il déplace, car il ne peut s'y
mêler en quelle proportion que ce soit à moins qu'elle
ne soit fortement agitée, ou exposée très long-temps à
l'acide. Maintenant une moitié de la bouteille est
pleine de gaz acide carbonique, l'autre est encore oc-
cupée par l'eau. En la bouchant et la secouant,
je mêlerai le gaz et l'eau. — Goûtez à présent le
mélange.

Gustave. — Il a un goût acide très prononcé.

Caroline. — Oui, l'acidité est très sensible, et
l'on voit de petites bulles éparses dans tout ce liquide.

Mᵐᵉ de Beaumont. — Ce composé possède également toutes les autres propriétés des acides, mais naturellement à un degré plus faible que le gaz acide
carbonique pur, à cause de sa grande dissolution
dans l'eau.

Cela forme une espèce d'eau de Seltz artificielle. En
décomposant les eaux qui portent ce nom, l'on a trouvé
qu'elles contenaient à peine autre chose que de l'eau
simple imprégnée d'une certaine proportion de gaz
acide carbonique; et l'on a réussi à les imiter en mêlant les proportions données d'eau et de gaz. C'est là
un des exemples dans lesquels on parvient à copier
exactement une opération de la nature, car les eaux
de Seltz artificielles sont semblables en tous points

aux naturelles; les premières ont même un avantage,
celui d'être préparées plus fortes ou plus faibles suivant l'occasion.

CAROLINE. — Je crois avoir goûté de ces eaux. Mais
pourquoi sont-elles pétillantes et mousseuses?

Mme DE BEAUMONT. — Cette effervescence, comme
on l'appelle, est toujours occasionée par l'action d'un
fluide élastique s'échappant d'un liquide. Dans les
eaux de Seltz, cet effet vient de l'acide carbonique qui,
étant plus léger que l'eau dans laquelle il est condensé
fortement, s'échappe avec une grande vélocité à l'instant où la bouteille est débouchée; aussi est-il nécessaire de boire ces eaux de suite. Le pétillement qui a
eu lieu dans cette bouteille a été peu de chose, l'eau
n'étant que très légèrement imprégnée d'acide carbonique. Il faut un appareil fait exprès pour préparer les
eaux minérales gazeuses artificielles.

GUSTAVE. — Alors, si une bouteille d'eau de Seltz
restait long-temps débouchée elle redeviendrait de l'eau
simple?

Mme DE BEAUMONT. — Tout l'acide carbonique, ou
presque tout, disparaîtrait promptement; mais l'eau
de Seltz contient aussi une très petite quantité de
soude et de quelques autres ingrédients salins ou terreux qui lui resteraient.

CAROLINE. — J'ai souvent entendu parler de l'eau
de soude comme remède. En quoi consiste cette espèce d'eau?

Mme DE BEAUMONT. — C'est une sorte d'eau de Seltz
artificielle qui tient en solution, outre l'acide gazeux,

une substance saline nommée soude, par laquelle cette
eau prend certaines qualités médicinales.

CAROLINE. — Mais comment ces eaux peuvent-elles
être salubres, l'acide carbonique étant si pernicieux?

Mme DE BEAUMONT. — Un gaz, quoique très nuisible à respirer, peut être bienfaisant à l'estomac;
mais il est inutile d'expliquer présentement la raison
de cet effet.

CAROLINE. — Les eaux sont-elles quelquefois imprégnées d'autres gaz?

Mme DE BEAUMONT. — Oui, il y a plusieurs sortes
d'eaux gazeuses. J'oubliais de vous dire que depuis
quelques années on prépare des eaux imprégnées avec
les gaz oxygène et hydrogène. Celles-là ne sont point
des imitations de la nature, on ne les obtient jamais
que par des moyens artificiels. On a fait un grand
usage de ces eaux en médecine dans ces derniers
temps.

GUSTAVE. — Si je m'en souviens bien, maman,
vous nous avez dit que le carbone était capable de décomposer l'eau; il faut donc qu'il y ait une plus grande
affinité entre l'oxygène et le carbone qu'entre l'oxygène
et l'hydrogène?

Mme DE BEAUMONT. — Oui; mais seulement dans le
cas où leur température est élevée à certain degré. Il
faut que le charbon soit chauffé au rouge pour être
capable de séparer l'oxygène de l'hydrogène : ainsi en
jetant un peu d'eau sur un feu ardent, on accroît la
combustion au lieu de l'éteindre, car les charbons ou
le bois (dans lequel se trouve toujours certaine pro-

portion de carbone) décomposent l'eau, et fournissent par là au feu un supplément des deux gaz oxygène et hydrogène. Au contraire, si vous jetez une grande masse d'eau sur le feu, la diminution de chaleur est telle que la matière combustible perd le pouvoir de décomposer l'eau, et le feu s'éteint.

GUSTAVE. — J'ai ouï dire que les pompes à incendie font quelquefois plus de mal que de bien, et augmentent le feu, quand elles ne peuvent y jeter assez d'eau pour l'éteindre. Cela vient sans doute de la décomposition de l'eau par le carbone ?

Mme DE BEAUMONT. — Très certainement. — L'appareil que vous voyez ici (pl. XI, fig. 3) peut fournir un exemple de ce que nous venons de dire. Il consiste en une sorte de fourneau ouvert, à travers lequel passe un tube de porcelaine contenant du charbon. Une cornue de verre pleine d'eau s'adapte à l'une des extrémités de ce tube, et l'autre bout communique à un récipient placé sous le bain d'eau. On fait bouillir l'eau de la cornue par le moyen d'une lampe, la vapeur, graduellement envoyée dans le tube contenant le charbon rouge, est décomposée, et le gaz hydrogène, résultat de cette décomposition, est recueilli dans le récipient. Toutefois l'hydrogène obtenu de cette manière est loin d'être pur, il tient en solution une très-petite proportion de carbone et de plus une quantité d'acide carbonique, ce qui le rend plus lourd que le gaz hydrogène pur, et lui donne aussi quelques propriétés particulières. On l'appelle *gaz hydrogène carboné*.

CAROLINE. — Et d'où lui vient son acide carbonique?

GUSTAVE. — Je crois pouvoir répondre à la question de Caroline. L'acide carbonique est le produit de l'union de l'oxygène (provenant de l'eau décomposée) avec le carbone. Vous savez que cet acide est composé de ces deux substances.

CAROLINE. — Cela est vrai; j'aurais dû m'en souvenir. Le résultat de la décomposition de l'eau par les charbons rouges est donc du gaz hydrogène carboné et du gaz acide carbonique.

Mme DE BEAUMONT. — Vous avez parfaitement raison maintenant.

Le carbone se trouve souvent combiné avec l'hydrogène dans un état solide, spécialement dans les charbons dits de terre, qui doivent leur nature combustible à ces deux principes.

GUSTAVE. — Est-ce l'hydrogène qui produit la flamme du charbon de terre?

Mme DE BEAUMONT. — Oui; et quand l'hydrogène est consumé, le charbon continue à brûler, mais sans flamme. Cependant, comme je vous l'ai déjà dit en parlant de l'éclairage au gaz, le gaz hydrogène produit par la brûlure des charbons n'est pas pur: car, pendant la combustion des molécules de carbone sont volatilisées, et en se mêlant avec l'hydrogène elles forment ce qu'on appelle de l'hydrogène carboné, qui est le principal produit de cette combustion.

Le carbone est un très mauvais conducteur de calorique; par cette raison on l'emploie (joint a d'autres ingrédients) pour doubler les fourneaux et autres appareils chimiques.

GUSTAVE. — Quel est l'usage de cette pratique?

Mme DE BEAUMONT. — Dans la plupart des cas où l'on se sert des fourneaux, on a besoin de maintenir un très haut degré de chaleur, et tous les moyens possibles sont employés pour empêcher le calorique d'échapper en se communiquant à d'autres corps. Cet objet est atteint en doublant l'intérieur du fourneau d'une sorte de pâte composée de matériaux, mauvais conducteurs de calorique.

Le carbone combiné avec une petite quantité de fer forme un composé nommé plombagine, ou mine de plomb, de laquelle sont faits les crayons. Cette substance, suivant la nomenclature chimique, est un carbure de fer.

GUSTAVE. — Pourquoi donc l'appeler mine de plomb?

Mme DE BEAUMONT. — C'est un ancien nom donné à cette matière par des gens ignorants, à cause de l'espèce d'éclat métallique qu'elle offre, mais ce terme est tout-à-fait impropre, puisqu'il n'entre pas une parcelle de plomb dans la composition. Il existe dans le Cumberland une mine de ce minéral. On suppose qu'il approche du carbone pur, d'aussi près que peut le faire le charbon le mieux préparé, car il ne contient qu'un cinquième de fer, sans aucun autre ingrédient étranger. Il est un autre carbure de fer, dans lequel ce métal, quoique uni seulement à une très petite partie de carbone, acquiert des propriétés fort remarquables : c'est l'acier.

GUSTAVE. — Réellement. Cependant l'acier est beaucoup plus dur que le fer.

Mme DE BEAUMONT. — Le carbone étant moins ductile que le fer, rend l'acier plus cassant, l'empêche de plier aussi facilement. Je ne déciderai point si le carbone, en pénétrant les pores du fer, et en les remplissant, le fait devenir et plus dur et plus lourd ; ou bien si ce changement dépend de quelque cause chimique. Mais, il est une opération subséquente par laquelle la dureté de l'acier est considérablement augmentée : elle consiste simplement à chauffer cette substance jusqu'à ce qu'elle soit rouge, et à la plonger en cet état dans l'eau froide ; c'est ce qui s'appelle tremper l'acier.

Outre les combinaisons déjà citées, le carbone entre dans la composition d'un grand nombre de productions naturelles ; telles que les huiles qui résultent de la combinaison du carbone, de l'hydrogène et du calorique en diverses proportions.

GUSTAVE. — Je croyais que le carbone, l'hydrogène et le calorique formaient ensemble du gaz hydrogène carboné ?

Mme DE BEAUMONT. — Cela a lieu lorsqu'une petite proportion de gaz acide carbonique est tenue en solution par le gaz hydrogène. Différentes proportions des mêmes principes jointes aux circonstances de leur union, produisent des combinaisons très diverses. Vous verrez de nombreux exemples de cela. D'ailleurs nous ne parlons pas maintenant de gaz, mais de carbone et d'hydrogène combinés seulement avec la quantité de calorique nécessaire pour les porter à la consistance d'huile ou de graisse.

CAROLINE. — Mais l'huile et la graisse n'ont pas la même consistance.

Mme DE BEAUMONT. — La graisse n'est que de l'huile congelée; et l'huile de la graisse fondue. L'une exige un peu plus de chaleur que l'autre pour être maintenue dans un état fluide. N'avez-vous jamais vu la graisse de la viande tourner en huile par le calorique dont le feu l'avait imbibée?

GUSTAVE. — Mais les huiles, comme l'huile à manger et celle à brûler, ne deviennent pas graisse en se refroidissant.

Mme DE BEAUMONT. — Non pas à la température ordinaire de l'atmosphère, parce qu'elles conservent trop de calorique pour geler à cette température; mais si on les expose à un degré de froid suffisant, leur chaleur latente est dégagée, et elles deviennent des substances grasses solides. Vous avez dû voir l'huile d'olive gelée en hiver?

GUSTAVE. — Oh! oui; mais elle me paraissait très différente de la graisse animale.

Mme DE BEAUMONT. — Les parties constituantes les plus essentielles des huiles végétales et animales sont dans toutes, le carbone et l'hydrogène, et leur différence tient seulement à la proportion entre ces substances et aussi aux ingrédients accessoires qui y sont mêlés. L'huile de baleine et l'huile de roses sont les

mêmes, quant à leurs parties constituantes principales; mais l'une est imprégnée de particules de matière
animale, d'une odeur désagréable, et l'autre du par-
fum délicieux d'une fleur.

La différence entre les *huiles fixes* et les huiles *volatiles* ou *essentielles* consiste dans les diverses proportions de carbone et d'hydrogène. Les huiles fixes
ne peuvent s'évaporer sans se décomposer; et les huiles
communes qui contiennent plus de carbone que les huiles essentielles **sont** dans ce cas. Les huiles essentielles
(qui comprennent toutes les essences ou parfums)
sont plus légères, contiennent de plus égales proportions de carbone et d'hydrogène, et sont volatilisées ou
évaporées sans se décomposer.

GUSTAVE. — Quand vous dites que certaines huiles
s'évaporent et que d'autres se décomposent, c'est, je
suppose, par l'application de la chaleur?

Mme DE BEAUMONT. — Non pas nécessairement;
quelques huiles s'évaporent lentement à une température ordinaire; mais le secours de la chaleur est nécessaire pour leur décomposition ou une volatilisation
plus rapide.

CAROLINE. — Je n'oublierai point que la graisse et
l'huile sont réellement la même substance étant formées
l'une et l'autre de carbone et d'hydrogène; que dans les
huiles fixes le carbone prédomine, et la chaleur produit
la décomposition; et que, dans les huiles essentielles la
proportion d'hydrogène est plus grande et la chaleur
produit seulement la volatilisation.

GUSTAVE. — Sans doute ce qui fait si bien brûler

l'huile des lampes, c'est que leurs deux constituants
sont très combustibles?

Mᵐᵉ DE BEAUMONT. — Assurément. La combustion
de l'huile est justement la même que celle de la chandelle et de la bougie : le suif qui compose la première,
n'est qu'une huile concrète, et la cire, dont on fait la
bougie, se compose encore principalement de carbone
et d'hydrogène.

GUSTAVE. — Je m'étonne que le suif et la cire paraissent aussi différents, étant formés des mêmes matériaux.

Mᵐᵉ DE BEAUMONT. — Je vous répète encore que
les mêmes substances, dans des proportions différentes, produisent des résultats, qui n'ont quelquefois
aucune ressemblance entre eux. Cependant cette remarque est plutôt générale qu'applicable au cas présent;
car le suif et la cire ne sont pas très dissemblables;
leur principale différence consiste en ce que la cire est
un composé plus pur de carbone et d'hydrogène, que
le suif qui conserve plus de particules grossières de
matière animale. La combustion d'une chandelle et
celle d'une lampe produisent également de l'eau et du
gaz acide carbonique. Pouvez vous expliquer comment
ces matières sont formées?

GUSTAVE. — Laissez moi réfléchir.... Le corps qui
brûle dans une lampe ou une chandelle est une huile
fixe; elle se décompose à mesure que la combustion s'effectue, et ses parties constituantes étant séparées, le
carbone s'unit à une partie de l'oxygène de l'atmosphère
pour former du gaz acide carbonique, tandis que l'hy-

drogène se combine avec une autre portion d'oxygène, et forme de l'eau. Les produits de la combustion des huiles sont donc l'eau et le gaz acide carbonique.

CAROLINE. — Mais l'on ne voit ni de l'eau ni du gaz acide carbonique, produits par la combustion d'une chandelle.

Mme DE BEAUMONT. — Vous savez que le gaz acide carbonique est invisible, et l'eau en état de vapeur doit l'être également. Gustave en a donné une explication très correcte, et m'a fait grand plaisir.

Tous les acides végétaux se composent de diverses proportions de carbone et d'hydrogène acidifiés par de l'oxygène. Les gommes, le sucre, et l'amidon, sont également formés de ces mêmes ingrédients; mais comme ils ne contiennent pas assez d'oxygène pour être convertis en acides, on les classe parmi les oxydes sous le nom d'oxydes végétaux.

CAROLINE. — Ces nouvelles idées me ravissent; et en même temps je crains de ne pouvoir les retenir toutes.

Mme DE BEAUMONT. — Je vous engage à prendre des notes, ou ce qui vaudra mieux encore, à écrire après chaque leçon tout ce dont vous vous rappellerez. Pour vous aider à cela, je vous prêterai l'index que je consulte de temps en temps afin de conserver quelque méthode dans nos entretiens. Si vous ne prenez ce parti, il est impossible que vous reteniez tout ce que vous avez appris, quelque forte que soit l'impression que vous en avez reçue.

GUSTAVE. — Je suivrai votre avis certainement.—

jusqu'ici je me suis assez bien rappelé tout ce que vous nous avez appris ; mais le carbone est un sujet plus étendu que ceux qui nous ont occupés auparavant.

Mme DE BEAUMONT. — J'ai peu de choses à vous en dire maintenant ; mais plus tard vous verrez que cette substance joue un rôle bien important dans la plupart des opérations chimiques.

CAROLINE. — Sans doute, parce qu'il fait partie d'un très grand nombre de corps ?

Mme DE BEAUMONT. — Oui, il est, comme vous l'avez vu, la base de toute matière végétale, et vous le trouverez très essentiel au procédé d'animalisation. Dans le règne minéral, nous le découvrirons, (principalement sous sa forme d'acide carbonique) combiné avec une grande variété de substances.

Dans les opérations chimiques, le carbone est particulierement utile à cause de sa grande attraction pour l'oxygène : il absorbe cette substance de plusieurs corps oxygénés ou brûlés, et ainsi les *désoxygène* ou *débrûle*, et les rend à leur premier état combustible.

CAROLINE. — Je ne comprends pas comment un corps peut être *débrûlé*, et rendu à son état primitif. Ce morceau d'amadou, par exemple, qui a été brûlé, si par quelque moyen l'oxygène pouvait en être extrait, serait-il rétabli dans son premier état de linge ? Je pense que non ; car sa contexture a été détruite par la brûlure, et il en doit être ainsi de toutes les substances organiques ou manufacturées, comme vous nous l'avez dit dans un des précédents entretiens.

Mme DE BEAUMONT. — Un corps composé est en général décomposé par la combustion, d'une manière qui s'oppose à la possibilité de le rendre à son premier état. Par exemple , l'oxygène ne se fixe pas dans l'amadou ; mais il se combine avec ses parties volatiles , et s'échappe en forme de gaz ou de vapeur aqueuse. Vous voyez donc qu'il serait vain de tenter la recomposition de semblables corps. Mais à l'égard des corps simples , dont les parties constituantes ne sont pas dérangées par les procédés d'oxygénation et de désoxygénation, il est souvent possible de les rétablir dans leur état primitif, après avoir été brûlés. Les métaux, par exemple , ne subissent d'autre altération dans leur combustion, qu'une combinaison avec l'oxygène ; ainsi donc, en leur enlevant cet oxygène , ils sont rendus à leur premier état métallique. Mais je ne dirai rien de plus à ce sujet, car les métaux nous fourniront la matière du prochain entretien , comme la division des corps simples qui se présente maintenant la première à notre considération.

DIXIÈME ENTRETIEN.

SUR LES MÉTAUX.

Histoire naturelle des métaux. — Diverses préparations des
métaux. — Oxydation des métaux par l'atmosphère. —
Changement de couleur par l'oxydation. — Combustion
des métaux. — Métaux parfaits ne peuvent brûler que par
l'électricité. — Quelques métaux sont ravivés par le carbone, etc. — Métaux parfaits ravivés par le calorique. —
Oxydation de certains métaux par la décomposition de l'eau.
— Puissance des acides pour produire cet effet. — Oxydation des métaux par les acides. — Sels neutres métalliques.
— Cristallisation. — Solution, distinguée de la dissolution.
— Cinq métaux sont susceptibles d'acidification. — Pierres
météoriques. —, Alliages, soudures, plaqué, etc. — Arsenic. — Effet caustique de l'oxygène. — Vert-de-gris.
— Encre sympathique, etc. — Nouveaux métaux décou-
verts par sir Humphry Davy.

M˜ DE BEAUMONT, CAROLINE, GUSTAVE.

M™ᵉ DE BEAUMONT. — Les métaux sont des corps
fort différents de ceux que nous avons examinés jus-

qu'ici. Comme la base des gaz, ils n'échappent point à l'observation directe de nos sens, car ce sont les corps les plus brillants, les plus pesants, les plus palpables de la nature.

CAROLINE. — Je crains cependant que les métaux ne nous intéressent pas autant que ces éléments mystérieux qui semblent échapper à notre vue. D'ailleurs, ils offrent moins de nouveauté; ce sont des substances avec lesquelles nous sommes depuis long-temps familiarisés.

Mme DE BEAUMONT. — Vous oubliez, ma chère, qu'elles intéressantes découvertes sir H. Davy a faites pendant ces dernières années sur cette classe de corps. A l'aide de la batterie voltaïque, il a tiré d'un nombre infini de substances des métaux auparavant inconnus, dont les propriétés sont aussi curieuses que nouvelles. Nous commencerons cependant par l'examen des métaux que vous croyez si bien connaître, et vous verrez bientôt que vos connaissances à leur égard sont très superficielles. J'ose dire que vous trouverez et de la nouveauté et du plaisir en considérant les métaux sous un point de vue chimique. Pour traiter pleinement ce seul sujet, il faudrait un cours régulier, car il forme une branche très importante de la chimie pratique. Mais nous nous bornerons à des considérations générales. Ces corps se trouvent rarement dans la nature sous leur forme métallique; ils sont en général plus ou moins oxygénés ou combinés avec le soufre, les terres et les acides, ou l'un avec l'autre. On les tire des entrailles de la terre dans presque toutes les parties du globe ; principalement dans les pays montagneux qui ont été bouleversés par des tremblements de terre, des irruptions volcaniques, et d'autres convulsions de la nature. Ils sont répandus en couches nommées *veines* ou *filons* et composées d'une certaine quantité de métal combiné avec diverses substances terreuses, et formant avec elles des minéraux d'une nature et d'une apparence différentes appelés *minerais de fer, de plomb*, etc.

CAROLINE. — Je suis maintenant sur un terrein connu, car mon père a une mine de plomb dans le Yorkshire, et j'ai souvent entendu parler des couches de plomb et des opérations qu'on fait sur ce métal ; mais je ne comprends pas bien en quoi elles consistent.

Mme DE BEAUMONT. — L'on en fait d'abord une pour évaporer les parties volatiles du minerai, puis une autre pour séparer le métal des parties terreuses qui restent mêlées avec lui. Pour cette dernière on jette le tout dans un fourneau avec certaines substances propres à se combiner avec les terres et autres ingrédients étrangers au métal ; et celui-ci étant plus lourd que le reste, tombe au fond du vaisseau et coule, par des ouvertures qui y sont pratiquées, sous sa pure forme métallique.

GUSTAVE. — Mais vous nous avez dit que les métaux avaient une très grande affinité pour l'oxygène ; ils devraient donc, lorsqu'ils sont fortement chauffés dans le fourneau, se combiner avec l'oxygène, et sortir en état d'oxydes.

Mme DE BEAUMONT.—Cela ne se pourrait pas, parce que les scories ou oxydes qui se forment bientôt sur la surface du métal en fusion, quand il est oxydable, empêchent l'air de pénétrer plus avant dans la masse, et la garantissent de son influence, ensorte que la combustion ni l'oxydation ne peuvent aller plus avant.

CAROLINE. — Tous les métaux sont-ils également combustibles?

Mme DE BEAUMONT. — Non, leur attraction respective pour l'oxygène varie extrêmement. Il en est qui ne se combinent avec ce principe qu'à l'aide d'une température très élevée ou des acides; d'autres s'oxydent spontanément à la plus basse température; tel est en particulier le manganèse qui n'existe presque jamais à l'état métallique, parce qu'il absorbe immédiatement l'oxygène aussitôt qu'il est exposé à l'air, et se transforme en oxyde dans l'espace de quelques heures.

GUSTAVE.—N'est-ce pas de cet oxyde que vous avez tiré le gaz oxygène?

Mme DE BEAUMONT. — Oui, et vous avez pu remarquer par là que ce métal attire l'oxygène à une basse température, et s'en sépare quand il est fortement chauffé.

GUSTAVE. — Est-ce le seul métal qui s'oxyde à la température de l'atmosphère?

Mme DE BEAUMONT. — Non, tous s'oxydent plus ou moins quand ils sont exposés à l'air, excepté l'or, l'argent et le platine.

Le cuivre, le plomb et le fer s'oxydent lentement à
l'air, et se couvrent d'une matière que l'on appelle
rouille, qui se forme par la conversion graduelle de la
surface du métal en oxyde. Cette surface ainsi transformée préserve le reste d'oxydation en s'opposant au
contact de l'air. Le mot rouille, à proprement parler,
s'applique seulement à l'oxyde formé sur le fer exposé à
l'air ou à l'humidité, et qui paraît contenir une petite
partie d'acide carbonique.

Gustave. — Quand les métaux s'oxydent par l'atmosphère sans élévation de température, je suppose
qu'il se dégage toujours un peu de lumière et de chaleur, mais non en quantité suffisante pour être perceptibles?

Mme de Beaumont. —Sans doute, et il ne paraît pas
surprenant que la lumière et la chaleur ne soient pas
sensibles en ce cas, quand on considère la lenteur et
même l'imperfection de l'oxydation des métaux par
la simple exposition à l'atmosphère; car la quantité
d'oxygène avec laquelle les métaux sont capables de
se combiner, dépend généralement de leur température, et l'absorption s'arrête à divers points d'oxydation suivant le degré auquel la température est
élevée.

Gustave. — Cela est très naturel; car plus la quantité de calorique introduite dans le métal est grande,
plus son électricité positive est exaltée, et conséquemment, son affinité pour l'oxygène augmentée.

Mme de Beaumont. — Assurément; et quand le
métal s'oxyde avec assez de rapidité pour que la

lumière et la chaleur deviennent sensibles, la combustion a lieu. Mais cela n'arrive qu'à une très haute température, et le produit est néanmoins un oxyde; car, bien qu'il soit vrai, comme je vous l'ai dit, que les métaux se combinent avec l'oxygène en différentes proportions, cependant à l'exception de quatre ou cinq, ils ne sont pas susceptibles d'acidification.

Les métaux changent de couleur pendant les divers degrés d'oxydation qu'ils subissent. Le plomb chauffé, en contact avec l'atmosphère, devient premièrement gris; si sa température est encore élevée, il devient jaune, et une plus forte chaleur change ce jaune en rouge. Il est même capable d'un plus haut degré d'oxydation dans lequel l'oxyde est d'un brun foncé. Le cuivre passe du brun au bleu, enfin il devient verd.

Gustave. — Le blanc de plomb qui sert à peindre les maisons, est-il préparé en oxydant le plomb?

Mme de Beaumont. — Non pas simplement en oxydant le métal, mais en l'unissant à de l'acide carbonique. C'est un carbonate de plomb. Le véritable oxyde de plomb se nomme plomb rouge. La litharge est encore un oxyde de plomb qui contient moins d'oxygène. Tous les ocres consistent principalement en fer plus ou moins oxydés. Une circonstance remarquable, c'est que si l'on brûle les métaux rapidement, la lumière ou flamme qu'ils émettent pendant la combustion, participe de la couleur que l'oxyde prend ensuite.

Caroline. — Comment expliquez - vous cela,

maman, si la lumière ne procède pas du corps brûlant mais du gaz oxygène?

Mme DE BEAUMONT. — Le rapport entre la couleur
de la lumière et celle de l'oxyde qui la donne, est très
probablement dû à quelques particules du métal volatilisées et entraînées par le calorique.

CAROLINE. — Alors, c'est une espèce de gaz métallique?

GUSTAVE. — Pourquoi pense-t-on qu'il est si mal-
sain de respirer l'air d'un lieu où se fondent des métaux.

Mme DE BEAUMONT. — Peut-être cette idée est-elle
trop généralisée; mais elle est vraie à l'égard du
plomb et de quelques autres métaux dangereux, parce
que si l'on ne prend certains soins, les particules
d'oxydes volatilisées par la chaleur, peuvent être introduites dans les voies de la respiration, et produire
des effets très pernicieux.

Je vais vous montrer quelques exemples de combustion métallique. Il faudrait la chaleur d'un fourneau pour les faire brûler en plein air, mais en leur
fournissant un courant de gaz oxygène, nous pourrons
facilement accomplir cette opération.

CAROLINE. — Il faudra toujours élever la température à un certain degré.

Mme DE BEAUMONT. — Cela nous sera très facile,
sur-tout si notre expérience est faite sur une petite
échelle. — Je commence par allumer ce morceau de
charbon à la chandelle, et j'accélère sa combustion
avec un chalumeau (pl. XII, fig. 1).

GUSTAVE. — Je ne comprends pas cela; je croyais
que ce n'était pas toute espèce d'air, mais seulement
le gaz oxygène qui produisait la combustion. Vous
nous avez dit aussi qu'en respirant, nous aspirons le
gaz oxygène, mais que nous ne l'expirons pas; pourquoi donc l'air que vous soufflez par le chalumeau
provoque-t-il la combustion du charbon?

Mme DE BEAUMONT. — Parce que l'air qui n'a passé
qu'une seule fois dans les poumons n'est encore que
très peu altéré par la destruction d'une petite partie
de son oxygène, de manière qu'en accroissant ainsi
la rapidité du courant, par le moyen du chalumeau,
on gagne plus d'oxygène que l'on n'en perd en conséquence du passage de l'air dans les poumons. — Vous
le voyez.....

GUSTAVE. — Oui, cela fait réellement brûler le
charbon plus vite, et avec plus d'éclat.

Mme DE BEAUMONT. — Quand il sera rouge, je verserai dessus de la limaille de fer, et j'établirai un courant de gaz oxygène sur la combustion par le moyen
de cet appareil (p. XII, fig. 2.) qui consiste en un cylindre d'étain, fermé, rempli de gaz oxygène, avec
deux bouchons à robinet, par l'un desquels un courant d'eau est porté dans le cylindre à travers un long
tuyau, et par l'autre le gaz est poussé dehors à travers le chalumeau à mesure que l'eau pénètre dans
le cylindre. — Maintenant que je verse l'eau dans le
tuyau vous pouvez entendre le gaz qui sort à travers
le chalumeau. — Je place le charbon près du courant,
et je verse dessus la limaille.

23

CAROLINE. — Ce fer émet une flamme aussi vive que celui que nous avons brûlé dans le gaz oxygène.

Mme DE BEAUMONT. — Le procédé est en effet le même; il n'y a de différence que dans la manière de le diriger. Brûlons un peu d'étain par le même moyen, vous verrez que ce métal est également combustible. — A présent nous essaierons avec du cuivre.......

CAROLINE. — Il donne une flamme verdâtre ; c'est je suppose à cause de la couleur de l'oxyde ?

GUSTAVE. — Pourrons-nous aussi brûler de l'or ?

Mme DE BEAUMONT. —Cela n'est pas en notre pouvoir, du moins par ce moyen. L'or, l'argent, le platine, sont incapables d'être oxydés par la plus grande chaleur que peuvent produire les méthodes ordinaires. C'est à cause de cela que ces métaux ont été nommés *parfaits*. Toutefois, ils ont aussi de l'affinité pour l'oxygène ; mais leur oxydation ou combustion ne peut s'effectuer que par l'intervention des acides , ou par l'électricité.

L'étincelle produite par une batterie voltaïque, donne au point du contact une chaleur plus intense qu'aucun autre procédé ; et ce n'est qu'à cette température très élevée, que l'affinité de ces métaux pour l'oxygène , permet leur action mutuelle.

Je suis fâchée de ne pouvoir vous montrer la combustion des métaux parfaits par ce procédé ; mais il exige une très grande batterie voltaïque. Cependant je puis vous faire voir un appareil extrêmement ingénieux , dernièrement inventé pour produire une cha-

leur intense, et dont le pouvoir égale presque celui
de la plus grande batterie voltaïque. C'est une forte
boîte de fer ou de cuivre (pl. X , fig. 2) , à laquelle
on adapte une pompe pneumatique et un bouchon à
robinet terminé par un petit orifice semblable à celui
d'un chalumeau. En faisant jouer la pompe de haut
en bas, on peut accumuler dans le vaisseau une
fort grande quantité d'air , ensorte que si l'on tourne
le robinet , l'air condensé s'ouvre un passage en formant un jet d'une force prodigieuse ; et si l'on place la
flamme d'une lampe dans le courant, il pousse cette
flamme dans sa direction avec une extrême violence.

CAROLINE. — C'est exactement le même effet que
le chalumeau, hors qu'il est plus puissant.

GUSTAVE. — Oui ; et cet instrument a encore l'avantage qu'il ne fatigue ni la bouche ni les poumons ,
n'exigeant point d'être soufflé.

Mme DE BEAUMONT. — Sans doute ; mais ce chalumeau serait d'une utilité bien bornée , si son énergie
ne pouvait être accrue par d'autre moyen. Imaginez-
vous quelque mode de produire un tel effet ?

GUSTAVE. —Le réservoir pourrait peut-être se charger avec du gaz oxygène pur au lieu d'air commun ,
comme dans le cas du gazomètre?

Mme DE BEAUMONT. — Et c'est précisément l'invention dont je voulais vous parler. Le vaisseau doit simplement être fourni d'air par une vessie pleine de gaz
oxygène, ce qui peut se faire très aisément en adap-
tant la vessie à la partie supérieure de la pompe , de

manière qu'en la faisant jouer, le gaz oxygène est poussé dans le vaisseau condensateur.

CAROLINE. — A l'aide de ce petit appareil nous pourrions donc obtenir les effets du gazomètre par le moyen d'une colonne d'eau qui chasserait le gaz de la boîte?

Mme DE BEAUMONT. — Oui ; et beaucoup plus aisément. Mais il est une autre manière d'user de cet appareil par laquelle on obtient des effets encore plus puissants. Elle consiste à condenser dans le réservoir, non de l'oxygène seul, mais un mélange d'oxygène et d'hydrogène, à la proportion où ils forment de l'eau ; ensuite à mettre le feu au jet produit par les deux gaz mêlés. La chaleur dégagée dans cette combustion, sans le secours d'aucune lampe, est apparemment la plus intense que l'on connaisse ; et l'on dit qu'elle a produit plusieurs effets qui ont passé toute espérance.

CAROLINE. — Mais pourquoi n'essaierions-nous pas cette expérience?

Mme DE BEAUMONT. — Parce qu'elle n'est pas exempte de dangers. La combustion, en dépit de divers moyens employés pour prévenir les accidents, pénètre quelquefois l'intérieur du vaisseau, et produit une violente explosion. M. Dobereyner, d'Iéna, a découvert récemment, que le platine en état spongieux (état auquel on peut le réduire en chauffant le sel formé par l'acide nitromuriatique, le platine et l'ammoniaque) a la singulière propriété d'effectuer la combustion de l'hydrogène dans l'air atmosphérique, et de devenir lui-même incandescent. On fait cette expérience en présentant

un morceau de platine sous la forme ci-dessus mentionnée à un courant de gaz hydrogène, à la distance
convenable, pour que le jet de l'hydrogène puisse se
mêler avec l'air commun. Dans un mélange de deux
parties d'hydrogène contre une d'oxygène, le platine
produit détonnation et formation d'eau.

La platine en feuille roulée, introduit dans le mélange, a la même action ; mais en fil ou en poudre il
est sans effet. Plusieurs autres métaux , tels que le fer,
le palladium , l'or et l'argent ont la même propriété
à un plus léger degré.

CAROLINE. — Et comment expliquez-vous ces singuliers phénomènes ?

Mme DE BEAUMONT — Ils n'ont pas encore été ex-
pliqués ; nous passerons donc à d'autres objets.

CAROLINE. — Il me semble que vous avez dit que
les oxydes des métaux pouvaient être rendus à leur
premier état métallique ?

Mme DE BEAUMONT.— Oui ; cette opération s'appelle
revivifier un métal. En général les métaux peuvent
être revivifiés par le charbon chauffé au rouge , cette
matière ayant une plus forte attraction pour l'oxygène
que tous les métaux. Il faut donc simplement décomposer ou débrûler l'oxyde en le privant de son oxygène, et le métal reparaîtra dans sa pureté.

GUSTAVE. — Et le carbone, dans ce procédé, est-
il brûlé et converti en acide carbonique ?

Mme DE BEAUMONT. — Certainement. Il est d'autres
combustibles auxquels les métaux cèdent leur oxygène
à une très haute température. Ils peuvent aussi céder

23*

ce principe l'un à l'autre, suivant le degré d'attraction qu'ils ont respectivement pour lui : et dans ces cas, si le gaz oxygène devient plus dense en se combinant avec le nouveau métal, un dégagement de calorique proportionné, a lieu par ce changement.

CAROLINE.—Et les oxydes d'or, d'argent et de platine qui sont formés par le moyen des acides, ne peuvent-ils de même être rétablis dans leur état métallique ?

Mme DE BEAUMONT. — Oui, ils le peuvent, et même sans l'intervention d'un corps combustible : la chaleur seule enlève leur oxygène, le convertit en gaz et revivifie le métal.

GUSTAVE. — Vous nous avez dit que la rouille était un oxyde de fer; comment se fait-il donc que l'eau ou l'humidité la produise si fréquemment ?

Mme DE BEAUMONT. — Quand cela arrive, le métal décompose l'eau ou l'humidité (qui est toujours de l'eau, mais en état de vapeur) et il se combine avec son oxygène.

CAROLINE. — Je pensais qu'il était nécessaire d'élever extrêmement la température des métaux pour les rendre capables de décomposer l'eau.

Mme DE BEAUMONT. — Cela est vrai, si l'on désire que ce procédé s'accomplisse promptement, et décompose une grande quantité d'eau. Mais vous savez que la rouille est des mois entiers à se former, et que la surface seule du métal exposé à l'humidité est oxydée.

GUSTAVE. — Alors, les métaux qui ne se rouillent

point, sont incapables d'oxydation spontanée, soit
par l'air, soit par l'eau?

Mme DE BEAUMONT. — Oui; et les métaux parfaits
qui sont dans ce cas, conservent, par cette raison,
leur état métallique, mieux que tous les autres.

GUSTAVE. — Tous les métaux sont-ils capables de
décomposer l'eau, pourvu que leur température soit
suffisamment élevée.

Mme DE BEAUMONT. — Non; un certain degré d'attraction pour l'oxygène est requis outre le secours
de la chaleur. Vous savez que l'eau est composée d'hydrogène et d'oxygène; et à moins que l'affinité du
métal pour l'oxygène ne soit plus forte que celle de
l'hydrogène, aucun degré de chaleur ne pourrait
le rendre capable de les séparer. Le fer, le zinc, l'é-
tain et l'antimoine ont pour l'oxygène une plus forte
affinité que celle de l'hydrogène, donc ces quatre métaux sont capables de décomposer l'eau. Mais l'hydrogène ayant plus d'affinité avec l'oxygène que n'en
ont les autres métaux, non-seulement il ne leur cède
point son oxygène, mais encore il en absorbe, en certaines circonstances, de l'oxyde de ces métaux.

GUSTAVE. — J'avoue que je n'entends pas bien
comment le gaz hydrogène peut extraire l'oxygène
de ces métaux qui ne décomposent pas l'eau.

CAROLINE. — Je crois le comprendre parfaitement.
Le plomb, par exemple, ne décompose pas l'eau, parce
qu'il n'a pas une attraction pour l'oxygène aussi forte
que l'hydrogène. Supposons, cependant le plomb déjà à
l'état d'oxyde, l'hydrogène prendra l'oxygène du plomb,

et s'unira avec lui pour former de l'eau , parce que
l'hydrogène a une plus forte attraction pour l'oxygène que le plomb ; et c'est la même chose à l'égard
de tous les autres métaux qui ne décomposent pas
l'eau.

GUSTAVE. — J'entends très bien votre explication ,
Caroline ; et j'imagine que c'est à cause de cette
propriété, de ne point décomposer l'eau, que le plomb,
est employé pour les tuyaux qui servent à conduire
ce fluide.

Mme DE BEAUMONT. — Sans doute : le plomb , est
par cette raison extrêmement propre à de telles fins ;
tandis que si ce métal était oxydable par l'eau , il lui
communiquerait des qualités fort malfaisantes; car
tous les oxydes de plomb sont plus ou moins pernicieux.

A l'égard de l'oxydation des métaux en général , le
mode le plus puissant pour l'effectuer , est l'emploi
des acides. Vous savez que ces substances contiennent
toujours plus d'oxygène que l'air ou l'eau , et que la
plupart le cèdent facilement aux métaux.

Vous vous rappelez peut-être aussi que les plaques
de zinc, de la batterie voltaïque , sont oxydées par
l'eau mêlée d'acide plus efficacement que par l'eau
seule ?

CAROLINE. — Et j'ai souvent observé qu'en répan-
dant quelques gouttes de vinaigre , de citron , ou de
quelque autre acide sur une lame de couteau , elles
produisent sur-le-champ une tache de rouille.

GUSTAVE. — Les métaux ont alors trois manières

de s'oxygéner ; par l'atmosphère, par l'eau et par les acides.

Mme DE BEAUMONT. —Vous avez vu les deux premières, et je vais vous montrer comment les métaux prennent l'oxygène d'un acide. Cette bouteille contient de l'acide nitrique ; j'en verserai quelques gouttes sur cette feuille de cuivre...

CAROLINE. — Quelle odeur désagréable !

GUSTAVE. — D'où provient cette effervescence et cette épaisse vapeur jaune ?

Mme DE BEAUMONT. — C'est l'acide qui se trouvant privé d'une partie de son oxygène est converti en un acide plus faible, et s'échappe en forme de gaz.

CAROLINE. — Et quelle est la cause de la chaleur ?

Mme DE BEAUMONT. — Je pense, Caroline, que vous pouvez répondre vous-même à cette question.

CAROLINE.—C'est peut-être que l'oxygène entre dans le métal sous une forme plus solide que celle dans laquelle il existait dans l'acide, et qu'il y a en conséquence dégagement de chaleur.

Mme DE BEAUMONT. —Et si la combinaison de l'oxygène et du métal résulte de l'union de leurs électricités opposées, il est naturel qu'il se dégage du calorique.

GUSTAVE. — L'effervescence a cessé ; alors je suppose que le métal est oxydé ?

Mme DE BEAUMONT. — Oui ; mais il existe une autre importante relation entre les métaux et les acides que je dois maintenant vous faire connaître. Les métaux en état d'oxyde sont susceptibles de dissolution par les acides. Dans cette opération, ils entrent en com-

binaison chimique avec l'acide et forment un composé
entièrement nouveau.

CAROLINE. — Mais quelle différence faites-vous entre l'*oxydation* et la *dissolution* d'un métal par un
acide ?

Mme DE BEAUMONT. — Dans le premier cas , le métal se combine seulement avec une portion d'oxygène
tirée de l'acide, qui se trouve ainsi partiellement dé-
soxygéné; dans le second, le métal après avoir été
préalablement oxydé, est dissous par l'acide , se combine chimiquement avec lui , et cela interrompt la
décomposition et l'effervescence. — Cette combinaison parfaite d'un oxyde avec un acide forme une classe
importante nommés sels composés.

GUSTAVE. — La différence entre un oxyde et
un sel est très facile à faire; l'un consiste en un
métal et de l'oxygène, l'autre entre un oxyde et un
acide.

Mme DE BEAUMONT. — Très bien! et vous aurez
soin de retenir que les métaux sont incapables d'entrer dans cette sorte de combinaison avec les acides, à moins d'avoir été d'abord oxydés; ainsi donc
toutes les fois que vous mettrez en contact un métal
et un acide, le premier sera d'abord oxydé, ensuite
dissous, pourvu que la quantité de l'acide suffise à ces
deux actions.

Il est certains métaux dont la solution est beaucoup
plus facilement effectuée en délayant l'acide dans de
l'eau, et dans ce cas, le métal est oxydé non par l'acide,
mais par l'eau qu'il décompose. Cependant à mesure

que l'oxygène de l'eau oxyde la surface du métal,
l'acide se combine avec l'oxyde nouvellement formé,
l'entraine, et laisse une autre surface ouverte à l'action de l'oxygène; les couches d'oxyde rapidement formées, sont tout aussi rapidement dissoutes par l'acide
qui continue à se combiner avec les surfaces oxydées,
jusqu'à ce que tout le métal ait été dissous. Pendant
cette opération, le gaz hydrogène de l'eau est dégagé
et s'échappe avec effervescence.

GUSTAVE. — N'est-ce pas ainsi que l'acide sulfurique a favorisé la décomposition de l'eau par les fils de
fer?

Mme DE BEAUMONT. — Précisément, et c'est ainsi
que plusieurs métaux incapables de décomposer l'eau
par eux-mêmes, ont la puissance de produire cet
effet à l'aide d'un acide qui, en enlevant successivement les couches d'oxyde à mesure qu'elles se
forment, exposent de nouvelles surfaces à l'action
de l'eau.

CAROLINE. — L'oxyde en ce cas, joue à peu près
le rôle d'une brosse. — Mais ce moyen ne serait-il
pas très bon à employer pour nettoyer des ustensiles
métalliques?

Mme DE BEAUMONT. — Oui, en quelques occasions,
un acide faible, tel que le vinaigre, est employé pour
nettoyer le cuivre. Les plaques de fer que l'on veut éta-
mer sont débarrassées de la rouille qui couvre leur surface par de l'acide muriatique délayé, avant qu'on les
double d'étain. Vous devez cependant vous rappeler
que dans ce mode de nettoiement des métaux, il faut

que l'acide soit promptement enlevé, sans quoi il produirait de nouvel oxyde.

CAROLINE. — Examinons, je vous prie, la dissolution du cuivre dans l'acide nitrique; car je suis impatiente de voir le sel qui en résultera. Le mélange est à présent d'un beau bleu; mais je ne vois aucune apparence de la formation d'un sel; c'est une lente et ennuyeuse opération.

Mme DE BEAUMONT. — La cristallisation du sel demande un certain espace de temps pour être complète. Cependant si vous êtes si impatiente, je vous ferai voir un sel métallique tout formé.

CAROLINE. — Mais cela ne satisfera pas ma curiosité la moitié autant que si j'en vois un de notre propre fabrique.

Mme DE BEAUMONT. — Celui que je veux vous montrer est aussi de notre fabrique. Quand nous avons décomposé l'eau, ces jours passés, par l'oxydation des copeaux de fer avec l'aide de l'acide sulfurique, en quoi consistait le procédé?

CAROLINE. — A mesure que l'eau cédait son oxygène au fer, l'acide se combinait avec l'oxyde nouvellement formé, et l'hydrogène s'échappait seul.

Mme DE BEAUMONT. — Très bien, et le résultat devait donc être un sel composé d'acide sulfurique et d'oxyde de fer. Il est resté dans le vaisseau où l'expérience a été faite, allez le chercher, nous l'examinerons.

GUSTAVE. — Quelle variété de procédés implique la décomposition de l'eau par un métal et un acide

1° la décomposition de l'eau; 2° l'oxygénation du
métal ; 3° la formation d'un sel composé.

Caroline. — Le voici, maman. — Quels beaux
cristaux verts! Mais nous ne voyons point de cristallisation dans la solution du cuivre dans l'acide nitreux.

Mme de Beaumont. — Parce que le sel est maintenant suspendu dans l'eau , avec laquelle l'acide nitreux est mêlé, et il restera ainsi , jusqu'à ce qu'il soit
déposé en conséquence du refroidissement et du repos
de ce mélange.

Gustave. — Je m'étonne qu'un corps aussi opaque
que le fer puisse être changé en cristaux si transparents.

Mme de Beaumont. — C'est l'union avec l'acide,
qui produit cette transparence. Si le métal pur était
mis en fusion, et qu'on le laissât refroidir ensuite, il
reparaîtrait aussi opaque qu'il l'était avant.

Gustave. — Je n'entends pas bien la signification
du terme *cristallisation*.

Mme de Beaumont.—Vous vous souvenez que lorsqu'un solide est dissous par l'eau ou par le calorique
il n'est pas décomposé; mais que ses molécules intégrantes sont seulement suspendues dans le dissolvant.
Quand la solution se fait dans l'eau , les molécules intégrantes du corps , après que l'eau est évaporée , se
réunissent en une masse solide par la force de leur
mutuelle attraction de cohésion. Mais, quand le corps
a été dissous par le seul calorique, il ne faut que réduire la température, pour que les molécules se réunissent. Et , en général , quel que soit le dissolvant ,

s'il est séparé lentement, soit par l'évaporation . soit
par le refroidissement, en prenant soin que les molécules ne soient pas agitées pendant leur réunion , elles
s'arrangent d'elles-mêmes en masses régulières, chaque substance individuelle ayant une forme ou arrangement qui lui est propre : c'est là ce qu'on appelle
une cristallisation.

GUSTAVE. — La cristallisation est donc simplement
la réunion des molécules d'un corps solide qui a été
dissous dans un fluide.

Mme DE BEAUMONT. — Votre définition est bonne.
Mais, je dois vous faire remarquer encore, que la *chaleur* et l'*eau* peuvent unir leurs pouvoirs dissolvants ;
et dans ce cas, la cristallisation est accélérée par le
refroidissement , aussi bien que par l'évaporation du
liquide.

CAROLINE. — Mais si le corps dissous est d'une nature volatile, ne peut-il s'évaporer avec le fluide ?

Mme DE BEAUMONT. — il est rare qu'un corps cristallisé , tenu en solution par l'eau seule , soit aussi volatil que ce fluide ; et l'on doit prendre soin de modérer
la chaleur , de manière à ce qu'elle soit suffisante
seulement pour évaporer l'eau.

Je ne dois pas omettre de dire que les corps en se
cristallisant dans l'eau , en retiennent toujours une
certaine quantité qui demeure emprisonnée dans les
cristaux en forme solide, et ne reparaît sous sa forme
primitive que si le corps perd son état cristallin. C'est
ce qu'on appelle l'*eau de la cristallisation*. Mais , il
faut observer que si un corps peut être séparé de sa

solution dans l'eau ou le calorique, seulement par l'évaporation et le refroidissement, un acide ne peut être séparé d'un métal avec lequel il est combiné, que par de plus fortes affinités qui produisent une décomposition.

GUSTAVE. — Les métaux parfaits sont-ils susceptibles de se dissoudre et de se convertir en sels composés par les acides?

Mme DE BEAUMONT. — Un seul acide peut agir sur l'or, l'*acide muriatique oxygéné*, qui a la propriété de dissoudre l'or, ou tout autre métal, en les brûlant rapidement. Mais il faut que cet acide soit dans son état le plus concentré.

L'or est encore susceptible de dissolution par un mélange de deux acides nommé *eau régale ;* mais ce dissolvant composé tire sa puissance de l'acide mentionné plus haut, qui entre dans sa composition. Le platine est également attaqué par ce dissolvant. L'argent se dissout dans l'acide nitrique.

CAROLINE. — Il me semble que vous avez dit que quelques métaux s'oxydaient assez fortement pour devenir acides?

Mme DE BEAUMONT. — Cinq métaux, l'arsenic, le molybdène, le chrome, le tungstène et le colombium, sont susceptibles de se combiner avec une quantité d'oxygène suffisante pour leur acidification.

CAROLINE. — Les acides sont liés aux métaux de tant de manières différentes, que je crains de les confondre dans ma mémoire. — En premier lieu, les

acides cèdent leur oxygène aux métaux. Secondement,
ils se combinent avec les métaux dans leur état d'oxydes,
pour former des sels ; enfin plusieurs métaux sont eux-
mêmes susceptibles d'acidification.

Mᵐᵉ DE BEAUMONT. — Fort bien : mais quoique les
métaux aient une si forte affinité avec les acides, ce
n'est pas avec cette seule classe de corps qu'ils entrent
en combinaison. La plupart des métaux sont capables
de s'unir dans leur état simple avec le soufre, le phosphore, le carbone, et de plus avec les autres métaux.
Ces combinaisons, suivant l'ordre de nomenclature
que je vous ai expliqué, sont nommées *sulfure*, *carbure*, *phosphure*, etc.

Les phosphures métalliques n'ont rien de remarquable. Les sulfures forment la classe de minéraux
que l'on nomme *pyrites*, qui donnent à plusieurs espèces d'eaux minérales leurs qualités chimiques. Dans
cette combinaison, le soufre et le fer ont une si forte
attraction pour l'oxygène, qu'ils le prennent de l'air
et de l'eau, et en le condensant produisent une chaleur par laquelle la température de l'eau est élevée à
un très haut degré.

GUSTAVE. — Mais si les pyrites prennent l'oxygène
de l'eau, cette eau doit subir une décomposition, et
laisser le gaz hydrogène échapper ?

Mᵐᵉ DE BEAUMONT. — C'est ce qui arrive à l'égard
de certaines sources d'eaux minérales ; elles dégagent
un gaz extrêmement fétide, composé d'hydrogène imprégné de soufre.

CAROLINE. — Si je m'en souviens bien, l'acier et

la plumbagine , dont vous avez parlé à notre dernier
entretien , sont l'un et l'autre des carbures de fer.

Mme DE BEAUMONT. —Oui ; et ce sont les seuls carbures de quelque importances.

Une singulière combinaisons de métaux a récemment fixé l'attention des savants. Je veux parler des
pierres météoriques ou aërolithes, qui tombent de l'at
mosphère. Elles consistent principalement en fer na-
tif ou pur , que l'on ne trouve jamais en cet état dans
les mines , et contiennent de plus une petite quantité
de nickel et de chrome , mélange également inconnu
dans le règne minéral.

Ces circonstances ont induit quelques savants à
supposer que ces substances étaient tombées de la lune
ou de quelque autre planète, et d'autres pensent
qu'elles sont formées dans l'atmosphère ou bien qu'elles
y ont été projetées par des volcans inconnus de la
surface de notre globe.

CAROLINE. — J'ai entendu dire beaucoup de choses
sur ces pierres , et je crois que la plupart des physiciens sont d'avis qu'elles sont de formation terrestre
et rient de leur prétendue origine céleste.

Mme DE BEAUMONT. — Le fait de leur chûte est si
bien constaté que personne ne peut élever aucun
doute sur ce point. Des échantillons de ces pierres
ont été trouvés dans toutes les parties du monde, et
l'analyse a prouvé l'identité de leur composition. Il y
a donc de fortes raisons de supposer qu'elles viennent
de la même source. C'est à M. Howard que la science
doit la première analyse que l'on ait faite de ces

corps, et qui a dirigé l'attention sur ce sujet intéressant.

CAROLINE. — Mais, je vous prie, maman, comment
des masses solides de fer et de nikel pourraient-elles
se former dans l'atmosphère qui se compose de deux
gaz ?

Mme DE BEAUMONT. — Je ne conçois pas non plus
comment cela peut se faire, et j'inclinerais plutôt
à croire que ces pierres tombent, soit de la lune, soit
d'un autre corps céleste. — Mais cette disgression ne
doit pas nous retenir plus long-temps. Les combinaisons des métaux entre eux sont nommées alliages ;
ainsi, le laiton est un alliage de cuivre et de zinc ; le
bronze un alliage de cuivre et d'étain, etc.

GUSTAVE. — L'étain, ordinairement employé pour
des usages communs, n'est-il pas mêlé à quelque autre
métal ?

Mme DE BEAUMONT. — L'étain seul ne serait pas assez
résistant pour l'usage commun, et la plupart des vases
dits d'étain, sont en fer, légèrement recouvert d'étain
qui empêche le fer de se rouiller.

CAROLINE. — Dites de s'*oxyder*, maman, la rouille
est un mot qui devrait être banni de la chimie.

Mme DE BEAUMONT. — Prenez garde cependant de
ne pas employer le terme d'oxyde en conversation au
lieu de celui de rouille, vous pourriez ne pas être entendue ou être soupçonnée d'affectation.

Les métaux diffèrent extrêmement dans leur affinité, les uns pour les autres. Quelques-uns s'unissent à
tous, d'autres se combinent seulement avec un certain

nombre; et l'art de souder est fondé sur ces diverses affinités.

Gustave. — Qu'est-ce que souder?

Mme de Beaumont. — C'est joindre ensemble deux pièces de métal par l'intermédiaire d'un autre métal plus fusible. Ainsi l'étain soude le plomb; le laiton, l'or, et l'argent, sont soudés par le fer, etc.

Caroline. — Le placage des métaux n'est-il pas à peu près de la même nature?

Mme de Beaumont. — Dans l'opération de plaquer, deux métaux sont unis en les appliquant l'un sur l'autre sans l'intervention d'un troisième métal. Le fer ou le cuivre peuvent ainsi être couverts ou plaqués d'or et d'argent.

Gustave. — Le mercure me semble tout-à-fait différent des autres métaux.

Mme de Beaumont. — Une de ses propriétés distinctives les plus remarquables est celle de rester en état fluide à la température de l'atmosphère. Tous les métaux sont fusibles à divers degrés de chaleur, et chacun d'eux possède également la capacité de se solidifier à certaine température donnée. Le mercure ne peut se congeler qu'à 40 degrés au dessous de glace.

Gustave. — C'est-à-dire que pour passer à l'état de glace il lui faut faire une température de 40 degrés plus froide que celle à laquelle l'eau devient solide?

Mme de Beaumont. — Précisément.

Caroline. — Mais la température de l'atmosphère est-elle jamais aussi basse?

Mme de Beaumont. — Oui en Sibérie, mais heu-

reusement jamais dans cette partie du globe que nous
habitons. Cependant, même dans nos climats tempérés, le mercure peut-être congelé par un froid artificiel, produit par des mélanges chimiques ou par la
rapide évaporation de l'éther, sous la machine pneumatique *.

CAROLINE. — Et peut-on faire bouillir et évaporer
le mercure?

Mme DE BEAUMONT. — Oui, comme tout autre liquide, seulement avec un plus haut degré de chaleur.
A la température d'environ 250 degrés le mercure
commence à bouillir et à s'évaporer de la même manière que l'eau.

Le mercure se combine avec l'or, l'argent, l'étain
et plusieurs autres métaux, et s'il est mêlé à quelques-
uns d'eux en proportion suffisante il pénètre le métal
solide, l'amollit, perd sa propre fluidité, et forme ce
qu'on appelle un *amalgame*, nom donné à toute combinaison du mercure avec un autre métal, formant une
substance plus ou moins solide suivant le degré ou
prédomine le mercure.

GUSTAVE. — Dans la liste des métaux j'ai remarqué plusieurs noms qui me sont tout-à-fait inconnus.

Mme DE BEAUMONT.—Outre les métaux que sir H. Davy
a trouvés, plusieurs autres ont été dernièrement découverts, et leurs propriétés sont encore très peu connues,
tels sont le titane, découvert par le révérend M. Gré-
gor dans les mines d'étain de Cornouailles; le colom-

* Par le procédé décrit dans la quatrième leçon.

bium ou tantale, découverte par M. Hatchett; et
l'osmium, l'iridium, le palladium et le rhodium, que
le docteur Wollaston et M. Tennant ont trouvés mêlés
à de petites quantités de platine pur, et dont ces savants ont prouvé l'existence par des expériences aussi
délicates que curieuses. Plus récemment encore Berzélius a découvert dans du minérai pyritique à Falhun,
en Suède, une substance métallique à laquelle il a
donné le nom de *sélénium*, et qui a la singulière
propriété de prendre la forme d'un gaz jaune quand
on la chauffe dans des vaisseaux fermés. Par d'autres
qualités distinctives, cette substance parait tenir le milieu entre les combustibles et les métaux; elle a sur-
tout une grande analogie avec le soufre.

CAROLINE. — Vous avez compté l'arsenic parmi les
métaux; je ne croyais pas qu'il appartint à cette classe
de corps; ne l'ayant jamais vu qu'en poudre, je ne le
connaissais que comme un poison violent.

Mme DE BEAUMONT. — Je ne pense pas qu'il soit aussi
délétère dans son pur état métallique, qu'il l'est sous
la forme que vous lui avez vue; mais son avidité pour
l'oxygène est telle qu'il l'absorbe de l'atmosphère à la
température la plus ordinaire; aussi vous ne l'avez vu
qu'en état d'oxyde quand son union avec l'oxygène
lui donne des qualités éminemment pernicieuses.

CAROLINE. — Est-il possible que l'oxygène puisse
donner de telles propriétés! cet oxygène si essentiel
à la vie, qui produit la lumière et le feu, et que
tous les corps dans la nature sont si envieux d'obtenir?

Mme DE BEAUMONT. — La plupart des oxydes métalliques sont des poisons et tirent cette propriété de leur union avec l'oxygène. Le blanc de plomb, dont on fait un si grand usage en peinture, doit à l'oxygène son effet pernicieux. En général, l'oxygène, en état concret, détruit particulièrement la chair et les matières animales ; et les oxydes les plus caustiques sont ceux qui ont une saveur âcre et brûlante, causée par leur faible affinité pour l'oxigène, qui fait qu'ils le cèdent facilement à la chair, que cette surabondance corrode et détruit.

CAROLINE. — Que signifie le mot *caustique* dont vous venez de vous servir?

Mme DE BEAUMONT. — Il exprime la propriété que certains corps possèdent, de désorganiser et de détruire la matière animale en opérant en elle une sorte de combustion, du moins une décomposition chimique. Vous avez sans doute entendu parler de caustiques employés pour brûler des verrues ou d'autres excroissances animales ; la plupart de ces corps doivent leur pouvoir destructif à l'oxygène avec lequel il sont unis. Le caustique le plus commun, que l'on nomme *pierre infernale*, est un composé d'acide nitrique et d'argent; et l'on attribue ses qualités caustiques à l'oxygène contenu dans l'acide nitrique.

CAROLINE. — Mais les acides devraient être encore plus caustiques que les oxydes, puisqu'ils contiennent une plus grande proportion d'oxygène.

Mme DE BEAUMONT. — Quelques acides sont en effet plus caustiques que les oxydes; mais la caus-

ticité d'un corps dépend moins de la quantité d'oxygène qu'il contient que de sa faible affinité pour
ce principe et de la facilité avec laquelle il s'en sépare.

GUSTAVE. — A quelle cause cette propriété destructive de l'oxygène est-elle attribuée?

Mme DE BEAUMONT. — Elle provient apparemment
de la forte attraction de l'oxygène pour l'hydrogène ;
car, si le premier absorbe très rapidement le second
de la fibre animale dont il fait partie, une désorganisation de cette substance doit s'ensuivre.

CAROLINE. — On a raison de dire en ce cas, que
les caustiques *brûlent* la chair, puisque la combinaison de l'oxygène avec l'hydrogène est une véritable
combustion.

GUSTAVE. — Je pense que cet effet serait plus proprement nommé oxydation, puisqu'il n'offre point de
dégagement de lumière et de chaleur.

Mme DE BEAUMONT. — Mais il y a réellement une
sensation de chaleur produite par l'action des caustiques.

GUSTAVE. — Puisque l'oxygène est si caustique,
pourquoi celui qui est contenu dans l'atmosphère ne
nous brûle-t-il pas ?

Mme DE BEAUMONT. —Parce qu'il est en état de gaz, et
qu'il a une plus grande attraction pour son électricité
propre que pour l'hydrogène de nos corps. D'ailleurs,
quand l'air posséderait quelque légère causticité, nous
sommes garantis de ses effets par notre peau moins

susceptible d'être ainsi affectée que la chair. Vous savez que la blessure la plus insignifiante devient cuisante en l'exposant à l'air.

CAROLINE. — C'est pourtant une chose singulière à imaginer que nous puissions vivre dans un feu lent. Mais si l'air était caustique il me semble qu'il aurait une saveur âcre.

Mme DE BEAUMONT. — Il est possible que cela soit; mais à un si léger degré, que l'habitude a pu nous y rendre insensibles.

CAROLINE. — Et pourquoi l'eau n'est-elle pas également caustique? Quand je trempe mon doigt dans de l'eau elle devrait me brûler, quoique froide, à cause de la nature caustique de son oxygène.

Mme DE BEAUMONT. — Votre main ne décompose pas l'eau : l'oxygène en cet état est mieux fourni d'hydrogène qu'il ne le serait par la matière animale ; et si sa causticité dépend de son affinité pour ce principe, il ne peut avoir cet effet en ce cas, étant saturé d'hydrogène. N'oubliez pas que les oxydes sont caustiques en proportion de la faiblesse de l'adhérence de leur oxygène.

GUSTAVE. — Puisque l'oxyde d'arsenic est un poison, son acide doit en être un, encore plus violent?

Mme DE BEAUMONT. — Oui ; c'est un des plus puissants qui existent.

GUSTAVE. — Quand le cuivre n'est pas soigneusement nettoyé il se forme sur sa surface une substance nommée *vert-de-gris*, qui est un poison ; et c'est une des objections que l'on fait contre l'emploi de ce métal dans les ustensiles de cuisine. L'oxygène est-il aussi la base de ce poison?

Mme DE BEAUMONT. — Sans doute, car cette substance est un sel composé, formé par l'union du vinaigre et du cuivre; elle est d'une belle couleur verte et souvent employée en peinture.

GUSTAVE. — Mais il me semble que le vert-de-gris se forme souvent sur le cuivre sans qu'il y ait eu de vinaigre en contact avec le métal.

Mme DE BEAUMONT. — Ce n'est pas alors de véritable vert-de-gris, mais des sels qui lui ressemblent, et qui sont produits par l'action d'autres acides sur le cuivre.

La solution de ce métal dans de l'acide nitrique donne, après l'évaporation, un sel qui produit un effet dont vous serez surpris. J'en ai conservé exprès de la solution que nous avons faite précédemment, pour vous montrer ce phénomène. Je vais jeter quelques gouttes d'eau sur cette feuille d'étain avec un peu de sel. — Voyez comme elle se replie subitement pour former un rouleau serré.

CAROLINE. — Quelle étonnante vapeur s'élève de ce morceau de métal! — Et des étincelles de feu!

Mme DE BEAUMONT. — J'étais sûre que vous seriez surprise. J'ose affirmer cependant que vous pouvez expliquer vous-même cet effet, puisque c'est tout simplement la conséquence de la rapidité avec laquelle l'oxygène du sel entre avec l'étain dans une combinaison plus intime.

Il est encore un beau sel vert, trop curieux pour

être omis; il est produit par la combinaison du cobalt avec l'acide muriatique, et il entre dans la composition de l'encre nommée *sympathique*. Des caractères écrits avec cette solution sont invisibles tant qu'ils sont froids, mais quand il sont chauffés doucement ils prennent un teinte bleuâtre.

CAROLINE. — Je pense qu'on ferait des paysages forts curieux avec cette encre. Je peindrais d'abord à l'aquarelle une scène d'hiver, dans laquelle les arbres seraient sans feuilles et le gazon à peine coloré; puis je tracerais toute la verdure avec l'encre invisible, et quand je voudrais faire paraître le printemps j'approcherais mon paysage du feu et il se couvrirait d'une riche verdure.

Mme DE BEAUMONT. — Ce serait une fort jolie expérience et je vous engage à ne pas la négliger.

Avant de nous séparer il faut que je vous fasse connaître les métaux découverts par sir H. Davy. L'histoire de ces substances extraordinaires est encore dans l'enfance, et je me bornerai à vous en rendre un compte succinct. Le plus important est de vous montrer le champ immense, presque inépuisable, que ce chimiste a ouvert à la science, non d'entrer dans le détail minutieux de ses expériences sur ces corps nouveaux et des qualités qu'il leur attribue.

CAROLINE. — Mais, j'ai ouï dire que ces découvertes, toutes grandes et merveilleuses qu'elles sont, ne promettent pas de devenir extrêmement utiles à la société, et sont plutôt des objets de curiosité que d'usage.

Mme DE BEAUMONT. — Ce langage peut convenir
à des esprits bornés, à des ignorants; mais ceux qui
sont capables d'apprécier l'avantage d'agrandir la
sphère de la science, doivent être convaincus que la
découverte de tout fait nouveau, quel que soit son
éloignement apparent de l'utilité publique, ne peut
manquer de devenir tôt ou tard profitable au genre
humain. Mais ces remarques ne s'appliquent point du
tout au sujet que nous traitons; car plusieurs des nouveaux métaux ont été déjà reconnus éminemment utiles
par leur action chimique, et seront bientôt employés
dans les arts. Pour l'énumération de ces métaux je
vous renvoie à notre liste des corps indécomposés; ils
ont été tirés des alcalis, des terres et de trois acides,
tous considérés jusqu'ici comme des corps simples.

Quand sir H. Davy tourna son attention sur les
effets de la batterie de Volta, il essaya son pouvoir sur
une infinité de corps composés, et mit au jour successivement un grand nombre de faits nouveaux et intéressants, qui conduisirent aux plus importantes découvertes. Suivre ses pas dans cette carrière nouvelle
serait d'un haut intérêt, mais cela nous mènerait trop
loin de notre principal objet. Je vous ferai donc un
simple résumé de ces découvertes remarquables, et
vous ne pouvez, je crois, en comprendre davantage
en ce moment.

Profitant de la facilité avec laquelle l'électricité
galvanique décomposait les corps, M. Davy soumit
à cette puissance des substances jusqu'alors regardées
comme simples et qu'il soupçonnait composées; et ses

recherches furent couronnées du succès le plus complet.

Le corps non décomposé jusqu'alors, sur lequel il
essaya d'abord l'effet de la batterie voltaïque, fut la
potasse, l'un des alcalis fixes. Cette substance donna
au conducteur positif un fluide élastique, reconnu
depuis être de l'oxygène, et au conducteur négatif
quelques globules douées d'un grand éclat métallique
et très semblables au mercure; de là il demeura prouvé
que la potasse, au lieu d'être un corps simple incombustible, était un oxyde métallique, et qu'elle n'était
incombustible que parce qu'elle était déjà combinée
avec l'oxygène.

Gustave. — Je suppose que les fils métalliques, employés comme conducteurs dans cette expérience
étaient de platine, comme ceux dont nous nous sommes
servis pour la décomposition de l'eau ; car, s'il eussent
été de fer, l'oxygène se serait combiné avec eux au lieu
de paraître en forme de gaz.

Mme DE Beaumont. — Certainement : toutefois le
métal aurait été également dégagé. Sir H. Davy a donné
à cette nouvelle substance le nom de potassium, dérivé de celui de l'alcali d'où elle avait été tirée. J'ai
dans cette fiole quelques morceaux de ce métal, mais
vous l'avez déjà vu, puisque c'est lui que nous avons
brûlé en contact avec le soufre.

Gustave. — Quel est le liquide dans lequel ce métal
est conservé ?

Mme DE Beaumont. — C'est du naphte, un liquide
bitumineux dont vous connaîtrez plus tard la nature.

Ce fluide est à peu près le seul dans lequel le potassium
puisse être conservé, parce qu'il ne contient point
d'oxygène, pour lequel ce métal a une si forte attraction qu'il absorbe non seulement de l'air, mais aussi
de l'eau et de tous les corps qui en contiennent.

Gustave. — Alors il est du nombre des corps qui
s'oxydent spontanément sans l'application de la chaleur?

Mme de Beaumont. — Oui, et l'une de ses particularités, c'est qu'il attire l'oxygène plus rapidement
de l'eau que de l'air ; en sorte que, si on le jette
dans l'eau, quelque froide qu'elle soit, on la voit s'enflammer subitement. J'en vais jeter un morceau, pas
plus gros qu'une tête d'épingle sur cette goutte d'eau.

Caroline. — Il a produit une explosion soudaine
accompagnée d'un éclair! C'est réellement une substance extraordinaire!

Mme de Beaumont. — Par sa combustion elle est
rétablie *potasse;* et la potasse étant décidément regardée comme un composé, nous ne parlerons de
ses propriétés qu'après avoir terminé l'examen des
corps simples ; mais nous ferons encore quelques remarques sur la base du potassium. Cette substance
exposée à l'air retourne promptement à l'état de potasse, avec dégagement de chaleur, mais non de lumière.

Gustave. — Mais n'est-il pas fort singulier que le
potassium brûle mieux dans l'eau que dans l'air?

Caroline. — Je ne pense pas ainsi ; car si l'attraction du potassium pour l'oxygène est assez forte pour

qu'il puisse le séparer de l'eau aussi bien que de l'air,
il doit en être plus amplement et plus rapidement saturé par l'une que par l'autre.

Mme DE BEAUMONT. — Cela ne peut cependant pas
être la raison précise de ce fait : car si le potassium
est introduit sous l'eau sans qu'il y ait eu contact avec
l'air, la combustion n'est pas aussi rapide, et même
aucune lumière ne se montre en ce cas; mais une
action très violente a lieu, beaucoup de chaleur est
produite, la potasse est rétablie, et le gaz hydrogène
dégagé.

Le potassium est si éminemment combustible, qu'au
lieu d'exiger, comme les autres métaux, une élévation
de température pour brûler, sa combustion s'effectue
très rapidement en contact avec l'eau même au-dessous du degré de la congélation de l'eau. Vous pouvez
vous assurer de ce fait en jetant quelques parcelles de
ce métal sur ce morceau de glace.

CAROLINE. — Il a encore fait explosion avec flamme, et formé un trou profond dans la glace.

Mme DE BEAUMONT. — Ce trou contient une solution
de potasse ; car l'alcali étant extrêmement soluble,
disparaît dans l'eau à mesure qu'il se forme. Cependan-
dant, sa présence peut être aisément prouvée; les alcalis ayant la propriété de donner au papier teint en
jaune de curcuma une couleur rouge, vous n'avez
qu'à tremper un morceau de ce papier dans l'ouverture, vous le verrez changer de couleur, et la même
chose arrivera en le mouillant avec l'eau dans laquelle
le premier morceau de potassium a été brûlé.

CAROLINE. — En effet, ce papier, de jaune qu'il était, est devenu rouge.

Mme DE BEAUMONT. — Ce métal brûle également dans l'acide carbonique, gaz, qui avait toujours été réputé incapable d'entretenir une combustion, parce que l'on ne connaissait aucune substance ayant plus d'attraction pour l'oxygène que le carbone. Cependant le potassium décompose facilement ce gaz en absorbant son oxygène, comme je vais vous le faire voir. Dans cette cornue pleine de gaz acide carbonique, je mettrai un morceau de potassium ; et comme cette combustion demande un léger degré d'élévation de température, je tiendrai la cornue au-dessus de la lampe.

CAROLINE. — La combustion se fait avec violence ; elle a fait éclater la cornue.

Mme DE BEAUMONT. — Voici le morceau de potasse régénérée ; savez-vous pourquoi elle est devenue si noire ?

CAROLINE. — Sans doute elle est noircie par le carbone qui a été déposé sur sa surface à l'instant où l'oxygène est entré en combinaison avec le potassium.

Mme DE BEAUMONT. — C'est cela même. Ce métal est parfaitement fluide à la température de 44 deg. ; à 22 il est solide, mais mou et malléable ; à 14 il est dur et cassant, et sa cassure présente une apparence de cristallisation incomplète. Sa gravité spécifique est estimée à six, quand celle de l'eau est censée à 10 ; en sorte que dans l'état fluide ce métal est encore plus léger que l'éther.

Le potassium combiné avec le soufre et le phosphore forme des sulfures et des phosphures, il s'allie aussi avec quelques autres métaux et s'amalgame avec le mercure.

Gustave. — Mais a-t-on pu obtenir par le moyen de la batterie voltaïque une assez grande quantité de potassium pour vérifier pleinement ses propriétés et ses rapports avec les autres corps?

Mme de Beaumont. — Cela était fort difficile : mais je dois vous informer qu'un mode d'obtenir ce métal en plus grande quantité a été découvert. Deux célèbres chimistes français, MM. Thénard et Gay Lussac, stimulés par les succès de sir H. Davy ont essayé de séparer le potassium de sa combinaison avec l'oxygène, par les moyens chimiques ordinaires, et sans le secours de l'électricité. Ils ont fait filtrer de la potasse chauffée au rouge, et dans un état de fusion, à travers des copeaux de fer dans un tube du même métal chauffé au blanc. Leur expérience fut couronnée d'un plein succès ; et cette seule opération donna plus de potassium que le jeu le plus soutenu de la batterie de Volta n'avait pu en donner dans l'espace de plusieurs semaines.

Gustave. — Je suppose que dans cette expérience l'oxygène a quitté sa combinaison avec le potassium pour s'unir aux copeaux de fer?

Mme de Beaumont. — Précisément : et le potassium a été obtenu de cette manière dans son état simple. Depuis ce temps on s'est servi de cette substance comme le plus commode et le plus puissant instrument de désoxygénation, dans les expériences chimiques. Ce perfectionnement important, ajouté aux découvertes de M. Davy, n'a fait que rendre sa gloire plus complète en prouvant que les faits qu'il avait établis, d'après l'analyse de si petites quantités du nouveau métal, étaient également offerts par des épreuves faites plus en grand.

CAROLINE. — Quelle satisfaction sir H. Davy doit avoir éprouvée, quand, par un effort de son génie il a découvert l'existence de ces substances singulières qui, peut-être, sans lui, nous seraient demeurées à jamais inconnues.

Mme DE BEAUMONT. — Sir H. Davy soumit ensuite la soude à l'influence de la batterie voltaïque, et cet autre alcali céda comme le premier au pouvoir décomposant, et donna une substance métallique très analogue à celle qui avait été obtenue de la potasse : ce métal fut donc nommé sodium. Il est un peu plus lourd que le potassium, quoique beaucoup plus léger que l'eau ; et n'est pas aussi fusible que le potassium.

Encouragé par des résultats si extraordinaires, M. Davy continua ses expériences sur l'alcali volatil ou l'ammoniaque, dans lequel il soupçonnait l'existence de l'oxygène. Il s'assura de ce fait, mais il n'a pas encore réussi à se procurer la base de l'ammoniaque complétement séparée ; le pouvoir que l'alcali volatil, en forme de gaz, à d'oxygéner le fer, et les amalgames obtenus de l'ammoniaque par divers procédés, ont seuls prouvé que cet alcali n'était comme les deux autres, qu'un oxyde métallique (1).

Ainsi les trois alcalis, ayant perdu le titre de corps simple, je les ai rangés parmi les composés dont nous parlerons plus tard.

GUSTAVE. —Quels sont les autres métaux nouveaux, que vous avez cités dans votre liste des corps simples ?

Mme DE BEAUMONT. — Ils ont été tirés des terres sur lesquelles portèrent les recherches de sir H. Davy, après qu'il eut exploité les alcalis. Ces corps n'avaient jamais été décomposés quoi qu'on soupçonnât fortement qu'ils étaient, non seulement des composés, mais spécialement des oxydes métalliques. De la circonstance de leur incombustibilité on conjecturait avec assez de probabilité qu'ils pouvaient avoir été déjà brûlés ?

CAROLINE. — Quand les métaux sont oxydés il paraît donc qu'ils deviennent des substances terreuses?

Mme DE BEAUMONT. — Les terres ont divers traits de ressemblance avec les oxydes métalliques ; et M. Davy espérait donc avec grande raison parvenir à les décomposer, et ne fut point trompé dans son espoir. Toutefois on n'a pu obtenir la base des terres dans leur pur état métallique; mais des alliages formés avec ces bases et d'autres métaux ont suffisamment prouvé l'existence des premières.

Enfin, trois acides indécomposés, les acides borique, fluorique et muriatique, furent l'objet des expériences; mais comme ces substances vous sont totalement inconnues, je remets l'histoire de leur décomposition à l'époque ou nous traiterons de leurs propriétés comme acides.

Ainsi dans le cours de deux années, les travaux d'un seul individu ont donné à la chimie un aspect tout nouveau. Des corps sur lesquels l'œil humain ne s'était jamais reposé, ont été tirés de la retraite où ils pouvaient demeurer éternellement ensevelis, et se sont montrés à la lumière. Sans prétendre apprécier en ce moment l'étendue des avantages que les arts et les sciences pourront tirer de ces découvertes, il est permis de prévoir au moins qu'elles auront les plus grands résultats.

Pour l'analyse chimique elles nous mettent en possession des agents de décomposition les plus énergiques qu'on ait jamais connus.

De nouvelles vues sont offertes pour la géologie, et opéreront probablement une révolution dans cette science obscure et difficile. Il est déjà prouvé que les terres, et tout ce qui compose la surface solide de notre globe, sont des corps métalliques, minéralisés par l'oxygène; et comme la terre a été reconnue d'une densité plus grande dans l'ensemble qu'à la surface, il est raisonnable de supposer que son intérieur est une masse métallique dont la surface seule a été minéralisée par l'atmosphère.

Les éruptions des volcans, ces terribles problèmes de la nature, admettent maintenant une explication facile; car si les entrailles de la terre sont les grands réceptacles de ces corps inflammables, nouvellement découverts, toutes les fois que l'eau y pénètre, il s'ensuit des combustions et des explosions, et il est très remarquable que la lave rejetée dans ces commotions

est précisément l'espèce de substance que de semblables combustions doivent produire (2).

Nous finirons ici notre entretien, qui a été extrêmement long; et j'espère que vous vous rappelerez
tout ce que nous avons appris. A notre prochaine
entrevue nous passerons à un autre sujet.

ONZIÈME ENTRETIEN.

SUR L'ATTRACTION DE COMPOSITION.

Lois générales de l'attraction de composition. — 1° Elle n'a lieu qu'entre les corps de nature différente. — 2° Entre les plus petites molécules de ces corps. — 3° Elle peut avoir lieu entre deux, trois, quatre, ou un plus grand nombre de corps, (Sels neutres ou composés.) — 4° Elle produit un changement de température. — 5° Elle détruit les propriétés caractéristiques des corps en les faisant entrer dans de nouvelles combinaisons. — 6° La force d'attraction est évaluée d'après celle qu'exige la séparation des constituants. — 7° Les corps ont divers degrés d'attraction les uns pour les autres. — Attraction élective simple et double. — Proportions déterminées pour les combinaisons. — Décomposition des sels par la batterie voltaïque.

Mme DE BEAUMONT, CAROLINE, GUSTAVE.

Mme DE BEAUMONT. — Après avoir terminé la revue des corps simples ou élémentaires, nous allons examiner les composés; mais avant d'entamer ce sujet,

il vous faut faire connaître les grandes lois des combinaisons chimiques.

J'espère que vous n'avez pas oublié ce que je vous
ai dit en commençant nos entretiens sur l'attraction
chimique ou affinité ?

GUSTAVE. — Je crois me le rappeler parfaitement.
Cette sorte d'attraction existe entre des corps de nature différente et les force à se combiner pour former
un composé quand ils sont mis en contact. Suivant
M. Davy, cet effet est produit par l'attraction des
deux électricités opposées, dont l'une ou l'autre prédomine dans les corps.

M⁰ᵉ DE BEAUMONT. — Votre définition comprend
la *première loi* d'attraction chimique, savoir : *qu'elle
n'a lieu qu'entre des corps de nature différente,*
comme un oxyde et un alcali, l'oxygène et un métal, etc.

CAROLINE. — Cela est tout simple à imaginer ; car
l'attraction entre des corps de nature semblable est
celle d'agrégation qui ne dépend d'aucune force chimique.

M⁰ᵉ DE BEAUMONT. — La *seconde loi* d'attraction
chimique, est *qu'elle n'a lieu qu'entre les plus petites parties ou atomes des corps;* ainsi plus vous di-
visez les substances que vous voulez combiner ensemble, plus vous favorisez leur action mutuelle.

CAROLINE. — C'est encore une circonstance naturelle à inférer ; car plus les molécules des deux substances sont ténues, plus elles présentent de points de

contact l'une à l'autre, ce qui doit faciliter leur union. C'est pour cela que vous avez employé de la limaille de fer au lieu de fils ou de morceaux de ce métal pour la décomposition de l'eau.

Mme DE BEAUMONT. — On supposait autrefois qu'aucune force mécanique ne pouvait diviser les corps en molécules suffisamment petites pour agir chimiquement les unes sur les autres , et qu'il fallait nécessairement, pour que l'action chimique pût avoir lieu, qu'au moins une des substances employées fût à l'état fluide. Cependant on a maintenant quelques exemples dans lesquels deux solides, réduits en poudre très fine, exercent une action chimique mutuelle; mais ces exceptions à la règle générale sont assez rares.

GUSTAVE. — Dans les combinaisons que nous avons vues jusqu'à présent, l'un des constituants a toujours été liquide ou aëriforme. Par exemple dans les combustions, l'oxygène est extrait de l'atmosphère où il existe en état de gaz; et quand nous avons combiné des acides avec des métaux ou des alcalis, les premiers étaient soit en forme liquide, soit en forme gazeuse.

Mme DE BEAUMONT. — La *troisième loi* d'attraction chimique, est *qu'elle peut avoir lieu, entre deux, trois, quatre, ou même un plus grand nombre de corps.*

CAROLINE. —Les oxydes et les acides sont des corps composés de deux constituants; mais je ne me rappelle d'aucune combinaison où il entre un plus grand nombre de principes.

Mme DE BEAUMONT. — Les sels dit composés ou neutres, formés par l'union des métaux avec les acides, ont trois principes ; et les sels formés par la combinaison des alcalis avec les terres sont de la même catégorie. Ils sont extrêmement analogues les uns aux autres par leur composition, quoiqu'ils aient des propriétés fort différentes.

On a adopté pour les sels composés, une nomenclature semblable à celle des acides. Chaque sel tire son nom de ses parties constituantes, en sorte qu'en le nommant on fait connaître sa composition.

Les trois alcalis, les terres alcalines, et les métaux, sont nommés *bases salifiables* ou *radials ;* et les acides, *principes salifiants.* Le nom de chaque sel est composé du nom de l'acide et de celui de la base salifiable, qui le composent, et se termine en *ate* ou en *ite,* suivant le degré d'oxygénation de l'acide. Ainsi, par exemple, tous les sels qui sont formés de la combinaison de l'acide sulfurique avec quelqu'une des bases salifiables sont nommés sulfates, et le nom de leur radial est ajouté, pour distinguer l'espèce du sel : si ce radial est la potasse, on dira *sulfate de potasse ;* si c'est de l'ammoniaque, *sulfate d'ammoniaque,* etc.

GUSTAVE. — Les cristaux que nous avons obtenus de la combinaison du fer et de l'acide sulfurique étaient donc du *sulfate de fer ?*

Mme DE BEAUMONT. — Justement : et ceux que nous avons faits en dissolvant du cuivre dans de l'acide nitrique, étaient du *nitrate de cuivre,* et ainsi de suite. — Mais ce n'est pas tout ; si le sel est formé de

cette classe d'acide dont le nom se termine en *eux*
(ce qui indique comme vous savez une plus faible
oxygénation) la terminaison du nom du sel sera en
ite, comme *sulfite de potasse, d'ammoniaque*, etc.

GUSTAVE. — Il doit y avoir un nombre immense de
sels composés, puisqu'il existe une si grande quantité
de bases salifiables et de principes salifiants?

Mme DE BEAUMONT. — On ne peut en déterminer le
nombre, car il augmente tous les jours. Cependant,
nous ne pouvons aller plus loin dans l'examen des
sels composés, tant que nous n'aurons pas achevé celui
des ingrédients dont ils se composent.

La *quatrième loi* d'attraction chimique, est *qu'au
moment de la combinaison un changement de température a toujours lieu.* Cette circonstance tient au
dégagement des deux électricités, en forme de calorique, qui accompagne toujours l'union des corps ; et
quelquefois aussi en partie, d'un changement dans la
capacité des corps pour la chaleur, quand la combinaison est suivie d'un accroissement de densité, et
plus encore quand le composé passe d'une forme solide à une liquide. Je vais vous montrer un exemple
frappant de changement de température produit par
l'union chimique, en versant un peu d'acide nitreux
sur cette petite quantité d'huile de thérébentine;
l'huile se combinera à l'instant avec l'oxygène de l'a-
cide et occasionnera un très grand changement de
température.

CAROLINE. — Quelle flamme! Il faut que la température de l'huile et celle de l'acide soient grandement

élevées, pour donner lieu à une si violente combustion.

Mᵐᵉ DE BEAUMONT. — Il y a quelque chose de particulier à cette combustion, que je veux vous faire observer, c'est que, l'oxygène, au lieu d'être extrait de l'atmosphère seul, est principalement fourni par l'acide lui-même.

GUSTAVE. — Toutes les combustions ne sont-elles pas des exemples de changement de température occasionnés par la combinaison chimique de deux corps?

Mᵐᵉ DE BEAUMONT. — Sans doute : quand l'oxygène perd son état gazeux pour se combiner avec un corps solide, il se condense, et le calorique dont il se dégage, produit une élévation de température. La gravité spécifique des corps est en même temps altérée par la combinaison chimique; car, en conséquence de leur changement de capacité pour la chaleur, ils peuvent prendre plus de densité.

CAROLINE. — C'est ce qui est arrivé dans le mélange de l'acide sulfurique et de l'eau, qui a produit beaucoup de chaleur et un accroissement de densité pour les deux substances mêlées.

Mᵐᵉ DE BEAUMONT. — La *cinquième* loi d'attraction chimique, est que, *les propriétés caractéristiques des corps, dans leur état de séparation, sont altérées ou détruites par leur combinaison.*

CAROLINE. — Cela est certain : par exemple, rien n'est plus différent de l'eau que l'hydrogène et l'oxygène.

Gustave. — Et rien ne ressemble moins au sulfate de fer, que le fer et l'acide sulfurique.

Mme DE BEAUMONT. — Chaque combinaison chimique est une preuve de ce fait. Mais poursuivons.

La *sixième* loi, est que, *la force de l'affinité chimique entre les constituants d'un corps, est estimée d'après celle qu'exige leur séparation.* Cette force n'est pas toujours proportionnée à la facilité avec laquelle les corps s'unissent; car, le manganèse, par exemple, qui, comme vous le savez, est tellement apte à s'unir avec l'oxygène, qu'il n'est jamais dans la nature en état métallique, se sépare de ce principe plus facilement qu'aucun autre métal.

Gustave. — Mais, maman, vous parlez d'estimer la force d'attraction des corps, par celle qu'exige leur séparation; et comment pouvez-vous mesurer l'une plus que l'autre?

Mme DE BEAUMONT. — Elles ne peuvent être précisément *mesurées;* mais elles sont comparativement évaluées par des expériences et représentées en nombres qui expriment, au moins par approximation, les degrés relatifs d'attraction.

La *septième* loi est que, *les corps ont divers degrés d'attraction les uns pour les autres.* C'est de cette loi (comme vous pouvez l'avoir découvert vous même depuis long-temps), que dépend toute la science; car, c'est par les divers degrés d'affinité des corps les uns pour les autres, que sont effectuées toutes les compositions ou décompositions chimiques. Tout fait chimique ou expérience, est un exemple de cette loi ; et quand une décomposition est opérée par l'addition d'une seule nouvelle substance simple, on dit qu'elle s'est faite par de *simples attractions électives*.

Cependant, il arrive souvent qu'aucune substance simple n'est capable de décomposer un corps, et que pour y parvenir on est obligé de présenter au composé un autre composé, soit de deux, soit même de trois principes, qui chacun séparément ne pourraient effectuer la décomposition. Dans ce cas, il se forme deux nouveaux composés, en conséquence de la décomposition réciproque des deux corps et de leur double récomposition. Ces exemples sont nommés *doubles attractions électriques*.

CAROLINE.— J'avoue que je ne comprends pas bien clairement cet effet.

Mme DE BEAUMONT. — Vous le concevrez très aisément, à l'aide de ce diagramme, dans lequel les forces d'attractions respectives sont représentées par des nombres.

COMPOSÉ EMPLOYÉ.

SULFATE DE SOUDE.

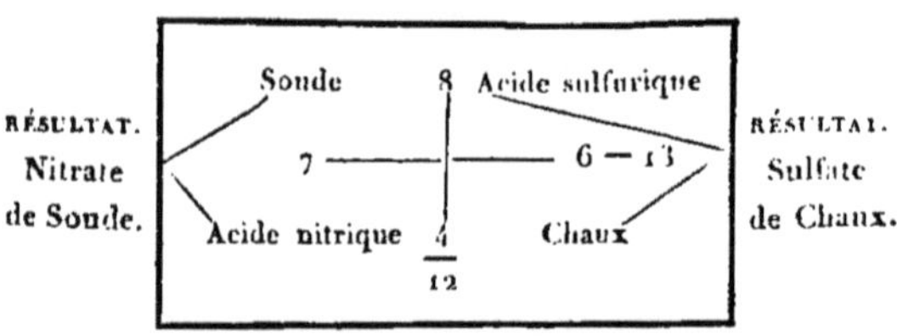

COMPOSÉ EMPLOYÉ.

NITRATE DE CHAUX.

Nous voulons décomposer du sulfate de soude ; c'est-à-dire séparer l'acide de l'alcali : si pour cet effet nous y ajoutons de la chaux, nous ne réussirons point dans notre tentative, parce que la soude et l'acide sulfurique sont unis ensemble par une force que nous représentons par le nombre 8, tandis que la chaux ne tend à se combiner avec l'acide que par une affinité égale au nombre 6. Il est donc clair que le sulfate de soude ne peut être décomposé, puisqu'une force égale à 8 ne peut céder à une force égale seulement à 6.

CAROLINE. — Jusqu'ici j'entends parfaitement.

Mme DE BEAUMONT. — D'autre part, si nous essayons de décomposer ce même sel avec de l'acide nitrique, nos efforts seront encore infructueux, parce que l'acide nitrique ne tend à s'unir avec la soude que par une force égale à 7.

Ces deux attractions électives simples, ne peuvent donc nous fournir le moyen d'opérer notre décomposition. Mais, combinons premièrement ensemble la chaux et l'acide nitrique, de manière à former un nitrate de chaux, sel composé, dont les constituants sont unis par une force égale à 4, et présentons ce composé au sulfate de soude, la décomposition de celui-ci s'en suivra, parce que la somme des forces qui tendent à maintenir les deux sels dans leur état actuel, n'est pas égale à celle qui tend à les décomposer pour former de nouvelles combinaisons de leurs éléments. L'acide nitrique se combinera donc avec la soude et l'acide sulfurique avec la chaux.

CAROLINE. — Je vous entends maintenant très bien :

ce double effet a lieu parce que les nombres 8 et 4 ,
qui représentent les degrés d'attraction qui unissent
les constituants des deux sels primitifs , font une
somme moindre que les nombre 7 et 6 qui représentent les degrés d'attraction des deux nouveaux
composés.

Mme DE BEAUMONT. — C'est cela même.

Telles sont les principales lois d'attraction chimique , reconnues par les modernes. Je pourrais en citer
quelques autres moins importantes ; mais elles n'entrent pas dans le plan de mes leçons. Toutefois je
n'omettrai point de vous dire que le célèbre chimiste
français Berthollet , a mis en question l'uniformité
d'action de l'attraction élective et il a supposé, que les
changements qui ont lieu, et les proportions dans lesquelles les corps se combinent , dépendent, non-seulement des affinités , mais à certain point, de la quantité
respective des substances soumises à ces opérations ,
de la chaleur appliquée pendant le procédé, et de
quelques autres substances .

CAROLINE. — Si cela était , je suppose qu'on ne
pourrait presque jamais obtenir deux composés exactement semblables , tout en employant les mêmes
matériaux ?

Mme DE BEAUMONT. — Et l'on trouve au contraire
invariablement les mêmes proportions entre les ingrédients des corps de composition semblable. Ainsi,
l'eau , comme vous l'avez vu dans nos précédentes
leçons , est toujours composée de deux volumes d'hydrogène et un d'oxygène , quelle que soit la source

dont elle est dérivée. La même uniformité prédomine dans les sels ; l'acide et l'alcali se combinent pour former chaque espèce dans les mêmes proportions. Il est vrai que le même acide et le même alcali peuvent former deux sortes de sels distincts ; mais dans ces exemples, l'une des espèces contient toujours deux fois ou trois fois autant d'acide ou autant d'alcali que l'autre.

GUSTAVE. —Si la proportion dans laquelle les corps se combinent est si constante, si déterminée, comment l'opinion de Borthollet peut-elle se concilier avec cette uniformité ?

Mme DE BEAUMONT.—Quelque respect quel'on doive à l'autorité de ce savant, on pense généralement que ses doutes à ce sujet étaient mal fondés ; et que les exceptions aux lois de proportions définies, qu'il a pu observer, n'étaient qu'apparentes, et ne sont pas réellement incompatibles avec ces lois.

GUSTAVE. — Je crois entendre fort bien cette loi de proportions définies, en tant qu'elle s'applique à des gaz tels que l'oxygène et l'hydrogène dans l'exemple que vous venez de citer : mais, dans celui des acides et des alcalis, quand les corps combinés sont ou solides ou liquides, je ne conçois pas comment leur volume peut être mesuré, pour évaluer la proportion dans laquelle ils se combinent?

Mme DE BEAUMONT. — Votre question est juste. Le fait est que la loi de combinaison *par volume* ne s'étend pas aux liquides et aux solides. Le volume ne peut

être considéré pour évaluer la proportion des consti-
tuànts dans ces corps; c'est le poids qui la détermine :
conséquemment, si l'on s'assure du *poids* des substances que l'on fait entrer en combinaison avant de les
soumettre à cette opération , et du *poids* qu'elles ont
après avoir été combinées , on trouve que la proportion de chaque constituant , mesurée par le poids , est
toujours la même, toutes les fois que les mêmes substances ont l'occasion de se combiner ; ou bien cette
proportion change seulement en ce que, l'une des substances combinées a exactement le double , le triple ou
le quadruple du poids qu'elle avait dans la première
combinaison.

CAROLINE. — Ceci demande à être bien médité ,
pour être parfaitement entendu ; et je serais charmée
d'avoir quelques exemples de ces différences de combinaison.

Mme DE BEAUMONT. — Rien de plus facile que de
vous satisfaire sur ce point. Quant aux exemples à
l'égard du volume, le gaz azote peut s'unir au gaz
oxygène en différentes proportions : ainsi un certain volume d'azote, en se combinant à un volume
d'oxygène, forme la substance nommée gaz nytreux ;
et le même volume d'azote , joint à deux volumes
d'oxygène , forme le gaz acide nitreux , etc. A l'é-
gard des solides et des liquides dans lesquels les
proportions sont estimées par le poids , je vous citerai
le sel nommé sulfate de potasse, dans lequel un poids
donné de potasse peut se combiner avec deux différentes proportions d'acide sulfurique; mais la quantité

d'acide dans un cas est exactement le double de ce qu'elle est dans l'autre.

Gustave. — Quelle peut être la cause de cette uniformité dans les proportions des combinaisons?

Mme de Beaumont. — Les chimistes ne nous donnent aucune explication bien satisfaisante sur ce point. On a dit que, comme les combinaisons chimiques n'ont lieu qu'entre les plus petites parties des corps (que nous pouvons appeler atomes chimiques), elles sont capables de s'unir ensemble, soit une à une, soit une à deux ou une à trois, etc. ; mais qu'elles ne peuvent se combiner en aucune proportion intermédiaire.

Gustave. — Mais si un atome était divisé en deux, une combinaison intermédiaire en résulterait.

Mme de Beaumont. — Oui ; mais l'idée d'atome exclut l'idée d'une plus petite division, puisque l'atome chimique signifie la moindre quantité que la chimie puisse obtenir, et telle qu'aucune force mécanique ne serait capable de la subdiviser encore.

Caroline. — La connaissance de ces proportions est-elle de quelque utilité pour la science ?

Mme de Beaumont. — D'une grande utilité : car elle donne aux chimistes le moyen de faire des tables, dans lesquelles on voit d'un coup d'œil la composition de tous les corps qui ont été analysés jusqu'à présent, et l'on peut s'assurer en un instant, de la quantité dans laquelle une substance doit être employée pour décomposer une certaine quantité d'une autre substance. En général, ces tables, en présentant sous le même point de vue les résultats des décompositions chimiques et

les quantités des nouveaux composés, épargnent beaucoup de temps et de peine, et donnent le moyen de
calculer d'avance des opérations manufacturières, et
d'évaluer les procédés analytiques. Mais je m'aperçois que ce sujet est un peu trop compliqué pour vous :
et je ne veux pas jeter de la confusion dans vos idées
en m'arrêtant trop long-temps sur cette partie assez
obscure de la science *.

Caroline. — Dites-moi, je vous prie, maman,
pourriez vous décomposer un sel par le moyen de l'é-
lectricité, comme vous avez décomposé l'eau ?

Mme de Beaumont. — Sans doute ; et je suis bien
aise que vous y ayez pensé, parce que cela me donne
l'occasion de vous montrer des expériences très intéressantes sur le sujet en question.

Si nous faisons dissoudre une quantité de sel, aussi
petite que nous le voudrons, dans un verre d'eau, et
que nous plongions ensuite dans le verre les extrémités des conducteurs de la batterie voltaïque, le sel

* Ce serait ici le lieu de citer l'échelle d'équivalents chimiques de Wollaston ; mais j'ai pensé que ce sujet renferme quelques considérations trop élevées pour le but de ce livre. Je me
contenterai de dire que le principal objet de cette échelle est
d'établir une table des proportions dans lesquelles les acides et
les bases se combinent pour former leurs sels respectifs, indi-
quant en même temps les composés équivalents qui résultent
de leur décomposition. La grande utilité de cette échelle, difficile à décrire, peut être facilement comprise en voyant l'instrument qui devrait être entre les mains de tout étudiant en
chimie.

composera graduellement, l'acide étant attiré par le
conducteur positif, et l'alcali par le conducteur négatif.

Gustave. — Mais comment rendrez-vous cette décomposition perceptible ?

Mme de Beaumont. — En mettant en contact avec les
extrémités de chacun des fils métalliques plongés dans
la solution, des morceaux de papier, peints avec certaines couleurs végétales, que les acides ou les alcalis
font changer. Ainsi, cette préparation végétale de
tournesol, qui est bleue, devient rouge quand elle
touche un acide, et le suc de violettes devient vert par
le contact d'un alcali.

Mais l'expérience peut être faite d'une manière encore plus distincte en recevant les extrémités des fils
en différents vaisseaux, ensorte que l'alcali se mon-
trera dans l'un, et l'acide dans l'autre.

Caroline. — Mais alors la circulation électrique
sera interrompue ; et comment l'effet pourrait-il être
produit?

Mme de Beaumont. — J'aurais dû ajouter que les
deux vaisseaux seront unis par l'interposition de quelque substance capable de conduire l'électricité. Un
morceau de mèche de coton mouillé remplira très bien
mes vues. (Pl. XIII, fig. 2.) Vous voyez que la mèche
trempe de chaque côté dans un des verres, et qu'elle
établit ainsi une communication entre les fluides qu'ils
contiennent. Nous mettrons dans ces verres un peu
de sel de Glauber (un sel ou sulfate de soude, qui consiste en un acide et un alcali), et nous les remplirons

d'eau, qui dissoudra le sel. Unissons maintenant les
verres par le moyen des conducteurs (E. D. ; avec les
deux piles de la batterie...

CAROLINE. — De petites bulles se montrent sur les
fils métalliques : cela provient il de la décomposition
du sel ?

Mme DE BEAUMONT. — Non ; ces bulles sont produites par la décomposition de l'eau, comme vous l'avez
déjà vu dans les autres expériences. Pour rendre visible
la séparation de l'acide et de l'alcali, je verse dans le
verre (A), qui est en contact avec le fil positif, quelques gouttes d'une solution de tournesol que la plus
petite quantité d'acide fait devenir rouge ; et dans
l'autre verre (B), qui est en contact avec le fil négatif
je verse quelques gouttes de suc de violettes...

GUSTAVE. — La solution bleue devient rouge autour du fil métallique.

CAROLINE. — Et la solution violette commence à ver-
dir. C'est un effet bien singulier !

Mme DE BEAUMONT. — Vous serez encore plus étonnés quand nous ferons l'expérience de cette autre
manière. Ces trois verres (fig. 3 , F. G.) sont unis
ensemble, comme dans le premier exemple, par du
coton mouillé, mais celui du milieu seulement contient une solution saline, les deux autres sont remplis
d'eau distillée, colorée par des infusions végétales ; cependant en formant la chaîne avec la batterie, l'alcali paraîtra dans le verre négatif (H.) et l'acide dans
dans le verre positif F.), quoique ni l'un ni l'autre
ne contienne de matière saline.

Gustave. — Ainsi, il faut que l'alcali soit transporté à droite et à gauche du verre central dans les autres verres par le moyen du coton mouillé?

Mme de Beaumont. — C'est exactement cela : et l'on peut rendre l'expérience encore plus frappante en mettant dans le verre du milieu (κ. fig. 4.) une solution alcaline, le sel de Glauber étant placé dans le verre négatif (e.), et le verre positif (i) ne contenant que de l'eau. L'acide sera attiré par le fil métallique positif (m.) et paraîtra dans le verre (i.) après avoir passé à travers la solution alcaline (κ.) sans se combiner avec elle, quoique les acides et les alcalis soient, comme vous le savez, très disposés à se combiner ensemble. Mais cet entretien a déjà dépassé de beaucoup nos limites ordinaires, et nous ne pouvons continuer plus long-temps cet intéressant sujet.

DOUZIÈME ENTRETIEN.

SUR LES ALCALIS.

Composition et propriétés générales des alcalis. — Alcali dernièrement découvert, ou lithine. — Potasse, manière de la
préparer. — Potasse du commerce. — Savon. — Carbonate
de potasse. — Nomenclature chimique. — Solution de potasse. — Verre. — Nitrate de potasse ou salpêtre. — Effets
des alcalis sur les couleurs végétales. — Soude. — Ammoniaque ou alcali volatil. — Muriate d'ammoniaque ou
hydro-chlorate. — Gaz ammoniacal. — Composition d'ammoniaque. — Esprit de corne de cerf et sels volatils. —
Combustion du gaz ammoniaque.

Mᵐᵉ DE BEAUMONT; CAROLINE; GUSTAVE.

Mᵐᵉ DE BEAUMONT. — Maintenant que vous avez
quelques notions générales sur les lois d'attraction
chimiques, nous procéderons à l'examen des corps
formés par cette sorte de puissance.

La première classe de composés qui se présente à
notre attention, renferme les corps formés de deux

principes seulement, ou composés binaires. Les sulfures, les phosphures, les carbures, etc., font partie de cette classe, mais les plus nombreux et les
plus importants des composés binaires sont les combinaisons de l'oxygène avec les diverses substances
pour lesquelles il a de l'affinité. Vous connaissez
déjà quelques-uns de ces composés; mais il sera nécessaire d'entrer dans quelques détails plus précis
sur les principaux. Nous commencerons par les *alcalis*
et les *terres*.

On compte trois alcalis, la potasse, la soude et
l'ammoniaque. Les deux premiers sont appelés alcalis
fixes *, parce qu'ils existent en forme solide à la température de l'atmosphère et demandent une grande
chaleur pour être volatilisés. Ces substances consistent,
comme vous le savez, en une base métallique, combinée avec de l'oxygène. Dans la potasse, les proportions sont de quatre-vingt-trois parties de potassium,
et dix-sept d'oxygène; dans la soude, soixante-qua-
torze parties de sodium, et vingt-six d'oxygène. On

---

* On a dit plus haut qu'il existait un quatrième alcali, découvert par M. Arfwedson, et nommé lithine. Cette substance
a été trouvée en Suède, dans un minéral nommé le *Petalite;*
depuis on en a découvert aussi dans d'autres minéraux. Quoique fort semblable à la potasse et à la soude par ses propriétés
générales, cet alcali a été reconnu substance particulière, capable de former des sels particuliers avec les acides, ayant de
plus le pouvoir de se combiner avec un plus grand nombre
d'acides que les autres alcalis.

a distingué par le nom de *volatil* le troisième alcali, parce que sa forme naturelle est celle de gaz : Sa composition d'une nature plus compliquée, sera considérée ensuite.

Quelques terres ont une si grande ressemblance avec les alcalis, qu'il est difficile de savoir dans quelle classe les ranger. Le célèbre chimiste français Fourcroy a classé deux de ces terres (la barite et la stroutiane.) parmi les alcalis ; cependant, comme la chaux et la magnésie auraient presque les mêmes droits à entrer dans cette classification, je crois qu'il sera mieux d'adopter pour toutes ces substances la dénomination ordinaire de *terres alcalines*.

Les propriétés générales des alcalis sont : une saveur âcre et brûlante, une odeur piquante, une action caustique sur la peau et la chair.

CAROLINE. — Je m'étonne que les alcalis soient si caustiques, maman ; ils contiennent si peu d'oxygène.

Mme DE BEAUMONT.— Toute substance quelconque, qui, par son affinité avec un ou plusieurs constituants de la matière animale, a le pouvoir d'opérer sa décomposition, peut recevoir la dénomination de caustique. Dans leur état pur, les alcalis ont une très forte attraction pour l'eau, et pour le carbone, lesquels sont, comme vous le savez, au nombre des principes constituants de l'huile ; et c'est principalement en absorbant ces substances de la matière animale, que les alcalis effectuent leur décomposition, car, délayés dans une quantité d'eau suffisante, ou combinés avec des corps huileux, ils perdent leur causticité.

Une autre propriété générale des alcalis (que vous avez déjà pu observer), est celle de changer la couleur de l'extrait de violette, et autres infusions végétales, qui sont émanées du bleu au verd. Ils ont aussi une grande tendance à s'unir aux acides, quoique leurs qualités respectives soient remarquablement opposées.

Nous examinerons plus particulièrement ensuite, le résultat de la combinaison des acides et des alcalis. Maintenant il suffit de vous dire que toutes les fois que des acides sont mis en contact avec des alcalis ou des terres alcalines, ils s'unissent avec une extrême promptitude, et forment des composés totalement différents de leurs constituants : ces corps sont appelés *sels neutres.*

Cette poudre sèche et blanche que vous voyez, est de la potasse pure, caustique. Il est très difficile de la conserver en cet état à cause de l'extrême avidité avec laquelle elle attire l'humidité de l'atmosphère ; et si l'air n'était pas parfaitement exclu du vaisseau qui la renferme, on la verrait fondre en très peu de temps.

Gustave. — On la trouve sûrement toujours en état liquide?

Mme de Beaumont. — Non ; elle existe dans la nature sous une grande variété de formes et de combinaisons ; mais on ne la trouve jamais dans son état pur. Elle est ordinairement combinée avec l'acide carbonique dans les végétaux, et on l'extrait des cendres qu'ils laissent après leur combustion, quand toutes les autres parties ont été volatilisées.

Caroline. — Mais vous nous avez dit précédemment que lorsque toutes les parties volatiles d'un végétal s'étaient évaporées , il restait du charbon.

Mme DE BEAUMONT. — Je suis surprise que vous confondiez encore le procédé de volatilisation avec celui de combustion. Pour faire du charbon on évapore les parties susceptibles d'être réduites en vapeur , au moyen de la chaleur seule; mais si l'on *brûle* le végétal, le charbon brûle comme le reste , et se convertit en gaz acide carbonique.

CAROLINE. — Cela est vrai ; et j'espère à l'avenir ne plus faire de telles méprises, sur-tout dans ma théorie favorite de la combustion.

Mme DE BEAUMONT. — La potasse tire son nom des *pots* dans lesquels on avait coutume de brûler autrefois les végétaux desquels elle était extraite. L'alcali restait mêlé avec les cendres dans le fond des pots, et fut de là nommé potasse.

GUSTAVE. — Les cendres du bois sont donc de la potasse, puisque ce sont des cendres végétales ?

Mme DE BEAUMONT. — Elles contiennent toujours plus ou moins de potasse, mais cette substance n'entre que pour une très petite partie dans leur composition. Les cendres sont un mélange de diverses terres et de sels qui restent après la combustion des végétaux, et desquels il est fort difficile de séparer l'alcali bien pur. Le procédé par lequel on obtient la potasse, même dans l'état imparfait sous lequel on l'emploie dans les arts, est beaucoup plus compliqué qu'une simple combustion. On a cru long temps impossible de séparer complètement cette substance de se dé-

tout ingrédient étranger, et ce n'est que dans les laboratoires des chimistes qu'on l'a trouve pure et telle que je viens de vous la montrer. Toutefois les cendres de bois sont utilisées dans plusieurs cas, sans autre préparation, en raison de l'alcali qu'elles renferment. Purifiées à un certain degré elles forment la potasse du commerce, sorte de sel de potasse, très efficace pour enlever la graisse, dans le blanchissage du linge, etc. La potasse ayant grande tendance à se combiner avec l'huile et la graise, forme, avec ces substances, un composé très connu sous le nom de savon.

Caroline. — Est-il vrai! mais en ce cas il vaudrait bien mieux laver le linge avec la potasse qu'avec le savon, puisque dans ce dernier, l'alcali étant déjà combiné avec de l'huile, ne peut être aussi efficace pour enlever les corps gras.

Mme de Beaumont. — L'effet de la potasse, en cet état, serait peut-être trop fort sur du linge fin, et détruirait sa contexture : cette potasse du commerce, n'est employée que pour blanchir du linge grossier. Par la même raison vous ne pourriez vous servir de potasse ordinaire pure pour nettoyer vos mains, et quand elle est mêlée à l'huile en forme de savon elle remplit les conditions desirées sans offenser la peau.

La potasse caustique agit comme nous l'avons déjà dit sur les fibres et la peau des animaux, en vertu de son attraction pour l'eau et l'huile, et convertit toute matière animale en une sorte de gelée savoneuse.

Gustave. — Les végétaux sont-ils les seules sources d'où la potasse peut être tirée?

Mme DE BEAUMONT. — Non : quoiqu'elle abonde beaucoup plus dans les végétaux, elle se trouve aussi sur la surface de la terre, mêlée à divers minéraux, spécialement aux terres et aux pierres, desquelles on suppose qu'elle est transmise aux plantes par leur racine. On en découvre encore, mais en petite quantité, dans quelques substances animales. L'état le plus ordinaire à la potasse est celui de *carbonate*; je pense que vous comprenez ce que doit être cette substance?

GUSTAVE. — Je crois que oui, quoique je ne me souvienne pas de vous l'avoir jamais entendu nommer : mais, si je ne me trompe, c'est un sel composé, formé par l'union de l'acide carbonique et de la potasse.

Mme DE BEAUMONT. — C'est cela. Et vous voyez combien la nouvelle nomenclature est admirable, pour faciliter la mémoire. Le nom d'un composé vous apprend ses constituants; et de même le nom des constituants, désigne le composé qu'ils doivent former.

CAROLINE. — Comment les corps étaient-ils classés et distingués avant cette nomenclature?

Mme DE BEAUMONT. — L'étude de la chimie était alors bien plus difficile, car chaque substance portait un nom arbitraire, dérivé, soit de la personne, qui l'avait découverte, comme par exemple, le *sel de Glauber*, soit de quelque autre circonstance relative à son origine ou à sa fabrication, et point du tout à sa nature réelle, comme la *potasse*.

Ces anciens noms ont été conservés pour quelques-uns des corps simples ; car cette classe étant peu nombreuse, il est assez facile de les retenir , et l'on a jugé inutile de les changer.

Gustave. — Cependant, je crois que la nouvelle nomenclature eût été plus complète si l'on avait donné aux corps élémentaires , aussi bien qu'aux composés , des noms méthodiques. Les noms de substances simples auraient pu indiquer leur nature , ou du moins quelques-unes de leurs principales propriétés ; et si, comme les acides et les sels neutres , tous les corps indécomposés avaient une terminaison semblable , on les reconnaîtrait par là immédiatement. Il me semble que la chimie se présenterait sous cette forme d'une manière plus claire qu'elle ne le fait maintenant , où elle offre un mélange de termes anciens et nouveaux , arbitraires et philosophiques.

Mme de Beaumont. — Mais vous ne pensez pas à la difficulté de changer tous les termes d'une science. Si quelques uns des anciens noms n'avaient pas été conservés pour servir d'introducteurs aux nouveaux, peu de personnes auraient eu le courage et la persévérance, d'étudier une langue totalement inconnue. De plus, la classe nombreuse des manufacturiers et artisans, qui n'agissent généralement que par routine, auraient été long-temps très gênés , par un changement total des termes accoutumés. D'après ces considérations, Lavoisier et ses collègues, dans l'invention de la nouvelle nomenclature, jugèrent plus convenable de laisser quelques anneaux de la vieille chaîne, auxquels

28

ils rattachèrent la nouvelle. D'ailleurs, il eût été imprudent de donner des noms déterminés à des substances dont la simplicité est toujours incertaine, au risque de les trouver ensuite mal appliqués. Et, en effet, malgré la sagesse du langage chimique moderne, on a déjà été forcé de le modifier à plusieurs égards.

Toutefois dans le petit nombre d'exemples où des corps simples ont reçu de nouveaux noms, ces noms indiquent toujours une des propriétés du corps qu'ils désignent. Comme l'oxygène, qui signifie, *générateur des acides*, et l'hydrogène, générateur de l'eau *. Mais si les noms de tous les corps élémentaires avaient une terminaison semblable, comme vous le proposez, il faudrait les nommer autrement quand on découvrirait qu'ils peuvent se décomposer, et ce serait un très grand inconvénient.

Pour revenir aux alcalis, nous allons faire fondre un peu de cette potasse caustique, dans une quantité d'eau, et vous observerez une circonstance remarquable, qui accompagne cette solution. — Sentez-vous la chaleur qu'elle produit?

Caroline. — Oh! oui; mais ce fait n'est-il pas en

---

* On doit observer que, même à l'égard de ces deux corps, la nomenclature nouvelle s'est trouvée défectueuse, puisqu'il est reconnu que l'oxygène entre dans la composition des alcalis aussi bien que dans celle des acides; et que l'hydrogène est l'un des constituants de quelques-uns des acides, particulièrement de l'acide muriatique ou hydro-chlorique.

contradiction directe avec notre théorie de chaleur latente, suivant laquelle il y a émission de chaleur, quand un fluide devient solide, et absorption de chaleur, quand un solide se liquéfie ?

Mme DE BEAUMONT. — Ce dernier effet est réellement produit par toutes les solutions; et celle des alcalis caustiques n'est qu'une apparente exception à la règle. Le fait s'explique ainsi : aussitôt que l'eau est mise en contact avec la potasse, un effet analogue à celui que produit la chaux détrempée a lieu, c'est-à-dire que l'eau est solidifiée en se combinant avec la potasse, et perd ainsi de son calorique latent : c'est ce calorique dégagé qui cause la sensation de chaleur; nous ne devons donc pas l'attribuer à la liquéfaction du solide, mais à la solidification du liquide. Cependant, lorsqu'il y a plus d'eau que la potasse n'en peut absorber et solidifier, la dernière cède alors au pouvoir dissolvant de l'eau, et si le froid produit par la solution n'est pas sensible, c'est qu'il est contre-balancé par la chaleur préalablement dégagée *.

Une propriété très remarquable de la potasse, est de former du verre par sa fusion avec la silice. Vous ne connaissez cette dernière, que pour avoir vu son nom dans la liste des corps simples; il vous suffira

---

* Cette défense de la théorie généralement adoptée, quoique plausible, est sujette à quelques objections assez fortes. Peut-être le phénomène serait-il mieux expliqué en supposant qu'une solution d'alcali dans l'eau a moins de capacité pour la chaleur que l'eau et l'alcali séparés.

pour le présent, de savoir qu'elle compose en grande
partie le sable et les cailloux : seule elle est infusible ;
mais jointe à la potasse, elle fond à la chaleur des
fourneaux, se combine avec l'alcali, et coule en forme
de verre.

CAROLINE. — Qui aurait jamais supposé que la
même substance par laquelle l'huile transparente est
changée en un corps opaque, comme le savon, pourrait convertir le sable opaque, en verre transparent.

Mme DE BEAUMONT. — La transparence et l'opacité
des corps ne dépend pas autant de leur nature intime
que de l'arrangement de leurs molécules. Nous avons
un exemple frappant de ce fait, dans les différents états
de carbone, qui prend quelquefois l'apparence la plus
brillante, la plus transparente de la nature, quoiqu'il
se présente le plus souvent sous la forme d'un corps
opaque et noir ; et dans lequel cette différence est due
à l'arrangement des molécules pendant la cristallisation.

GUSTAVE. — Je ne croyais pas que la fabrication
du verre fût un procédé aussi simple.

Mme DE BEAUMONT. — Ce n'est pas une opération
aussi facile que vous l'imaginez ; car si le sable ou
les cailloux desquels la silice est extraite, restaient
mêlés à des molécules métalliques ou autres substances non vitrifiables, le verre serait gâté par des taches
opaques.

CAROLINE. — C'est sûrement pour cela que les objets paraissent quelquefois irréguliers, déformés, dans
les vitres de verres commun ?

Mme DE BEAUMONT. — Cette sorte d'imperfection provient je crois d'une autre cause. Il est fort difficile d'empêcher, que dans le fond des vaisseaux où les matériaux du verre sont mis en fusion, il ne se trouve une matière vitreuse plus épaisse que dans leur partie supérieure : quand cela arrive, des veines ou vagues sont formées dans le verre, par la différence de densité de ses parties, différence qui produit une refraction irrégulière des rayons de lumière qui le traversent.

Une autre cause d'imperfection, est que la fusion ne peut quelquefois continuer assez long-temps, pour que les deux ingrédients se combinent complètement, ou bien, que la proportion voulue entre la silice et la potasse (qui est de un à deux), n'a pas été soigneusement observée. En ce cas, le verre est susceptible de s'altérer par l'action de l'air, des sels, sur-tout des acides qui opèrent sa décomposition en s'unissant à la potasse et en formant des sels neutres.

GUSTAVE. — Quelle utile substance est la potasse?

Mme DE BEAUMONT.—Outre son importance pour la fabrication du savon et celle du verre, elle est utile dans plusieurs autres sortes de manufactures, et combinée avec certains acides, spécialement l'acide nitrique, elle forme le salpêtre.

CAROLINE. — Alors le salpêtre est un *nitrate de potasse?* Mais nous ne connaissons pas encore l'acide nitrique.

Mme DE BEAUMONT. — Nous remettrons les détails de ces combinaisons, à l'époque où nous examinerons les sels. Pour éviter la confusion, nous

28*

nous occuperons maintenant exclusivement des alcalis.

GUSTAVE. — Ne pourriez-vous nous montrer le changement produit par les alcalis sur les couleurs végétales bleues?

Mme DE BEAUMONT. — Pardonnez-moi ; rien de plus
facile. Je vais plonger un morceau de papier blanc dans
ce sirop de violettes, d'un bleu foncé, qui teindra le
papier de la même couleur. — Aussitôt qu'il sera sec
je le tremperai dans une solution de potasse, et il deviendra vert, quoique la solution elle-même n'ait
aucune couleur.

CAROLINE. — Le papier devient vert en effet! Et
les autres alcalis peuvent-ils faire la même chose?

Mme DE BEAUMONT. — Oui, tous. — Maintenant
nous allons parler de la soude, qui ne nous tiendra
pas long-temps, quoique assez importante, parce que
ses propriétés générales ont une grande analogie à
celles de la potasse ; leur similitude est même telle,
que long-temps ces deux substances ont été confon-
dues, et ne sont guères distinguées l'une de l'autre
que par la différence des sels qu'elles forment avec
les acides.

Le soude est principalement tirée de la mer, où,
combinée avec un acide particulier, elle forme le sel
dont les eaux de l'océan sont si fortement imprégnées.

GUSTAVE. — N'est-ce pas le sel de cuisine ordinaire?

Mme DE BEAUMONT. — Lui même : mais il faut encore
remettre l'examen particulier de cette intéressante

combinaison à son lieu parmi les sels neutres. On tire la soude du sel commun ; mais la méthode la plus facile pour se la procurer est la combustion de certaines plantes marines , opération tout-à-fait analogue à celle par laquelle la potasse est extraite des végétaux.

GUSTAVE. — D'où vient le nom de la soude?

Mme DE BEAUMONT. — D'une plante nommée soude (soda) en arabe *kali,* qui fournit cette substance très abondamment. Le kali , en y joignant l'article arabe *al* , a donné son nom aux alcalis.

CAROLINE. — La soude peut-elle , de même que la potasse, servir aux manufactures de savon et de verre ?

Mme DE BEAUMONT. — Oui ; elle est d'une égale utilité dans les manufactures et en quelques cas préférée à la potasse. Mais vous ne pourrez discerner leur propriétés distinctives , que quand vous connaîtrez les sels composés respectifs qu'elles forment avec les acides. Nous passerons donc présentement à l'ammoniaque ou à l'alcali volatil.

GUSTAVE. — Je suis impatient de savoir quelque chose de cet alcali : n'est-il pas de la même nature que l'extrait de corne de cerf , dont on remplit les flacons que l'on respire quand on se trouve mal ?

Mme DE BEAUMONT.—Oui ; et vous allez savoir tout-à-l'heure de quoi se compose ce fluide. — On trouve rarement l'ammoniaque dans son état pur ; il est ordinairement tiré d'un sel nommé *sel ammoniaque ,* autrefois importé d'Ammonie, province de Lybie, qui a donné son nom à ces sels et à l'alcali. Les cristaux que vous voyez dans cette bouteille sont des échantillons de ce sel ammoniacal , qui est une combinaison d'ammoniaque et d'acide muriatique.

CAROLINE. — Alors , ce doit être du *muriate d'ammoniaque;* car je sais, qu'on ne peut donner un autre nom à la combinaison de l'acide muriatique avec l'ammoniaque , quoique j'ignore de quelle nature est le premier de ces corps; et je suis surprise de voir sur l'étiquette sel ammoniaque.

Mme DE BEAUMONT. — On connait cette substance sous ce nom depuis si long-temps , que les chimistes modernes ne sont pas encore parvenus à le bannir complètement : et les droguistes et pharmaciens la débitent toujours comme sel ammoniaque , quoique dans la science on lui donne la dénomination plus convenable de muriate d'ammoniaque.

CAROLINE. — On devrait mettre sur les étiquettes le nom vulgaire et le nom scientifique , cela accoutumerait bientôt à la nouvelle nomenclature.

GUSTAVE. — Par quels moyens l'ammoniaque est-il séparé de l'acide muriatique ?

Mme DE BEAUMONT. — Par l'attraction chimique. Mais cette opération est trop compliquée pour que vous puissiez l'entendre étant encore si peu familiarisés avec l'action des affinités.

GUSTAVE. — Et quand l'ammoniaque a été extrait du sel, qu'elle sorte de substance offre-t-il ?

Mme DE BEAUMONT. — Sa forme naturelle à la température de l'atmosphère, est celle de gaz ; et dans cet état il est appelé *gaz ammoniaque.* Mais il se mêle très facilement avec l'eau, et peut être obtenu ainsi liquide.

CAROLINE. — Vous nous avez dit que l'ammoniaque était plus compliqué dans sa composition que les autres alcalis ; en quoi consistent ses principes, je vous prie ?

Mme DE BEAUMONT. — Il a quelques années que le célèbre chimiste français Berthollet découvrit que cette substance se compose d'une partie d'hydrogène et de quatre parties d'azote. Ayant chauffé du gaz ammoniaque sous un récipient, en y faisant passer à plusieurs reprises l'étincelle électrique, il trouva que ce gaz augmentait considérablement de volume, perdait toutes ses propriétés alcalines, et se changeait en gaz hydrogène et en gaz azote ; et des expériences plus récentes et plus exactes ont montré que les proportions sont un volume de gaz azote et trois de gaz hydrogène.

CAROLINE. — L'ammoniaque n'a donc pas, de même que les deux autres alcalis, une base métallique ?

Mme DE BEAUMONT. — On suppose qu'il en a une également, quoiqu'il soit difficile de concilier cette opinion avec ce que je viens d'établir sur sa nature chimique. Le fait est, cependant, que Berzélius et Davy ont formé une combinaison de mercure avec la base de l'ammoniaque, combinaison qui par son apparence d'amalgame confirme l'idée de l'existence de cette base métallique, quoiqu'on n'ait pu l'obtenir séparée*. Mais il nous est inutile de traiter ces points obscurs de théorie.

Revenons aux propriétés de l'alcali volatil. Le gaz ammoniaque est beaucoup plus léger que le gaz oxygène, et n'a que la moitié du poids de l'air atmosphérique. Il possède la plupart des qualités des alcalis fixes ; mais par sa nature volatile, il ne peut être d'un aussi grand usage dans les manufactures : il n'est jamais employé pour la fabrication du verre, mais il peut servir à celle du savon aussi bien que la soude et la potasse, combiné avec des huiles ; et ressemble encore à ces deux premiers alcalis par sa forte attraction pour l'eau, qui ne permet de le recueillir dans un récipient que sur du mercure.

CAROLINE. — Je n'entends pas cela.

Mme DE BEAUMONT. — Ne vous rappelez-vous pas le moyen que nous avons employé pour recueillir des gaz dans une cloche d'eau sur le bain d'eau ?

CAROLINE. — Pardonnez-moi, je m'en souviens très bien.

Mme DE BEAUMONT. — Le gaz ammoniaque a une

---

* On obtient facilement cet amalgame en plaçant un globule de mercure sur un morceau de muriate ou de carbonate d'ammoniaque, et en électrisant ce globule par la batterie voltaïque. Le globule s'étend d'abord jusqu'au triple ou au quadruple de son volume primitif et devient beaucoup moins fluide sans perdre cependant son éclat métallique ; ce changement est attribué à la base métallique de l'ammoniaque qui s'unit avec le mercure. C'est une expérience extrêmement curieuse.

tendance si forte à s'unir avec l'eau, qu'au lieu de passer à travers ce fluide, il serait à l'instant absorbé par lui. On ne peut donc user pour recueillir ce gaz, ni d'eau ni d'aucun fluide dans lequel l'eau est partie constituante ; et l'on est ainsi forcé d'avoir recours au mercure (liquide qui n'agit point sur l'ammoniaque) et de se servir d'un bain de mercure en place du bain d'eau. L'eau imprégnée de ce gaz est le fluide dont vous parliez tout-à-l'heure, *la corne de cerf ;* c'est le gaz ammoniaque en s'échappant qui donne à cette liqueur une odeur si forte.

GUSTAVE. — Mais la corne de cerf n'a point d'effervescence.

M*** DE BEAUMONT. — Parce que les molécules de gaz qui sortent de l'eau, sont trop petites et trop subtiles pour que leur effet soit visible.

L'eau diminue de densité quand elle est imprégnée ; et cette augmentation de volume accroit sa capacité pour le calorique.

GUSTAVE. — Alors, quand on fait de l'extrait de corne de cerf, ou que l'on imprègne de l'eau avec de l'ammoniaque, il y a absorption de calorique et refroidissement?

Mme DE BEAUMONT. — Cet effet aurait lieu si une autre circonstance ne s'y opposait : savoir, la liquéfaction du gaz en s'incorporant à l'eau, et le dégagement conséquent de son calorique latent. La condensation du gaz fait plus que balancer l'expansion de l'eau ; donc, le tout ensemble doit produire une élévation de température. Mais si l'on fait dissoudre le

gaz ammoniaque dans de la glace ou de la neige, il y
a refroidissement. — Comment rendrez-vous raison
de cela?

GUSTAVE. — Le gaz condensé dans un liquide doit
naturellement donner de sa chaleur; d'autre part la
neige ou la glace, en devenant liquides, doivent absorber de la chaleur; ensorte que sur le tout j'aurais
pensé que la température serait restée telle qu'elle se
trouverait.

Mme DE BEAUMONT. — Vous oubliez que l'eau (ou
la glace fondue) se raréfie par l'imprégnation du gaz;
et c'est ce qui cause en dernière analyse le refroidissement.

CAROLINE. — Le *sel volatil*, dont l'odeur a tant
de ressemblance à celle de la corne de cerf, est-il
aussi une préparation d'ammoniaque?

Mme DE BEAUMONT. — C'est du carbonate d'ammoniaque dissous dans de l'eau, et qui, dans un état
concret prend le nom vulgaire de *sel de corne de cerf.*
L'ammoniaque est aussi caustique que les deux alcalis
fixes, comme vous pouvez en juger d'après l'effet de
la corne de cerf que l'on ne peut appliquer intérieurement, ni extérieurement, à des parties délicates, sans
l'avoir d'abord extrêmement délayée dans de l'eau. —
Les huiles et les acides sont d'excellents antidotes
contre les poisons alcalins. — Pouvez-vous me dire
pourquoi?

CAROLINE. — Peut-être, parce que l'huile se combine avec l'alcali pour former du savon et détruit
ainsi ses propriétés caustiques; et l'acide le convertit

en un sel composé qui , sans doute, n'est pas aussi
pernicieux qu'un alcali caustique.

Mme DE BEAUMONT. — C'est précisément cela.

Quand on mêle du gaz ammoniaque à l'air atmosphérique, et que l'on y plonge à plusieurs reprises
un flambeau allumé, celui ci brûle avec une grande
flamme d'un jaune particulier.

GUSTAVE. — Ne peut-on se procurer l'ammoniaque
autrement qu'en le tirant de ce sel lybien.

Mme DE BEAUMONT. — On l'extrait de toutes les
substances animales. L'hydrogène et l'azote étant
les principaux constituants de la matière animale, il
n'est pas surprenant qu'ils s'unissent et se combinent
quelquefois dans les proportions où ils forment l'ammoniaque. Cet alcali dérive donc le plus souvent de
la décomposition spontanée des substances animales ;
parce que l'hydrogène et l'azote qui sortent des corps
putréfiés, le produisent en se combinant.

Le muriate d'ammoniaque, au lieu d'être exclusivement importé de Lybie, comme autrefois , est maintenant préparé en Europe par des procédés chimiques.
Et l'ammoniaque , bien que principalement tiré de ce
sel, est également fourni par un grand nombre d'autres
substances. Les cornes des quadrupèdes, spécialement
celles des daims et des cerfs, en donnent en abondance ,
aussi c'est pour cela que la solution du sel ammoniaque
dans l'eau , est nommée extrait de corne de cerf. La
laine, la chair , les os , en un mot toute espèce de matière animale , dégage cette substance par la décomposition.

Je remets ce qui reste à dire sur l'intéressant sujet des alcalis, au temps où nous traiterons de leurs combinaisons avec les acides. A notre prochaine entrevue nous parlerons des terres.

TREIZIÈME ENTRETIEN.

Composition des terres. — Leur incombustibilité. — Elles forment la base de tous les minéraux. — Leurs propriétés alcalines. — Silice, ses propriétés et usages. — Alumine, son usage pour la poterie, la verrerie, etc. — Terres alcalines. — Baryte. — Chaux, ses propriétés chimiques très étendues, son usage dans les arts.—Magnésie.—Strontiane.

Mme DE BEAUMONT, CAROLINE, GUSTAVE.

Mme DE BEAUMONT. — Les terres que nous examinerons aujourd'hui sont au nombre de neuf :

La Silice.	La Strontiane.
L'Alumine.	L'Yttria.
La Baryte.	La Glucine.
La Chaux.	La Zircone.
La Magnésie.	

Les trois dernières n'ayant été découvertes que très récemment, leurs propriétés ne sont qu'imparfaitement connues ; et comme elles n'ont pas encore été appliquées à des usages utiles, nous n'entrerons dans aucun détail à leur égard, et nous bornerons nos observations aux cinq premières. Les terres, se composent, comme vous le savez, d'une base métallique, combinée avec de l'oxygène : et cette circonstance les rend incombustibles.

CAROLINE. — J'ai cependant vu brûler de la tourbe à la campagne : cette terre devient rouge, et donne une grande chaleur en brûlant.

Mme DE BEAUMONT. — Ce n'est point la terre qui brûle, ma chère, mais les racines, les herbes et d'autres résidus des végétaux qui se trouvent mêlés avec elle. Le calorique produit par la combustion de ces substances fait passer la terre à la chaleur rouge, et, comme elle est mauvais conducteur, elle retient le calorique très long-temps; mais si vous l'examinez quand elle a refroidi, vous verrez qu'elle n'a point absorbé d'oxygène, et n'a souffert aucune altération par le feu. Cependant, la terre, comme mauvais conducteur de calorique, a le pouvoir d'émettre ce fluide par rayonnement, à un très haut degré; et c'est à cela qu'elle doit son utilité quand on la mêle à des combustibles. Sous ce point de vue, le comte Rumford conseille de placer dans les foyers, et de mêler aux charbons des boules de matières incombustibles, pour que le calorique, dégagé par la combustion des premiers, soit plus complètement réfléchi dans la chambre, et le combustible économisé par ce moyen.

GUSTAVE. — Je croyais la liste des terres bien plus considérable. Quand je pense à l'immense variété

des sols, je m'étonne qu'un si petit nombre de terres
contribue à les former.

Mᵐᵉ DE BEAUMONT. — On pourrait même borner ce
nombre à quatre. La baryte, la strontiane, et les autres
terres nouvellement découvertes, forment une si petite
partie de ce grand théâtre, qu'elles ne peuvent être
considérées comme essentielles à la formation générale
du globe. Cependant, ce n'est point à la seule composition du sol que les terres sont employées : les rochers,
les marbres, la chaux, le sable, l'ardoise, toutes les
pierres, depuis les gemmes jusqu'aux cailloux les plus
communs, enfin les nombreuses variétés des minéraux,
sont basées sur l'une des terres, soit dans son état
simple, soit combinée avec une autre terre, ou mêlée
à quelques ingrédients étrangers.

CAROLINE. — Les pierres précieuses sont composées
de terre! Cela est difficile à concevoir.

GUSTAVE. — Ce n'est pas plus extraordinaire, que
de voir le diamant composé de carbone. Il paraît cependant que cette pierre fait une exception, et qu'elle
n'est pas composée de terre.

Mᵐᵉ DE BEAUMONT. — Je n'avais point parlé de cette
exception, sachant que vous la connaissiez parfaitement. De plus, le diamant est plutôt un minéral qu'une
pierre, ce dernier terme impliquant toujours la présence de quelque terre.

CAROLINE. — Je ne puis concevoir comment des
matériaux si grossiers peuvent se changer en productions si belles.

Mᵐᵉ DE BEAUMONT. — Nous sommes bien éloignés

de comprendre toutes les secrètes ressources de la nature : mais je ne crois pas que la formation spontanée des cristaux, que nous appelons pierres précieuses, soit un phénomène des plus difficiles à concevoir.

Par le travail lent et régulier des siècles, peut-être de plusieurs centaines de siècles, les terres sont graduellement dissoutes dans l'eau, et de même graduellement déposées par ce dissolvant en cristallisation régulière, quand le procédé n'a pas été interrompu. L'arrangement régulier des molécules, pendant leur réunion en masse solide, leur donne ce brillant, cette transparence, cette beauté, auxquels nous attachons tant de prix, et les fait différer à un très haut degré de leurs grossiers ingrédients primitifs.

CAROLINE.—Mais comment cette dissolution et cette cristallisation arrivent-elles spontanément?

Mme DE BEAUMONT. — La rareté de quelques-unes de ces cristallisations, telles que le rubis, l'émeraude, la topaze, etc., montre que leur formation naturelle est assez rare. Mais vous pouvez imaginer que de l'eau tenant en solution des molécules terreuses, filtre par les crevasses des montagnes, et tombant enfin dans quelque caverne, s'évapore goutte à goutte, chaque goutte laissant après elle la molécule de terre qu'elle tenait en solution. Vous savez que la cristallisation est plus parfaite en proportion de l'uniformité et de la lenteur de l'évaporation du dissolvant; et la nature n'étant point limitée par le temps, a un immense avantage sur les productions de l'art en ce genre.

GUSTAVE. — Je conçois maintenant que l'arrangement des molécules de terre, pendant leur cristallisation, peut être tel, qu'il cause leur transparence en admettant un libre passage pour les rayons de lumière ; mais je ne comprends pas comment les terres cristallisées prennent les belles couleurs que présentent plusieurs d'entre elles. Par exemple, pourquoi le saphir est-il d'un bleu céleste, le rubis d'un rouge foncé, la topaze d'un jaune brillant?

Mme DE BEAUMONT. — Rien de plus simple que de supposer que l'arrangement de leurs particules permet le passage de quelques-uns des rayons colorés, tandis que les autres sont réfléchis, et que ces derniers colorent la pierre. D'ailleurs il arrive souvent que la couleur d'une pierre est due à quelque mélange métallique.

CAROLINE. — Chacune des pierres précieuses se compose-t-elle d'une seule terre particulière; ou sont-elles formées de la combinaison de plusieurs?

Mme DE BEAUMONT. — La plupart sont formées d'une grande variété de matériaux; tels que diverses terres, quelques sels et des métaux. Toutefois les terres dans leur état simple forment souvent de très belles cristallisations ; et ce n'est même que sous cette forme qu'on peut les obtenir parfaitement pures.

Mais en considérant les terres sous leur forme la plus parfaite et la plus belle, il ne faut pas perdre de vue l'état sous lequel on les trouve le plus communément dans la nature, lequel, s'il est moins agréable aux yeux, est de beaucoup plus important pour l'utilité.

Toutes les terres sont plus ou moins douées de pro-

priétés alcalines ; mais il en est quatre : la magnésie ,
la chaux, la baryte et la strontiane, qui sont nommées
spécialement *terres alcalines* parce qu'elles possèdent
ces qualités à un si haut degré, qu'on peut les ranger
à plusieurs égards parmi les alcalis. Elles se combinent et forment des sels neutres avec les acides de la
même manière que les alcalis ; comme eux, elles sont
susceptibles d'une grande causticité, et les agents chimiques font sur elles le même effet que sur les alcalis.
— Les autres terres, la silice, l'alumine, et une ou
deux autres des dernières découvertes, sont en quelque sorte plus terreuses, c'est-à-dire qu'elles possèdent plus éminemment les propriétés générales des
terres, qui sont l'insipidité, la sécheresse, l'incombustibilité, l'infusibilité, etc.

CAROLINE. — Cependant vous nous avez dit que la
silice, ou terre siliceuse, mêlée à un alcali, était fusible
et coulait en forme de verre.

Mme DE BEAUMONT. — Oui, ma chère ; mais ces propriétés caractéristiques des terres, que je viens de citer,
doivent être considérées comme leur appartenant seulement dans leur état pur, état sous lequel on les trouve
rarement dans la nature. — Outre ses propriétés générales, chaque terre a ses caractères spécifiques qui
la distinguent, et nous allons les repasser séparément.

La silice abonde dans les cailloux, le sable, les
agates, le jaspe, etc., elle est la base de plusieurs
pierres précieuses, particulièrement de celles qui donnent du feu quand elles sont frappées avec de l'acier.
La silice est dure au toucher, elle use et écorche les

métaux; aucun acide, hors l'acide fluorique, n'agit sur elle, et l'on n'a jamais pu la dissoudre dans l'eau, par aucun procédé, quoique la nature la dissolve par des moyens inconnus, et produise ainsi une grande variété de cristaux siliceux, entre autres le *cristal de roche* qui nous montre cette terre dans son état pur. La silice parait avoir été destinée par la Providence à former le noyau solide du globe, à servir de fondation aux montagnes primitives, et à leur donner cette dureté qui les a rendues capables de résister aux révolutions que la terre a successivement souffertes. Les fragments des roches siliceuses, graduellement détachés par les torrents et emportés avec eux, ont été, soit broyés en forme de sable, et composent en cet état le lit des rivières et de la mer, soit simplement brisés en forme de cailloux, qui se sont arrondis et polis par la suite des temps.

GUSTAVE. — Quelle est la véritable couleur de la silice qui forme des substances si diversement colorées; le sable roux, les cailloux bruns, les pierres précieuses de toutes couleurs?

Mme DE BEAUMONT. — La silice pure, telle qu'on la voit dans les laboratoires de chimie, est parfaitement blanche, et les couleurs qu'elle prend dans les substances que vous venez de nommer, sont dues aux ingrédients avec lesquels elle est mêlée.

CAROLINE. — Je m'étonne que la silice ne soit pas plus estimée, étant la base de tant de pierres précieuses.

Mme DE BEAUMONT. — N'oubliez pas que la valeur

de ces pierres tient en grande partie à leur rareté ; et
que si ces productions étaient communes ou parfaitement imitables , elles ne seraient pas long-temps estimées malgré leur beauté.

La terre siliceuse est d'une utilité très étendue.
Mêlée à l'argile elle forme la base de toute espèce de
poterie, depuis la vaisselle de terre la plus commune
jusqu'à la plus belle porcelaine.

GUSTAVE. — Et nous avons vu son utile emploi dans
les manufactures de verre.

Mme DE BEAUMONT. — Cette terre est aussi le principal ingrédient des ciments les plus durables, du
mortier , etc.

Je vous ai dit que la silice ne se combinait qu'avec
un seul acide , l'acide fluorique, dont l'affinité pour
elle est si forte qu'il la sépare de la potasse , et conséquemment décompose le verre.

Je tâcherai de passer plus rapidement les autres terres , car il me semble que cette partie du sujet vous
fatigue un peu.

CAROLINE. — J'avoue que les terres me paraissent
moins intéressantes que les corps simples.

Mme DE BEAUMONT. — Peut-être le sont-elles moins
en effet. Toutefois il faut que vous en ayez quelque
idée , puisqu'elles forment tant de composés importants. Nous les parcourrons cependant aussi sommai-
rement qu'il nous sera possible.

L'alumine tire son nom d'un composé nommé *alun*
dont elle est la base.

CAROLINE. — Mais, maman, ce devrait être au contraire le corps simple qui donne son nom à son composé au lieu de prendre le sien.

M⁰⁰ DE BEAUMONT. — Il est vrai ; mais le sel composé était connu long-temps avant que sa base ait été découverte, il est donc naturel que la terre, quand elle a été séparée de l'acide ait pris le nom du composé duquel on l'avait extraite. Cependant pour lever tous vos scrupules, nous appellerons le sel, suivant la nouvelle nomenclature *sulfate d'alumine*. L'alumine peut être obtenue très pure de cette combinaison ; elle est alors de contexture lâche, forme une pâte avec l'eau, et durcit au feu. Dans la nature, cette substance se trouve sur-tout dans les terres argileuses ou glaises, qui en contiennent abondamment. C'est une des substances minérales les plus utiles. En état de glaise, elle forme de grandes couches qui donnent de la consistance au sol des vallées, et des terrains bas et marécageux. Les lits des lacs, des étangs, des ruisseaux se composent presque entièrement de cette sorte de terre qui, au lieu de permettre comme le sable, la filtration de l'eau, forme un fond impénétrable. Par ce moyen, l'eau est amoncelée dans les cavernes de la terre, ces grands réservoirs d'où surgissent les sources qui arosent sa surface.

GUSTAVE. — J'avais toujours pensé que le fond de ces réservoirs souterrains était quelque rocher ou pierre dure, que l'eau ne pouvait pénétrer.

M⁰⁰ DE BEAUMONT. — Vous étiez dans l'erreur ; car, avec le temps l'eau peut pénétrer ou user la silice et toute autre sorte de pierre, tandis qu'elle est retenue par l'argile ou l'alumine. ·

Les sols compactes et solides, tels qu'il les faut pour le blé, doivent leur consistance à un très haut degré à l'alumine, cette terre est donc employée pour améliorer les terrains sablonneux ou calcaires, qui ne retiennent pas une assez grande quantité d'eau pour la végétation.

L'alumine est l'ingrédient principal dans toutes les manufactures de poteries, depuis les briques jusqu'aux porcelaines les plus fines : l'addition de la silice et de l'eau lui donnent de la dureté, la rendent susceptible d'un certain degré de vitrification et propre à diverses fins utiles.

CAROLINE. — J'ai peine à croire que la brique et la porcelaine se composent des mêmes matériaux.

Mᵐᵉ DE BEAUMONT. —La brique est presque entièrement formée d'argile cuite; mais une certaine proportion de silice est nécessaire pour la fabrication des diverses poteries de vaisselle. On emploie le sable le plus grossier pour les poteries communes ; et de la silice plus épurée, ainsi qu'une plus belle argile, sont, je crois, nécessaires pour la composition de la porcelaine et des fayences et terres fines. Il doit y avoir aussi plus de soin dans la préparation de ces matériaux, pour les dernières manufactures. La demi-transparence qui rend la porcelaine si belle, est l'effet d'un commencement de vitrification.

GUSTAVE. —Mais la terre commune, quoiqu'elle

ne soit pas transparente , a cependant une sorte de brillant.

Mme DE BEAUMONT. — Ce lustre est produit par un vernis que l'on étend sur ces sortes d'objets, autant pour l'utilité que pour l'embellissement ; car les terres et porcelaines seraient sujettes sans cela à être altérées par une infinité de substances. Le vernis de la porcelaine est un émail ou verre fin, opaque et blanc, composé d'oxydes métalliques , de sable, de sels et autres matières vitrifiables. Le vernis des terres communes est fait d'oxyde de plomb ; et quelquefois ce n'est que du sel qui , légèrement étendu sur les vaiseaux, forme à un certain degré de chaleur un verre opaque.

CAROLINE. — De quelle nature sont les couleurs employées à la peinture des porcelaines ?

Mme DE BEAUMONT. — Elles se composent toutes d'oxydes métalliques ; en sorte que loin d'être gâtées par le feu , son action les renforce et les développe en les faisant passer à divers degrés d'oxydation.

L'alumine et la silice, sont, non -seulement très souvent combinées ensemble dans les arts , mais ayant aussi dans la nature une grande tendance à s'unir, on les trouve combinées en différentes proportions dans plusieurs pierres précieuses et autres minéraux. Le rubis, le saphir oriental, l'améthyste , etc. , consistent principalement en alumine.

Nous passerons maintenant aux terres alcalines. Je ne dirai que quelques mots sur la baryte, puisqu'on en fait peu d'usage , excepté dans les laboratoires de chimie. Cette terre est remarquable par sa grande pe-

santeur et ses puissantes propriétés alcalines, telles
que celles de détruire les substances animales, de
changer en vert certaines couleurs végétales bleues,
et d'avoir une forte attraction pour les acides. La baryte
possède cette dernière propriété à un si haut degré,
sur-tout à l'égard de l'acide sulfurique, qu'elle indique
la présence de cet acide dans toutes les combinaisons
où elle se trouve, en s'unissant immédiatement avec
lui pour former un *sulfate de baryte*. Cette qualité
rend la baryte éminemment utile comme épreuve chimique. Elle abonde dans la nature en état de carbonate, duquella terre pure est facilement séparée.

La chaux, par son importance, exige un examen
plus étendu.

Cette terre est fortement alcaline. Dans la nature
elle ne se trouve pas dans sa forme pure, ayant une
si grande affinité pour l'eau et l'acide carbonique,
qu'elle est toujours combinée avec ces substances pour
former la pierre calcaire commune : mais on la sépare
aisément de ces ingrédients en la faisant chauffer dans
un four au degré convenable pour les volatiliser.

GUSTAVE. — La chaux pure, n'est donc autre chose
que de la pierre à chaux, privée par la chaleur du
four de son eau et de son acide carbonique?

Mme DE BEAUMONT. — Précisément : en cet état,
on l'appelle *chaux vive* ; et elle est si caustique qu'elle
décompose assez rapidement les corps morts des animaux, pour qu'ils ne subissent pas la putréfaction. —
j'ai ici un peu de chaux vive dans une bouteille, soigneusement bouchée, pour empêcher l'air d'y pénétrer

car exposée à l'atmosphère, cette substance absorberait de l'humidité et de l'acide carbonique, et serait bientôt *éteinte*. Voici d'autre part de la pierre à chaux. Nous verserons de l'eau sur les deux substances, et vous verrez les effets qui en résulteront.

CAROLINE. — Quel sifflement produit la chaux vive! Elle devient excessivement chaude ! Elle s'enfle, maintenant elle éclate, puis se réduit en poudre ; tandis que l'eau n'a point du tout altéré la pierre à chaux.

Mme DE BEAUMONT. — Parce que celle-ci est déjà saturée d'eau; au lieu que la chaux vive qui en a été privée dans le four, se combine avec ce fluide si promptement, qu'elle produit ce prodigieux dégagement de calorique, dont je vous ai donné précédemment l'explication. Vous la rappelez-vous bien ?

GUSTAVE. — Oui; vous nous avez dit que la chaleur ne provenait pas de la chaux, mais de la solidification de l'eau, qui lui faisait perdre son calorique de liquidité.

Mme DE BEAUMONT. — C'est très bien. — Si nous continuons à verser de l'eau sur la chaux après qu'elle aura été éteinte et réduite en poudre, comme vous le voyez, elle se mêlera graduellement à l'eau, jusqu'à ce qu'enfin elle soit complétement dissoute, et disparaisse dans ce fluide : mais pour que ce dernier effet ait lieu, il faut ajouter en eau 700 fois le poids de la chaux. On appelle cette solution *eau de chaux*.

CAROLINE. — La proportion de chaux en solution dans ce liquide est donc extrêmement petite?

Mme DE BEAUMONT. — Et la baryte est aussi d'une

solution très difficile ; mais elle est beaucoup plus soluble en état de cristallisation. Ce liquide que vous voyez est de l'eau de chaux, dont on fait grand usage en médecine, principalement je crois, pour absorber et neutraliser les acides qui surabondent dans l'estomac.

CAROLINE. — Je suis surprise qu'elle soit si claire ; elle n'a rien de la blancheur opaque de la chaux.

Mme DE BEAUMONT. — Avez-vous donc oublié que dans les solutions le corps solide est divisé en si petites parties qu'il devient invisible, et conséquemment ne peut altérer la transparence de son dissolvant.

Pour vous montrer maintenant la grande affinité de la chaux pour l'acide carbonique, je vais exposer à l'air un verre plein d'eau de chaux ; la chaux se séparera de l'eau, se combinera avec l'acide carbonique et reparaîtra à la surface du vase en forme d'écume blanche, vulgairement appelée *craie*.

CAROLINE. — Ainsi la craie est un sel ; je n'aurais pas cru que ces immenses couches de craie qui se voient dans quelques parties de nos campagnes fussent un sel. — L'écume blanche commence à paraître sur l'eau ; mais elle ne ressemble guère à la craie solide.

Mme DE BEAUMONT. — Cela tient à son état d'extrême division : en peu de temps elle se rassemblera en masse plus compacte, et tombera au fond du verre.

Si vous soufflez dans de l'eau de chaux, l'acide carbonique de l'air que vous respirez produira le même effet. — Je verserai un peu d'eau de chaux dans ce tube de verre , soufflez dedans pendant quelques moments et vous apercevrez bientôt un précipité de craie.

GUSTAVE. — Je vois en effet un petit nuage blanc se former.

Mme DE BEAUMONT. — Il est composé de molécules de craie ; à présent il flotte dans l'eau , mais il se précipitera bientôt.

.Vous voyez que le carbonate de chaux ou la craie est insoluble dans l'eau , puisque la chaux qui était dissoute reparait quand elle est convertie en craie : mais il faut remarquer une circonstance fort singulière , c'est que la craie est soluble dans de l'eau imprégnée d'acide carbonique.

CAROLINE. — Il est , en effet, très curieux, que le gaz acide carbonique puisse rendre la chaux soluble dans un cas et insoluble dans un autre?

Mme DE BEAUMONT. — J'ai là une bouteille d'eau de Seltz, qui, vous le savez, est fortement imprégnée d'acide carbonique. — Versons un peu de ce liquide dans un verre d'eau de chaux. — Vous voyez qu'il se forme de suite un précipité de carbonate de chaux.

GUSTAVE. — Oui; le nuage blanc paraît.

Mme DE BEAUMONT. — Je vais ajouter de l'eau de Seltz...

CAROLINE. — Quelle étonnante chose ! Le nuage est dissous, et le liquide redevient transparent.

Mme DE BEAUMONT. — Tout le mystère tient à ce que le carbonate de chaux est soluble dans l'acide carbonique et insoluble dans l'eau ; la première quantité d'acide carbonique que j'ai introduite dans l'eau de

30*

chaux a donc été employée à former le carbonate de chaux qui est resté visible, jusqu'à ce qu'une addition d'acide carbonique l'ait fait dissoudre. Ainsi vous voyez, que quand la chaux et l'acide carbonique sont en certaines proportions le nuage blanc parait, et quand l'acide prédomine il est aussitôt dissous que formé

CAROLINE. — C'est ce qui arrive maintenant; mais essayons si une addition d'eau de chaux ne ferait pas de nouveau précipiter la craie

GUSTAVE. — En effet, le nuage reparait! Je suppose que c'est parce qu'il n'y a maintenant que la quantité d'acide carbonique nécessaire pour former la craie; et que pour la dissoudre il faudrait une surabondance d'acide.

Mme DE BEAUMONT. — Nous avons poussé nos expériences assez loin; leur répétition ne vous montrerait que les mêmes apparences.

La chaux se combine avec la plupart des acides auxquels l'acide carbonique (comme le plus faible de tous,) la cède facilement. Mais nous aurons par la suite l'occasion de parler plus en détail de ces combinaisons. La chaux s'unit avec le phosphore et le soufre dans leur état simple; bref, de toutes les terres, la chaux est celle qui entre le plus fréquemment et le plus abondamment dans les combinaisons naturelles. C'est la base des terres et des pierres calcaires ; et nous la trouvons également dans les végétaux et les animaux.

GUSTAVE. — N'est-elle pas aussi d'une grande utilité dans les arts ?

Mme DE BEAUMONT. — Il existe peu de substances plus utiles : vous savez combien elle est essentielle pour les bâtiments comme base des ciments , tels que le mortier, le stuc , le plâtre , etc.

La chaux est encore infiniment utile dans l'agriculture , pour alléger et réchauffer les sols trop froids et trop compactes, en conséquence d'une surabondance d'argile. — Mais nous ne finirions pas si nous voulions énumérer les divers emplois de cette substance ; vous en savez assez pour en concevoir l'importance; et nous allons passer à la troisième terre alcaline , la *magnésie*.

CAROLINE. — Je la connais déjà un peu : c'est une drogue médicinale.

Mme DE BEAUMONT. — C'est dans l'état de carbonate que la magnésie est employée en médecine; et sous cette forme elle diffère peu de celle qui lui est naturelle, c'est-à-dire une poudre blanche , fine et légère. Elle ne se dissout que dans 2,000 fois son poids en eau , mais elle forme avec les acides des sels extrémement solubles. Elle n'a pas une aussi forte attraction pour les acides que la chaux , et les cède par conséquent très facilement à cette dernière. On trouve la magnésie dans une grande variété de combinaisons minérales , telles que l'ardoise, le mica, l'amianthe, et plus particulièrement une certaine pierre calcaire, dans laquelle M. Thenard a découvert cette terre en très grande quantité. Elle n'attire pas et ne solidifie pas l'eau comme la chaux; mais , mélée avec ce fluide , et exposée à l'air , elle absorbe l'acide carbonique du dernier et perd ainsi sa causticité. Son principal usage, en médecine, de même

que celui de la chaux , dérive de son aptitude à se combiner avec l'acide qu'elle trouve dans l'estomac et à le
neutraliser.

GUSTAVE. — Cependant vous dites qu'on la prend
en état de carbonate, dans lequel , elle est déjà combinée avec un acide.

Mme DE BEAUMONT. — Oui ; mais l'acide carbonique est le dernier dans l'ordre des affinités ; il
doit donc céder la magnésie à tous les autres. On la
prend cependant aussi dans son état caustique comme
remède. Combinée avec l'acide sulfurique, la magnésie
forme un autre médicament très puissant, connu sous
le nom de *sel d'Epsom.*

CAROLINE. — Qu'on doit appeler *sulfate de magnésie.* Mais d'où vient le nom de sel d'Epsom ?

Mme DE BEAUMONT. — D'un ruisseau dans le voisinage d'Epsom , qui contient de ce sel en grande abondance.

La dernière terre alcaline , est la *strontiane* découverte par le docteur Hope , il y a quelques années.
Elle ressemble extrêmement à la baryte dans ses propriétés, et la nature l'offre si rarement , de plus elle
est de si peu d'usage, qu'il n'est pas nécessaire de nous
y arrêter beaucoup. Un des caractères distinctifs de
la strontiane est que , les sels qu'elle forme , dissous
dans l'esprit de vin, produisent en brûlant une flamme
d'un rouge éclatant.

QUATORZIÈME ENTRETIEN.

SUR LES ACIDES.

Nomenclature des acides. — Leur classification. — Première classe : acides à bases simples et connues ou acides minéraux. — Deuxième classe : acides à double bases ou acides végétaux. — Troisième classe : acides à triples bases ou acides animaux.—Décomposition des acides minéraux par les corps combustibles.

M** DE BEAUMONT; CAROLINE; GUSTAVE.

M** DE BEAUMONT. — Je vous ai donné dans nos premières leçons quelques notions générales sur les oxydes métalliques ; et des détails plus minutieux sur ce sujet tout intéressant qu'il est n'entrent point dans notre plan d'études élémentaires. Mais il est indispensable que vous connaissiez mieux les acides, de même que leurs combinaisons avec les alcalis, lesquelles forment les triples composés, nommés sels neutres.

Des propriétés fort marquées caractérisent les acides. Tous, changent en rouge les couleurs bleues végétales, sont plus ou moins aigres au goût, et tendent à se combiner avec les terres , les alcalis et les oxydes métalliques.

Vous vous souvenez, j'espère de la nomenclature par laquelle la base (ou radical) de l'acide, ainsi que ses degrés d'acidification sont exprimés?

GUSTAVE. — Je pense que oui. L'acide est distingué par le nom de sa base, et son degré d'acidification, ou la quantité d'oxygène qu'il contient est indiqué par la terminaison de ce nom , soit en *eux* soit en *ique*. Ainsi l'acide sulfureux est celui qui est composé de la plus petite quantité d'oxygène combinée avec le soufre , et l'acide sulfurique celui qui est composé de la plus grande quantité d'oxygène, combinée avec le soufre.

Mme DE BEAUMONT. — En plusieurs cas les proportions d'oxygène qui peuvent entrer en combinaison avec les bases salifiables , admettent plus de variété. Quelques unes de ces bases, peuvent s'unir à des quantités d'oxygène trop petites pour former un acide , mais seulement suffisante pour former un oxyde. Par exemple, le soufre exposé à l'air avec un degré de chaleur trop faible pour produire la combustion , absorbe une petite proportion d'oxygène qui le colore en rouge ou en brun. Cet état peut être considéré comme le premier degré d'oxygénation du soufre; le second degré le convertit en acide sulfureux ; le troisième en acide sulfurique ; et s'il était capable de se combiner avec plus d'oxygène , à ce quatrième degré , il serait de *l'acide sulfurique suroxygéné*.

GUSTAVE. — Tous les acides sont-ils susceptibles des mêmes degrés d'oxygénation ?

Mme DE BEAUMONT. — Non ; ils varient beaucoup à cet égard. Quelques-uns ne reçoivent qu'un seul degré d'oxygénation ; d'autres en admettent deux ou trois, fort peu sont susceptibles d'un plus grand nombre.

CAROLINE. — La nomenclature moderne est d'un avantage immense pour désigner en même temps la nature des acides et leur degré d'oxygénation.

Mme DE BEAUMONT. — Plusieurs acides n'ont été décomposés que très récemment : mais l'analogie prouvait suffisamment leur nature composée ; et je n'ai jamais pu me résoudre à les classer parmi les corps simples, quoique cette division eût été adoptée par quelques auteurs. Maintenant les acides muriatique et fluorique sont les seuls qui n'aient pas été décomposés distinctement.

CAROLINE. — Nous avons entendu parler d'une grande quantité d'acides, quel est leur nombre exact?

Mme DE BEAUMONT. — Je crois qu'on en compte à présent trente-quatre, et leur nombre augmente à mesure que la science fait des progrès. Toutefois, les plus importants ne sont pas nombreux. Je vous donnerai une idée générale de tous ; mais nous n'examinerons particulièrement que les plus essentiels.

On divisait autrefois les acides en *acides minéraux*, *acides végétaux* et *acides animaux*, suivant les substances desquelles on les tirait communément.

CAROLINE. — C'était, ce me semble, un excellent arrangement ; pourquoi l'a-t-on changé?

Mme DE BEAUMONT. — Parce qu'il produisait en certains cas de la confusion, par exemple, dans quelle classe auriez-vous placé l'acide carbonique?

CAROLINE. — J'aperçois maintenant la difficulté. Je ne saurais en effet où le placer, puisqu'il existe dans les trois règnes.

GUSTAVE. — La même objection se présente pour l'acide phosphorique, extrait principalement des os, mais aussi, quoiqu'en moindre quantité, des pierres et même de quelques plantes.

Mme DE BEAUMONT. — Vous concevez donc la nécessité où l'on était de changer ce mode de classification. La nomenclature actuelle n'est point sujette à ces objections ; car elle désigne la composition et la nature de chaque acide particulier, plutôt que la classe de corps de laquelle il est extrait. Quant aux divisions plus générales, elles sont fondées sur ces trois distinctions :

Premièrement, les acides à bases simples ou réputées simples, composés de l'union de ces bases avec l'oxygène ; tels sont :

Les acides Sulfurique.......
        Carbonique......
        Nitrique.........
        Phosphorique....
        Arsénique.......
        Tungstique......
        Molybdique......
        Borique........ .
        Fluorique.......
        Muriatique ou Hy-
        drochlorique....

                        } Acides à bases simples.

Cette classe comprend les acides les plus anciennement connus et les plus importants.

Les acides sulfurique, nitrique et muriatique
étaient autrefois, et sont encore souvent nommés *acides minéraux.*

Secondement; les acides à base double ou binaire,
qui, conséquemment consistent en une triple combinaison : tels sont les acides végétaux dont le radical
commun est un composé de carbone et d'hydrogène.

CAROLINE. — Mais si la base des acides végétaux
est la même, cela ne devrait en former qu'un seul ; les
proportions différentes d'oxygène pourraient changer
son degré, mais sa nature resterait la même.

M⁰ᵉ DE BEAUMONT. — La différence qui existe dans
les bases des acides végétaux git en effet dans la proportion d'hydrogène et de carbone qui entre dans
chacune d'elles ; mais cette différence suffit pour produire un grand nombre d'acides très dissemblables
entre eux. Cependant, ce qui prouve qu'ils ne diffèrent
pas essentiellement, c'est la susceptibilité que chacun
d'eux a d'être transformé par l'addition ou la soustraction d'une partie d'hydrogène ou de carbone. Les
noms de ces acides sont :

L'acide Acétique . . . . 〉
      Oxalique . . . .
      Tartarique . . . .
      Citrique . . . .
      Malique . . . .
      Gallique . . . .
      Muqueux . . . .
      Benzoïque . . . .
      Succinique . . . .   Acides à double
      Camphorique . . . .   base, d'origine
      Subérique . . . .   végétale.
      Moroxalique . . . .
      Bolétique . . . .
      Kinique . . . .
      Pyro-tartarique . . . .
      Pyro-citrique . . . .
      Pyro-malique . . . . 〉

La troisième classe d'acides comprend ceux qui ont des bases triples, et sont par conséquent d'une nature plus compliquée. Dans cette classe se trouvent les acides animaux qui sont :

L'acide Lactique . . . . 〉
      Caseïque . . . .
      Prussique . . . .
      Formique . . . .
      Bombique . . . .   Acides à base triple
      Cétique . . . .   ou
      Sébacique . . . .   Acides animaux.
      Margaritique . . . .
      Oleïque . . . .
      Zoonique . . . .
      Lithique . . . .

Je vous ai fait cette énumération des acides, pour vous donner une idée générale de l'étendue de ce sujet ; mais nous nous bornerons à considérer la première classe qui exige une attention particulière, en remettant le peu d'observation que les autres nous fourniront, à l'époque où nous traiterons de la chimie animale et de la chimie végétale.

Les acides à base simple sont presque tous susceptibles de décomposition par les corps combustibles auxquels ils cèdent leur oxygène. Par exemple , si je verse une goutte d'acide sulfurique sur un morceau de fer, cela produira une tache de rouille ; vous save ce que c'est ?

Caroline. — Oui ; c'est un oxyde formé par l'oxygène de l'acide et le fer.

Mme de Beaumont. — Vous voyez qu'en ce cas le soufre dépose sur le métal l'oxygène par lequel il est acidifié. Et si nous versons de l'acide sulfurique sur un combustible composé (ce morceau de bois , par exemple) , il se combinera avec un ou plusieurs des constituants du combustible , et cela causera une décomposition.

Gustave. — Déjà la couleur du bois est changée, il devient noir, pourquoi cela ?

Mme de Beaumont. — L'oxygène déposé par l'acide a brûlé le bois ; et vous savez qu'en brûlant, il noircit avant d'être réduit en cendres. Soit que l'oxygène vienne de l'atmosphère ou de tout autre source, l'effet chimique est toujours le même. Dans le cas d'une combustion réelle , le bois noircit parce qu'il est réduit à

l'état de charbon par l'évaporation de ses autres constituants; mais pourriez-vous me dire pourquoi il prend
cette couleur quand il est brûlé par l'application d'un
acide ?

CAROLINE. — Dites-moi d'abord, quels sont les
ingrédients du bois ?

Mme DE BEAUMONT. — L'hydrogène et le carbone sont
les principaux ingrédients du bois et de toutes les autres substances végétales.

CAROLINE. — Alors, je suppose que l'oxygène de l'a-
cide se combine avec l'hydrogène du bois pour former
de l'eau, et que le carbone du bois restant seul paraît
dans sa couleur noire accoutumée.

Mme DE BEAUMONT. — C'est fort bien, ma chère ;
votre explication est assurément la plus plausible que
l'on puisse donner.

GUSTAVE. — Ne pourrait-on user de ce moyen pour
faire du charbon ?

Mme DE BEAUMONT. — Il serait extrêmement dispendieux, et je crois très incertain ; car l'action de l'acide
sur le bois et la chaleur qu'elle produit, est loin d'être
suffisante pour priver le dernier de toutes ses parties
volatiles.

CAROLINE. — Pourquoi le vinaigre, le citron, les
acides des fruits, ne produisent-ils pas cet effet sur le
bois ?

Mme DE BEAUMONT. — Ce sont des acides végétaux
dont la base est composée d'hydrogène et de carbone,
et l'oxygène n'est pas disposé à quitter le radical où il
est déjà combiné avec l'hydrogène. Peut-être les plus

forts de ces acides peuvent céder un peu de leur oxygène au bois et y faire une légère tache ; mais le carbone n'est pas alors suffisamment séparé pour prendre la couleur noire. Les divers acides minéraux ont le pouvoir d'altérer le bois à différents degrès.

GUSTAVE. — Les acides végétaux ne peuvent donc être décomposés par les combustibles ?

Mme DE BEAUMONT. — Non ; parce que leur base est composée de deux substances qui ont plus d'attraction pour l'oxygène qu'aucun autre corps.

CAROLINE. — Et ces puissants acides qui brûlent et décomposent le bois , produisent-ils des effets semblables sur la chair et la peau des animaux ?

Mme DE BEAUMONT. — Oui ; tous les acides minéraux, et spécialement l'un d'eux, possèdent de puissantes propriétés caustiques. Ils corrodent et détruisent la peau et la chair , mais n'y produisent cependant pas le même effet que sur le bois , probablement parce que l'azote et d'autres substances qui composent la matière animale, s'opposent à une séparation aussi considérable du carbone.

QUINZIÈME ENTRETIEN.

SUR LES ACIDES SULFURIQUE ET PHOSPHORIQUE.

Acide sulfurique.—Brûle les substances animales et végétales.
— Manière de le préparer.— Acide sulfureux.—Obtenu en
forme de gaz,- Peut être obtenu de l'acide sulfurique.—Peut
être réduit en soufre. — Est absorbé par l'eau. — Détruit
les couleurs végétales. — Oxyde de soufre. — Des sels. —
Sulfates.—Sulfate de potasse.—Refroidissement produit par
sels en se fondant. — Sulfate de soude. — Chaleur dégagée
pendant la formation des sels. — Eau de cristallisation. —
Efflorescence et déliquescence des sels.—Sulfates, de chaux,
de magnésie, d'alumine, de fer. — Encre. — Acides phosphorique et phosphoreux. — Phosphore extrait des os. —
Phosphate de chaux.

Mme DE BEAUMONT, CAROLINE, GUSTAVE.

Mme DE BEAUMONT. — Nous examinerons aujour-
d'hui quelques-uns des acides les plus importants et
leurs principales combinaisons avec les alcalis, les
terres alcalines et les métaux. Le plus intéressant de

fous les acides, est l'acide sulfurique, autrefois appelé *huile de vitriol*.

CAROLINE. — Je le connais depuis long-temps sous ce nom, mais je ne croyais pas que ce fût le même fluide que l'acide sulfurique. D'où venait son ancienne dénomination ?

Mme DE BEAUMONT. — Le vitriol est le nom vulgaire du sulfate de fer, duquel on tirait anciennement l'acide sulfurique qui avait naturellement pris le nom de ce sel.

CAROLINE. — Mais on l'appelle encore ainsi dans l'usage commun.

Mme DE BEAUMONT. — Oui ; la nouvelle nomenclature est encore trop nouvelle pour être généralement adoptée : mais comme elle l'est par tous les chimistes, il est probable que bientôt elle deviendra universelle. Quand j'ai reçu cette bouteille, son étiquette portait *huile de vitriol;* mais comme je connais votre délicatesse sur ce point, je me suis hâtée d'y substituer les mots *d'acide sulfurique*.

GUSTAVE. — Il est inodore et sans couleur, mais il parait plus épais que l'eau.

Mme DE BEAUMONT. — Il est presque deux fois aussi pesant que l'eau, et sa consistance est huileuse, comme vous pouvez le voir.

CAROLINE. — C'est sans doute à cause de cela qu'on lui a donné le nom d'huile, auquel il ne peut avoir aucun droit puisqu'il ne contient ni l'hydrogène ni le carbone, principaux constituants des huiles.

Mme DE BEAUMONT. — Il serait donc absurde de conserver un nom dérivé d'une aussi fausse analogie.

L'acide sulfurique parfaitement pur , serait probablement une substance concrète , mais son attraction pour l'eau est telle , qu'il est impossible de l'obtenir tout-à-fait séparé de ce fluide; on le voit donc toujours sous la forme liquide que vous lui voyez. Une des propriétés les plus remarquables de cet acide est de dégager une quantité considérable de calorique lorsqu'on le mêle avec de l'eau ; je vous ai déjà montré cet effet.

GUSTAVE. — Je m'en souviens ; mais quel degré de chaleur peut produire ce mélange ?

Mme DE BEAUMONT. — Le thermomètre peut être élevé par ce procédé beaucoup au-dessus du point d'eau bouillante.

CAROLINE. — Alors on pourrait faire bouillir de l'eau dans ce mélange.

Mme DE BEAUMONT. — Rien de plus aisé , pourvu que les quantités d'acide et d'eau soient dans la juste proportion. La plus forte chaleur est produite par un mélange de trois quarts d'acide avec un quart d'eau : nous ferons une mixtion dans ces proportions, et nous y plongerons ce tube de verre mince rempli d'eau.

CAROLINE. — Le vaisseau est extrêmement chaud ; mais l'eau ne bout pas encore.

Mme DE BEAUMONT. — Il faut que le calorique ait eu le temps de pénétrer le tube et d'élever l'eau à la température d'eau bouillante.

Caroline. — Elle bout maintenant, et avec une violence croissante.

Mme de Beaumont — Mais, cela ne durera pas long-temps; car le mélange ne dégage du calorique que pendant le temps où les molécules de l'eau et celles de l'acide se pénètrent mutuellement; aussitôt que leur nouvel arrangement est effectué, le mélange refroidit par degrés, et l'eau, dans le tube, reprend sa première température.

Vous avez vu comment l'acide sulfurique décompose les substances combustibles, animales, végétales, ou minérales, et les brûle par le moyen de son oxygène?

Caroline. — Oui! et j'ai, sans le vouloir, répété l'expérience sur ma robe, en y laissant tomber une goutte de l'acide, qui a fait une tache que je suppose impossible à ôter.

Mme de Beaumont. — Et vous ne vous trompez point, car avant que vous ayez le temps de la mettre dans l'eau, cette tache deviendra un trou, l'acide ayant réellement brûlé la mousseline.

Caroline. — Cela est vrai! et bien je vais reboucher promptement cette bouteille et l'éloigner; elle contient une trop dangereuse substance. — Mais, voilà que j'ai fait encore pis, j'en ai répandu un peu sur ma main.

Mme de Beaumont. — Alors elle sera brûlée comme votre robe, car vous savez que l'oxygène détruit la matière animale aussi bien que la matière végétale. Dans la proportion où la peau a été décomposée elle l'est sans remède; mais en plongeant le doigt dans l'eau, vous délayerez l'acide, et l'empêcherez de faire plus de ravage.

CAROLINE. — J'ai senti une forte chaleur, je vous assure.

Mme DE BEAUMONT. — Maintenant vous savez par expérience combien il faut de précautions pour se servir de cet acide. Vous connaîtrez bientôt un autre acide, l'acide nitrique, lequel cause beaucoup moins de chaleur à la peau, et cependant la détruit encore plus vite, et y laisse une tache indélébile. On ne touche jamais ces sortes de substances, sans se mouiller les doigts auparavant, afin d'affaiblir leur effet caustique. Mais puisque vous ne voulez pas continuer les épreuves, je boucherai la bouteille, autrement l'acide en attirant l'humidité de l'atmosphère, perdrait sa force et sa pureté.

GUSTAVE. — Comment l'acide sulfurique peut-il être extrait du sulfate de fer par la distillation?

Mme DE BEAUMONT. — Vous savez que le procédé de distillation consiste à séparer des substances les unes des autres par le moyen de leur différente susceptibilité de volatilisation et de l'action d'un nouvel agent chimique, le calorique. Ainsi le sulfate de fer exposé dans une cornue à un degré suffisant de chaleur, se décompose, et son acide sulfurique est volatilisé.

GUSTAVE. — A présent que la manière de former les acides par la combustion de leur radical est connue, ne pourrait-on pas user de cette méthode pour faire de l'acide sulfurique?

Mme DE BEAUMONT. — C'est ce qu'on fait dans la

plupart des manufactures ; mais on ne prépare pas l'acide sulfurique en brûlant le soufre dans du gaz oxygène (comme nous l'avons fait dans une de nos expériences), on l'échauffe seulement à un certain point , mêlé à une autre substance qui dégage de l'oxygène assez abondamment pour que la combustion de l'air commun soit rapide et complète.

CAROLINE.— Alors , cette substance ajoutée remplit la même fin que le gaz oxygène ?

Mme DE BEAUMONT. — Exactement. Dans les manufactures d'acide sulfurique, la combustion est effectuée dans une chambre de plomb , avec de l'eau au fond, pour recevoir la vapeur et favoriser sa condensation. Toutefois la combustion n'est jamais assez parfaite pour qu'il ne se forme pas en même temps une certaine quantité d'acide sulfureux, qui d'après la nomenclature, est un acide moins oxygéné que l'acide sulfurique.

Les propriétés puissantes de l'acide sulfurique , et le grand nombre de combinaisons dans lesquelles il entre, le rendent extrêmement important.

Outre ses usages infinis dans les arts , il est encore employé en médecine , mais fort délayé ; car en état concentré ce serait un poison violent.

CAROLINE. — Je suis sûre qu'il brûlerait la gorge et l'estomac.

Mme DE BEAUMONT. — Pouvons - nous imaginer quelque antidote pour ce poison ?

CAROLINE. — Beaucoup d'eau pourrait le délayer.

Mme DE BEAUMONT. — Cela affaiblirait sans doute la causticité, mais accroîtrait la chaleur à un degré insoutenable. Ne vous souvenez-vous d'aucune substance capable de détruire plus efficacement les qualités délétères de cet acide?

GUSTAVE. — Un alcali le pourrait peut-être, en se combinant avec lui; mais un alcali serait aussi un poison à cause de sa causticité.

Mme DE BEAUMONT. — Il n'est pas nécessaire d'employer à cet effet un alcali caustique. Le savon dans lequel l'alcali est combiné avec l'huile ou la magnésie, soit en carbonate, soit mêlée d'eau, seraient les meilleurs contrepoisons dans ce cas.

CAROLINE. — Je suppose que la potasse et la magnésie quitteraient les substances avec lesquelles elles sont combinées pour former des sels avec l'acide sulfurique?

Mme DE BEAUMONT. — Précisément.

Nous dirons maintenant quelques mots sur l'acide sulfureux, qui, vous le savez, est produit par le soufre lentement et imparfaitement brûlé. On distingue cet acide par son odeur piquante et sa forme gazeuse.

CAROLINE. — Son état aériforme est dû probablement à une plus petite proportion d'oxygène qui le rend plus léger que l'acide sulfurique?

Mme DE BEAUMONT. — Cela peut être; car en ajoutant de l'oxygène au plus faible acide, l'acide sulfureux, on le convertit en acide sulfurique. Cependant ce changement d'état pourrait aussi dépendre d'un changement d'affinité par rapport au calorique.

GUSTAVE. — Et l'acide sulfureux peut-il être obtenu

de l'acide sulfurique en diminuant la quantité d'oxygène de celui-ci ?

Mme DE BEAUMONT. — Oui ; cela peut se faire en mettant en contact avec l'acide une substance combustible. Quelques métaux opèrent très aisément cette décomposition, en absorbant une partie de l'oxygène de l'acide sulfurique, ce qui le change en acide sulfureux, et le fait dégager sous forme de gaz.

CAROLINE. — Et l'acide sulfureux peut-il être également décomposé et réduit en soufre?

Mme DE BEAUMONT — Oui ; si ce gaz est échauffé en contact avec du charbon, l'oxygène du premier se combine avec le second, et le soufre est rétabli dans sa pureté.

L'acide sulfureux est promptement absorbé par l'eau, et à l'état liquide, on l'emploie utilement pour le blanchissage des toiles et des lainages. Je puis vous montrer son effet sur les couleurs en enlevant quelques taches végétales. — Je crois en voir une sur votre robe, Caroline.

CAROLINE. — C'est une tache de mûres; mais je n'ose exposer ma robe à cette expérience, après avoir vu l'effet de l'acide sulfurique.

Mme DE BEAUMONT. — Celui-ci est moins dangereux. Toutefois l'expérience demande des précautions ; car pendant la formation de l'acide sulfureux par la combustion, il se fait toujours un peu d'acide sulfurique.

CAROLINE. — Mais où donc est votre acide sulfureux.

Mme DE BEAUMONT. — Nous pouvons en préparer aisément, il ne faut pour cela que brûler une allumette soufrée. Nous humecterons d'abord la tache avec de l'eau, et nous la tiendrons à une petite distance au-dessus de l'allumette brûlante. La vapeur qui s'élève est de l'acide sulfureux, et vous voyez la tache disparaître.

GUSTAVE. — J'ai souvent enlevé des taches par ce moyen, mais sans comprendre la nature du procédé. Pourquoi est-il nécessaire de mouiller la tache avant de l'exposer à la fumée acide ?

Mme DE BEAUMONT. — L'humidité attire et absorbe l'acide sulfureux, et sert également à délayer les molécules d'acide sulfurique, par lesquelles l'étoffe pourrait être endommagée.

Le soufre est susceptible d'une troisième combinaison avec l'oxygène, dans laquelle ce dernier est en trop petite proportion pour acidifier le premier. Le soufre prend cette légère oxygénation par sa simple exposition à l'atmosphère sans aucune application de calorique : sa forme naturelle n'en est pas altérée, mais seulement sa couleur, qui devient rouge ou brune : en cet état, on peut le considérer comme un oxyde de soufre.

Les principales combinaisons de l'acide sulfurique sont, les sels composés qu'il forme avec les alcalis, les terres alcalines et les métaux.

CAROLINE. — Permettez-moi de vous demander, maman, s'il existe d'autres sels que les sels neutres ou composés? Je ne vous ai jamais entendu parler que de ceux-là.

Mme DE BEAUMONT. — Le mot *sel* a été employé de temps immémorial pour désigner généralement toute substance ayant de la saveur et de l'odeur , soluble dans l'eau et susceptible de cristalliser , quelle que soit sa nature, acide , alcaline ou composée ; mais les sels composés sont les seuls qui conservent ce nom dans la nomenclature moderne.

Les sels les plus importants , qui résultent des combinaisons de l'acide sulfurique sont : 1º *le sulfate de potasse,* sel très amer dont on fait grand usage en médecine ; on le trouve dans les cendres de quelques végétaux , mais il peut être artificiellement préparé par la combinaison de l'acide sulfurique et de la potasse : il est facilement dissous dans l'eau bouillante. La solubilité est en effet une qualité commune à tous les sels ; et ils produisent toujours un refroidissement en fondant.

GUSTAVE. — Cela doit tenir au calorique qu'ils absorbent en passant d'une forme solide à une forme fluide.

Mme DE BEAUMONT. — C'est assurément l'explication la plus plausible.

Le sulfate de soude, vulgairement dit sel de Glauber est un autre sel médical encore plus amer que le précédent. Nous préparerons un peu de ces composés pour que vous observiez le phénomène qui a lieu pendant leur formation. Il ne faut pour cela que verser

un peu d'acide sulfurique sur la soude que j'ai mise
dans ce verre.

CAROLINE. — Quelle étonnante chaleur ! Il me semble que vous venez dire que les sels en fondant pro-
duisaient du refroidissement ?

Mme DE BEAUMONT. — Mais nous ne *fondons* pas
les sels en ce moment, nous les *faisons*. La chaleur
est dégagée pendant la formation des sels composés et,
quelquefois même une faible lumière, perceptible dans
l'obscurité, est produite.

GUSTAVE. — Et cette chaleur et cette lumière sont-
elles l'effet de l'union des deux électricités opposées
de l'acide et de l'alcali ?

Mme DE BEAUMONT. — Sans doute ; si cette théorie
électrique est vraie.

CAROLINE. — L'union d'un acide et d'un alcali peut
donc passer pour une véritable combustion ?

Mme DE BEAUMONT. — Non pas précisément ; quoiqu'il y ait beaucoup d'analogie entre les deux opérations.

CAROLINE. — Ce sulfate de soude deviendra-t-il
solide ?

Mme DE BEAUMONT. — Nous n'avons pas mêlé l'acide
et l'alcali dans la proportion réquise pour former le
sel, autrement le mélange eût été de suite changé en
une masse solide ; mais pour l'obtenir en cristaux,
tels que vous le voyez dans cette bouteille, il faut
d'abord l'étendre dans l'eau, ensuite évaporer ce fluide,
pendant laquelle opération le sel cristallise graduellement.

CAROLINE. — Mais à quoi sert l'addition de l'eau, si l'on doit ensuite la faire évaporer?

Mme DE BEAUMONT. — Quand l'acide et l'alcali sont suspendus dans l'eau, ils sont plus libres d'agir l'un sur l'autre, leur union est plus complète et le sel prend la forme de cristaux pendant la lente évaporation du dissolvant.

Le sulfate de soude se liquéfie par la chaleur, et fait efflorescence dans l'air.

GUSTAVE. — Que signifie ce mot efflorescence? je ne me souviens point de l'avoir jamais entendu.   .

Mme DE BEAUMONT. — On dit qu'un sel est efflorescent quand il perd son eau de cristallisation par l'exposition à l'air, et se convertit ainsi peu à peu en une poudre sèche. Remarquez que ces cristaux de sulfate de soude sont loin d'avoir la transparence qui appartient à leur état cristallin : ils sont couverts d'une poudre blanche, parce qu'ils ont été exposés à l'atmosphère qui a privé leur surface de son lustre en absorbant l'eau de cristallisation. Les sels sont sujets soit à s'effleurir soit à se liquéfier. Cette dernière propriété est précisément l'inverse de la première : c'est-à-dire que les sels qui en sont pourvus absorbent l'eau de l'atmosphère, et sont humectés et graduellement fondus par elle. Le muriate de chaux est un exemple de cet effet.

GUSTAVE. — Mais quelques sels n'ont-ils pas une attraction *pour l'eau, égale à celle de l'atmosphère* ensorte qu'ils ne puissent être affectés par lui en ce sens?

Mme DE BEAUMONT. — Oui ; plusieurs sels sont dans ce cas , par exemple, le sel commun , le sulfate de magnésie et beaucoup d'autres.

Le sulfate de chaux est souvent produit naturellement, et constitue la substance bien connue sous le nom de *gypse* ou *plâtre de Paris.*

Le sulfate de magnésie, vulgairement dit *sel d'Epsom* , est une médecine très amère , qu'on extrait de l'eau de mer et de certaines sources, et qu'on peut aussi préparer par le mélange direct de ses ingrédients.

. Nous avons déjà parlé du *sulfate d'alumine* comme constituant *l'alun commun.* On le trouve en nature dans le voisinage des volcans, et ses puissantes propriétés astringentes le rendent très utile dans les arts. On l'emploie principalement pour les teintures et la fabrication de certaines espèces de cuirs.

L'acide sulfurique se combine aussi avec les métaux.

CAROLINE. — Nous connaissons déjà une de ses combinaisons métalliques , le *sulfate de fer.*

Mme DE BEAUMONT. — C'est le plus important des sels métalliques formés par l'acide sulfurique , et le seul dont nous parlerons. Il est d'un grand usage dans les arts ; et en médecine, on l'emploie comme un tonique très efficace.

Le sulfate de fer peut être préparé, comme vous l'avez vu, en faisant dissoudre ce métal dans l'acide sulfurique : mais on le tire communément de productions naturelles nommées *pyrites,* qui sont un sulfure de fer, et conséquemment peuvent être oxydées par leur simple exposition à l'air, et former le sel que l'on se procure ainsi en très grande quantité.

GUSTAVE. — Je m'étonne que les acides et les sels composés soient généralement extraits de leurs combinaisons plutôt que de l'union directe de leurs ingrédients.

Mme DE BEAUMONT. — Si les corps simples étaient toujours à notre portée, il est sûr que leur combinaison serait le meilleur moyen de former les composés ; mais vous devez considérer que le plus souvent il serait très difficile et très dispendieux d'obtenir ces substances pures, et qu'il est plus convenable d'extraire leurs composés, d'autres composés, dans lesquels ils se trouvent tout formés. Mais pour revenir au sulfate de fer, il existe un acide végétal nommé *acide gallique*, lequel a la propriété singulière de précipiter ce sel en le rendant noir. — Je vais verser quelques gouttes d'acide gallique dans cette solution de sulfate de fer. — Regardez.

CAROLINE. — Elle est devenue aussi noire que de l'encre !

Mme DE BEAUMONT. — Et c'est de l'encre en effet. L'encre à écrire est un précipité de sulfate de fer par l'acide gallique, et sa couleur noire vient de la formation d'un *gallate de fer* qui, n'étant pas soluble, reste suspendu dans l'eau.

Cet acide a aussi la propriété d'altérer la couleur du fer dans son état métallique. Vous pouvez observer cet effet sur la lame des couteaux avec lesquels vous coupez certains fruits.

CAROLINE. — Cela est vrai; et c'est peut-être par cette raison que l'on se sert de couteaux d'argent pour les fruits. L'acide gallique n'a probablement pas d'action sur l'argent. — Tous les fruits renferment-ils de cet acide ?

Mme DE BEAUMONT. — Il existe en plus ou moins grande quantité dans l'écorce de la plupart des fruits et dans les racines, principalement dans les radis, dont la couleur rouge éclatante se change en violet foncé quand on les ratisse avec une lame de fer, qui se trouve en même temps noircie. Mais la substance végétale dans laquelle l'acide gallique abonde le plus, est la *noix de galle*, sorte d'excroissance qui vient sur le chêne, et de laquelle on extrait cet acide pour divers usages.

Nous dirons maintenant quelques mots sur les acides phosphorique et phosphoreux. Quand nous avons traité du phosphore, vous avez vu que ces acides en étaient tirés par la combustion.

GUSTAVE. — Oui; mais je serais très surpris que ce moyen fût employé habituellement, puisqu'il est si difficile de se procurer du phosphore pur.

Mme DE BEAUMONT. — Vous avez raison, mon cher ; l'acide phosphorique employé à des usages généraux est extrait des os dans lesquels il existe en phosphate de chaux. On sépare l'acide phosphorique de ce sel par le moyen de l'acide sulfurique qui se combine avec la chaux. Dans son état pur, l'acide phosphorique est liquide ou solide, suivant son degré de concentration.

Parmi les sels formés de cet acide, le *phosphate de chaux* est le seul important. Vous savez qu'il constitue la base des os. Il se trouve aussi en petite quantité dans quelques végétaux.

SEIZIÈME ENTRETIEN.

SUR LES ACIDES NITRIQUE ET CARBONIQUE.

Azote : susceptible de divers degrés d'acidification. — Acide
nitrique : sa nature et sa composition. — Découvert par
Cavendish. — Tiré du nitrate de potasse. — Est nommé
eau-forte. — Se convertit en acide nitreux. — Gaz acide
nitrique. — Se change en gaz acide nitreux. — Eudiomètre.
Oxyde d'azote gazeux. — Ses effets singuliers. — Ni-
trates. — Nitrate de potasse ou salpêtre. — Poudre à
canon. — Causes de la détonation. — Décomposition du
salpêtre. — Déflagration. — Nitrate d'ammoniaque. — Nitrate d'argent. — Acide carbonique. — Formé par la combustion du carbone. — Constitue une partie de l'atmosphère.
— Exhalé de certaines cavernes. — Sa pesanteur. — Est tirée
des pierres calcaires. — Ses effets délétères sur la respiration. — Sources qui fournissent ce gaz à l'atmosphère. —
Ses effets sur la végétation. — Carbonate de chaux. —
Marbre, craie, coquilles, pierres calcaires.

Mme DE BEAUMONT, CAROLINE, GUSTAVE.

Mme DE BEAUMONT. — Je crains d'entamer le sujet
de l'acide nitrique, car je suis sûre que Caroline me

fera querelle pour ne lui avoir pas parlé plutôt de cette substance.

Caroline. — Pourquoi pensez-vous cela, maman ?

Mme de Beaumont. — Parce que depuis long-temps vous connaissez la base de cet acide, qui est le nytrogène ou azote, et qu'en parlant de cet élément, je n'ai jamais dit un seul mot de l'acide qu'il forme. Je vais vous donner mon excuse pour cette omission qui ne vient nullement de négligence.

L'azote ayant été un des premiers corps simples que nous avons examinés, il eût été difficile de vous faire comprendre la formation de l'acide dont il est le radical, quand vous n'aviez encore aucune idée de la combustion.

Caroline. — Ce qui me surprend, c'est qu'il ne nous soit jamais venu à l'esprit de vous demander si l'azote ne pouvait pas être acidifié ; car puisque nous le voyons rangé parmi les corps combustibles nous pouvions supposer qu'il produisait un acide.

Mme de Beaumont. — Ce ne serait pas une conséquence nécessaire ; car une substance pourrait se combiner avec l'oxygène seulement au degré qui produit les oxydes. Mais l'azote est susceptible de divers degrés d'oxygénation ; les uns le convertissent en oxyde, les autres lui donnent toutes les propriétés acides.

Les acides résultant de la combinaison de l'oxygène et l'azote sont : l'acide nitrique et l'acide nitreux. Nous parlerons d'abord du premier dans lequel

l'azote a le plus haut degré d'oxygénation. Cet acide
a une attraction si puissante pour l'eau, qu'on ne l'obtient jamais totalement dégagé de ce fluide. Mais, l'eau
peut être assez fortement imprégnée d'acide nitrique,
pour former une solution acide extrêmement forte.
En voici une bouteille qui, vous le voyez est tout-à-
fait limpide.

CAROLINE. — Quelle odeur forte et désagréable !

Mme DE BEAUMONT. — L'acide nitrique contient plus
d'oxygène que tous les autres ; mais il le cède très facilement.

GUSTAVE. — Alors, ce doit être un puissant caustique, et par sa facilité à se séparer de l'oxygène et par
la quantité qu'il peut en fournir.

Mme DE BEAUMONT. — C'est bien, Gustave ; la cause
et l'effet sont exactement tels que vous venez de les
décrire. L'acide nitrique brûle et détruit toute matière
organisée quelconque. Il peut même enflammer quelques substances très combustibles. — Nous allons en
verser un peu sur ce morceau de charbon chaud. —
Vous le verrez prendre feu tout de suite ; et il en serait
de même de l'huile de térébenthine, du phosphore et
de plusieurs autres corps éminemment combustibles.
Cela vous prouve avec quelle facilité ces corps décomposent cet acide, car c'est l'absorption de son oxygène
qui produit en eux de tels effets.

On emploie dans les arts l'acide nitrique depuis un
temps immémorial; mais il n'y a que vingt-cinq ans
que l'on connaît sa nature chimique. Le célèbre chimiste anglais Cavendish a découvert qu'il se composait

d'environ 10 parties de d'azote et 25 d'oxygène *. Ces principes, dans leur état gazeux, se combinent à une haute température; et l'on peut les disposer à cette opération en faisant passer plusieurs fois l'étincelle électrique dans un mélange des deux gaz.

GUSTAVE. — Je suppose que l'azote et l'oxygène de l'atmosphère ne se combinent point, parce que leur température n'est pas assez élevée.

CAROLINE. — Mais quand il tonne et que les éclairs traversent l'atmosphère, ne peuvent-ils pas produire de l'acide nitrique? Nous serions dans une étrange situation, si un violent orage venait à changer l'atmosphère en acide nitrique.

Mme DE BEAUMONT. — Ce danger n'est pas à craindre, ma chère; les éclairs ne peuvent affecter qu'une très petite partie de l'atmosphère, et quand ils formeraient par hasard quelque peu d'acide nitrique; ce ne serait jamais en quantité suffisante pour être aperçue.

CAROLINE. — Mais comment pouvait on user de l'acide nitrique avant d'avoir découvert la manière de combiner ses constituants?

Mme DE BEAUMONT. — Avant cette époque, on le tirait, comme on le fait encore, du sel composé que forme cet acide avec la potasse, et qu'on appelle vulgairement *sel de nitre*, ou *nitre*.

CAROLINE. — Pourquoi se servir de ces noms impropres? Je vous en prie, maman, qu'ils soient du

* La proportion établie par Davy dans ses *Recherches chimiques*, est de 1,000 à 2,389.

moins bannis de nos entretiens ; et laissez nous appeler ce sel, *nitrate de potasse.*

Mme DE BEAUMONT. — Très volontiers; mais il faut cependant que vous connaissiez les anciens noms, sur-tout quand ils sont encore en usage; autrement, quand vous les rencontreriez, vous ne pourriez les entendre.

GUSTAVE. — Et comment l'acide est-il extrait de ce sel?

Mme DE BEAUMONT. — Par l'intervention de l'acide sulfurique qui se combine avec la potasse, et laisse l'acide nitrique en liberté. Je puis aisément vous montrer cette opération en mêlant dans cette cornue du nitrate de potasse et de l'acide sulfurique, et en les faisant chauffer sur la lampe. L'acide nitrique s'élèvera en forme de vapeur que nous recueillerons dans une cloche de verre. Délayé dans l'eau, cet acide prend le nom d'*eau forte*, si Caroline me permet de citer ce nom.

CAROLINE. — J'ai souvent entendu parler de l'eau forte et de la propriété qu'elle a de dissoudre tous les métaux; elle la doit sûrement à la facilité avec laquelle son oxygène la quitte?

Mme DE BEAUMONT. — Oui ; et le nom d'eau forte lui a été donné en raison de cette puissante propriété dissolvante. Vous vous rappelez sans doute que nous avons oxydé, ensuite dissous du cuivre dans cet acide?

GUSTAVE. — Il me semble en effet que le nitrate de cuivre est le premier exemple de sel composé que vous nous avez donné.

CAROLINE. — L'acide nitrique peut-il être complètement décomposé et rétabli en azote et en oxygène?

Gustave. — Cela ne se peut, Caroline; puisque l'acide n'est susceptible d'être décomposé que par la combinaison de ses constituants avec d'autres corps.

Mme de Beaumont. — Il est vrai; mais le calorique seul peut opérer cet effet. En faisant passer l'acide dans un tube de porcelaine chauffé au rouge, il est décomposé, l'azote et l'oxygène reprennent le calorique qu'ils avaient perdus en se combinant, et sont ainsi rétablis dans leur premier état de gaz.

L'acide nitrique peut aussi être partiellement décomposé, et devenir par ce moyen de l'acide *nitreux*.

Caroline. — Ce changement doit être facile, l'oxygène étant si faiblement combiné avec le nytrogène.

Mme de Beaumont. — La décomposition partielle de l'acide nitrique est effectuée par le plus grand nombre des métaux; mais il suffit d'exposer cet acide à une forte lumière pour qu'il se dégage d'une partie de son oxygène et se convertisse en acide nitreux. Ce dernier acide liquide prend divers degrés de force, suivant la proportion de gaz acide nitreux, et d'eau qui le compose. Le plus fort est de couleur jaune, comme vous le voyez dans cette bouteille.

Caroline. — Il fume quand on ôte le bouchon.

Mme de Beaumont. — L'acide existe naturellement en forme de gaz, et il est ici tellement concentré dans l'eau qu'il tend toujours à en échapper.

Voici une autre bouteille d'acide nitreux d'un rouge

orangé; il est plus faible que le premier , c'est-à-dire qu'il contient moins de gaz acide ; et une quantité encore plus petite de ce gaz produit le fluide olivâtre que vous voyez dans cette troisième bouteille : plus l'acide est faible, plus sa couleur est foncée.

L'acide nitreux a une action plus puissante sur quelques substances inflammables que l'acide nitrique.

Gustave. — Cela m'étonne : car il contient moins d'oxygène.

Mme de Beaumont. — Mais il s'en sépare plus facilement. Vous pouvez vous rappeler que nous avons enflammé de l'huile avec cet acide.

Les autres combinaisons plus faibles d'azote et de l'oxygène produisent des oxydes d'azote , le premier desquels est appelé *gaz-nitreux* et plus proprement *gaz oxyde nitreux*. On l'obtient en exposant de l'acide nitrique à l'action des métaux ; et comme en les dissolvant, cet acide ne leur cède pas tout son oxygène , il conserve une proportion de ce principe suffisante pour le convertir en une sorte de gaz , dont j'ai conservé un peu dans ce récipient , sur le bain d'eau.

Gustave. — C'est un fluide élastique parfaitement invisible.

Mme de Beaumont. — Oui ; et il peut se conserver aussi long-temps que l'on veut , de cette manière, n'étant pas susceptible, de même que les acides nitrique et nitreux , d'être absorbé par l'eau. Ce gaz est un peu plus léger que l'air atmosphérique, et ne peut entretenir la respiration ni la combustion. Je vais in-

cliner doucement la cloche et en laisser échapper un
peu.

GUSTAVE. — Quel singulier effet! cela produit une
fumée orange comme l'acide nitreux! C'est d'autant
plus extraordinaire que le gaz dans la cloche est tout-
à-fait invisible.

Mme DE BEAUMONT. — Je serais charmée de vous entendre expliquer vous-même ce changement.

CAROLINE. — A la couleur et à l'odeur, on dirait
que ce gaz se serait converti en gaz acide nitreux.
Cependant cela ne peut être, à moins qu'il ne se soit
combiné avec une plus grande quantité d'oxygène ; et
d'où peut-il obtenir cet oxygène à l'instant où il sort
de la cloche?

GUSTAVE — De l'atmosphère sans doute, n'est-il
pas vrai, maman?

Mme DE BEAUMONT. — Vous avez deviné. Aussitôt que
le gaz est en contact avec l'atmosphère, il absorbe
la quantité additionnelle d'oxygène nécessaire pour
passer à l'état de gaz acide nitreux. Et si je sors tout-à-
fait la cloche de l'eau, et que la totalité du gaz se trouve
à la fois en contact avec l'atmosphère, l'effet paraîtra
encore plus frappant.

GUSTAVE. — Voyez, Caroline, toute la capacité de
la cloche est teinte d'une couleur orange!

Mme DE BEAUMONT. — Ainsi vous voyez que le *gas
oxyde nitreux* se convertit en *gaz acide nitreux* par
un procédé bien simple. La propriété d'attirer l'oxygène de l'atmosphère, sans aucune élévation de température, a fait employer le gaz oxyde nitreux pour

33*

s'assurer du degré de pureté de l'air. Je vais vous
montrer de quelle manière on fait cette épreuve. Vous
voyez ce tube de verre gradué, fermé à l'une de ses
extrémités (Pl. 10 , fig. 2.) , je commence par y mettre
de l'eau, puis j'y introduis une certaine proportion de
gaz oxyde nitreux, lequel n'étant pas susceptible d'être
absorbé par l'eau passe au travers de ce fluide , et va
occuper la partie supérieure du tube. Alors j'ajouterai
un peu plus des deux tiers de gaz oxygène , ce qui
suffira pour changer le gaz oxyde nitreux en gaz acide
nitreux.

CAROLINE. — Je vois en effet le gaz prendre la couleur orange ; mais il disparaît ensuite , et l'eau monte
et remplit presque le tube.

Mme DE BEAUMONT. — C'est parce que le gaz acide
nitreux peut être absorbé par l'eau , et que , à mesure
qu'elle en devient imprégnée, elle s'élève dans le tube.
Quand le gaz oxygène est très pur et la proportion
réquise bien observée, le tout est absorbé dans l'eau ;
mais si quelqu'autre gaz est mêlé à l'oxygène, au lieu
de se combiner avec le gaz oxyde nitreux, il reste dans
la partie supérieure du tube ; et de même, si les gaz
ne sont pas mêlés en proportions dues , il y a un résidu
de celui qui prédomine. — Avant de finir ce sujet , je
dois vous faire remarquer que l'acide nitreux peut être
formé par la dissolution du gaz oxyde nitreux dans de
l'acide nitrique , opération qui se fait en laissant passer des bulles de gaz oxyde nitreux dans l'acide nitrique.

GUSTAVE. — C'est-à-dire que l'azote à son plus

haut degré d'oxygénation, étant mêlé avec l'azote à son plus faible degré d'oxygénation, produit une substance d'une oxygénation intermédiaire, qui est l'acide nitreux.

Mme DE BEAUMONT — Vous avez établi le fait avec beaucoup de précision. — On prépare l'oxyde nitreux de plusieurs autres manières, qu'il n'est pas nécessaire de mentionner. Je n'ai plus à vous citer qu'une seule modification très curieuse de l'azote oxygéné, à laquelle on donne le nom *d'oxyde d'azote gazeux*. Les propriétés de ce gaz n'ont été connues que depuis peu, et c'est principalement M. Davy qui s'en est occupé. Il produit, lorsqu'on le respire, une sorte d'ivresse, et provoque le plus souvent un rire démesuré.

CAROLINE. — Il est donc respirable ?

Mme DE BEAUMONT. — Non pas absolument; puisqu'il ne pourrait soutenir la vie pendant long-temps ; mais on peut le respirer quelques instants, sans aucun autre effet que l'excitation extraordinaire dont je viens de parler. Cependant tout le monde n'est pas affecté de la même manière par ce gaz enivrant : quelques personnes deviennent furieuses, d'autres éprouvent une langueur suivie d'évanouissements ; mais le plus grand nombre s'accorde à trouver les sensations qu'il excite extrêmement agréables.

CAROLINE. — Je serais curieuse d'en essayer. — Comment fait-on pour respirer ce gaz.

Mme DE BEAUMONT. — On le recueille dans une vessie à laquelle s'adapte un tube très court, avec un

robinet : on applique ce robinet à la bouche, et l'on
tient de l'autre main les narines pour ôter l'accès à
l'air commun : alors on respire et l'on expire le gaz
jusqu'à ce qu'on ressente ses effets. Mais je ne vous
permettrai pas de faire cette expérience ; car les nerfs
en sont quelquefois affectés d'une manière fâcheuse.

GUSTAVE. — Je voudrais au moins voir quelqu'un
en respirer. Mais comment se procure-t-on ce gaz
extraordinaire?

Mme DE BEAUMONT. — Il est tiré du *nitrate d'ammoniaque*, sel artificiel qui dégage ce gaz par l'application d'une légère chaleur. J'ai mis un peu de ce sel dans
une cornue, et à l'aide de la lampe le gaz en sera extrait.

CAROLINE. — Des bulles commencent déjà à passer
du col de la cornue dans la cuve à eau ; ne voulez-
vous pas les recueillir ?

Mme DE BEAUMONT. — Le gaz qui paraît le premier
n'est que de l'air commun, qui était contenu dans la
cornue. D'ailleurs il se forme toujours dans cette expérience une certaine quantité de vapeur aqueuse qu'il
faut laisser échapper avant que le gaz oxyde nitreux
se montre.

GUSTAVE. — De la vapeur aqueuse! et d'où vient
elle ? il n'y a point d'eau dans le nitrate d'ammoniaque?

Mme DE BEAUMONT. — Vous oubliez que tous les sels
ont leur eau de cristallisation qui s'évapore par la chaleur seule. Mais, outre cela, je vais vous montrer
comment l'eau est produite dans cette expérience.
Dites-moi premièrement de quoi se compose le nitrate d'ammoniaque?

GUSTAVE. — D'ammoniaque et d'acide nitrique ; ce sel contient donc trois éléments, l'azote et l'hygène qui forment l'ammoniaque, et l'oxygène qui, avec l'azote, forme l'acide.

Mme DE BEAUMONT. — Dans ce procédé, où l'ammoniaque est décomposé, l'hydrogène doit donc quitter l'azote pour se combiner avec une partie de l'oxygène de l'acide nitrique, et former avec lui la vapeur aqueuse que vous voyez. Quand cette décomposition sera effectuée, qu'en résultera-t-il ?

GUSTAVE. — De l'acide nitreux au lieu de l'acide nitrique et de l'azote au lieu de l'ammoniaque.

Mme DE BEAUMONT. — C'est cela : et l'acide nitreux et l'azote se combinent et forment l'oxyde gazeux d'azote dans lequel l'oxygène est dans la proportion de 37 parties à 63. Vous auriez pu remarquer que depuis quelques instants aucunes bulles d'air ne paraissent, et que nous apercevons seulement un courant de vapeur qui se condense à mesure qu'elle sort de l'eau. — Maintenant les bulles d'air reparaissent, et je suppose que toute la vapeur aqueuse est sortie, et que nous pouvons recueillir le gaz. Nous verrons s'il est pur en l'introduisant dans cette fiole, et en y plongeant un flambeau allumé. Oui, le gaz se dégage, car le flambeau donne une flamme verdâtre et plus brillante que dans l'air commun.

CAROLINE. — Mais je pensais que la combustion ne pouvait être entretenue que par le gaz oxygène ou par le chlore.

Mme DE BEAUMONT. — Ou par les gaz dans lesquels

l'oxygène est contenu, et qui dégagent facilement ce principe, et c'est ce qui arrive en ce cas. Il n'est donc pas surprenant que la combustion de la bougie soit accélérée.

Vous voyez que le gaz est actuellement fourni en grande abondance, et je suppose que quelqu'un de la maison sera curieux d'éprouver son effet. Pendant que notre expérience s'effectue nous parcourrons les combinaisons les plus importantes des acides nitrique et nitreux avec les alcalis.

La première est le *nitrate de potasse* communément appelé *nitre ou salpêtre*.

CAROLINE. — N'est-ce pas avec ce sel qu'est faite la poudre à canon?

Mᵐᵉ DE BEAUMONT. — Oui. La poudre à canon est un mélange de cinq parties de nitre, d'une de soufre et d'une de charbon. — Le nitre par la grande quantité d'oxygène qu'il contient, et sa facilité à s'en séparer est en général la base des compositions détonnantes.

GUSTAVE. — Mais quelle est la cause de la violente détonnation de la poudre lorsqu'on y met le feu?

Mᵐᵉ DE BEAUMONT. — Elle peut provenir de deux causes; de la subite formation ou de la subite destruction d'un fluide élastique. Dans le premier cas, celui de la conversion soudaine d'un liquide ou d'un solide en fluide élastique, la prodigieuse expansion du corps, frappe l'air avec violence, et cette percussion produit le son appelé détonnation.

CAROLINE. — Je comprends fort bien cela; mais

comment la destruction d'un gaz produirait-elle le même effet?

Mme DE BEAUMONT. — Un gaz ne peut être détruit qu'en se condensant en forme liquide ou solide. Quand cet effet a lieu subitement, le gaz, en devenant plus compacte produit un vide dans lequel l'air se précipite avec impétuosité, et c'est cette rapide et violente commotion qui produit le son. Dans toutes les détonnations il est donc nécessaire que des gaz aient été formés ou détruits. Dites-moi lequel de ces deux effets a lieu dans la détonnation de la poudre?

GUSTAVE. — Comme la poudre est un solide, elle doit produire des gaz en détonnant : mais je ne puis dire comment.

Mme DE BEAUMONT. — Les constituants de la poudre à canon quand ils sont échauffés à certain degré, entrent dans un nombre infini de nouvelles combinaisons, et sont immédiatement convertis en plusieurs espèces de gaz, dont la soudaine expansion produit la détonnation.

CAROLINE. — Donnez-nous je vous prie un exemple de détonnation produite par la condensation du gaz.

Mme DE BEAUMONT. — Je puis vous en donner un très familier ; la combinaison instantanée des gaz oxygène et hydrogène.

CAROLINE. — C'est vrai ; je me rappelle maintenant que ces deux gaz détonnent quand ils se combinent pour former de l'eau.

Mme DE BEAUMONT. — Revenons au nitrate de potasse. — Ce sel se décompose en l'exposant à la cha-

leur , et mêlé à des corps combustibles , tels que le
carbone , le soufre, les métaux; il oxyde rapidement
ces substances à ses dépens. — Je vais poser du
nitrate au feu, dans un petit vaisseau de fer , et
quand il sera suffisamment échauffé, j'y ajouterai
de la poussière de charbon qui attirera l'oxygène du
sel , et sera convertie en acide carbonique.

GUSTAVE. — D'où proviennent le pétillement et les
éclairs qui accompagnent cette combinaison?

Mme DE BEAUMONT. — La rapidité avec laquelle l'a-
cide carbonique est fourni occasionne une suite de
petites détonnations qui , jointes à l'émission de la
flamme , produisent ce qu'on appelle une *déflagration*.

Le *nitrate d'ammoniaque* vous est déjà connu,
ainsi que le fluide oxyde gazeux d'azote qui en est
tiré.

Le nitrate d'argent est un caustique très remarquable
par sa puissance pour détruire la fibre animale , et il
est employé à cette fin dans la chirurgie. — Nous avons
suffisamment expliqué en d'autres occasions l'effet des
caustiques, et nous ne dirons rien de plus à ce sujet.

Nous passerons à l'acide carbonique déjà mentionné
en plusieurs occasions. Vous vous rappelez que cet acide
peut être formé par la combustion du carbone, soit dans
son état ordinaire , soit dans son état de diamant. Et
il n'est pas nécessaire pour cela de brûler le carbone
dans du gaz oxygène, comme nous l'avons fait dans
nos expériences; mais seulement d'allumer un morceau de charbon, et de le suspendre sous un récipient
placé sur le bain d'eau. Le charbon s'éteint bientôt ,

et l'air contenu dans le récipient se trouve mêlé d'acide carbonique. Toutefois , le procédé est plus expéditif, la combustion se fait dans du gaz oxygène pur.

CAROLINE. — Mais comment pouvez-vous séparer le gaz acide carbonique de l'air , avec lequel il est mêlé ?

Mme DE BEAUMONT. — La méthode la plus commode est d'introduire sous le récipient une certaine quantité de chaux caustique, ou d'un autre alcali caustique, lequel attire bientôt l'acide carbonique pour former un carbonate. L'alcali augmente de poids , et le volume d'air diminue, dans une quantité égale à celle de l'acide carbonique qui se trouvait mêlé avec le dernier.

GUSTAVE. — Peut-on obtenir du carbone par de l'acide carbonique?

Mme DE BEAUMONT. — Pendant long-temps on a cru l'acide carbonique indécomposable : Mais M. Tennant a découvert en dernier lieu que cet acide pouvait être décomposé en brûlant du phosphore dans un vaisseau bien fermé avec du carbonate de soude ou du carbonate de chaux : le phosphore absorbe l'oxygène du carbonate, et le charbon reste séparé sous la forme d'une poudre noire. Cependant cette décomposition n'est pas effectuée uniquement par l'affinité du phosphore pour l'oxygène , puisqu'elle est plus faible que celle du charbon ; mais l'affinité de la soude ou de la chaux pour l'acide phosphorique agit dans le même sens, et emporte la balance.

CAROLINE. — Pourrions nous faire cette expérience?

Mme DE BEAUMONT. — Cela nous serait difficile ; elle v nt être exécutée avec beaucoup de soins pour obtenir une quantité sensible de carbone, et je n'oserai la tenter. Mais, l'exactitude des résultats obtenus par M. Tennant est reconnue par tous les chimistes, et il a prouvé que cent parties d'acide carbonique se forment d'environ vingt-huit parties de carbone et soixante-douze de gaz oxygène. D'ailleurs, vous devez vous souvenir que nous avons décomposé l'autre jour du gaz acide carbonique en brûlant dans ce gaz du potassium.

CAROLINE. — Cela est vrai; et nous avons trouvé le carbone précipité sur la potasse régénérée.

Mme DE BEAUMONT. — Le gaz acide carbonique abonde dans la nature; on suppose qu'il forme à peu près la millième partie de l'atmosphère, et la respiration des animaux le produit sans cesse : il existe dans une infinité de combinaisons, et se dégage par plusieurs décompositions naturelles. Certaines cavernes, telles que la *grotte du chien*, près de Naples, contiennent ce gaz dans un état de grande pureté.

GUSTAVE. — J'ai lu des récits de cette grotte, et des cruelles expériences faites là pour satisfaire la curiosité des voyageurs aux dépens des pauvres chiens; mais on donnait à la vapeur méphitique qui sort de la grotte du chien le nom *d'air fixe*.

Mme DE BEAUMONT. — C'est le nom sous lequel le gaz acide carbonique était connu avant que sa composition chimique eût été découverte.—Ce gaz est un des plus destructeurs de la vie; et si les pauvres animaux qui ont été soumis à ses effets ne sont pas plon-

gés dans l'eau froide aussitôt qu'ils perdent le senti-
ment, ils ne peuvent échapper à la mort. La flamme
s'éteint à l'instant dans ce gaz. J'en ai recueilli un
peu dans ce verre que je vais renverser sur la bougie.

CAROLINE. — C'est très singulier ! on dirait que la
lumière s'éteint par enchantement, le gaz étant invisible. Je n'aurais jamais imaginé que l'on pût verser
du gaz comme un liquide.

Mme DE BEAUMONT. — On ne peut faire cela qu'avec
le gaz acide carbonique ; les autres gaz ne sont pas assez
pesants pour qu'on puisse les verser à travers l'atmosphère sans qu'ils se mêlent avec lui.

GUSTAVE. — Comment vous êtes-vous procuré ce
gaz, maman.

Mme DE BEAUMONT. — Je l'ai extrait du marbre. Le
gaz acide carbonique a une si forte attraction pour les
alcalis et les terres alcalines que ces dernières sont
toujours naturellement en état de carbonate. Combiné
avec la chaux, cet acide forme la craie, qui peut être
considérée comme la base de tous les marbres et de
toutes les pierres calcaires. On peut séparer aisément
l'acide de ces substances, ear il adhère si faiblement
à ses combinaisons, que les carbonates sont décomposés par tous les autres acides. Pour obtenir ce gaz, je
n'ai eu qu'à verser de l'acide sulfurique delayé sur de
la poussière de marbre, dans cette même bouteille qui
nous a servi à préparer le gaz hydrogène ; et le gaz
acide carbonique a échappé à travers le tube, adapté au
vase ; l'opération continue encore comme vous voyez.

GUSTAVE. — Oui ; et il se fait une grande fermentation dans le vaisseau de verre. Quelle étrange commotion est excitée par l'acide sulfurique, prenant possession de la chaux et repoussant l'acide carbonique !

CAROLINE. — L'acide carbonique existe t-il dans le marbre en forme de gaz ?

Mme DE BEAUMONT. — Non certainement : cet acide combiné avec d'autres corps, peut exister en forme solide.

CAROLINE. — D'où peut-il donc obtenir le calorique nécessaire pour se convertir en gaz ?

Mme DE BEAUMONT. — Dans ce cas, le mélange de l'acide sulfurique et de l'eau produit un dégagement de chaleur plus que suffisant, et vous pouvez vous apercevoir en touchant le vase, qu'une quantité considérable de calorique devient sensible. Mais le calorique peut aussi être obtenu par une diminution de capacité pour la chaleur, en conséquence de la nouvelle combinaison ; et c'est ce qui arrive quand on emploie à séparer le gaz acide carbonique d'autres acides, qui ne donnent point de chaleur comme l'acide sulfurique par leur mélange avec l'eau. L'acide carbonique peut également être dégagé de ses combinaisons par la seule chaleur, qui le rétablit dans son état de gaz.

CAROLINE. — Il me paraît très extraordinaire que le même gaz, qui est produit par la combustion du bois et des charbons, puisse exister dans des corps incombustibles, tels que le marbre et la craie.

Mme DE BEAUMONT. — Je veux que vous résolviez

vous-même votre objection, Caroline. L'acide carbonique est-il combustible?

CAROLINE. — Pourquoi ne le serait-il pas? — Ah! parce qu'il a déjà été brûlé; c'est le carbone seulement et non l'acide qui est combustible.

Mme DE BEAUMONT. — Et quelle conséquence tirez-vous de cela?

CAROLINE. — Que l'acide carbonique ne peut rendre combustibles les corps avec lesquels il s'unit; mais que le simple carbone le peut, et que c'est dans cet état élémentaire qu'il existe dans le bois et les autres corps combustibles. — Mais vous n'êtes pas généreuse, maman, vous me forcez à fournir moi-même les armes avec lesquelles vous me battez.

Mme DE BEAUMONT. — Dites plutôt que je vous donne le moyen de rectifier plus efficacement vos erreurs en cherchant vous-même la vérité. Vous concevez maintenant j'espère, comment la décomposition de la chaux et du marbre produit l'acide carbonique, de même que celle des charbons. Mais ces procédés sont assurément d'une nature différente; dans le premier, l'acide déjà formé n'exige que l'application de la chaleur pour reprendre sa forme gazeuse; et dans le second, l'acide est réellement formé par la combustion.

CAROLINE. — J'entends parfaitement; mais une autre difficulté me vient à l'esprit, et je ne pense pas pouvoir la résoudre moi-même. Comment cette immense quantité de marbres et de pierres calcaires qui est répandue sur la surface du globe, est-elle pourvue de l'acide carbonique, avec lequel elle est combinée?

34*

Mme DE BEAUMONT. — Cette question n'est pas en
effet très facile à résoudre ; mais je conçois que la car-
bonisation générale des pierres calcaires a pu être
l'effet d'une combustion occasionée par quelque révolution du globe, qui a produit l'immense quantité
d'acide carbonique, avec laquelle la matière calcaire
a été imprégnée : ou bien, que cela peut avoir été effectué par l'absorption graduelle de l'acide carbonique de l'atmosphère. — Mais ceci nous mènerait à
des discussions qui sortent de notre sujet.

GUSTAVE. — Comment se fait-il que nous ne nous
apercevions pas des effets pernicieux de l'acide carbonique flottant dans l'atmosphère ?

Mme DE BEAUMONT. — Parce qu'il existe dans l'atmosphère en état de grande dilution. Mais, dites-
moi, Gustave, quelles sources fournissent constamment cet acide à l'atmosphère ?

GUSTAVE. — Je suppose que c'est la combustion du
dois, des charbons et autres substances qui contiennent du carbone.

Mme DE BEAUMONT. — Et de plus la respiration des
animaux.

CAROLINE. — Comment ! vous nous disiez que ce
gaz n'était pas respirable, mais au contraire, qu'il
était mortel à recevoir dans les poumons.

Mme DE BEAUMONT. — Cela est ainsi ; mais, quoique les animaux ne puissent respirer dans le gaz acide
carbonique, ils ont le pouvoir de former ce gaz dans
leurs poumons pendant le procédé de la respiration ;
en sorte que l'air que nous *expirons* ou rejetons en

dehors, contient toujours une certaine proportion d'acide carbonique, beaucoup plus grande que celle qu'on trouve communément dans l'atmosphère.

CAROLINE. — Mais pourquoi l'acide carbonique est-il un poison si dangereux ?

Mme DE BEAUMONT. — Il paraît que ce gaz détruit la vie seulement en fermant l'accès à l'air respirable ; car, à moins que le gaz acide carbonique ne soit très délayé dans l'air commun, il ne pénètre point dans les poumons, la trachée artère se contractant à son approche.— Mais, nous remettrons ce sujet au temps où nous traiterons des fonctions chimiques des animaux.

GUSTAVE. — L'acide carbonique est-il aussi nuisible à la vie des végétaux qu'à celle des animaux ?

Mme DE BEAUMONT. — Si l'on plongeait entièrement un végétal dans cet acide, je pense qu'il serait détruit ; mais mêlé avec certaine proportion d'air atmosphérique, l'acide carbonique est au contraire très favorable à la végétation.

Vous n'avez pas oublié, je suppose, ce que je vous ai dit des eaux minérales naturelles et artificielles, qui contiennent du gaz acide carbonique?

CAROLINE. — Comme l'eau de Seltz.

Mme DE BEAUMONT. — Celle-là est une des plus usitées ; mais l'acide carbonique entre dans la composition de beaucoup d'autres ; et toutes sont distinguées par le nom d'*eaux minérales*, *acides* ou *gazeuses*.

Les sels nommés *carbonates*, sont les plus nombreux dans la nature ; mais leur étendue ne nous permet pas d'entrer dans tous les détails qui les concernent. L'état de carbonate est l'état naturel d'une grande variété de minéraux, particulièrement les alcalis, et les terres alcalines, dont l'attraction pour l'acide carbonique est si grande qu'on les trouve presque toujours combinées avec lui. Vous savez que c'est seulement en les séparant de cet acide que ces substances offrent la causticité et les autres qualités précédemment décrites. Tous les marbres, les craies, les coquilles, les spars calcaires, et les pierres à chaux, de toute espèce, sont des sels neutres, dans lesquels la *chaux*, leur base commune, a perdu ses propriétés caractéristiques.

GUSTAVE. — Mais si toutes ses substances sont formées d'acide carbonique et de chaux, d'où vient leur apparence si différente?

Mme DE BEAUMONT. — Des différentes proportions de leurs constituants, et d'une grande variété d'autres ingrédients qui se trouvent accidentellement mêlés avec eux. Par exemple, les veines et les couleurs des marbres viennent d'un mélange métallique; la silice et l'alumine entrent souvent aussi dans ces combinaisons. Ainsi, les divers carbonates que j'ai cités ne peuvent être regardés comme des sels neutres purs, quoiqu'ils appartiennent à cette classe de corps.

DIX-SEPTIÈME ENTRETIEN.

Mme DE BEAUMONT , CAROLINE , GUSTAVE.

Mme DE BEAUMONT. — Nous avons encore à considérer trois acides à bases simples, dont la nature com ·

posée, quoique soupçonnée depuis long-temps, n'a
été prouvée que très récemment. Le principal est l'acide
muriatique ; mais je parlerai d'abord des deux autres,
leurs bases ayant été obtenues plus distinctement que
celle de l'acide muriatique.

Vous m'avez déjà entendu mentionner l'acide *borique*. Il se trouve en petite quantité dans quelques
parties de l'Europe, mais on le tire, pour les manufactures, des provinces du Thibet, où il existe dans
quelques lacs, combiné avec la soude : On le sépare
aisément de cette substance par le moyen de l'acide
sulfurique, et il paraît sous la forme de paillettes
brillantes, comme vous le voyez.

CAROLINE. — Je suis charmée de trouver un acide
que l'on puisse toucher sans crainte ; car je pense qu'il
est plus innocent que les acides sulfurique et nitrique,
puisque vous le tenez dans un simple morceau de papier.

Mme DE BEAUMONT. — Certainement ; mais aussi
étant plus inerte il vous paraîtra moins intéressant.
Cependant sa décomposition et le brillant spectacle
qu'elle présente, compense ce qui lui manque de qualités plus remarquables.

M. Davy est parvenu à décomposer l'acide borique
(jusque-là regardé comme indécomposable) par divers moyens. En exposant cet acide à l'action de la
batterie voltaïque, le conducteur positif a donné de
l'oxygène, et sur le conducteur négatif une substance
noire, assez semblable au carbone, a été déposée.
C'était la base de l'acide à laquelle sir H. Davy donna
le nom de *boracium* ou *boron*.

On a obtenu la même substance en plus grande quantité par l'exposition de l'acide à une grande chaleur dans un canon de fusil.

Une troisième méthode pour décomposer l'acide borique, consiste à le brûler en contact avec du potassium dans un vide. Le potassium attire l'oxygène de l'acide et sa base reste séparée.

Je puis vous montrer la recomposition de cet acide en brûlant sa base, que vous voyez ici, dans une cornue pleine de gaz oxygène. La chaleur d'une bougie suffit pour cette combustion.

GUSTAVE. — La lumière qu'elle donne est étonnamment brillante; et quelles belles étincelles sont lancées!

Mme DE BEAUMONT. — Le résultat de cette combustion est l'acide borique dont vous voyez que la nature est prouvée, et par l'analyse et par la synthèse. Sa base n'a pas, il est vrai, une apparence métallique; cependant elle fait des alliages très solides avec plusieurs métaux.

GUSTAVE. — Quel est l'emploi de l'acide borique dans les manufactures?

Mme DE BEAUMONT. — On l'emploie principalement en état de *borate de soude*, communément appelé borax. Ce sel a la propriété de dissoudre les oxydes métalliques, et de provoquer la fusion des substances capables d'être fondues; il est conséquemment utile dans plusieurs arts métalliques, pour nettoyer et aussi pour essayer les métaux.

L'acide fluorique est tiré d'une substance qui se trouve fréquemment dans les mines, et que l'on nomme

fluor, parce qu'elle sert à rendre le minerai métallique
plus fluide quand il est chauffé en contact avec elle.

Quoique cette substance fût depuis long-temps employée, sa nature est restée inconnue jusqu'à ce que
Scheel, célèbre chimiste, suédois eût découvert qu'elle
consistait en chaux combinée avec un acide particulier qui reçut le nom de *fluorique* ; l'acide sulfurique
le sépare de la chaux, et s'il n'est pas condensé dans
l'eau, il s'élève en forme de gaz. Une qualité remarquable de cet acide est son attraction pour les terres
siliceuses dont je vous ai déjà parlé. Si on le distille
dans un vaisseau de verre, celui-ci est corrodé, et sa
partie siliceuse paraît à sa surface unie avec le gaz;
alors en admettant de l'eau, une partie de la silice se
dépose comme vous pouvez l'observer dans ce vase.

CAROLINE. — Je vois des nuages blancs sur la surface de l'eau, est-ce de la silice?

Mme DE BEAUMONT. — Oui. L'on s'est servi de cette
propriété corrosive pour graver sur le verre. Pour cela,
cette matière est recouverte d'une couche de cire à
travers laquelle on grave, puis on verse de l'acide fluorique sur la cire, et il corrode le verre à toutes les
places qui ont été entamées.

CAROLINE. — Je voudrais bien avoir une bouteille
de cet acide pour faire des gravures.

Mme DE BEAUMONT. — Mais vous ne pourriez l'avoir
dans une bouteille de *verre*, puisque dans ce cas il
serait saturé de silice, par conséquent incapable de
marquer les gravures : et la même chose arriverait si
vous le mettiez dans des vaisseaux de terre quelconque;

il faut donc qu'il soit préparé et conservé dans des vases d'argent.

Distillez du spar-fluor avec de l'acide vitriolique, dans
des vaisseaux d'argent ou de plomb, maintenus froids
pendant le procédé, il prendra la forme d'un fluide
épais, et dans cet état, c'est le plus puissant corrosif
connu, qui paraît consister dans l'acide combiné avec
un peu d'eau. On peut aussi lui donner le nom d'acide
hydro-fluorique; et M. Davy, d'après ses dernières
expériences, considère l'acide fluorique pur, comme
composé d'un principe inconnu, qu'il appelle *fluorine,*
et d'hydrogène.

Le même chimiste a tenté de décomposer l'acide
fluorique en le brûlant en contact avec du potassium;
mais il n'a pu obtenir par ce moyen (ni par aucun
autre) la base de cet acide dans un état de complète
séparation.

Nous terminerons nos observations sur les acides,
par l'examen de l'acide muriatique, peut-être le plus
curieux et le plus intéressant de tous. On le trouve dans
la nature, combiné avec la soude, la chaux et la magnésie. Le sel commun est du *muriate de soude;* et
l'acide est extrait de cette substance par le moyen de
l'acide sulfurique. L'état naturel de l'acide muriatique
est celui d'un gaz invisible et permanent à la température ordinaire de l'atmosphère; mais il a une très
grande attraction pour l'eau, et prend la forme d'un
nuage blanchâtre toutes les fois qu'il se trouve en contact avec de l'humidité. Cet acide se distingue par une
odeur particulière fort piquante, et possède à un très

haut degré la plupart des qualités acides. Voici de l'acide muriatique liquide.

CAROLINE. — Et comment est-il liquéfié?

Mme DE BEAUMONT. — Sa forte attraction pour l'eau fait qu'on l'obtient aisément sous une forme liquide, en le mêlant à ce fluide. Je vais ouvrir la bouteille, et vous verrez une vapeur s'en élever : cette vapeur sera de l'acide muriatique, rendu visible par sa combinaison avec l'humidité de l'atmosphère.

GUSTAVE. — Avez-vous du gaz acide muriatique pur?

Mme DE BEAUMONT. — Ce récipient est plein de cet acide en état de gaz. — Il est renversé sur du mercure au lieu d'eau, parce qu'étant éminemment susceptible d'être absorbé dans l'eau, il ne pourrait être retenu par ce fluide. — Je vais soulever un peu le récipient et laisser échapper du gaz. — Vous voyez qu'il devient sur-le-champ visible en forme de nuage.

GUSTAVE. — C'est sans doute par son union avec l'humidité de l'atmosphère qu'il est ainsi converti en une sorte de fine rosée.

Mme DE BEAUMONT. — Assurément ; et par la même raison, c'est-à-dire, son extrême aptitude à s'unir à l'eau, ce gaz fait fondre la neige aussi rapidement que pourrait le faire un feu violent.

Cet acide a résisté à la décomposition beaucoup plus que les deux autres acides non décomposés, quand M. Davy a tenté cette opération sur lui. Il est remarquable que le potassium brûle dans l'acide muriatique, et se convertit en potasse, sans décomposer l'acide : le résultat de cette combustion est du *muriate de potasse;* car la potasse se combine avec l'acide muriatique aussitôt qu'elle est régénérée.

CAROLINE. —Mais comment la potasse peut-elle être régénérée si l'acide muriatique n'oxyde pas le potassium ?

Mme DE BEAUMONT. — Dans ce procédé, le potassium tire l'oxygène de l'humidité avec laquelle l'acide muriatique est toujours combiné, et conséquemment la décomposition de l'humidité doit invariablement dégager de l'hydrogène.

GUSTAVE. — Et pourquoi ne pas employer dans ces expériences de l'acide muriatique, tout-à-fait dégagé d'humidité?

Mme DE BEAUMONT. — Les acides, en cet état, ne peuvent subir l'action électrique, parce qu'ils ne sont conducteurs d'électricité que lorsqu'ils sont humectés. Dans ses nombreuses expériences, M. Davy a constamment observé que la présence de l'eau était nécessaire pour développer les propriétés des acides, et qu'ils ne sont même plus capables de rougir les couleurs bleues végétales si on les prive de toute humidité. Cette circonstance lui fit soupçonner que l'eau et non l'oxygène pouvait être le principe acidifiant; mais il n'a émis cette idée que comme conjecture.

Ce savant a obtenu un résultat fort curieux en brûlant du potassium dans un mélange de phosphore et d'acide muriatique, et de même dans un mélange de soufre et d'acide muriatique : ce dernier a détonné avec une grande violence. Toutefois, aucune de ces diverses expériences n'a offert à M. Davy la base de l'acide muriatique tout-à-fait pure; et il a été conduit à se former relativement à cet acide une opinion que je vous expliquerai.

GUSTAVE. — L'acide muriatique admet-il plusieurs degrés d'oxygénation ?

Mme DE BEAUMONT. — Oui ; car si l'on ne peut le *désoxygéner* complètement, on peut y ajouter plus d'oxygène.

CAROLINE. — Pourquoi dans ce cas, le plus faible degré d'oxygénation de cet acide n'est-il pas appelé *muriateux*, et le plus fort degré *muriatique ?*

Mme DE BEAUMONT. — Parce que l'acide muriatique au lieu de devenir, de même que les autres acides, plus dense par une addition d'oxygène, devient au contraire plus volatil, plus piquant, mais moins acide, moins susceptible d'être absorbé dans l'eau. Ces circonstances indiquaient donc la nécessité de faire une exception dans la nomenclature. On distingue le plus haut degré d'oxygénation de cet acide, par l'épithète *d'oxygéné*, et pour abréger *oxy*, et l'on dit de l'acide muriatique *oxygéné* ou de *l'acide oxy-muriatique*. Celui-ci existe aussi en forme de gaz à la température de l'atmosphère, il s'absorbe dans l'eau, et peut être congelé ou solidifié par un certain degré de froid.

GUSTAVE — Comment obtient-on l'acide oxy-muriatique ?

Mme DE BEAUMONT. — De plusieurs manières : on l'obtient aisément en distillant de l'acide muriatique liquide sur de l'oxyde de manganèse, qui fournit à

l'acide l'oxygène additionnel nécessaire pour sa transformation. Pour cela on met dans une cornue une
partie d'acide avec deux parties d'oxyde de manganèse,
et en y appliquant la chaleur d'une lampe, le gaz se
dégage bientôt, et peut être recueilli sur l'eau, n'étant
pas susceptible d'être absorbé très abondamment par
ce fluide. — J'en ai reçu un peu dans cette cloche.

CAROLINE. — Il n'est pas invisible comme la plupart
des gaz; il est d'une couleur jaunâtre.

Mme DE BEAUMONT. — L'acide muriatique éteint la
flamme, tandis qu'au contraire l'acide oxy-muriatique
l'agrandit et la colore d'un rouge foncé. Pouvez-vous
expliquer cette différence?

GUSTAVE. — Je crois que l'acide muriatique ne peut
fournir à la flamme l'oxygène nécessaire pour l'alimenter; mais que si cet acide devient plus oxygéné,
il se sépare du surcroît qu'il a reçu de ce principe et
entretient ainsi la combustion.

Mme DE BEAUMONT. — C'est exactement cela (1). En
effet, l'oxygène ajouté à l'acide muriatique, y adhère
si faiblement, qu'il s'en sépare par la simple exposition
aux rayons du soleil. Cet acide est aussi décompo-
sable par divers combustibles, dont il brûle plusieurs
et même les enflamme sans aucun accroissemen t préa
lable de température.

(1) Suivant la nouvelle théorie qui sera développée à la
fin de cette conversation, la combustion est effectuée en ce
cas par l'union du chlore avec l'hydrogène du corps brûlant.

CAROLINE.—Cela est surprenant! J'espère que vous nous ferez voir quelques expériences de ce genre.

Mme DE BEAUMONT. — J'ai préparé dans plusieurs vases de verre, de l'acide oxy-muriatique à cet effet. Dans le premier, nous placerons une feuille d'or de Manheim. — Voyez-vous comme elle prend feu?

GUSTAVE. — Oh oui! que cela est étonnant! Cette feuille devient rouge, mais elle est bientôt ensevelie dans une épaisse vapeur?

CAROLINE. — Quelle odeur désagréable?

Mme DE BEAUMONT.—Essayons maintenant la même expérience avec du phosphore dans un autre vase. Tenez, je vous prie, votre mouchoir sur votre nez, pendant que je tiendrai ce vase ouvert. —- A présent jettons dedans ce petit morceau de phosphore.

CAROLINE. — Il brûle réellement et presque aussi brillamment que dans le gaz oxygène. Mais ce qui paraît le plus étrange, c'est que ces combustions ont lieu sans que le métal ni le phosphore aient été allumés d'avance ou seulement échauffés.

Mme DE BEAUMONT. — Tous ses effets dépendent de la grande facilité avec laquelle cet acide se détache de l'oxygène en faveur des corps qui ont une forte tendance à s'unir à ce principe. Il paraît en effet extraordinaire que des corps, sur-tout des métaux, soient fondus et enflammés par un gaz sans accroissement de la température des uns ou de l'autre. Cependant la raison de ce phénomène est évidente.

GUSTAVE. — Pourquoi avez-vous brûlé de l'or de Manheim plutôt qu'un autre métal?

Mme DE BEAUMONT. — Parce que c'est une composition de métaux (consistant principalement en cuivre) qui brûle facilement; et je l'ai présenté en feuille, pour que le gaz pût agir sur la plus grande surface possible, en proportion de la matière. Les copeaux métalliques ou la limaille rempliraient presque aussi bien notre but ; mais un morceau de métal épais, quoique sa surface s'oxydât très vite ne pourrait prendre feu. Le gaz oxy-muriatique ne peut enflammer l'or pur, mais il peut l'oxyder et le dissoudre très rapidement ; et cet acide est le seul qui ait ce pouvoir.

GUSTAVE. — C'est, je suppose ce qu'on appelle *eau régale*, la seule chose qui agisse sur l'or?

Mme DE BEAUMONT. — Ce n'est pas tout-à-fait la même substance ; l'eau régale est un mélange d'acide muriatique et d'acide nitrique. — Mais le résultat de cette mixtion est en effet la formation de l'acide oxy-muriatique, car l'acide muriatique s'oxyde aux dépens de l'acide nitrique. Ainsi, quoique le mélange porte le nom d'acide *nitro-muriatique*, son action sur l'or tient à l'acide oxy-muriatique qu'il contient.

Le soufre, les huiles volatiles, et d'autres substances brûlent de même dans le gaz acide oxi-muriatique. Mais je ne puis vous montrer la combustion de tous ces corps.

CAROLINE. — Cependant il vous reste plusieurs vaisseaux remplis de ce gaz.

Mme DE BEAUMONT. — Ils seront nécessaires pour d'autres expériences. L'acide oxy-muriatique ne fait pas rougir, comme les autres acides, les couleurs bleues végétales ; mais il détruit totalement toutes les couleurs, et rend les végétaux parfaitement blancs. Cherchons quelques végétaux pour les mettre dans un des verres pleins de ce gaz.

GUSTAVE. — Voici une branche de myrthe.

CAROLINE. — Et voici du papier bleu.

Mme DE BEAUMONT. — Nous y mettrons aussi ce bout de ruban ponceau et une rose.

GUSTAVE. — Leurs couleurs s'effacent de suite. Mais comment le gaz produit-il cet effet ?

Mme DE BEAUMONT. — L'oxygène, en se combinant avec la matière colorante de ces substances, la détruit ; c'est-à-dire, détruit la propriété qu'elle a de réfléchir une seule espèce de rayons, et la rend capable de les réfléchir tous, ce qui, vous le savez, produit le blanc. De vieilles impressions roussies, peuvent être nettoyées avec cet acide, sans nuire au caractère, l'encre d'imprimeur étant composée d'huile et de noir de lampe, matières sur lesquelles les acides n'ont point d'action.

Cette propriété est actuellement employée de diverses manières pour blanchir les étoffes ; mais il faut que l'acide soit dissous dans l'eau, car en état de gaz, ses effets trop puissants attaqueraient les tissus.

CAROLINE. — Regardez, je vous prie, les objets que nous avons mis dans le gaz ; ils ont perdu toute leur couleur.

Mme DE BEAUMONT. — L'acide a produit à peu près tout son effet, et si nous examinons ce qui reste, nous

trouverons que c'est principalement de l'acide muriatique.

On s'est servi de l'acide oxy-muriatique pour purifier l'air infecté des hôpitaux et des prisons, parce
qu'il brûle et détruit les émanations putrides. L'infec-
tion de la petite vérole est également détruite par
ce gaz, et toute matière qui a été soumise à son
influence, ne continue pas à propager cette maladie.

Caroline. — Oui, mais le remède est presque aussi
dangereux que le mal; l'odeur de cet acide est mor-
tellement suffocante.

Mme de Beaumont. — Sans doute elle est fort nuisible; mais en tenant la bouche fermée et en humectant
les narines avec de l'ammoniaque liquide qui neutra-
lise la vapeur à mesure qu'elle approche du nez, ses
effets peuvent être de beaucoup atténués. Toutefois, ce
mode de désinfection ne peut guère être employé pour
les lieux habités. Comme la vapeur d'acide nitrique
est presque aussi efficace dans le même sens, et n'est
point du tout dangereuse, on la préfère ordinairement pour ces usages.

Caroline. — Vous ne nous avez pas encore parlé
de l'opinion nouvelle de M. Davy, sur la nature de
l'acide muriatique.

Mme de Beaumont. — Je voulais avant de vous l'expliquer vous faire connaître l'acide oxy-muriatique.

Sir H. Davy pense que l'acide muriatique, au lieu
d'être composé d'une base inconnue et d'oxygène,

est formé par l'union du gaz oxy-muriatique et de l'hydrogène.

Gustave. — Ne nous avez-vous pas dit tout-à-l'heure que le gaz oxy - muriatique était composé d'acide muriatique et d'oxygène ?

Mme DE BEAUMONT. — Oui ; mais dans l'hypothèse de Davy, le gaz oxi-muriatique est considéré comme une substance simple qui ne contient point d'oxygène. Une substance existant par elle-même, très analogue à l'oxygène sous plusieurs rapports, et très différente de lui sous plusieurs autres. — Suivant cette théorie, le nom *d'acide oxy-muriatique*, n'est plus propre à ce corps, et M. Davy l'a remplacé par celui de *chlore* ou *gaz chlorine*, nom qui exprime seulement la couleur verdâtre de ce corps ; et c'est d'après cette doctrine que nous avons placé le chlore parmi les corps simples.

Caroline. — Quelle raison a conduit M. Davy à une idée si opposée à la doctrine généralement admise.

Mme DE BEAUMONT. — Plusieurs circonstances paraissaient favorables à cette nouvelle doctrine : mais le fait le plus clair et le plus concluant sur lequel elle s'appuie, est que, si le gaz hydrogène et le gaz oxy-muriatique sont mêlés ensemble, ils disparaissent l'un et l'autre, et laissent à leur place du gaz acide muriatique.

Gustave. — Ce fait me parait une preuve décisive.

Mme DE BEAUMONT. — Non pas aussi décisive que vous le supposez. On objecte contre elle, que le gaz acide muriatique, quelque sec qu'il paraisse, contient toujours une certaine quantité d'eau, qui est censée essentielle à sa formation : en sorte que dans l'expérience susdite, l'eau est fournie par l'union du gaz hydrogène avec l'oxygène de l'acide oxy-muriatique; et le mélange se trouve ainsi réduit à la base de l'acide muriatique et de l'eau, c'est-à-dire, du gaz acide muriatique.

CAROLINE. — Je crois que cette dernière théorie est la vraie; autrement, comment expliquer la formation du gaz oxy-muriatique par le mélange de l'acide muriatique et de l'oxide de manganèse.

Mme DE BEAUMONT. — Très aisément. Il faut simplement supposer que dans ce procédé l'acide muriatique est décomposé, que son hydrogène s'unit à l'oxygène du manganèse pour former de l'eau, et que le chlore parait dans son état pur.

GUSTAVE. — Mais comment expliquerez-vous les combustions qui ont lieu dans le gaz oxy-muriatique, si vous pensez qu'il ne contient point d'oxygène?

Mme DE BEAUMONT. — En supposant que la combustion en ce cas résulte d'une action chimique très intense, et que le chlore, de même que l'oxygène, en se combinant avec d'autres corps, forme des composés dont la capacité, pour le calorique, est moindre que celle de leurs constituants, et par conséquent dégagent ce fluide au moment de leur formation.

GUSTAVE. — Si tout s'explique aussi bien par une des théories que par l'autre, à laquelle des deux devons-nous donner la préférence?

Mme DE BEAUMONT. — Le mieux serait peut-être

d'attendre des preuves plus certaines, s'il est possible d'en avoir, avant de prendre un parti décisif à ce sujet. La nouvelle doctrine a pris grande faveur et s'est établie presque généralement en bien peu de temps; mais quelques juges compétents dans ces matières lui refusent encore leur assentiment: nous pouvons donc, tant que la question ne sera pas tout-à-fait éclaircie, nous servir des termes auxquels les chimistes ont adhéré si long-temps.

Procédons maintenant à l'examen des sels formés par l'acide muriatique.

Le plus intéressant de ces composés est le *muriate de soude* * ou sel commun. Ses usages et propriétés sont trop connus pour qu'il soit nécessaire de les spécifier. Outre la saveur agréable qu'il donne aux mets, il est très sain quand on n'en fait pas excès, et favorise la digestion.

L'eau de mer est la grande source d'où le muriate de soude est extrait par l'évaporation. Mais on en trouve aussi en blocs dans la terre, et presque toutes les parties du monde en possèdent des mines , dites de sel gemme.

---

(1) D'après la théorie de **Davy** sur la nature des acides muriaque et oxy-muriaque, le muriate de soude sec, serait un composé de sodium et de chlore, car il peut être formé par la combinaison directe du gaz oxy-muriatique et du sodium. Dans son hypothèse ce que nous appelons muriate de soude, ne contiendrait ni soude ni acide muriatique, et devrait porter le nom d'*hydro-chlorate de sodium*.

Gustave.—Je pensais que les sels, quand ils étaient
solides avaient toujours la forme de cristaux; cependant le sel commun est une sorte de poussière blanche
et opaque.

Mme DE BEAUMONT. — Vous savez que la cristallisation est l'effet de la réunion lente et régulière des
molécules qui ont été en dissolution dans un fluide. Le
sel commun est dans un état de cristallisation imparfaite; parce que le procédé par lequel on le prépare ne
permet pas la formation de cristaux parfaits. Mais si
vous le dissolvez et faites ensuite évaporer l'eau doucement, vous en obtiendrez une cristallisation régulière.

Le muriate d'ammoniaque est une autre combinaison du même acide, que nous avons déjà mentionnée
comme la **source** principale d'où l'on extrait l'ammoniaque.

Je puis vous montrer la formation de ce sel par la
combinaison directe de l'acide muriatique. — Ces deux
vaisseaux de verre contiennent l'un du gaz acide muriatique, l'autre du gaz ammoniaque, tous deux également invisibles. Nous les mêlerons ensemble, et vous
verrez immédiatement se former un nuage blanc et
opaque comme de la fumée.—Si nous plaçons un thermomètre dans le vase où les gaz seront mêlés, vous
sentirez quelle chaleur sera produite.   •

Gustave. — Combien sont merveilleux ces effets
de combinaison chimique. — Deux corps invisibles
deviennent visibles par leur union!

Mme DE BEAUMONT. — Cela vous étonne sur-tout,
parce que la nature présente rarement de semblables

phénomènes; mais les plus communes de ses opérations
sont aussi merveilleuses, et la familiarité seule nous empêche de leur accorder la même admiration. Quoi de
plus surprenant, par exemple, que la combustion, si
nous n'étions pas accoutumés à la voir?

GUSTAVE. — Cela est vrai : mais je vous prie, maman, ce nuage blanc, est-il le sel qui produit l'ammoniaque? il me parait tout différent du muriate d'ammoniaque solide que vous nous avez montré une fois.

Mme DE BEAUMONT. — C'est la même substance qui
parait d'abord en état de vapeur ; mais elle se condense très vite en se refroidissant contre les parois du
vase, et parait sous la forme de cristaux fort petits.

Parmi les oxy-muriates, l'oxy-muriate de potasse est
le plus digne d'attention. L'acide, dans cette combinaison, contient une plus grande proportion d'oxygène que quand il est séparé.

CAROLINE. — Et comment l'acide oxy-muriatique
peut-il s'oxygéner davantage en s'unissant à la potasse?

Mme DE BEAUMONT. — Il n'acquiert pas réellement
une addition d'oxygène, mais il perd une certaine
quantité d'acide muriatique, ce qui produit le même
effet, l'acide restant se trouvant ainsi sur-oxygéné *.

Si ce sel est mêlé ou trituré, avec du soufre, du
phosphore, du charbon, enfin toute espèce de combustible, il fait une violente explosion.

---

* Suivant la doctrine de Davy, ci-dessus expliquée,
l'oxy-muriate de potasse serait un composé de d'acide chlorique
et de potasse, c'est-à-dire, un chlorate de potasse.

CAROLINE.—Sans doute, comme la poudre à canon ; parce qu'il se convertit subitement en fluides élastiques.

Mme DE BEAUMONT. — Oui ; mais avec cette différence notable, que pour être produit, cet effet n'exige pas un accroissement de température plus grand que celui qui peut être excité par une légère friction. Pouvez-vous me dire pourquoi des gaz sont formés par la détonation de ce sel avec du charbon?

GUSTAVE.—Que je réfléchisse....... l'acide oxy-muriatique cède son excédent d'oxygène au charbon, ce qui le change en gaz acide muriatique, tandis que le charbon étant brûlé ; devient du gaz acide carbonique. —Mais je ne sais ce que devient la potasse.

Mme DE BEAUMONT. — Un produit fixe qui reste au fond du vase.

CAROLINE. — Mais puisque la potasse n'entre pas dans les nouvelles combinaisons, à quoi sert-elle pour cette opération? L'acide oxy-muriatique et le charbon ne produiraient-ils pas sans elle le même effet?

Mme DE BEAUMONT. — Non, parce que le chlore (ou l'acide oxy-muriatique) n'agit sur le charbon que lorsqu'on lui ajoute de l'oxygène, et ce surcroît d'oxygène, il ne le prend que lorsqu'il s'est combiné avec la potasse.

Je vais vous montrer cette expérience, mais je ne vous engage pas à la répéter seule, parce que si l'on ne prend soin de ne mêler que de petites quantités à la fois, la détonation peut être violente et dangereuse. Vous voyez, je mêle extrêmement peu de ce sel avec une très petite quantité de charbon en poudre, dans ce mortier de terre , et je les frotte l'un contre l'autre avec le pilon.

CAROLINE. — Bon , Dieu! quelle explosion a produit cette petite quantité de matière !

Mme DE BEAUMONT. —Il faut considérer qu'une très petite quantité de substance solide peut produire un très grand volume de gaz, et c'est la soudaine émission du gaz qui cause la détonation.

GUSTAVE. — L'oxy-muriate de potasse ferait peut être de la poudre à canon plus forte que le nitrate de potasse.

Mme DE BEAUMONT. — Oui ; mais la préparation et l'usage de ce sel sont accompagnés de tant de dangers , qu'on ne l'emploie jamais pour cet objet.

CAROLINE. — Il n'y a rien à regretter à cet égard , la poudre à canon ordinaire est déjà suffisamment destructive.

Mme DE BEAUMONT. — Je veux vous montrer une expérience fort curieuse avec ce sel ; mais vous me promettrez encore de ne point l'essayer vous-même. Je jette un petit morceau de phosphore dans ce verre d'eau, puis j'y ajoute un peu d'oxy-muriate de potasse ; enfin j'y verse une petite quantité d'acide sulfurique par ce tuyau , qui le met en contact avec les deux autres ingrédients au fond du verre.

CAROLINE. — C'est en effet une belle expérience!
— Le phosphore prend feu , et brûle au fond de l'eau.

GUSTAVE.—Qu'il est extraordinaire de voir la flamme se manifester sous l'eau et s'élever à travers ce fluide! Comment expliquez-vous ce phénomène, je vous prie?

Mme DE BEAUMONT.— Ne pourriez-vous l'expliquer , vous, Caroline ?

GUSTAVE. — Attendez... je crois en deviner la cause. N'est ce point que l'acide sulfurique décompose le sel en se combinant avec la potasse , et met ainsi en liberté le gaz oxy-muriatique, par lequel le phosphore est enflammé.

Mme DE BEAUMONT.— Fort bien , Gustave : et quelques réflexions de plus vous auraient fait découvrir une autre circonstance appartenant à cette opération, c'est que l'accroissement de température produit par le mélange de l'acide sulfurique et de l'eau , concourt à favoriser la combustion du phosphore.

Avant de nous séparer , je vous ferai connaître une substance nouvellement découverte, l'iode, que vous vous rappelez avoir vue après l'oxygène et le chlore dans notre liste des corps simples.

CAROLINE. — Est-ce un corps capable d'entretenir la combustion comme l'oxygène et le chlore?

Mme DE BEAUMONT. — Oui; et quoiqu'il ne dégage pas aussi généralement la lumière et la chaleur des corps inflammables , il se combine avec la plupart de ces corps ; et quelquefois , comme dans le cas du potassium et du phosphore, la combustion est accompagnée de lumière et de chaleur apparentes.

CAROLINE. — Mais quelle sorte de substance est l'iode? quelle est sa forme , sa couleur?

Mme DE BEAUMONT. — C'est une substance fort singulière à tous égards. A la température ordinaire de l'atmosphère , elle paraît communément sous la form de paillettes cristallines d'un noir bleuâtre, telle que vous les voyez dans ce tube.

Caroline. — Elles ont la couleur et le brillant du plomb noir, et quelques-unes forment des losanges.

Mme de Beaumont. — C'est la forme que les cristaux d'iode prennent le plus souvent. Si nous les échauffons doucement, en tenant le tube sur la flamme d'une bougie, vous verrez quel changement aura lieu.

Caroline. — Les paillettes semblent se fondre et le tube se remplit d'une belle vapeur violette. Mais, maman, les mêmes paillettes reparaissent à l'autre bout du tube.

Mme de Beaumont. — Cette opération est en effet une sublimation de l'iode, qui passe d'une extrémité du tube à l'autre; mais avec cette particularité remarquable que l'iode en état gazeux prend cette belle couleur violette, qu'il perd en refroidissant, et en reprenant sa forme solide. C'est de la couleur violette de ce gaz que l'iode a pris son nom.

Caroline. — Comment se procure-t-on cette substance singulière?

Mme de Beaumont. — On la trouve dans les cendres des plantes marines, après que la soude en a été séparée par cristallisation; et l'on extrait l'iode par le moyen de l'acide sulfurique qui enlève cette substance à la matière alcaline et la fait sortir sous la forme d'un gaz violet que l'on peut recueillir et condenser comme nous venons de le voir. — Cette découverte intéressante est due à M. Courtois, fabricant de salpêtre, à Paris (1812).

Caroline. — Comment l'iode a-t-il été reconnu substance simple?

Mme de Beaumont. — On l'a considéré comme tel, non seulement parce qu'il ne peut être séparé en d'autres ingrédients, mais parce qu'il est capable de se combiner avec les autres corps de la même manière que l'oxygène et le chlore. La plus curieuse des combinaisons de l'iode est celle qu'il forme avec le gaz hydrogène, ce qui produit un gaz acide particulier.

Caroline. — Justement, comme le chlore et le gaz hydrogène forment l'acide muriatique. Sous ce point de vue, le chlore et l'iode ont beaucoup d'analogie.

Mme de Beaumont. — Sans doute; et l'on peut même dire que si la théorie qui concerne l'un de ces gaz est vraie, on peut l'étendre à tous deux, et que si l'on a mal jugé à l'égard de l'un, on s'est également trompé à l'égard de l'autre.

Il est temps de terminer la leçon. Nous avons examiné les acides et les sels les plus intéressants; et je n'entrerai dans aucun détail sur les acides métalliques qui ne présentent rien d'assez frappant pour trouver place dans notre cours élémentaire.

DIX-HUITIÈME ENTRETIEN.

SUR LA COMPOSITION DES VÉGÉTAUX.

Corps organisés. — Fonctions des végétaux. — Leurs éléments. — Leurs matériaux directs. — Leur première analyse. — Sève. — Mucilage. — Sucre. — Manne ou miel. — Gluten. — Huiles végétales. — Huiles fixes, de lin, de noix, d'olives. — Huiles volatiles, formant des essences et parfums. — Camphre. — Résines et vernis. — Myrrhe. — Assa fetida. — Caoutchouc. — Matière extractive colorante, ses usages. — Tannin, ses usages. — Fibre ligneuse. — Acides végétaux. — Alcalis et sels contenus dans les végétaux. — Nouveaux alcalis végétaux.

Mme DE BEAUMONT; CAROLINE; GUSTAVE.

Mme DE BEAUMONT. —Jusqu'à présent, nous n'avons parlé que des plus simples combinaisons des éléments, telles que les alcalis, les terres, les acides, les sels composés, les pierres, toutes substances appartenant au règne minéral : il nous reste à considérer une classe de composés plus compliquée, celle des *corps organisés.*

GUSTAVE. — Je suppose que vous entendez par-là les végétaux et les animaux. Mais comme je n'ai qu'une idée vague de la signification du mot *organisation* , je vous prie de me l'expliquer.

Mme DE BEAUMONT. — Les corps organisés sont ceux que la nature a doués de certaines parties ou organes adaptés à remplir des fonctions nécessaires à la vie du corps auquel elles appartiennent. Les composés minéraux, qui ne sont formés qu'en vertu de l'attraction chimique ou de l'attraction mécanique, pourraient en quelque sorte paraître des productions du hasard ; mais les êtres qui possèdent des organes portent une empreinte bien plus frappante de dessein, d'intention dans leur structure ; et ils sont éminemment distingués des autres par ce principe inconnu , nommé *la vie*, duquel dérive, pour leurs divers organes, le pouvoir d'exercer les fonctions qu'ils ont à remplir.

CAROLINE. — Et comment la vie donne-t-elle ce pouvoir aux organes ?

Mme DE BEAUMONT. — C'est un mystère que probablement nous ne pourrons jamais pénétrer. Il faut nous contenter d'examiner les effets de ce principe dont la cause et la nature sont tellement enveloppées d'obscurité, que nous avons pu seulement lui donner un nom, sans y attacher aucune autre idée que celle d'un agent inconnu et puissant.

CAROLINE. — Il me semble cependant que je me fais une idée très claire de la vie.

Mme DE BEAUMONT. — Voyons donc comment vous la définissez?

CAROLINE. — Peut-être est-il plus facile de la concevoir que de la décrire. — La vie n'est-elle pas le pouvoir par lequel les animaux et les végétaux sont rendus capables de remplir les diverses fonctions qui leur sont assignées par la nature?

Mme DE BEAUMONT. — Je n'ai aucune objection à faire à votre définition; je vous prie seulement d'observer que vous n'avez parlé que des effets de la cause inconnue, sans rien dire de cette cause elle-même.

GUSTAVE. — Oui, Caroline; vous nous avez dit ce que *fait* la vie, non ce qu'elle *est*.

Mme DE BEAUMONT. — Il nous suffira d'étudier ses opérations; son essence réelle est trop au-dessus de notre portée, pour qu'il soit à propos de nous en occuper.

Nous commencerons par examiner ses effets dans les végétaux, la classe la plus simple des corps organisés. — Ils se distinguent des minéraux, non seulement par leur nature plus compliquée, mais par le pouvoir qu'ils ont de former de nouveaux arrangements chimiques de leurs constituants, par le moyen d'organes appropriés à de telles fins. Ainsi, quoique tous les végétaux soient en dernière analyse composés d'hydrogène, de carbone et d'oxygène (avec un petit nombre d'autres ingrédients), leurs organes séparent et combinent ces principes de mille manières, et forment avec eux différents fluides et solides, qui existent tout formés dans les végétaux et peuvent être

appelés leurs matériaux immédiats. Ces substances
sont :

La Sève.	Les Résines.
Le Mucilage.	Les Gommes.
Le Sucre.	Les Baumes.
La Fécule.	Le Caoutchouc.
Le Gluten.	La matière colorante.
Les Huiles fixes.	Le Tannin.
Les Huiles volatiles.	Les Fibres ligneuses ou le ligneux.
Le Camphre.	Les Acides végétaux, etc.

CAROLINE. — Quelle liste! je ne croyais pas les
végétaux composés de la moitié autant d'ingrédients.

Mme DE BEAUMONT. —Vous ne devez pas supposer
que chaque plante contienne tous ces matériaux;
mais seulement qu'ils appartiennent tous au règne
végétal.

GUSTAVE. — Chaque partie d'une plante (comme
la racine, l'écorce, la tige, les graines, les feuilles)
est-elle formée d'un seul de ces ingrédients ou de plusieurs?

Mme DE BEAUMONT. — Je ne crois pas qu'il y ait une
seule partie des plantes qui soit composée d'un ingrédient unique, et chacune contient un certain nombre
de matières végétales qui concourent à la former, et se
combinent, à cet effet, dans des vaisseaux ou organes
extrêmement fins, qui sécrètent des autres parties et
rassemblent les principes nécessaires au développement de celle qu'ils sont destinés à nourrir.

GUSTAVE. — Et ces combinaisons sont-elles soumises aux lois d'attraction chimique?

Mme DE BEAUMONT. — Sans doute. Les organes des plantes ne pourraient ni forcer des principes qui n'auraient point d'attraction l'un pour l'autre à se combiner, ni faire céder des attractions supérieures à des attractions inférieures. Il est probable qu'ils agissent mécaniquement, en mettant les principes en contact dans les proportions voulues pour que leur combinaison chimique forme les divers produits végétaux.

CAROLINE. — On peut alors considérer ces organes comme un appareil parfaitement adapté à une infinité de procédés chimiques.

Mme DE BEAUMONT. — C'est précisément cela. Tant que la plante vit et croît, le carbone, l'hydrogène et l'oxygène, principaux constituants de ses matériaux directs, sont mesurés et liés ensemble de manière à ne pouvoir entrer dans aucune autre combinaison; mais sitôt que le végétal meurt, cet équilibre est détruit, et de nouveaux composés se forment.

GUSTAVE. — Pourquoi la mort détruit-elle cet équilibre? Il me semble que les principes demeurant dans les mêmes proportions, devraient rester sujets au même ordre d'attraction?

Mme DE BEAUMONT. — N'oubliez jamais que dans les végétaux, de même que dans les animaux, c'est en vertu du *principe vital* que les organes ont le pouvoir d'agir, et que privés de cet *agent* ou *stimulant*, leur puissance d'action cesse, et les éléments qu'ils tiennent en combinaison, rentrent dans un ordre d'attraction semblable à celui de la matière inorganique.

GUSTAVE. — C'est apparemment ce nouvel ordre d'attraction qui détruit l'organisation de la plante morte; car si les mêmes combinaisons continuaient, la plante resterait toujours dans l'état où elle serait au moment de sa mort.

Mme DE BEAUMONT. — Et vous savez qu'il n'en est pas ainsi; car l'on peut bien conserver pendant quelque temps des plantes mortes en les faisant sécher; mais, dans le cours naturel des choses, elles retournent très promptement à l'état de simples éléments : et c'est une sage dispensation de la providence par laquelle les végétaux morts servent à engraisser le sol et à nourrir les végétaux vivants.

CAROLINE. — Mais, maman, vous nous parlez de la dissolution des plantes avant de les avoir considérées en état de vie.

Mme DE BEAUMONT. — Cela vous paraît singulier, et avec raison; mais il fallait vous donner une idée générale de la végétation avant d'entrer dans ses particularités. D'ailleurs, il n'est pas si hors de propos, de parler ici des végétaux morts, puisqu'ils ne peuvent être analysés qu'en cet état. L'on doit se hâter de les examiner immédiatement après qu'ils ont cessé de vivre, si l'on veut prévenir leur décomposition naturelle. Les végétaux sont susceptibles de deux sortes d'analyse : la première est celle qui sépare leurs matériaux immédiats, tels que la sève, le mucilage, etc.; la seconde est celle qui les réduit à leurs éléments primitifs, tels que le carbone, l'hydrogène et l'oxygène.

GUSTAVE. — N'y a-t-il pas une troisième analyse des plantes qui les divise en différentes parties, telles que la tige, les feuilles et les organes de la fructification?

Mme DE BEAUMONT. — Ceci, mon cher, est du département de la botanique; et nous ne regarderons ces diverses parties que comme les organes par lesquels les sécrétions ou séparations sont accomplies; mais nous devons examiner d'abord la nature de ces sécrétions.

La sève est la principale matière végétale, puisqu'elle contient les ingrédients qui nourrissent toutes les parties d'une plante. La base de ce suc, que les racines pompent de la terre, est l'eau; et ce fluide tient en solution les autres ingrédients nécessaires aux diverses parties de la plante, lesquels ingrédients sont graduellement sécrétés par des organes destinés à cette fin, à mesure que la circulation de la sève les met à leur portée.

Le *mucus* ou *mucilage* est une substance végétale sécrétée de la sève comme toutes les autres : quand elle surabonde, elle exsude des arbres en forme de gomme.

CAROLINE. — Est-ce cette espèce de gomme que l'on emploie souvent au lieu de colle?

Mme DE BEAUMONT. — Oui. Presque tous les arbres à fruit ont une gomme qui leur est propre; mais la plus généralement employée est la *gomme arabique*, tirée d'un acacia d'Arabie; cette substance constitue une grande partie de la nourriture des naturels de ce pays, qui en obtiennent des quantités considérables en faisant des incisions aux arbres.

CAROLINE. — Je n'aurais pas cru que la gomme fût aussi nutritive.

Mme DE BEAUMONT. — On dit qu'un équipage entier a été sauvé de la famine en se nourrissant de la cargaison du vaisseau qui se trouvait chargé de gomme du Sénégal. Cependant je ne pense pas qu'un tel régime pût être ni agréable ni salubre pour ceux qui n'y ont pas été accoutumés dès l'enfance. On prend assez souvent de la gomme comme remède, sur-tout pour les affections de poitrine. Plusieurs acides végétaux sont extraits de la gomme ou mucilage : le principal est l'*acide muqueux*.

Le sucre n'existe pas en état simple dans les plantes ; il y est toujours mêlé avec la gomme, la sève ou d'autres ingrédients ; mais cette *matière saccharine* se trouve dans tous les végétaux, où elle abonde sur-tout dans les racines, les fruits et la canne à sucre.

GUSTAVE. — Si tous les végétaux ont du sucre, pourquoi n'est-il extrait que de la canne à sucre?

Mme DE BEAUMONT. — Parce qu'il est infiniment plus abondant et plus facile à extraire dans cette plante. De plus, les sucres produits par d'autres végétaux sont d'une nature un peu différente.

Pendant la dernière guerre avec la France, cette denrée étant devenue très-rare en ce pays, on y a essayé de tirer du sucre de plusieurs végétaux, principalement des betteraves ; et ces dernières mêmes en ont produit en quantité suffisante pour dédommager des frais d'exploitation, mais non au degré des cannes.

CAROLINE. — J'aurais cru que les fruits tels que les figues et les dattes donneraient plus de sucre que les racines dont vous parlez.

Mme DE BEAUMONT. — Probablement, mais ce sucre serait beaucoup trop cher, à cause du prix des fruits, et ne serait point d'ailleurs exactement semblable au sucre de canne. L'amidon produit aussi du sucre, et l'on en a tiré du lait.

GUSTAVE. — Comment le sucre est-il extrait des cannes?

Mme DE BEAUMONT. — On exprime le suc de ces plantes en les pressant entre deux cylindres de fer, puis on le fait bouillir avec de l'eau de chaux, qui fait monter une écume épaisse à sa surface. La liqueur clarifiée est évaporée petit à petit, après quoi on la fait cristalliser dans un vaisseau dont le fond est percé de trous à demi bouchés, pour laisser dégoutter le sirop. Le sucre obtenu par ce procédé est une poudre grossière et brune, communément appelée sucre brut, et il subit une autre opération pour être converti en sucre raffiné. Pour cet effet, le sucre est encore dissous dans de l'eau, ensuite purifié par un fluide animal nommé albumine. Les blancs d'œufs se composent de ce fluide, qui est aussi l'un des constituants du sang. En conséquence, des œufs ou du sang de bœuf sont employés pour ce procédé.

Le fluide albumineux étant mêlé dans le sirop, se combine avec toutes les impuretés solides qu'il contient, et s'élève avec elles vers la surface en écume épaisse; la liqueur ainsi épurée est encore évaporée jusqu'à ce qu'elle soit réduite à la consistance convenable, puis on la verse dans des moules où elle se forme en pain, par une sorte de crystallisation imparfaite. Pour blanchir les pains, on renverse les moules, leur côté le plus large est découvert et l'on y étend une couche de terre glaise, à travers laquelle on fait passer de l'eau qui filtre dans le sucre, se combine avec lui et entraîne les matières colorantes.

CAROLINE. — Je suis fort aise de savoir que le sang employé à purifier le sucre n'y reste point; ce serait une idée dégoûtante. J'ai entendu parler d'un nouveau procédé pour raffiner le sucre, inventé par feu M. Howard, quel est-il, je vous prie?

Mme DE BEAUMONT. — Il serait trop long de vous le détailler complètement; le principal perfectionnement se rapportait à la manière d'évaporer le sirop pour le réduire à la consistance de sucre. Au lieu de faire bouillir le sirop sur un grand feu, M. Howard évaporait l'eau par le moyen de la machine pneumatique, à peu près comme M. Leslie dans ses expériences pour faire congeler l'eau par évaporation; c'est-à-dire que le sirop étant exposé à un vide, l'eau s'en évapore très vite avec la seule chaleur d'un petit courant de vapeur introduit autour de la chaudière. La machine pneumatique doit être fort grande et mise en action par la vapeur. On économise ainsi beaucoup de combustible, et ce fait est une preuve de plus du pouvoir de la science pour amener d'utiles améliorations.

GUSTAVE. — Et comment prépare-t-on le sucre candi, le sucre d'orge, de pomme, etc. ?

Mᵐᵉ DE BEAUMONT. — Le sucre candi n'est autre chose que du sucre cristallisé régulièrement. Les sucres d'orge et de pomme sont fondus, ensuite refroidis dans des moules et mêlés d'une substance qui les colore et leur donne une saveur particulière.

Le sucre peut être décomposé en le faisant passer à la chaleur rouge, et réduit, comme toute autre substance végétale, en acide carbonique et en hydrogène. Nous reviendrons sur quelques circonstances intéressantes de la formation et de là décomposition du sucre, quand nous aurons achevé d'examiner les autres matériaux des végétaux. Nous trouverons que le sucre n'est point, de même que ces autres matériaux, sécrété de la sève par des vaisseaux particuliers, mais qu'il est formé par un procédé qui vous est encore inconnu.

CAROLINE. — Le miel n'est-il pas d'une nature analogue à celle du sucre ?

Mᵐᵉ DE BEAUMONT. — Le miel est un mélange de sucre et de gomme.

GUSTAVE. — Je pensais que le miel était une substance en quelque sorte animale, étant préparé par les abeilles.

Mᵐᵉ DE BEAUMONT. — Il est plutôt recueilli par elles sur les fleurs et porté dans les rayons qui sont leurs magasins. C'est la cire seulement qui souffre une altération réelle en passant dans le corps de l'abeille, et qui se convertit ainsi en substance animale.

La manne est aussi une sorte de sucre uni à une matière extractive nauséabonde qui lui donne sa saveur et son goût. Elle exsude, comme la gomme, de plusieurs arbres des pays chauds ; quelques-uns de ces arbres ont leurs feuilles enduites de cette substance.

La *fécule* est une autre matière végétale, sous le nom de laquelle sont comprises les diverses substances farineuses contenues dans toutes les graines et quelques racines, telles que la pomme de terre, etc. La nature a destiné cette substance à nourrir les jeunes plantes ; mais celle que renferme un certain végétal est devenue le principal aliment de l'homme.

GUSTAVE. — Vous parlez sans doute de la farine de froment dont on fait le pain ?

Mme DE BEAUMONT. — Oui. Mais la fécule du froment contient de plus une autre substance végétale qui semble particulière à ce grain, du moins on ne l'a extraite d'aucun autre : c'est le *gluten*, substance élastique, filandreuse, gluante ; et l'on suppose que c'est à ses qualités visqueuses que la farine de froment doit sa supériorité pour former des pâtes.

GUSTAVE. — D'après votre description, le gluten ressemblerait beaucoup à la gomme.

Mme DE BEAUMONT. — Ils ont en effet de l'analogie par leur nature gluante ; mais le gluten diffère de la gomme à tout autre égard, sur-tout en ce qu'il est :

insoluble dans l'eau, tandis que vous savez que la gomme est extrêmement soluble.

Les *huiles* des végétaux consistent toutes en hydrogène et en carbone mêlés dans des proportions différentes. Vous savez qu'il en est de deux sortes, les huiles fixes et les huiles volatiles ; je pense que vous n'avez pas oublié en quoi elles diffèrent les unes des autres.

GUSTAVE. — Les premières sont décomposées par la chaleur, les secondes seulement volatilisées.

Mme DE BEAUMONT. — Très-bien. L'huile fixe ne se trouve que dans la semence ou graine des plantes, excepté dans l'olivier où elle est produite par la pulpe qui entoure la noix ou semence. Nous avons déjà vu que les graines contenaient de la fécule ; et cette dernière, unie à l'huile et à une petite proportion de mucilage, forme la substance blanche renfermée dans les graines ou la noix, et destinée à nourrir la jeune plante qui doit s'y former. Le lait d'amandes, exprimé de la noix qui porte ce nom, est composé de ces trois substances.

GUSTAVE. — De quelle nature est l'huile de graine de lin dont on fait tant d'usage en peinture ?

Mme DE BEAUMONT. — C'est une huile fixe, tirée de la graine d'une plante nommée *lin*. L'huile de noix, que l'on emploie souvent aux mêmes usages est exprimée des fruits du noyer.

L'huile d'olive est la plus usitée pour la cuisine.

CAROLINE. — Et les huiles à brûler, de quelle espèce sont-elles ?

Mme DE BEAUMONT. — Ce sont en général des huiles animales ; mais on ne les préfère que comme moins dispendieuses ; car les huiles végétales brûlent aussi bien , et leur odeur est moins désagréable.

GUSTAVE. — Puisque l'huile est un si bon combustible, pourquoi est-il nécessaire de ranimer les lampes si souvent, pour maintenir la flamme ?

Mme DE BEAUMONT. — Cela dépend souvent de la construction de la lampe , qui peut ne pas être assez favorable à la combustion. Cependant l'huile en elle-même a un défaut qui rend nécessaire de ranimer de temps en temps sa combustion dans les lampes les mieux construites ; ce défaut tient au mélange d'une certaine proportion de mucilage qu'il est extrêmement difficile de séparer de l'huile, et qui, étant mauvais combustible , se ramasse autour de la mèche , interrompt ainsi la combustion et diminue la flamme.

CAROLINE. — Mais les huiles ne pourraient-elles brûler sans mèche ?

Mme DE BEAUMONT. — Non pas , à moins que leur température ne fût élevée à un degré très considérable.

La mèche remplit cette fin comme je l'ai déjà expliqué. L'huile monte à travers les fibres du coton par l'attraction capillaire, et la chaleur de la mèche enflammée la volatilise et la porte graduellement jusqu'à la température à laquelle elle devient combustible.

GUSTAVE. — Ce que vous dites de la nécessité de ranimer la flamme des lampes s'applique aussi aux chandelles qu'il faut moucher si souvent.

Mme DE BEAUMONT. — Oui ; c'est en partie pour

le même motif que l'on diminue la mèche des chandelles ; mais en outre, les huiles grossières sont moins
combustibles que les autres, et la chandelle étant
une huile animale des moins fines, sa chaleur est
insuffisante pour brûler le coton de la mèche très
complètement, en sorte qu'il s'y dépose peu à peu de
la suie qui obscurcit la flamme et ralentit la combustion.

CAROLINE. — Les bougies ne contiennent donc
aucune matière incombustible; puisqu'il n'est pas nécessaire de les moucher ?

Mme DE BEAUMONT. — La cire avec laquelle on fait
les bougies est beaucoup meilleur combustible que le
suif sans brûler cependant parfaitement; et elle contient aussi quelques matières non combustibles; mais
quand ces matières se ramassent autour de la mèche
(comparativement plus petite que celle d'une chandelle) elles tombent sur le côté par l'effet de leur poids
en entraînant la partie brûlée du coton.

CAROLINE. — Les huiles étant de si bons combustibles, je m'étonne qu'une très haute température soit
nécessaire pour les faire brûler.

Mme DE BEAUMONT. — Quoique les huiles fixes n'entrent pas réellement en combustion au-dessous d'une
chaleur extrêmement élevée, elles absorbent cependant l'oxygène lentement à la tempé rature ordinaire
de l'atmosphère. De là naissent de grandes variétés
dans leur nature, qui modifient leurs propriétés
et leurs usages.

Si l'huile absorbe simplement l'oxygène et se com-

bine avec lui, elle s'épaissit et se transforme en une
sorte de cire. Ce changement a lieu dans les parties
extérieures de quelques végétaux, même pendant leur
vie. Or, il arrive dans plusieurs exemples que l'huile
ne retient pas tout l'oxygène qu'elle attire; mais qu'une
partie de cet oxygène se combine avec l'hydrogène de
l'huile, le brûle, et forme une certaine quantité d'eau
qui s'échappe doucement par l'évaporation. Dans ce
cas, l'altération de l'huile ne consiste pas seulement
dans une addition d'oxygène, mais de plus dans une
déperdition d'hydrogène. Les huiles susceptibles de
cette variation se nomment *huiles siccatives*: celles de
graine de lin, de pavots, de noix sont de ce nombre.

GUSTAVE. — Je connais bien les huiles siccatives;
j'en use continuellement pour ma peinture; mais je
ne comprends pas comment l'addition de l'oxygène
d'une part, et la perte de l'hydrogène de l'autre,
peuvent leur donner ces qualités siccatives.

Mme DE BEAUMONT. — On peut assigner deux causes
à cet effet. Il peut provenir de ce que l'oxygène ajouté
est moins favorable à l'état fluide que l'hydrogène
soustrait, ou bien de ce que l'addition d'oxygène
donne lieu à de nouvelles combinaisons en conséquence desquelles les parties les plus fluides de l'huile
sont mises en liberté et volatilisées.

Quant aux huiles employées à la peinture, on augmente leurs qualités siccatives, en y ajoutant de
l'oxyde de plomb, par le moyen duquel leur oxygénation est accélérée.

La rancidité des huiles tient encore à leur oxygénation. Dans ce cas, un nouvel ordre d'attraction ayant lieu, il se forme un acide nommé *acide sébacique*.

CAROLINE. — Puisque la nature et la composition de l'huile est si bien connue, pourquoi ne ferait-on pas des huiles en combinant leurs principes?

Mme DE BEAUMONT. — L'une de ces choses n'est pas la conséquence inévitable de l'autre; car un nombre infini de corps peuvent être décomposés et non recomposés. Cependant l'huile n'est pas dans ce cas; et l'on a découvert depuis peu qu'il est possible de former un composé analogue par un procédé particulier, en faisant agir du gaz acide muriatique oxygéné sur de l'hydrogène carboné.

Nous passerons maintenant aux *huiles volatiles* ou *essentielles*. Celles-ci sont la base des parfums végétaux, et chaque partie de la plante (excepté les graines) en renferme plus ou moins.

GUSTAVE. — L'odeur des fleurs provient donc de l'huile volatile?

Mme DE BEAUMONT. — Oui; mais cette huile abonde souvent encore davantage dans l'écorce du fruit, comme dans les oranges, les citrons, etc., d'où on l'extrait par la plus légère pression. On en trouve aussi dans les feuilles, et même dans le bois.

CAROLINE. — Les feuilles de la menthe, du thym et de toutes les herbes odorantes, doivent en contenir abondamment?

Mme DE BEAUMONT. — Sans doute; les feuilles de géranium en ont aussi en quantité; et leur odeur est plus forte que celle de la fleur.

Certains bois, tels que les bois de Sandal, dont on fait des éventails, contiennent aussi beaucoup d'huile essentielle. Toutes les odeurs végétales sont produites par l'évaporation des molécules des huiles volatiles.

GUSTAVE. — Je suppose qu'elles sont très légères, très peu consistantes, puisqu'elles sont si volatiles.

Mᵐᵉ DE BEAUMONT. — Elles varient beaucoup à cet égard. Quelques-unes sont aussi épaisses que le beurre; d'autres aussi fluides que l'eau. Pour entrer dans les parfums ou essences, ces huiles sont d'abord purifiées, ensuite distillées avec de l'esprit de vin, comme l'eau de lavande; ou bien seulement mêlées à une grande quantité d'eau, comme l'eau de menthe poivrée. Souvent encore on prépare les eaux de senteur en faisant infuser les plantes dans l'eau froide, puis en les distillant; et dans ce cas, l'eau devient imprégnée d'huile volatile.

CAROLINE. — Ces eaux spiritueuses sont quelquefois employées pour enlever les taches de graisse sur les habits; comment produisent-elles cet effet?

Mᵐᵉ DE BEAUMONT. — En se combinant avec la substance qui produit la tache, parce que les huiles volatiles et les esprits extraits de leur distillation dissolvent la cire, le suif, le spermacéti et les résines. Ainsi donc, si la tache est formée par une de ces substances, le spiritueux doit l'enlever. Tous les insectes ont une grande aversion pour les parfums; aussi les huiles volatiles sont-elles employées avec

succès pour conserver dans les cabinets d'histoire naturelle les animaux empaillés.

Caroline. — L'odeur forte du camphre ne provient-
elle pas d'une huile volatile?

Mme de Beaumont. — Le *camphre* est en lui-même
une substance particulière distinguée par plusieurs
propriétés; mais s'il n'est pas exactement de même nature que les huiles volatiles, il a du moins beaucoup
d'analogie avec elles. On tire le camphre d'une espèce
de laurier qui croît en Chine et dans les îles des Indes.
C'est du tronc et des racines de cet arbre qu'on extrait cette matière. Le thym, la sauge et quelques
herbes aromatiques en donnent aussi de petites quantités, et certaines huiles volatiles en déposent après
être restées long-temps en repos. Le camphre est
éminemment volatil et inflammable : il est insoluble
dans l'eau, mais soluble dans l'huile, et c'est en cet
état, aussi bien que sous sa forme solide, qu'on en fait
usage en médecine. Parmi ses propriétés, il en est
une trop singulière pour être passée sous silence. Si
vous posez un petit morceau de camphre sur un bassin
rempli d'eau pure, vous le verrez à l'instant se mouvoir en cercle avec une extrême rapidité; et si vous
versez dans le bassin une seule goutte de fluide odo-
riférant, le mouvement du camphre sera subitement
arrêté. Vous pouvez vous amuser à faire cette expérience facile; mais je ne puis vous donner aucune
explication sur sa cause, rien de satisfaisant n'ayant
été dit à ce sujet.

Caroline. — C'est en effet très singulier, et je ne

manquerai pas d'en faire l'expérience ; mais qu'est-ce que les *résines* que vous venez de nommer?

Mᵐᵉ DE BEAUMONT. — Des huiles volatiles qui ont été modifiées par l'action de l'oxygène.

CAROLINE. — Ce sont donc des huiles volatiles oxygénées?

Mᵐᵉ DE BEAUMONT. — Non, pas précisément ; car le procédé qui les transforme ne consiste pas autant dans l'oxygénation de l'huile que dans la combustion d'une partie de son hydrogène, et d'une plus petite partie de son carbone. On s'aperçoit de cela quand les résines sont faites artificiellement, parce que les parois du vaisseau dans lequel on opère la combinaison des huiles volatiles et de l'oxygène se trouvent couverts d'eau, et l'air qu'il renferme chargé d'acide carbonique.

GUSTAVE. — Ce procédé ressemble beaucoup à la préparation des huiles siccatives?

Mᵐᵉ DE BEAUMONT. — Oui ; et c'est par cette opération que les résines et ces espèces d'huiles prennent plus de consistance. La poix, le goudron, la térébenthine sont les résines les plus communes ; elles exsudent des pins et des sapins. Le copal et l'encens font aussi partie de cette classe de substances végétales.

GUSTAVE. — C'est de ces résines que sont faits les vernis dont on fait usage en peinture?

Mᵐᵉ DE BEAUMONT. — Oui ; les résines dissoutes dans de l'huile ou de l'alcohol, forment les vernis ; et dans ces solutions, elles sont précipitées par l'eau dans laquelle elles sont insolubles. — Essayez de jeter un peu d'eau dans ce verre où j'ai mis du vernis, l'eau se combinera avec l'alcohol dans lequel la résine est en solution, et cette dernière sera précipitée en forme de nuage blanc.

GUSTAVE. — Il est vrai. Alors comment les tableaux vernis par cette solution peuvent-ils être nettoyés avec de l'eau sans être endommagés ?

Mme DE BEAUMONT. — A mesure que le vernis sèche, son alcohol s'évapore, et le vernis sec, ou la résine, n'étant point soluble dans l'eau, celle-ci ne peut avoir aucune action sur elle.

Il existe une classe de résines composées, appelées *gommes résines*, qui sont, comme l'indique leur nom, des résines combinées avec du mucilage. La myrrhe et l'assa fétida sont de cette classe.

CAROLINE. — Est-il possible qu'une substance d'une odeur si désagréable soit formée d'huile volatile ?

Mme DE BEAUMONT. — L'odeur des huiles volatiles n'est pas toujours agréable. L'oignon et l'ail, par exemple, ne sentent pas aussi bon que la rose et l'œillet.

Les huiles volatiles se présentent encore sous une autre forme, celle de *baume*. Les baumes sont des sucs résineux, combinés avec un acide particulier nommé *acide benzoïque*. Ce sont probablement des huiles volatiles qui, par l'oxygénation, se sont transformées, partie en résine, partie en acide, lesquels, combinées ensemble, forment un baume. Tels sont les baumes du Pérou, de Tolu, etc.

Nous laisserons les huiles et leurs modifications pour passer à la substance végétale qui les suit, le *caoutchouc*. C'est un fluide blanc, laiteux et glutineux, qui prend de la consistance et noircit en séchant, et, dans cet état, forme la substance que vous connaissez sous le nom de gomme élastique.

Caroline. — Comment! la gomme élastique a été blanche et fluide! et de quel végétal provient-elle?

Mme de Beaumont. — De plusieurs espèces d'arbres des Indes et de l'Amérique méridionale, desquels on l'extrait en faisant des incisions dans le tronc. Le suc est recueilli à mesure qu'il découle, et l'on plonge dans le vase qui l'a reçu des moules de terre glaise en forme de bouteilles plates; une couche de suc s'attache à ces bouteilles; on les fait sécher, puis on les replonge jusqu'à ce qu'elles aient pris l'épaiseur suffisante. Alors on brise la terre et on la fait sortir. Les naturels des pays où cette substance est produite s'en font quelquefois des souliers, et des bottes par un procédé semblable; et l'on dit que cela fait une chaussure très commode par son élasticité et son imperméabilité à l'eau.

Nous parlerons maintenant de la *matière extractive*. Ce terme, pris dans un sens général, peut s'appliquer à toute substance extraite des végétaux; mais on entend par là plus particulièrement la matière *extractive colorante* des plantes. Le règne végétal fournit une grande variété de couleurs aux peintres et aux teinturiers : toutes les *laques* sont de cette classe; mais ces couleurs sont moins durables que les

couleurs minérales; car l'exposition à l'atmosphère
les noircit ou les jaunit au bout d'un certain temps.

GUSTAVE. — Je sais que les *laques* sont considérées
comme moins solides que les *ocres*; mais pourquoi
cela?

Mme DE BEAUMONT. — Le changement produit dans
les couleurs végétales par leur exposition à l'atmosphère est dû principalement à la combinaison de
l'oxygène avec leur hydrogène qui laisse à découvert
des parties charboneuses. La même chose ne peut
avoir lieu dans les ocres, qui sont des substances
entièrement minérales.

Les couleurs végétales ont une plus grande affinité
pour les substances animales que pour les substances
végétales; et l'on suppose que c'est à cause de leur
différente proportion d'azote. Ainsi la soie et la laine
prennent de plus belles teintures végétales que le
lin et le coton.

CAROLINE. — La teinture est donc un procédé
chimique?

Mme DE BEAUMONT. — Assurément. Une bonne
teinture consiste dans la précipitation et la fixation
de la matière colorante, sur la substance qu'on veut
teindre. La première doit former un composé, insoluble dans les liquides auxquels elle sera probablement
exposée. Par exemple, les toiles de fil ou de coton im-
primées ou teintes doivent être capables de résister à
l'action du savon et de l'eau, auxquelles il faut qu'elles
soient soumises pour être blanchies, et les lainages et
les soieries doivent être à l'épreuve des corps gras ou

acides, auxquels ils pourraient être accidentellement exposés.

CAROLINE. — Mais si le lin et le coton ne possèdent pas une affinité suffisante pour la matière colorante, comment peut-on faire qu'ils résistent à l'action du blanchissage, comme ils le font toujours quand ils sont bien imprimés ou teints?

Mme DE BEAUMONT. — Quand la substance qu'on veut teindre n'a pas une affinité suffisante pour la matière colorante, ou qu'elle manque de pouvoir pour la retenir, la combinaison est favorisée par une troisième substance qu'on appelle le *mordant*, ou la base. Il faut que le mordant ait de l'affinité et pour la matière colorante et pour la substance qu'elle doit teindre, et par le moyen du premier les deux dernières sont unies et adhèrent ensemble.

CAROLINE. — Quelles sont les substances qui remplissent cet office conciliateur?

Mme DE BEAUMONT. — Le mordant le plus commun est le sulfate d'alumine. Les oxydes d'étain et de fer en état de sels composés sont également employés à cet usage.

Le *tannin* est un autre ingrédient végétal très utile pour les manufactures. On le tire principalement de l'écorce des arbres, mais les noix de galles et d'autres végétaux en contiennent aussi.

GUSTAVE. — Est-ce la même substance que l'on appelle *tan*, et dont on use dans les serres-chaudes?

Mme DE BEAUMONT. — Le tan est l'écorce préparée pour en tirer la substance nommée *tannin*. Mais l'usage du tan pour les serres-chaudes est bien moins important que l'opération du *tannage*, par laquelle les peaux sont converties en cuirs.

GUSTAVE. — Comment se fait cette opération, je vous prie ?

Mme DE BEAUMONT. — De diverses manières, qui toutes consistent à exposer la peau à l'action du tan ou des substances qui le renferment en quantité suffisante, et qui sont disposées à le céder. Le moyen le plus ordinaire est d'infuser de l'écorce de chêne, grossièrement hachée, dans de l'eau, et d'y laisser tremper les peaux pendant un certain laps de temps. Pendant cette opération lente et graduelle, la peau devient plus pesante et prend une ténacité et une imperméabilité considérables. On accélère l'effet en usant de fortes saturations du principe tannant (qu'on peut extraire des écorces) au lieu d'employer les écorces en nature. Mais cette méthode plus prompte ne paraît pas faire d'aussi bons cuirs.

Le tannin existe dans une infinité de substances végétales dites astringentes, comme la noix de galles, le rosier, le vin ; mais dans aucune en aussi grande abondance que dans les écorces. Toutes ces substances cédant ce principe à l'eau, on le précipite par le moyen d'une solution de gélatine avec laquelle il se combine fortement et forme un composé insoluble. C'est de-là que dérive l'utile propriété qu'il a de s'unir à la peau constituée principalement de gélatine et de lui donner le pouvoir de résister à l'action de l'eau.

GUSTAVE. — Pourrions-nous voir cet effet, en

versant un peu de gélatine fondue dans du vin, qui contient, dites-vous, du tannin?

Mme DE BEAUMONT. — Oui ; et j'ai préparé pour cela une solution de gélatine.—Voyez-vous ce précipité bourbeux ; c'est le tannin combiné avec la gélatine.

CAROLINE. — Ce précipité doit être de la même nature que le cuir ?

Mme DE BEAUMONT. — Il est composé des mêmes ingrédients ; mais l'organisation, la contexture de la peau lui manquant, il ne peut avoir ni la consistance ni la ténacité du cuir.

CAROLINE. — Les personnes qui boivent beaucoup de vin doivent être sujettes à avoir les parois de l'estomac changées en cuir ; puisque le tannin a tant d'affinité avec la peau ?

Mme DE BEAUMONT — Il n'est pas impossible que le constant usage de cette liqueur *tanne* ou *durcisse* à quelque degré les surfaces de l'estomac ; cependant, il ne faut pas oublier qu'un grand nombre d'agents chimiques divers sont en jeu dans ce cas ; et, par-dessus tout, que quand il y a vie, il est difficile de tirer aucune conclusion chimique bien certaine.

Je ne quitterai point ce sujet sans faire mention d'une découverte récente de M. Hatchett, qui a trouvé qu'une substance très analogue au tannin, pourvue de toutes ses propriétés principales et agissant de la même manière sur les peaux, pouvait être obtenue en exposant du carbone ou quelque substance charbonneuse, végétale, animale, ou minérale, à l'action de l'acide nitrique.

CAROLINE. — Cette découverte sera-t-elle utilisée pour les manufactures?

Mᵐᵉ DE BEAUMONT. — Cela est douteux, parce que ce tannin artificiel serait probablement plus cher que celui qui est tiré des écorces. Mais le fait est très curieux; c'est un des exemples rares où la chimie imite un des principes prochains des corps organisés.

La dernière substance végétale que nous avons à considérer, est la *fibre ligneuse*, la partie la plus dure des plantes. Le bois contient une plus grande quantité de cette substance que toutes les autres parties, cependant toutes celles qui ont de la solidité en renferment plus ou moins. Elle forme une sorte de squelette de la partie où elle existe, et conserve sa forme après que les autres matériaux ont disparu. Ses éléments sont le carbone, uni à de faibles proportions de sels, et des autres constituants communs aux végétaux.

GUSTAVE. — Alors, c'est de la fibre ligneuse que le charbon commun est tiré?

Mᵐᵉ DE BEAUMONT. — Oui. Le charbon, comme vous le savez, est tiré du bois, en séparant ses parties volatiles.

Avant de quitter les matières végétales, il convient d'énumérer les divers acides végétaux que nous n'avons pas eu jusqu'ici l'occasion de mentionner, et qui ne se présenteraient peut-être plus à notre considération Je crois vous avoir déjà dit que leur base était invariablement composée d'hydrogène

et de carbon , et qu'ils ne différaient entre eux que
par les diverses proportions d'oxygène qu'ils contenaient.

Voici les noms de ces acides

Les acides,	Tirés de
Muqueux.	La Gomme ou Mucilage.
Camphorique.	Camphre.
Benzoïque.	Baumes.
Gallique.	Écorce, noix de galles.
Malique.	Fruits mûrs.
Citrique.	Jus de citron.
Oxalique.	Oseille.
Succinique.	Ambre.
Tartrique.	Tartrate de potasse.
Moroxalique.	Mûres blanches.
Bolétique.	Suc d'une espèce de bo- létus.
Kinique.	Kinkina.
Pyro-Tartrique.	Acide tartrique.
Pyro-Citrique.	Acide citrique.
Pyro-Malique.	Acide malique.
Acacétique.	Vinaigre.

Tous ces acides se décomposent par la chaleur,
sont solubles dans l'eau, et font devenir rouges les
couleurs végétales bleues. Les acides camphorique,
succinique et tartrique, joints aux acides pyro-tar-
trique, pyro-citrique et pyro-malique, qui dérivent
des autres acides végétaux soumis à l'action du calorique, sont les produits de la décomposition des

végétaux; nous renverrons donc leur examen à un autre moment.

L'acide oxalique, tiré de l'oseille, est le plus haut degré d'acidification végétale; car si l'on y ajoute plus d'oygène il perd sa nature végétale et se réduit à de l'eau et de l'acide carbonique : ainsi, quoique tous les autres acides puissent être convertis en acide oxalique par une addition d'oxygène, ce dernier n'est susceptible ni d'une plus grande oxygénation, ni de redescendre, par aucun procédé chimique, à une plus faible acidification.

Je ne dirai que quelques mots sur l'*acide gallique*, avant de terminer ce sujet.

CAROLINE — N'est-ce pas le même acide qui sert à faire l'encre; en précipitant le sulfate de fer ?

Mme DE BEAUMONT. — Oui. Son nom vient de la substance qui le produit le plus abondamment, quoique l'on puisse l'obtenir d'une infinité de plantes. Il constitue ce qu'on appelle le *principe astringent* des végétaux et s'y combine généralement avec le tannin. Les infusions de thé, de café, d'écorce, le vin rouge, enfin beaucoup de substances végétales, pourvues du principe astringent, peuvent produire un précipité noir, avec une solution de sulfate de fer.

CAROLINE. — Expliquez-nous la nature des noix de galle.

Mme DE BEAUMONT. — Ce sont des excroissances qui viennent sur les jeunes chênes, formées par un insecte qui entame l'écorce de ces arbres et fait ses œufs dans leurs fentes. Les vaisseaux lacérés déchargent leurs contenus et produisent un bourrelet qui garantit les œufs de l'insecte et le nourrit jusqu'au temps où il peut se frayer un chemin à travers la noix, qui toutes ont en effet un trou, quand elles sont abandonnées par leurs habitants. On ne trouve les noix de galle fortement astringentes que dans les pays chauds ; celles dont on fait usage pour les manufactures d'encre viennent d'Alep.

Gustave. — Mais, les petites excroissances que l'on voit sur nos chênes ne sont elles pas de la même nature ?

Mme de Beaumont. — Oui ; seulement elles sont inférieures en ce qu'elles contiennent moins de principe astringent, et ne sont pas, à cause de cela, aussi applicables aux manufactures.

Caroline. — Les acides végétaux sont-ils toujours trouvés dans un état pur et séparé ?

Mme de Beaumont. — Au contraire ; on les trouve souvent en état de sels composés ; cependant ces sels ne sont pas en général pleinement saturés des bases salifiables, et l'acide prédomine chez eux : en cet état, on les appelle sels *aciduleux*. La crème de tartre est un sel de cette espèce.

Caroline. — Le sel d'oseille, qui sert à enlever les taches d'encre, est-il de cette nature?

Mme de Beaumont. — Non ; ce sel consiste en acide oxalique combiné avec un peu de potasse. On le trouve en cet état dans l'oseille.

Caroline. — Comment ce sel enlève-t-il les taches d'encre?

Mme DE BEAUMONT. — En se combinant au fer il
le rend soluble dans l'eau.

Outre les matériaux végétaux, que nous venons
d'énumérer, les plantes offrent encore une infinité
d'autres substances communes aux trois règnes : telles
que la potasse, que l'on a cru long-temps appartenir
exclusivement aux végétaux, et qu'on nommait par
cette raison alcali végétal.

Le docteur Peschier, de Genève, a découvert que la
potasse existe toute formée dans le suc des plantes,
et peut en être tirée en agitant de la magnésie pure
avec la liqueur extraite par pression ou par décoction
de toutes les parties du végétal, excepté le fruit.

Des composés particuliers qui se trouvent en certaines plantes, ont quelques propriétés alcalines et
sont appelés *alcalis végétaux naturels*. Les plantes
dans lesquelles ces produits existent sont en général
des poisons, sans doute en conséquence de l'action
de ces principes alcalins. L'opium et les autres végétaux narcotiques contiennent une substance appelée
morphine, décrite pour la première fois par Derosne.
La *noix vomique*, qui est le fruit du *strychnos nux
vomica* et du *strychnos ignatia*, donne un principe
nommé *strychnine*. Des feuilles de l'*atropa bella dona*,
on obtient une autre substance alcaline, l'atrope ; du
veratrum album, ou du *colchicum autumnale*, la
veratrine, et de l'*hyoscyamus niger* l'*hyoscinema*.

Toutes ces substances agissent comme de puissants narcotiques, même prises en petites quantités, et
sont des poisons mortels à grandes doses. D'autres

principes alcalins, non délétères, sont tirés de diverses écorces. Le quinquina, ou écorce du Pérou, fournit la *quinine* et la *cinchonine*, et le *brucea antidyssenterica*, la *brucine*.

Ces principes végétaux ont été rangés parmi les alcalis, à cause du pouvoir qu'ils possèdent en commun avec ces corps, de neutraliser les acides et de former avec eux des sels composés. Cependant leur affinité pour les acides est moins grande que celle des alcalis ordinaires : et ils sont destructibles, soit séparés, soit combinés, par un très léger degré de chaleur.

On trouve, dans les végétaux, du soufre, du phosphore, des terres, et plusieurs oxydes métalliques en petites quantités : et quelquefois aussi des sels neutres formés de la combinaison de leurs ingrédients.

DIX-NEUVIÈME ENTRETIEN.

SUR LA DÉCOMPOSITION DES VÉGÉTAUX.

De la fermentation. — De la fermentation saccharine qui produit le sucre. — De la fermentation vineuse qui produit le
vin. — Alcohol ou esprit de vin. — Analyse du vin par la
distillation. — Eau-de-vie, Rhum, Arrack, Eau-de-vie de
genièvre, etc. — Tartrate de potasse. — Liqueurs. — Propriétés chimiques de l'alcohol. — Sa combustion. — Éther.
— Fermentation acide, qui produit le vinaigre. — Fermentation panaire. — Fermentation putride, qui réduit les végétaux à leurs éléments primitifs. — Succession spontanée
de ces fermentations. — Végétaux, dits pétrifiés. — Bitume,
Naphtes, Asphalte, Jaget, Charbon de terre, Ambre. --
Bois Fossiles, Tourbe.

Mme DE BEAUMONT, CAROLINE, GUSTAVE.

CAROLINE. — Le précis que vous nous avez donné,
maman, sur les divers matériaux des végétaux, était
assurément très instructif; mais il ne satisfait pas
complètement ma curiosité. Je voudrais savoir d'où

les plantes obtiennent les principes dont ces matériaux sont formés ; par quels moyens ils sont convertis
en matière végétale, et comment ils sont liés à la vie
de la plante.

Mᵐᵉ DE BEAUMONT. — Vous ne demandez rien
moins qu'une histoire complète de la chimie et de
la physiologie végétale , sujets sur lesquels nous
n'avons que d'imparfaites notions. Cependant j'espère contenter jusqu'à un certain point votre curiosité.
Mais, pour que vous m'entendiez mieux , il faut que je
vous fasse connaître les changements que subissent
les végétaux quand la puissance vitale ne leur donne
plus le moyen de résister aux lois communes de l'attraction chimique.

La composition des végétaux étant plus compliquée
que celle des minéraux , les premiers sont sujets à
plus d'altérations chimiques que les derniers ; car
plus les attractions sont nombreuses et variées, plus
l'équilibre a de chances pour être détruit et donner
lieu à un nouvel ordre de combinaisons.

GUSTAVE. — Je suis surpris que les végétaux soient
plus susceptibles de décomposition que les minéraux ,
étant beaucoup plus importants que ces derniers.

Mᵐᵉ DE BEAUMONT. — Considérez aussi que les
productions végétales sont bien plus facilement renouvelées que les minéraux. La décomposition d'un
végétal n'a lieu qu'après sa mort , quand, suivant
le cours naturel des choses, elle a produit son fruit ,
pour perpétuer son espèce. Si chaque plante, au
lieu d'avoir une carrière bornée, continuait d'exister,

en son état de végétal, la terre en serait bientôt sur-
chargée. Ainsi, la nature, aussitôt qu'une plante cesse
de vivre, commence le procédé de sa décomposition
pour la ramener à ses ingrédients primitifs, l'hydrogène, le carbone et l'oxygène, qui peuvent alors être
distribués en d'autres combinaisons.

GUSTAVE. — Mais, puisqu'un système de combinaison ne peut être détruit que par l'établissement
d'un nouvel ordre d'attractions, comment la décomposition des végétaux les réduit-elle à leurs simples
éléments ?

Mme DE BEAUMONT. — C'est un procédé très long
pendant lequel une infinité de nouvelles combinaisons
sont tour-à-tour produites et détruites ; mais à chaque
changement les ingrédients de la matière végétale tendent à s'unir dans un ordre moins compliqué, jusqu'à ce qu'enfin ils rentrent dans leur état élémentaire, ou du moins dans les plus simples de leurs
combinaisons. Ainsi, vous voyez que les végétaux
finissent par être réduits en eau et en acide carbonique ; l'hydrogène et le carbone se partageant l'oxygène
de manière à former ces deux substances. Mais, les
combinaisons intermédiaires qui ont lieu pendant les
diverses époques de la décomposition des végétaux
sont très dignes d'attention.

CAROLINE. — Comment se peut-il que les végétaux
en putréfaction ne produisent rien qui soit digne d'être
observé ?

Mme DE BEAUMONT. — Ils subissent divers changements avant d'arriver à la putréfaction , dernier terme

de leur décomposition ; et ces changements ont été mis à profit pour des objets très importants.

La décomposition d'un végétal est toujours accompagnée d'une violente commotion intérieure, produite par la séparation d'un ordre de molécules, et par l'union d'un autre. Ce mouvement s'appelle *fermentation*. Il est différentes époques auxquelles ce procédé s'arrête et parait vouloir laisser le nouvel ordre de composés s'établir. Mais, à moins que l'on n'emploie des moyens pour maintenir *les nouvelles* combinaisons, leur durée n'est que passagère, et un autre mouvement de fermentation a lieu, par lequel les composés dernièrement formés sont détruits et remplacés par des composés plus simples.

Gustave. — Ainsi les fermentations ne sont que des pas successifs par lesquels un végétal avance vers sa dissolution finale?

Mme de Beaumont. — C'est précisément cela : votre définition est exacte.

Caroline. — Combien de fermentations ou de nouveaux arrangements doivent-ils avoir lieu avant qu'un végétal soit réduit à ses plus simples ingrédients?

Mme de Beaumont. — Les chimistes ne sont point d'accord sur ce point. On compte quatre fermentations distinctes, ou périodes auxquelles la décomposition végétale s'arrête et change son cours, mais chaque espèce de matière végétale n'est pas susceptible de toutes ces fermentations.

Plusieurs circonstances sont nécessaires à la fermentation. Ce procédé exige une certaine quantité d'eau et de chaleur pour séparer les molécules et affaiblir la force de cohésion, afin que les nouvelles affinités chimiques puissent être mises en action.

CAROLINE. — Dans les climats très froids, comment la décomposition spontanée des végétaux peut-elle donc avoir lieu?

Mme DE BEAUMONT. — Elle ne peut avoir lieu; et conséquemment, à peine voit-on quelques vestiges de végétation dans les pays où le froid domine constamment.

CAROLINE. — On imaginerait au contraire que de telles contrées seraient couvertes de plantes; car, ne pouvant être décomposées, leur nombre devrait aller en augmentant.

Mme DE BEAUMONT. — Mais, ma chère, la chaleur et l'eau sont aussi essentielles à la formation des végétaux qu'à leur décomposition. De plus, c'est des plantes mortes, réduites à leurs principes élémentaires, que la génération qui les suit tire sa nourriture. Aucune jeune plante ne pourrait donc croître, si celles qui l'ont précédée ne contribuaient à la faire naître et à la substanter, en fournissant et la graine qui la produit, et les aliments qui la font grandir.

CAROLINE. — Alors, sous la Zone-Torride, où il ne gèle jamais, les procédés de végétation et de fermentation doivent être extrêmement rapides.

Mme DE BEAUMONT. — Non pas autant que vous le supposez. Dans ces climats, une grande partie de l'eau nécessaire à ces procédés est dans l'état aériforme; état qui n'est pas beaucoup plus favorable à la croissance et à la formation des végétaux que celui de glace. Ce n'est donc qu'en des situations particulières, à l'ombre des bois ou des collines , que les petites plantes peuvent croître dans ces pays brûlants, où les végétaux morts pendant la saison sèche, ne retiennent pas assez d'humidité pour entrer en fermentation , mais sont bien vite desséchés par un soleil ardent. Les grandes pluies d'automne , très violentes sous ces zones, permettent seules à la fermentation d'avoir lieu.

Les différentes fermentations tirent leur nom de leurs principaux produits. La première est nommée *fermentation saccharine* , parce que son produit est le *sucre*.

CAROLINE. — Mais vous nous avez dit que le sucre se trouvait dans tous les végétaux ; il ne devrait donc pas être le produit de leur décomposition.

Mme DE BEAUMONT. — Cette fermentation n'est point bornée à l'époque de la décomposition des végétaux ; elle a lieu constamment pendant leur vie ; et cette circonstance a empêché long-temps de considérer ce procédé comme une des fermentations : cependant, il a tant d'analogie avec les autres fermentations ; et la formation du sucre, soit dans la matière végétale morte, soit dans la matière végétale vivante, est si évidemment un nouveau composé provenant de la destruction des combinaisons antécédentes ; il est de plus si essentiel aux fermentations subséquentes, qu'on le regarde à présent comme le premier pas , le préliminaire nécessaire de la décomposition.

CAROLINE. — Je me souviens bien de vous avoir entendu dire que le sucre n'était pas sécrété de la sève comme les autres ingrédients des végétaux.

Mme DE BEAUMONT. — C'est plutôt de ces matériaux que de la sève elle-même, que le sucre est formé ; et il se développe, à certaines périodes, comme vous pouvez l'observer dans les fruits qui deviennent doux en mûrissant, quelquefois même après avoir été cueillis. La vie n'est donc pas essentielle à la formation du sucre, tandis qu'au contraire les autres matériaux des végétaux sont sécrétés de la sève par des organes particuliers dont le pouvoir tient au principe vital.

GUSTAVE. — Alors la maturité des fruits est le premier pas vers leur destruction, et le dernier vers leur perfectionnement.

Mme DE BEAUMONT. — C'est cela. Un procédé analogue à la fermentation saccharine a lieu pendant la cuisson de certains végétaux, tels que les panais, les carrottes, les pommes de terre, etc., chez lesquelles la douceur est développée par l'humidité et la chaleur ; et l'on sait qu'en poussant un peu plus loin l'opération, il s'ensuit une décomposition complète. Le même effet est produit dans les graines avant qu'elles germent.

CAROLINE. — Comment arrangerez-vous cela avec votre théorie, maman ? La décomposition pourrait-elle être le précurseur nécessaire de la vie ?

Mme DE BEAUMONT. — C'est cependant une vérité. Les matériaux de la graine sont décomposés ; elle est en effet désorganisée avant de donner naissance à une plante nouvelle. Vous avez vu que les graines, outre l'embrion de la plante, contiennent de la fécule, de l'huile et un peu de mucilage. Ces substances sont destinées à nourrir la jeune plante; mais il faut qu'elles subissent quelques changements avant de pouvoir remplir cette destination. Quand les graines sont ensevelies dans la terre, et que l'air contient un certain degré d'humidité, elles absorbent de l'eau qui les dilate, sépare leurs molécules, et permet un nouvel ordre d'attractions, dont le sucre est le produit. Alors la substance de la graine, ainsi amollie, adoucie et convertie en une pulpe laiteuse, devient propre à nourrir l'embrion.

L'on produit artificiellement la fermentation sacchariue dans le grain avec lequel on fait la bière, par le procédé suivant : — On laisse tremper pendant quelques jours dans l'eau une certaine quantité d'orge; on fait écouler l'eau, le grain s'échauffe spontanément, s'enfle, s'adoucit, paraît disposé à germer, et grandit en effet jusqu'à la longueur d'un pouce; alors on arrête sa fermentation en le mettant dans un four, où il est seché à une chaleur modérée : il devient ridé et friable, et constitue le principal ingrédient de la bière.

GUSTAVE. — J'espère que vous voudrez bien nous apprendre comment il est changé en bière?

Mme DE BEAUMONT. — Il faut d'abord vous expliquer la nature de la seconde fermentation qui est essentielle à cette opération. On l'appelle *fermentation vineuse*, parce que le *vin* est son produit.

GUSTAVE. — Combien la décomposition des végétaux est différente de ce que j'imaginais! Les produits de leur désorganisation paraissent presque supérieurs a ceux qu'ils offraient dans l'état de vie.

Mme DE BEAUMONT —Et n'admirez-vous pas en cela l'économie admirable de la nature, qui, soit qu'elle crée, soit qu'elle détruise, dirige toujours ses opérations vers quelque fin utile?

Il paraît que la fermentation saccharine est extrêmement favorable, si non absolument nécessaire à la fermentation vineuse; en sorte que, si le sucre ne s'était pas développé pendant la vie de la plante, il faudrait le produire artificiellement pour en obtenir une liqueur vineuse. C'est ce qu'on est obligé de faire à l'orge, qui ne donne point de sucre, tant qu'il n'a pas été préparé comme je viens de vous le dire, et qui, sans cette opération, ne pourrait être converti en bière par la fermentation vineuse.

CAROLINE. — Mais si le produit de la fermentation vineuse est le vin, la bière n'a pas besoin de subir ce procédé; car la bière n'est pas du vin.

Mme DE BEAUMONT. — Chimiquement parlant, la bière peut être considérée comme un vin de grains; car c'est le produit de la fermentation de l'orge (préparée pour cette fabrication), comme le vin est le produit de la fermentation du raisin ou d'autres fruits.

Le résultat de la fermentation vineuse est la décomposition de la matière saccharine, et la formation d'une liqueur spiritueuse avec les constituants du sucre. Mais, pour provoquer cette fermentation, il faut non-seulement de l'eau et un certain degré de chaleur, elle exige encore la présence d'autres ingrédients outre le sucre ; ces ingrédients sont la fécule, le mucilage, des acides, des sels, de la matière extractive, etc., qui tous concourent à l'opération et donnent à la liqueur son goût particulier.

Gustave. — C'est apparemment à cause de cela que l'on ne fait pas du vin avec du sucre pur, et qu'on emploie plutôt des fruits, parce qu'ils contiennent, avec le sucre, les autres ingrédients propres à provoquer la fermentation vineuse, et à lui donner de la saveur.

Mme de Beaumont. — Sans doute; et vous observerez de plus que la quantité relative du sucre n'est pas la seule circonstance considérée dans le choix des sucs végétaux dont on fait du vin ; car si cela était, la canne à sucre offrirait les meilleurs. La manière et la proportion dans laquelle le sucre est mêlé aux autres ingrédients, est ce qui influe sur la quantité de vin produite et ses qualités; et l'on a trouvé que le jus de raisin donne non-seulement la plus grande quantité de vin, mais y ajoute la saveur la plus agréable.

Gustave. — J'ai vu faire du vin, et je ne me rappelle point qu'on ait appliqué la chaleur, ni ajouté de l'eau pour faire fermenter les raisins.

Mme de Beaumont. — La température commune de l'atmosphère dans les pressoirs où fermente le jus des raisins est assez chaude pour cet effet; et comme ce jus contient une suffisante quantité d'eau, il n'est

pas nécessaire d'en ajouter ; mais, pour la fermentation de l'orge, il faut toujours une certaine quantité
d'eau.

GUSTAVE. — Quels sont les changements qui arrivent pendant la fermentation vineuse?

Mme DE BEAUMONT. — Le sucre est décomposé, et
ses constituants recombinés en deux nouvelles substances ; l'une est un liquide particulier nommé *alcohol*
ou *esprit de vin*, qui reste dans le fluide ; l'autre est
du gaz acide carbonique qui échappe pendant la fermentation. Ainsi, le vin, comme je vous l'ai déjà
dit, est un liquide principalement composé d'alcohol,
et ses différentes variétés de force et de saveur sont
dues aux qualités diverses du fruit, indépendamment
du sucre.

CAROLINE. — Je suis surprise qu'une liqueur aussi
forte que l'esprit de vin soit obtenue d'une substance
aussi douce que le sucre.

Mme DE BEAUMONT. — Quelle est la principale différence entre l'alcohol et le sucre?

CAROLINE. — Attendez..... Le sucre consiste en
carbone hydrogène et oxygène. Si l'acide carbonique
en est extrait pendant la formation de l'alcohol, celui-ci
contiendra moins de carbone et d'oxygène que le sucre;
donc l'hydrogène prédomine dans l'alcohol.

Mme DE BEAUMONT. — C'est bien cela. Et cette grande
proportion d'hydrogène rend raison de la légèreté et
des propriétés combustibles de ce fluide et des esprits
en général, qui tous consistent en alcohol diversement
modifié.

Gustave. — Et peut-on recomposer le sucre par la combustion de l'alcohol et de l'acide carbonique?

Mme de Beaumont. — Les chimistes n'ont jamais pu réussir à cela ; mais, par analogie, cette recomposition paraîtrait possible. Examinons cependant plus particulièrement les phénomènes de la fermentation vineuse. Au commencement du procédé, il se dégage de la chaleur, et la liqueur enfle considérablement par la formation de l'acide carbonique qui en échappe en si grande quantité, qu'il pourrait causer la mort, si on le respirait sans précaution, comme le cas est quelquefois arrivé. Si la fermentation est arrêtée en mettant le vin en tonneaux, avant que tout l'acide carbonique se soit dégagé, le vin est pétillant comme celui de Champagne, par l'effet de l'acide qui y est emprisonné ; et son goût est sucré comme celui du cidre, parce que le sucre n'est pas entièrement décomposé.

Gustave. — Mais pourquoi la chaleur est-elle émise pendant cette opération? Comme il se fait une grande formation de gaz dans lesquels une quantité de chaleur proportionnelle doit devenir insensible, j'aurais cru qu'il y aurait plutôt refroidissement.

Mme de Beaumont. — Cela paraît ainsi au premier aperçu ; mais il ne faut pas oublier que la fermentation est un procédé chimique compliqué, et que pendant la décomposition et la recomposition qu'elle produit, il peut se dégager une quantité de calorique suffisante et pour le développement des gaz, et pour l'élévation de la température. Quand la fermentation est achevée, le liquide refroidit et baisse, l'effervescence cesse, et le jus du fruit, épais, sucré et gluant, se transforme en une liqueur claire, transparente et spiritueuse nommée *vin*.

GUSTAVE. — Combien je regrette d'avoir ignoré la nature de la fermentation vineuse, quand j'avais l'occasion de l'observer.

Mme DE BEAUMONT. — Vous pouvez satisfaire votre curiosité en regardant brasser de la bière, puisque cette opération offre toutes les circonstances essentielles de la fermentation du vin.

Mais, si nous ne pouvons réellement faire du vin en ce moment, je puis vous montrer la manière de l'analyser par la distillation. Quand du vin, de quelle espèce que ce soit, est soumis à cette opération, il se sépare en plusieurs ingrédients : l'eau-de-vie, l'eau simple, le tartre, la matière extractive colorante et quelques acides végétaux. J'ai mis un peu de vin dans cet alambic de verre (pl. XIV, fig. 1), nous le placerons sur la lampe, et vous verrez bientôt l'esprit de vin et l'eau paraître successivement.

GUSTAVE. — Vous ne parlez point de l'alcohol parmi les produits de la décomposition du vin, quoique ce soit un de ses principaux ingrédients.

Mme DE BEAUMONT. — L'alcohol est contenu dans l'eau-de-vie qui distille maintenant. Cette liqueur est un mélange d'alcohol et d'eau; et pour obtenir le premier dans sa pureté, il faut le distiller une seconde fois de l'eau-de-vie.

CAROLINE. — J'en ai pris une goutte sur mon doigt;

c'est bien le goût de l'eau-de-vie, mais non la couleur ;
l'eau-de vie est d'un jaune foncé.

Mme DE BEAUMONT. —Non pas naturellement ; cette
teinte jaune lui est donnée par la matière colorante
qu'elle extrait des tonneaux de bois de chêne neuf dans
lesquels on la conserve. On renforce encore cette couleur avec du sucre brûlé, pour donner à l'eau-de-vie
l'apparence d'avoir été long-temps conservée.

CAROLINE. — Le rhum est-il aussi distillé du vin ?

Mme DE BEAUMONT. — Non ; c'est l'eau-de-vie de
la canne à sucre, plante qui contient une si grande
quantité de matière saccharine, qu'elle donne plus
d'alcohol que tout autre végétal. Après que le suc de
cannes a été exprimé pour faire le sucre, ce qu'il
en reste dans la tige brisée est extrait par l'eau, et cette
solution de sucre est mise en fermentation pour faire
le rhum.

Le spiritueux nommé *arrack* est distillé de même du
produit de la fermentation vineuse du riz.

GUSTAVE. — Mais le riz ne paraît pas sucré.

Mme DE BEAUMONT. — Il est insipide comme l'orge
et la plupart des autres grains, tant qu'il n'a pas subi
la fermentation saccharine ; et vous savez qu'elle est
le préliminaire nécessaire de la fermentation vineuse
dans les végétaux où le sucre n'est pas déjà formé.
On distille ainsi de l'eau-de-vie, de l'orge préparé pour
faire la bière.

CAROLINE. —Vous voulez dire de la bière ; car l'orge
doit avoir passé par la fermentation vineuse avant de
donner de l'eau-de-vie.

Mme DE BEAUMONT. — La bière n'est pas précisément le produit de la fermentation vineuse de l'orge préparée, comme je vous l'ai expliqué ; un autre ingrédient, le houblon, entre dans sa composition, et l'eau-de-vie est distillée de l'orge simplement fermentée, sans y ajouter aucune autre matière. Cependant cette liqueur pourrait être obtenue de la bière comme de tout autre liquide vineux ; car, la base de l'eau-de-vie étant l'alcohol, elle peut être extraite de tout liquide qui contient cette substance.

Tous les grains peuvent donner, par ces procédés, plus ou moins d'eau-de-vie. On peut y mêler des substances qui y donnent une saveur particulière, comme on le voit par l'eau-de-vie de genièvre, à laquelle les baies de l'arbuste de ce nom donnent son goût.

Mais je pense que l'eau-de-vie contenue dans le vin que nous distillons doit être toute passée. Oui... Goûtez le liquide qui dégoutte de l'alambic.

CAROLINE — Il est insipide comme de l'eau.

Mme DE BEAUMONT. — C'est en effet de l'eau qui est, comme je vous l'ai dit, le second produit du vin, et coule après que tout l'esprit, ou la partie la plus légère est distillée. — Nous trouverons le tartre et la matière extractive colorante sous forme solide au fond de l'alambic.

GUSTAVE. — Cela ressemble à de la lie de vin.

Mme DE BEAUMONT. — A plusieurs égards, leur nature respective est analogue ; car la lie du vin consiste sur-tout en un sel nommé tartrate de potasse, qui existe dans le suc des raisins et de plusieurs autres

végétaux, et se développe seulement par la fermentation vineuse. Pendant cette opération, ce sel est précipité et déposé sur la surface intérieure de la cuve :
on en fait un grand usage en médecine et dans quelques manufactures, particulièrement comme teinture,
sous le nom de *crême de tartre*; et l'acide tartrique
en est extrait.

CAROLINE. — Mais la crème de tartre médicale
paraît très différente de la lie de vin et du marc fortement coloré, que nous voyons ici, car ce sel est tout-
à-fait sans couleur.

Mme DE BEAUMONT. — Parce qu'il est parfaitement
pur et cristallisé, au lieu que dans les autres cas il est
mêlé à de la matière colorante extractive, et à d'autres ingrédients étrangers.

GUSTAVE. — Ne pourrions-nous obtenir de l'alcohol pur de l'eau-de-vie que nous venons de distiller ?

Mme DE BEAUMONT. — Nous le pourrions ; mais ce
serait une opération très lente ; car pour obtenir l'alcohol pur, il faut le distiller, ou pour parler le langage
des distillateurs, le *rectifier* plusieurs fois. Voici une
bouteille d'esprit de vin qui a été ainsi purifié : c'est
un ingrédient fort important, pourvu de diverses propriétés remarquables, outre qu'il forme la base de
toutes les liqueurs spiritueuses.

GUSTAVE. — Je suppose que c'est l'alcohol qui produit l'ivresse.

Mme DE BEAUMONT. — Sans doute ; mais le stimulant, l'énergie momentanée qu'il donne au système,

et l'ivresse qu'il cause quand il est pris à l'excès, sont des circonstances qui ne peuvent être expliquées.

CAROLINE. — Je croyais que ces effets provenaient d'une accélération de la circulation du sang ; car j'ai ouï dire que lorsqu'on buvait des vins ou des liqueurs spiritueuses le pouls battait plus vite.

Mme DE BEAUMONT. — Il est vrai : les spiritueux, en stimulant les nerfs accroissent l'action des muscles ; et le cœur, l'un des organes musculaires les plus énergiques, bat plus fortement, et pousse le sang avec une rapidité accélérée : mais après une si grande excitation, le système souffre une dépression proportionnée, en sorte que la langueur et la débilité suivent invariablement l'ivresse. Mais ces circonstances ont beau être bien avérées, elles n'expliquent point du tout comment l'alcohol produit un tel effet.

GUSTAVE. — Quels sont les spiritueux que l'on nomme plus particulièrement *liqueurs*, et qui me paraissent les plus agréables de tous ?

Mme DE BEAUMONT. — Les liqueurs se composent d'alcool, adouci par du sirop et parfumé avec des huiles essentielles.

Les eaux de senteur spiritueuses sont également des solutions d'huiles volatiles dans de l'esprit de vin ; telles sont les eaux de Lavande, de Cologne, etc.

Les propriétés chimiques de l'alcohol sont importantes et nombreuses. C'est un des plus puissants agents ; et il est particulièrement utile pour dissoudre les substances qui sont insolubles par l'eau ou la chaleur.

GUSTAVE. — Nous avons vu dissoudre le copal et

le mastic dans l'esprit de vin, pour faire des vernis, et ces résines ne sont point solubles dans l'eau, puisque l'eau les précipite de leur solution d'alcohol.

Mme DE BEAUMONT. — Je suis bien aise de voir que vous vous rappeliez aussi bien ces circonstances. La même expérience prouve une autre propriété de l'alcohol, savoir : sa tendance à s'unir à l'eau, car la résine est précipitée parce qu'elle perd son alcohol, qui l'abandonne pour se mêler avec l'eau. Vous pouvez vous souvenir que ce procédé est accompagné d'un dégagement de chaleur et d'une diminution de volume, que produit la pénétration mécanique des molécules par laquelle la chaleur latente est poussée en dehors.

L'esprit de vin est disposé à s'unir, non-seulement avec les résines et l'eau, mais avec les huiles et les baumes; et ces composés forment la classe étendue des élixirs, teintures, quintessences, etc.

GUSTAVE — L'alcohol doit être extrêmement combustible puisqu'il contient une si grande proportion d'hydrogène?

Mme DE BEAUMONT.— Aussi l'est-il excessivement ; il brûle à une température très modérée.

CAROLINE. — J'ai vu souvent brûler de l'eau-de-vie et de l'esprit de vin ; ces fluides produisent beaucoup de flamme, mais non une chaleur proportionnée, et point du tout de fumée.

Mme DE BEAUMONT. — Cette dernière circonstance tient à ce que leur combustion est complète : et la disproportion entre la flamme et la chaleur vous prouve que ces deux choses ne sont pas synonymes.

La grande quantité de flamme vient de l'hydrogène auquel vous savez que cette manière de brûler est particulière. — N'avez-vous pas aussi remarqué que l'esprit de vin et l'eau-de-vie brûlent sans mèche ? — Ils prennent feu à une température si basse, que ce secours n'est pas nécessaire pour concentrer la chaleur, et volatiliser le fluide.

CAROLINE. — L'on met le feu à l'eau-de-vie en la faisant simplement chauffer dans une cuiller.

Mme DE BEAUMONT. — Cependant la combustion de l'alcohol est prodigieusement accélérée en le volatilisant d'abord. On a construit, d'après ce principe, un instrument fort curieux, qui sert à fondre la glace et à d'autres opérations chimiques. C'est un petit vaisseau métallique sphérique (Pl. XIII, fig. 2), que l'on remplit d'esprit de vin, et qu'on échauffe par une lampe. Aussi-tôt que le fluide est volatilisé, il passe par le goulot du vaisseau qui donne au-dessus de la mèche d'une autre lampe, et celle-ci met le feu à la vapeur. — Voyez...

GUSTAVE. — Avec quelle violence elle brûle ! La flamme de l'esprit de vin vaporisé, a, je crois, plus de chaleur que celle de l'esprit de vin simplement brûlé dans une cuiller.

Mme DE BEAUMONT. — Elle donne en effet plus de chaleur, parce que la combustion se fait beaucoup plus vite de cette manière. Observez son effet sur ce petit tube de verre, dont je présente le milieu à l'extrémité de la flamme où la chaleur est la plus grande.

CAROLINE. — Le verre devient rouge à cette place et se courbe par son propre poids.

Mme DE BEAUMONT. — Je puis maintenant le partager en deux, et je vais souffler une bulle à l'un des bouts échauffés, en ayant soin de le boucher auparavant, et de l'aplatir avec ce petit instrument métallique, autrement le soufle passerait à travers le tube sans en dilater aucune partie. — Soufflez bien fort dans le tube, Caroline, pendant que l'extrémité bouchée est rouge.

GUSTAVE. — Vous soufflez trop fort ; la bulle enfle rapidement et crève.

Mme DE BEAUMONT. — Vous serez une autrefois plus habile ; mais je vous avertis, dans le cas où il vous prendrait envie d'user de cet instrument, d'avoir grand soin que la combustion de l'alcohol n'aille pas trop violemment, car j'ai vu souvent la flamme darder avec tant de force, quelle atteignait le mur opposé, et mettait le feu aux boiseries peintes. Cependant le vaisseau ne peut éclater, puisqu'il est pourvu d'un tube de sûreté qui fournit un moyen additionnel de dégagement à la vapeur quand cela est nécessaire. ;

Les produits de la combustion de l'alcohol sont une grande proportion d'eau, et une petite quantité d'acide carbonique : elle ne laisse aucuns résidus fixes, et ne donne point de fumée. — Comment expliquez-vous cela, Gustave ?

GUSTAVE. — Je suppose que l'oxygène étant absorbé par l'alcohol en brûlant, convertit l'hydrogène de celui-ci en eau , et son carbone en gaz acide carbonique , et l'oxigène disparaît ainsi complètement.

Mme DE BEAUMONT. — C'est très bien expliqué. — L'éther, le plus léger de tous les fluides, et que vous connaissez déjà si bien , est tiré de l'alcohol , dont il forme la partie la plus volatile.

GUSTAVE. — L'éther est donc à l'alcohol ce que celui-ci est à l'eau-de-vie?

Mme DE BEAUMONT. — Non; il y a la différence essentielle que, pour tirer l'alcohol de l'eau-de-vie, il ne faut que priver cette dernière de l'eau qu'elle contient, et que, pour former l'éther, l'alcohol doit être décomposé , et une de ses parties constituantes soustraite. Je vous laisse deviner laquelle.

GUSTAVE. — Ce ne peut être l'hydrogène , puisque l'éther est plus volatil que l'alcohol, et que l'hydrogène est le plus léger des ingrédients de celui-ci. Je ne crois pas non plus que ce soit l'oxygène; car l'alcohol ne possède qu'une très petite quantité de ce principe : c'est donc probablement le carbone, dont la combustion doit rendre en effet le nouveau composé plus volatil.

Mme DE BEAUMONT. — Votre conjecture est parfaitement juste. La formation de l'éther consiste à soustraire à l'alcohol une certaine proportion de carbone , ce qui est effectué par l'action des acides sulfurique, nitrique ou muriatique. L'acide et le carbone restent au fond du vaisseau, et l'alcohol décarbonisé échappe en forme de vapeur condensable, et c'est l'éther.

Ce fluide , le plus inflammable de tous , brûle à une

température si basse, que la chaleur émise pendant la combustion est plus que suffisante pour sa continuation ; en sorte qu'une quantité d'éther volatilisée prenant feu, la violence de sa combustion s'accroit progressivement.

M. Davy a découvert depuis peu un fait singulier concernant la vapeur de l'éther. Si l'on verse quelques gouttes d'éther dans un verre, et que l'on tienne un fil de platine fin chauffé jusqu'au rouge cerise, suspendu dans le verre, près de la surface de l'éther, ce fil devient bientôt un rouge plus vif, et reste en cet état pendant un certain temps. — Nous ferons cette expérience.....

CAROLINE. — Que c'est singulier ! Le fil est presque à la chaleur blanche, et une odeur piquante s'exhale du verre. Comment s'explique ce phénomène, je vous prie ?

Mme DE BEAUMONT. — Il dépend d'une propriété particulière à la vapeur d'éther, et a quelques autres gaz combustibles. A une certaine température plus basse que celle d'ignition, ces vapeurs subissent une lente et imparfaite combustion qui ne produit à aucun degré sensible la lumière et la flamme, mais qui fait dégager une quantité de chaleur suffisante pour avoir réaction sur le fil et le rougir ; et celui-ci, à son tour, entretient l'effet tant que l'émission de la vapeur continue.

On rend cet effet (qui est également produit par l'alcohol) plus frappant, et on le fait continuer aussi long-temps que l'on veut, en entourant d'une spirale de fil de platine du diamètre d'environ un 60e à un 70^e

de pouce la mèche d'une lampe à esprit de vin Si cette
lampe est allumée un instant, puis éteinte, le fil cesse
d'abord d'être lumineux; mais bientôt il reprend la
couleur rouge, quoique la lampe soit éteinte, et il
reste brillant jusqu'à ce que tout l'esprit contenu dans
la lampe ait été évaporé et consumé de cette manière.

CAROLINE. — Cela est fort curieux; mais le fer ou
l'argent ne produirait-il pas le même effet?

Mme DE BEAUMONT. — Non; et l'on n'en connaît pas
la raison.

L'éther est si léger, qu'il s'évapore à la température
commune de l'atmosphère; c'est pourquoi l'on doit
le tenir dans des flacons bien bouchés. On ne connaît
aucun degré de froid auquel ce fluide gèle.

CAROLINE. — N'est-il pas souvent employé médicalement?

Mme DE BEAUMONT. — Oui; c'est un des plus puissants antispamodiques, et la promptitude de son effet
comme tel dépend probablement de sa prompte conversion en vapeur par la chaleur de l'estomac, a
travers lequel il agit sur le système nerveux. Toutefois, le fréquent usage de l'éther, comme celui des
autres liqueurs spiritueuses, devient nuisible à la
longue; et, pris à l'excès, il produit des symptômes
semblables à ceux de l'ivresse.

Nous laisserons maintenant la fermentation vineuse
sur laquelle j'espère vous avoir donné des notions
assez claires, aussi bien que sur ses divers produits.

CAROLINE. — Quoique ce procédé paraisse d'abord
si compliqué, on pourrait, je crois, le résumer en

peu de mots ; car ce n'est que la conversion du sucre et des corps susceptibles de fermentation vineuse en alcohol et en acide carbonique, lesquels forment ensemble le vin et toutes les liqueurs spiritueuses.

Mme DE BEAUMONT. — Passons à la *fermentation acéteuse*, ainsi nommée parce qu'elle convertit le vin en vinaigre. Par elle l'alcohol se transforme en acide *acétique* , base du vinaigre.

CAROLINE. — Le principe acidifiant de l'acide acéteux n'est-il pas le même que celui des autres acides, l'oxygène.

Mme DE BEAUMONT. — Pardonnez-moi ; et c'est pour cela que le contact de l'air est essentiel à cette fermentation, pour lui donner le supplément d'oxygène qui lui est nécessaire. Pour tirer l'acide acéteux du vinaigre, il faut distiller et rectifier celui-ci par un certain procédé.

GUSTAVE. — Mais, maman, l'acide acétique ne se forme-t-il pas souvent sans que la fermentation acéteuse ait lieu ? Par exemple, les fruits acides et les substances aigres ne contiennent-elles pas cet acide?

Mme DE BEAUMONT. — Non ; il n'existe pas dans les fruits ; vous le confondez avec les acides citrique, malique et oxalique, et les autres acides végétaux auxquels les végétaux vivants doivent leur acidité. Mais, quand une substance végétale devient aigre après, l'acide acétique est développé par le moyen de la fermentation acéteuse qui fait faire un pas de plus vers la décomposition finale.

La fermentation du pain est rangée parmi les fermentations acéteuses.

CAROLINE. — C'est le levain qui produit cette fermentation, mais de quelle manière?

Mme DE BEAUMONT. — L'expérience a montré qu'une substance qui a déjà subi une fermentation est susceptible de l'exciter dans une autre capable d'éprouver cet effet. Par exemple, si vous mêlez un peu de vinaigre à du vin que vous voulez acidifier, ce dernier absorbera l'oxygène plus rapidement, et l'opération sera plutôt complétée que si vous le laissiez fermenter de lui-même. C'est ainsi que la substance dite levure de bière, qui est un produit de la fermentation de cette liqueur, excite et accélère la fermentation du grain, que l'on doit convertir en bière, et de même celle de la pâte dont on veut faire du pain.

CAROLINE. — Mais si ce pain subit la fermentation acéteuse, pourquoi n'est-il pas aigre?

Mme DE BEAUMONT. — Il prend une certaine saveur qui corrige l'insipidité de la farine, et qui peut être considérée comme un premier degré d'acidification; et si le procédé était poussé plus loin, le pain deviendrait décidément acide.

Cependant quelques chimistes ne regardent point la fermentation du pain comme acéteuse, mais supposent que c'est un procédé de fermentation particulier à cette substance, et qu'ils nomment fermentation *panaire*.

La *fermentation putride* est l'opération finale de la nature; son dernier pas vers la réduction des corps

organisés à leurs plus simples combinaisons. Tous les
végétaux subissent spontanément cette fermentation
après la mort, pourvu qu'il y ait un degré suffisant
de chaleur et d'humidité, et un libre accès à l'air ;
car on sait que les plantes mortes peuvent être conser-
vées en les faisant sécher, ou en les mettant totalement à l'abri de l'air.

CAROLINE. — Mais les plantes mortes ne passent-
elles point par les autres fermentations avant d'arriver
à la fermentation putride?

Mᵐᵉ DE BEAUMONT. — Cela dépend d'une grande
variété de circonstances telles que le degré de température et d'humidité, la nature de la plante, etc. Mais
si vous suivez avec attention la décomposition des
plantes, depuis leur mort jusqu'à leur décomposition
finale, vous trouverez généralement qu'une certaine
douceur se développe dans les graines, et une saveur
spiritueuse dans les fruits (qui ont déjà subi la fermentation saccharine), avant la désorganisation complète et la séparation des parties.

GUSTAVE. — J'ai en effet remarqué, dans les fruits
trop mûrs, une sorte de goût vineux, sur-tout dans
les oranges ; et cette saveur précède la pourriture.

Mᵐᵉ DE BEAUMONT. — C'est la fermentation vineuse qui suit la fermentation saccharine, et si vous
aviez observé attentivement ces changements, vous
auriez trouvé que le goût spiritueux était suivi par
l'acidité avant que le fruit entrât en putréfaction.

Quand les feuilles tombent en automne, s'il n'y
a pas beaucoup d'humidité dans l'air, elles ne se dé-

composent pas de suite. Mais aussitôt qu'il a plu, leur fermentation commence, leurs produits gazeux se dégagent imperceptiblement, et leurs résidus fixes restent mêlés à la terre.

Le bois, exposé à l'humidité, subit également la fermentation putride et se pourrit.

Gustave. — Mais j'ai entendu dire que l'on empêche les bois des planchers de se moisir, en laissant un courant d'air les entourer; et cependant vous dites que l'air est essentiel à la fermentation putride.

Mme de Beaumont. — Oui, mais il ne faut pas que l'air soit en assez grande proportion pour dissoudre l'humidité; et c'est là ce qui arrive quand la décomposition du bois est arrêtée ou empêchée par un courant d'air. Cependant, ce qu'on appelle moisissure n'est pas exactement une putréfaction; et l'on croit que c'est une espèce de végétation qui, en se nourrissant de la substance du bois, le détruit peu à peu.

La paille et toutes les autres matières végétales se putréfient plus vite, quand elles sont mêlées à de la matière animale. Il se dégage beaucoup de chaleur pendant ce procédé, avec une infinité de produits volatils, tels que l'acide carbonique, et le gaz hydrogène, dont le dernier est souvent sulfuré ou phosphoré. — Après que ces gaz se sont dégagés, les produits fixes, consistant en carbone, et quelques sels, en petites quantités, potasse, etc., forment une sorte de terre végétale qui engraisse le sol et contient les éléments desquels se composent les premiers matériaux des plantes.

CAROLINE. — Les végétaux ne sont-ils pas, en certains cas, préservés de la décomposition par la pétrification? J'ai vu de curieux exemples de végétaux pétrifiés, qui avaient conservé leur forme et leur organisation, quoiqu'ils offrissent l'apparence de pierres.

Mme DE BEAUMONT. — C'est une sorte de métamorphose que vous pouvez maintenant expliquer vous-même à l'aide des notions générales que vous avez acquises sur les minéraux et les végétaux. Pensez-vous qu'un végétal puisse être converti en pierre?

GUSTAVE. — Non certes; mais il pourrait peut-être se transformer en une substance ressemblant à la pierre.

Mme DE BEAUMONT. — Les substances nommées végétaux pétrifiés ne sont pourtant point des apparences de pierres, mais bien de véritables pierres, même des plus dures, consistant principalement en silice. Voici ce que c'est : quand un végétal reste enseveli dans l'eau ou la terre humide, il se décompose lentement. A mesure que les molécules du végétal se détruisent, leur place est remplie par des molécules de silice, apportées par l'eau. Par la suite des temps, le végétal est entièrement détruit, mais la silice l'a complètement remplacé, en prenant sa forme et sa contexture apparente, comme si la plante était changée en pierre.

CAROLINE. — C'est un effet vraiment curieux! Et je suppose que les pétrifications animales sont de la même nature.

Mme DE BEAUMONT. — Exactement. Il est aussi impossible aux substances animales qu'aux substances végétales de se convertir en pierres. Elles peuvent être réduites à leurs éléments constituants, comme nous l'avons vu, mais non changées en éléments qui n'entrent point dans leur composition.

Il est cependant certaines circonstances qui s'opposent à la décomposition régulière et finale des végétaux ; comme, par exemple, quand ils sont ensevelis dans la mer, ou bien dans la terre, où ils ne peuvent se putréfier faute d'air. Dans ces cas, ils sont sujets à un changement particulier qui produit des composés nommés *bitumes*.

CAROLINE. — Je ne connais point du tout ces substances.

Mme DE BEAUMONT. — Vous verrez cependant qu'il en est plusieurs qui vous sont très connues. Les bitumes sont des végétaux assez décomposés pour perdre toute apparence organique ; mais montrant leur origine par leur apparence huileuse, leur combustibilité, les produits de leur analyse et les vestiges des formes de feuilles, de graines, de fibres ligneuses, même de formes animales qu'elles portent fréquemment.

Quelquefois les bitumes sont d'une consistance huileuse, comme le *naphte* dans lequel on conserve le potassium : c'est un fluide sans couleur et d'une belle transparence qui surgit des terres glaises, en quelques parties de la Perse. Mais la forme la plus générale pour les bitumes est la forme solide, comme l'as-

phalte, substance dure, polie, cassante, qui se fond aisément, et qui, dans l'état de liquide, forme une belle couleur brune pour la peinture à l'huile; ou comme le jayet, substance encore plus dure, et susceptible d'un si beau poli qu'on l'emploie à faire toutes sortes de bijoux.

Les charbons de terre sont encore des substances bitumineuses dans lesquelles les trois règnes sont unis. Ces utiles minéraux consistent principalement en matière végétale mêlée à des débris d'animaux marins, à des sels marins, et contenant quelquefois du sulfure de fer dit communément *pyrite*.

GUSTAVE. — Je suppose que ce sont les parties terreuses, métalliques et salines des charbons qui forment les cendres ou produits fixes de leur combustion ; et que l'hydrogène et le carbone qu'ils ont tirés des végétaux constituent leurs produits volatils.

CAROLINE. — Le *coke* n'est-il pas une autre substance du même genre?

Mme DE BEAUMONT. — Non ; c'est un combustible artificiel tiré des charbons de terre privés par l'évaporation de leurs parties bitumineuses. Le coke est donc composé de carbone et de quelques ingrédients terreux et salins.

Le *succin* ou *ambre jaune* est un bitume que les anciens nommaient *electrum*, d'où le mot d'*électricité* est dérivé ; cette substance ayant été long-temps supposée la seule qui fût électrique. On le trouve profondément enfoncé dans la terre ou flottant sur la mer, et l'on croit que c'est un corps résineux sur lequel l'acide sulfurique a agi , son analyse produisant une huile et un acide. L'huile se nomme *huile d'ambre ;* l'acide , *acide succinique.*

GUSTAVE. — J'ai quelquefois employé cette huile pour peindre , parce qu'on la croit moins sujette à s'altérer que les autres huiles.

Mme DE BEAUMONT. — La dernière classe des substances végétales, qui ont changé de nature, renferme les *bois-fossiles*, la tourbe , etc.; ce sont des composés des bois et des racines des arbres et arbustes, partiellement décomposés par l'humidité sous la terre , et conservant quelque chose de leur forme végétale. La tourbe noire des marais n'offre que peu de vestiges des racines à qui elle doit ses propriétés combustibles, ces substances ayant été réduites, par l'effet du temps, en terre végétale. Mais, dans la tourbe ordinaire, on distingue les racines et c'est un combustible également bon. Les pauvres gens des pays à bruyères sont abondamment pourvus de ce chauffage, qui ne leur coûte rien.

Nous nous occuperons, à la prochaine leçon, de l'histoire de la végétation.

VINGTIÈME ENTRETIEN.

Mme DE BEAUMONT, CAROLINE, GUSTAVE.

Mme DE BEAUMONT. — Le règne végétal est le lien
qui unit la création animale à la création minérale.
C'est par la végétation que les substances minérales
sont introduites dans le système animal; puisque, généralement parlant, tous les animaux se nourrissent,
en dernière analyse, de végétaux.

CAROLINE. — Mais, maman, il me semble que

l'homme se nourrit bien plus de substances animales que de substances végétales ; et il existe des animaux carnivores qui ne mangent que de la chair.

Mme DE BEAUMONT. — Cela est vrai ; mais vous ne pensez pas que la substance animale qui sert d'aliment principal ou unique à certaines espèces, est produite par la matière végétale, ensorte que celle-ci est toujours, soit directement, soit indirectement, le soutien des êtres animés.

C'est donc par son canal que les éléments simples arrivent à faire parties de l'organisation animale. On essayerait en vain de se nourrir de carbone, d'hydrogène et d'oxygène, soit dans leur état séparé, soit combinés en minéraux ; mais réunis en combinaisons végétales, ils sont capables de soutenir la vie.

GUSTAVE. — La végétation est donc le moyen que la nature emploie pour préparer la nourriture des animaux ?

Mme DE BEAUMONT. — C'est assurément son objet principal ; et l'arrangement de ces combinaisons de principes si bien adaptées aux fins de la nourriture animale, est aussi admirable que le système d'organes par lequel les êtres animés peuvent se conserver, s'alimenter, se multiplier.

GUSTAVE. — Je suis vraiment curieux de savoir d'où les végétaux obtiennent ces principes qui forment leurs matériaux directs.

Mme DE BEAUMONT. — Ce point est si mystérieux que je n'espère pas satisfaire pleinement votre curiosité.

Mais je tâcherai de vous expliquer le peu que je sais
sur ce sujet.

Le sol qui paraît au premier abord le principal aliment des végétaux, n'est guère autre chose que le
canal à travers lequel ils reçoivent leur nourriture ;
aussi l'on peut élever des plantes sans aucune terre.

CAROLINE. — Les jacinthes et autres plantes bul-
beuses qui croissent dans des vases de verre pleins
d'eau en sont un exemple. J'avoue cependant qu'il
me paraîtrait difficile d'élever des arbres de cette manière.

Mme DE BEAUMONT. — Cela serait-impossible, sans
doute, à cause du poids de la tige ou tronc d'un arbre, qui a besoin de l'appui des racines enfoncées
dans la terre, pour se soutenir. Mais cet objet, joint
à celui de servir de véhicule à la nourriture de la
plante, est le plus important que la terre remplisse
dans le procédé de végétation. On trouve par l'analyse que les composés végétaux ne contiennent qu'une
très petite proportion de matière terreuse.

CAROLINE. — Mais si les terres ne fournissent pas
de nourriture aux végétaux, pourquoi attache-t-en
une si grande importance à leur préparation ?

Mme DE BEAUMONT. — C'est pour leur donner les
qualités qui les rendent propres à conduire la nourriture dans les plantes. L'eau est le principal aliment
des végétaux ; ainsi donc, un sol trop sablonneux ne
retient pas une assez grande quantité de ce fluide pour
nourrir les racines des plantes. D'autre part, un sol
trop abondant en glaise garde une telle quantité d'eau,

que les racines sont menacées de décomposition. Les sols calcaires sont, à tout prendre, les plus favorables à la végétation : on améliore donc les terrains en y mettant de la craie, qui est, comme vous le savez , un carbonate de chaux. Cependant différents végétaux exigent différents terrains. Le riz demande un sol humide et gras ; le froment un sol riche et résistant ; les pommesdeterre un sol léger et sablonneux. Les arbres forestiers croissent mieux dans le sable fin que dans la glaise , et les arbres fruitiers réussissent bien dans un sol léger et ferrugineux.

CAROLINE. — Qu'est-ce , je vous prie , qu'on entend par engraisser, fumer un terrain ?

Mme DE BEAUMONT. — Les engrais ou fumiers sont des substances animales ou végétales qui ont subi la fermentation putride , et sont conséquemment presque décomposées et réduites à leurs principes élémentaires. Cet état de décadence est essentiel aux substances végétales employées comme engrais. La craie et la chaux servent au même usage, et hâtent la dissolution des corps végétaux. Dites-moi maintenant à quelle fin ces substances sont ajoutées aux terres que l'on veut fumer?

CAROLINE. — C'est sûrement pour donner aux végétaux un supplément des principes qui les composent ; car les fumiers contiennent du carbone, de l'hydrogène et de l'oxygène, et leur état de décomposition les dispose à céder ces principes sous leur forme élémentaire.

Mme DE BEAUMONT. — Sans doute ; et c'est pour cela que les sols qui ont été couverts de bois produisent les plus riches moissons, parce qu'ils sont composés d'une terre végétale abondante en ces matières premières.

GUSTAVE. — C'est pourquoi les récoltes sont si belles en Amérique, dans les contrées naguéres couvertes de forêts.

CAROLINE. — Mais en quoi les substances animales sont-elles assez utiles à la végétation, pour qu'on les regarde comme le meilleur engrais? Ne semblerait-il pas plus naturel que les éléments des végétaux décomposés fussent plus propres à former d'autres végétaux?

Mme DE BEAUMONT. — Une proportion d'azote beaucoup plus grande, qui constitue la principale différence entre la matière végétale et la matière animale, rend celle-ci plus compliquée, conséquemment mieux disposée à la décomposition.

L'usage des substances animales est sur-tout de donner la première impulsion à la fermentation des ingrédients végétaux avec lesquels on fume les terres.

Le fumier de la basse-cour est composé de ces deux espèces de matières; et généralement, toute substance capable de putréfaction, peut être employée comme engrais. La chaleur produite par la fermentation du fumier est encore une circonstance favorable à la végétation. Cependant cette chaleur serait trop grande, si le fumier était répandu sur la terre pendant sa grande fermentation : on ne l'emploie en cet état que pour les couches sur lesquelles on fait croître

les végétaux qui ont besoin d'une haute température,
tels que les melons, les concombres, etc.

CAROLINE. — Il se présente une difficulté que je ne
sais comment résoudre. Puisque tous les corps organisés sont finalement réduits, suivant le cours naturel
des choses, à leur premier état élémentaire, ils doivent nécessairement engraisser le sol et alimenter la
végétation. Alors, comment se fait-il que, dans certains pays, une culture bien entendue multiplie assez
ces éléments pour accroître les produits de la terre
au point où l'on parvient quelquefois à le faire?

Mme DE BEAUMONT. — On parvient à cela en ne laissant perdre aucun de ces corps désorganisés, et en
les appliquant convenablement au sol. De plus, une
préparation judicieuse de ce dernier, soit pour la végétation en général, soit pour une semence particulière, augmente le produit. Ainsi, l'on sèche un terrain trop humide; l'on rend un terrain sablonneux et
lâche plus consistant par l'addition de la glaise; on
enrichit un terrain pauvre avec de la chaux ou des
substances calcaires. Sur des terres améliorées de cette
manière, les engrais sont doublement efficaces; et s'ils
sont répandus dans la saison convenable, qu'en même
temps on détruise les mauvaises herbes qui pourraient
s'emparer des principes nutritifs, et qu'on ôte les
pierres qui s'opposent à la croissance des plantes, etc.,
on obtient des récoltes cent fois plus abondantes que
la terre ne les donnerait spontanément.

GUSTAVE. — L'état des pâturages communs abandonnés à la nature , comparé à la richesse des prairies fumées et cultivées , est une preuve de ce fait.

CAROLINE. —Mais , maman , quoique l'expérience journalière prouve l'avantage de la culture , il est encore une chose concernant la végétation que je ne puis expliquer. Une certaine proportion des principes élémentaires doit exister dans la nature , et il ne peut être au pouvoir de l'homme d'augmenter ni de diminuer cette proportion. Vous nous avez dit que les animaux, aussi bien que les végétaux , se composent de ces principes. Or, plus le règne végétal en absorberait, moins il en resterait pour les créations animales ; et, d'autre part, plus la terre serait peuplée, moins elle produirait.

Mme DE BEAUMONT. — Votre raisonnement est très plausible; mais l'expérience contredit partout vos conclusions, et l'on trouve que les végétaux et les animaux, loin de croître , comme vous le supposez , aux dépens les uns des autres, se prêtent un mutuel secours , et multiplient dans la même proportion. Vous savez que les animaux ne tirent leurs éléments que des végétaux. D'ailleurs , il faudrait pour que votre conclusion fût juste , que la quantité disponible de ces principes élémentaires ne surpassât point ce qui serait nécessaire à la formation des végétaux et des animaux ; et l'on croit au contraire qu'une grande proportion de ces éléments reste vague sous forme simple, ou combinée dans les composés du règne minéral, moins important que les deux autres règnes. Avec l'immense ressource de l'atmosphère et des eaux , pour en tirer l'oxygène . l'hydrogène et le carbone , loin de craindre l'épuisement de ces matériaux, on peut supposer que l'agriculture ne sera jamais poussée à un degré de perfection qui permette d'employer tous ceux qui sont à notre portée.

Cependant la nature , après avoir fourni ces inépuisables matériaux bruts, laisse à l'industrie de l'homme le soin de les approprier à ses besoins. Comme une tendre mère , elle donne l'exemple et montre le chemin ; car c'est sur l'imitation de ses procédés que sont fondées toutes les améliorations en agriculture. L'art du cultivateur est de trouver le meilleur moyen d'obtenir les principes élémentaires , soit de leurs grandes sources, l'air et l'eau, soit de la décomposition des corps organisés , et de les appliquer aux diverses sortes de végétation.

Gustave. — Comment n'avez-vous pas compté la terre parmi les sources des principes nutritifs? elle contient des houilles dont le principal ingrédient est le carbone.

Mme de Beaumont. — Les houilles ou charbons de terre abondent, il est vrai, en carbone; mais leur contexture dure et imperméable s'oppose à ce qu'ils puissent servir directement à la végétation ; et les terrains où ils sont communs sont ordinairement stériles.

Gustave. — Mais leur combustion produit de l'acide carbonique; lequel entrant en diverses combinaisons sur la surface de la terre, pourrait favoriser la végétation.

Mme DE BEAUMONT. — Jusqu'à un certain point, cela pourrait être; mais, à tout prendre, la quantité de nourriture fournie aux végétaux par cette source, est fort peu de chose, et dépend des localités.

J'espère que vous êtes maintenant bien persuadés que nous ne saurions manquer des éléments nutritifs propres à fertiliser la terre, et que l'agriculture présente un champ presque sans bornes aux perfectionnements utiles.

CAROLINE. — Oui, je suis parfaitement convaincue de cette vérité; et les progrès de l'agriculture m'inspirent plus d'intérêt que je ne croyais pouvoir en éprouver.

GUSTAVE. — Ne pensez-vous pas, ainsi que moi, maman, que l'agriculture n'est pas mise au rang qu'elle devrait tenir? Les manufactures, le commerce, lui sont trop souvent préférés, et l'on néglige à tort des occupations champêtres si favorables à la santé et au bonheur, pour se livrer à des travaux qui promettent plus d'avantages pécuniaires.

Mme DE BEAUMONT. — Je suis tout-à-fait de votre avis, mon cher enfant, quant à l'importance de l'agriculture; mais comme toutes les choses nécessaires au bien-être de la vie civilisée ne peuvent être tirées directement de la terre, je ne saurais déprécier l'industrie manufacturière. De plus, tous les hommes n'étant pas nécessaires aux travaux de la campagne, il faut qu'ils donnent quelque autre labeur en retour de la nourriture qu'elle leur fournit. Ainsi, les commodités de la vie sont échangées contre les objets de première nécessité. Le charpentier et le tisserand, logent et vêtissent le laboureur, dont les travaux produisent leur pain. Plus le fermier met de denrées en circulation, plus l'homme industriel est stimulé à augmenter ses jouissances, en sorte que dans la société civilisée, un avantage dans un sens, en produit souvent plusieurs dans les autres.

Mais pour revenir à notre sujet, à présent que nous avons préparé le terrain, il nous reste à l'ensemencer. Dans cette opération, il faut être attentif à ne pas enterrer les graines trop profondément, un peu d'air étant absolument nécessaire à la germination. La terre doit donc être lâche et légère au-dessus de la semence, et l'usage de la remuer avec la charrue, la bêche ou la pioche, est adopté à cette fin. De plus, il faut un certain degré de chaleur et d'humidité, tels que le printemps l'offre généralement, pour que la semence fructifie.

CAROLINE. — On croirait que vous décrivez la décomposition des vieilles plantes, plutôt que la formation des nouvelles : vous avez énuméré toutes les circonstances nécessaires à la fermentation.

Mme DE BEAUMONT. — Avez-vous oublié que la jeune plante se nourrit de la destruction de la graine; et que c'est par la fermentation saccharine que cette destruction s'éffectue?

CAROLINE. — C'est vrai; je suis honteuse de n'avoir point pensé à cela. Alors la chaleur et l'humidité né-

cessaires pour faire germer les graines sont employées
à produire en elles la fermentation saccharine ?

Mme DE BEAUMONT. — Assurément. Mais pour que
vous entendiez mieux la nature de la germination , il
faut vous faire connaître les diverses parties de la graine.
La couverture ou enveloppe extérieure contient, outre
le germe de la plante future, la substance qui doit
faire sa première nourriture. Cette substance que l'on
appelle *parenchyme* , consiste en huile , en fécule , et
en mucilage , comme je vous l'ai dit précédemment.

Une graine est en général partagée en deux compartiments nommés *lobes* ou *cotylédons,* comme vous
pouvez le voir dans ce haricot ; (Pl. XV , fig. 1)
le filament noirâtre qui sépare les lobes est nommé
radicule , parce qu'il forme la racine de la plante , et
c'est d'une substance contiguë nommée *plumule*, qui est
enfermée dans les lobes, que la tige naît. La forme et la
dimension de la graine dépendent beaucoup des cotylédons , qui varient en nombre; certaines graines , n'en
ayant qu'un seul, comme les graminées, quelques autres
trois, et d'autres six. Mais la plupart, comme par exemple, toutes les fèves, ont deux cotylédons. Quand la semence est mise en terre à la température d'environ 18 degrés (Réaumur, elle imbibe de l'eau, qui l'amollit et enfle
ses lobes; alors elle absorbe de l'oxygène qui se combine
avec une partie de son carbone , et reparaît en forme
d'acide carbonique. Cette perte de carbone, accroissant
la proportion de l'hydrogène et de l'oxygène dans la
graine, excite la fermentation saccharine , par laquelle
le parenchyme est converti en une sorte d'émulsion su-

crée. Dans cet état, il est conduit dans la radicule par des vaisseaux destinés à remplir cet office, en même temps que la fermentation, ayant fait crever la graine, sépare les cotylédons et la radicule s'enfonce dans la terre, devient la racine de la plante, et conduit le liquide fermenté dans la plumule dont les vaisseaux ont été dilatés par la chaleur de la fermentation. La plumule ainsi gonflée par le fluide émulsif, s'élève et perce la surface de la terre, entraînant avec elle les cotylédons qui, aussitôt qu'ils sont en contact avec l'atmosphère, se déploient en feuilles. — Allons dans le jardin, nous y trouverons sans doute quelque graine dans l'état que je viens de décrire.

Gustave. — Voici des lupins qui viennent de sortir de terre.

Mme de Beaumont. — Nous en prendrons plusieurs pour observer les divers progrès de leur végétation. Celui-ci a récemment brisé son enveloppe. — Voyez-vous la petite radicule qui se dirige vers le centre de la terre ? (Pl. XV, fig. 2.) La plumule n'est pas encore visible. En voici un autre plus avancé ; la plumule ou tige est sortie de terre, et les cotylédons sont transformés en feuilles séminales. (Pl. XV, fig. 3.)

Caroline. — Ces feuilles sont épaisses et grossières, et très différentes des autres feuilles qui commencent à se développer.

Mme de Beaumont. — C'est qu'elles retiennent encore du parenchyme, avec lequel elles continuent à nourrir la petite plante qui n'a pas encore assez de racines et de force pour s'alimenter par le sol. Mais dans ce troisième lupin (Pl. XV , fig. 4) la radicule plus enfoncée dans la terre a poussé des ramifications, chacune desquelles est pourvue d'une bouche ou suçoir pour tirer la nourriture du sol. Alors , les fonctions des premières feuilles devenant inutiles , elles se fanent et meurent, et la plumule devient une tige régulière , poussant de petites branches et du feuillage.

Gustave. — Je trouve une analogie singulière entre un œuf et une graine : l'un et l'autre demandent un certain degré de chaleur pour être appelés à la vie; l'un et l'autre fournissent le premier aliment de l'être organisé qu'ils doivent produire; et aussitôt que celui-ci a pris la force suffisante pour se procurer de lui-même sa nourriture, les coques de l'œuf se brisent, et les feuilles germinales tombent.

Mme de Beaumont. — Il y a sans doute beaucoup de ressemblance entre ces choses ; et quand vous connaitrez la chimie animale, vous serez souvent frappés de son analogie avec celle du règne végétal.

Aussitôt que la jeune plante peut se nourrir du sol , elle a besoin du secours des feuilles , pour rejeter son fluide surabondant. Cette secrétion est beaucoup plus forte dans les végétaux que dans les animaux; et la grande étendue de surface offerte par le feuillage des plantes, est admirablement calculée pour cet effet. Le fluide que transpirent les plantes n'est guère que de l'eau. La sève acquiert par là plus de consistance , et devient plus propre à s'assimiler aux différentes parties.

Gustave. — La végétation est donc essentiellement dérangée par la destruction des feuilles ?

Mme DE BEAUMONT. — Très certainement; et non seulement cela diminuerait la transpiration, mais de plus l'absorption par les racines; car la quantité de sève absorbée par elles est toujours proportionnée à la quantité de fluide transpiré par les feuilles : vous voyez donc que ces dernières sont nécessaires à la plante dès qu'elle tire sa nourriture du sol; aussi ces lupins qui ont perdu leurs feuilles séminales, et ne sont plus alimentés par le parenchyme ont déjà déployé leur feuillage.

Cependant cette fonction de transpiration est bornée à la surface supérieure des feuilles ; la surface inférieure, moins unie, est plus rude, est pourvue d'une sorte de poil ou duvet, destiné à absorber l'humidité de l'atmosphère, et d'autres ingrédients que la plante reçoit de cette source.

La lumière est aussi nécessaire à la jeune plante que l'air ; elle est essentielle au développement de ses couleurs et à sa croissance. Vous avez pu remarquer que si l'on élève des plantes dans une chambre, leurs feuilles et leurs branches se dirigent toujours vers les fenêtres.

CAROLINE. — Et certaines fleurs se ferment aussitôt qu'il fait nuit.

GUSTAVE. — Mais cela ne pourrait-il pas tenir au froid et à l'humidité de l'air du soir?

Mme DE BEAUMONT. — Il ne paraît pas que cela soit ainsi; car, M. de Senebier, de Genève, a prouvé par des expériences faites sur des plantes qu'il avait élevées exprès à la lumière des lampes, que les fleurs se fermaient dès que les lampes étaient éteintes.

Gustave. — Pourquoi l'air est-il essentiel à la végétation ? Les plantes ne respirent pas comme les
animaux.

Mme de Beaumont. — Non pas au moins de la même
manière ; mais il est certain qu'elles tirent de l'atmosphère quelques principes, et qu'elles lui en cèdent
d'autres. C'est réellement par l'action mutuelle qui a
lieu entre l'atmosphère et les plantes, que le premier
se conserve propre à la respiration, vous comprEndrez mieux ceci quand je vous aurai expliqué les effets
de l'eau sur les végétaux.

Vous savez que l'eau est la principale nourriture
des plantes, et forme la base et de la sève et des autres sucs végétaux. L'eau est le véhicule qui porte dans
un végétal les sels et autres ingrédients nécessaires à sa
formation et à son soutien. Ce n'est pas tout : une
partie de cette eau étant décomposée par les organes
de la plante, l'hydrogène entre dans la composition des huiles, de la matière extractive et colorante,
etc., et l'oxygène est employé, partie à former le mucilage, la fécule, le sucre et les acides végétaux,
et une plus grande partie est convertie en gaz par le calorique dégagé de l'hydrogène pendant sa condensation dans les matériaux solides du végétal. Le gaz
oxygène, mis en liberté, est transpiré par les feuilles,
quand elles sont exposées au soleil. Ainsi la décomposition de l'eau par les organes des plantes, en leur
fournissant leur principal ingrédient, l'hydrogène,
leur donne en même temps le moyen de renouveler
l'oxygène de l'atmosphère, et de réparer la déperdi-

43

tion de ce principe , occasionnée par les nombreuses oxygénations, combustions et respirations qui ont lieu sur la surface du globe.

GUSTAVE. — Quel exemple frappant de l'harmonie de la nature !

Mme DE BEAUMONT. — Et avec quelle sagesse la Providence a rendu les diverses parties de la création nécessaires à la conservation l'une de l'autre.

Les rapports entre le règne végétal et le règne animal, par l'intermédiaire de l'atmosphère s'étendent encore plus loin. Les animaux en respirant consomment non-seulement l'oxygène de l'air, ils chargent encore ce fluide, d'acide carbonique, dont l'accumulation le rendrait bientôt impropre à la respiration : mais les végétaux attirent et décomposent le gaz acide carbonique , retiennent le carbone et remettent l'oxygène en liberté.

CAROLINE. — Je n'ai jamais vu d'exemple aussi remarquable de la sagesse des lois de la nature.

Mme DE BEAUMONT. — Et si nos observations n'étaient pas limitées par la portée de notre intelligence, combien de nouveaux sujets d'admiration le spectacle complet des ressorts de la nature , ne pourrait-il pas nous offrir ! Mais, les chaînons que nous pouvons apercevoir dans ce grand et harmonieux système , suffisent pour nous donner l'idée d'un ordre merveilleux ; et leur étude est la plus digne d'occuper des êtres raisonnables.

CAROLINE. — Ces organes des plantes que vous nous représentez comme doués de pouvoirs si admirables , sont-ils visibles et distincts ?

Mme DE BEAUMONT. — Leur petitesse et le mode dans lequel ils remplissent leurs fonctions , font qu'ils échappent généralement à l'observation ; mais on peut les considérer comme autant de systèmes de circulation ou appareils de vaisseaux , appropriés à effectuer, à l'aide du principe vital, les procédés chimiques, par lesquels les composés végétaux sont formés. Nous pouvons donc retrouver le tannin , les résines, la gomme , le mucilage, et quelques autres matériaux dans l'arrangement organique des plantes , où ces substances forment l'écorce , le bois , les feuilles , les fleurs et les graines.

L'écorce est composée de *l'épiderme, du paren-chyme,* et des *couches corticales.*

L'épiderme est la couverture extérieure de la plante. C'est une membrane mince et transparente, formée de fibres très menues, croisées en forme de maille. Quand elle est blanche et luisante comme dans certains arbres, le chaume des blés , et les tiges des joncs, elle consiste en une légère couche de terre siliceuse, ce qui explique la force et la dureté de ces tiges longues et menues. M. Davy a découvert la nature siliceuse de l'épiderme de ces plantes , en observant le singulier phénomène d'étincelles de feu, émises par le frottement de cannes de jonc, avec lesquelles deux enfants se battaient en jouant dans une chambre obscure. En analysant l'épiderme des cannes il trouva qu'il était presque entièrement siliceux.

CAROLINE. — Alors on pourrait avoir du feu en frappant un jonc avec du fer?

Mme DE BEAUMONT. — Probablement. — Dans les arbres verts, tels que le pin, le tuya, etc., l'écorce est principalement résineuse; et celle de quelques plantes, est formée de cire. La résine, par son manque d'affinité pour l'eau, garantit la plante des effets destructeurs des grandes pluies ou des froids rigoureux, auxquels les sortes de végétaux, propres aux climats les plus rudes, sont particulièrement exposées.

GUSTAVE. — La résine doit faire sur le bois l'effet d'un vernis, puisqu'elle est un des principaux ingrédients de ces sortes de substances?

Mme DE BEAUMONT. — Oui; et de la même manière, elle s'oppose à toute déperdition inutile d'humidité du côté de la plante.

Le parenchyme se trouve immédiatement sous l'épiderme; c'est cette écorce verte qui paraît lorsqu'on dépouille une branche de sa première couche d'écorce. Le parenchyme existe non seulement dans la tige et les branches, mais il s'étend à toutes les parties de la plante, forme la matière verte des feuilles et se compose de tubes remplis d'un suc particulier.

Les couches corticales sont immédiatement en contact avec le bois; elles abondent en tannin et en acide gallique, et consistent en petits vaisseaux à travers lesquels la sève descend après avoir été élaborée dans les feuilles. Chaque année, les couches corticales sont renouvelées, et la vieille écorce se convertit en bois.

Gustave. — Mais, quels sont les vaisseaux dans lesquels la sève monte?

Mme de Beaumont. — Cette fonction est remplie par les tubes de l'aubier, ou bois, qui se trouve au-dessous des couches corticales. Le bois est composé de fibres ligneuses, de mucilage et de résine. Les fibres sont disposées de deux manières : les unes sont rangées longitudinalement et forment ce qu'on appelle l'aubier propre ; les autres sont concentriques et nommées faux aubier. Ces dernières sont disposées en anneaux, dont le nombre indique l'âge de l'arbre, une nouvelle couche concentrique étant produite annuellement par le changement de l'écorce en aubier. Les plus anciennes couches de l'aubier, par conséquent les plus intérieures, sont nommées le cœur du bois ; elles paraissent mortes, du moins on n'y discerne aucune apparence de fonctions vitales. On suppose que c'est à travers les tubes de l'aubier vivant, que la sève monte. Ces tubes s'étendent jusque dans les feuilles, et là, communiquent avec les vaisseaux des couches corticales, dans lesquels ils se déchargent.

Caroline. — A quoi servent donc les tubes du parenchyme, puisque ni la sève montante ni la sève descendante ne les traverse ?

Mme de Beaumont. — On suppose qu'ils remplissent l'importante fonction de séparer de la sève les sucs divers qui alimentent directement la plante. Il est facile de distinguer ces différents sucs, les vaisseaux qui les contiennent étant beaucoup plus grands que

43*

ceux par lesquels circule la sève. Chaque espèce de plante a , non-seulement des sucs qui lui sont particuliers , et que l'on nomme sucs propres , mais leurs différentes parties ont encore chacune des sucs distincts. Les sucs propres sont tantôt sucrés comme dans la canne à sucre , tantôt résineux comme dans les arbres verts, d'autrefois laiteux comme dans le laurier.

GUSTAVE. — J'ai souvent observé qu'en rompant une jeune pousse , ou en froissant une feuille de laurier, il en sortait un suc laiteux assez abondant.

Mme DE BEAUMONT. — Et vous savez qu'en faisant des incisions dans l'écorce des sapins , on en tire la poix, le goudron et la térébenthine. Cette espèce de bois est extrêmement durable à cause de la nature résineuse de ses sucs propres. Les huiles volatiles font le même effet à certains degrés , et préservent les parties où elles existent des attaques des insectes, qui paraissent avoir en général une grande aversion pour les odeurs , et qui souvent dévorent le feuillage d'un arbre, et laissent ses fleurs intactes. Le cèdre, le sandal, et les autres bois aromatiques sont , par cette raison , d'une grande durée.

GUSTAVE. — Mais le bois de chêne , considéré comme si durable, est , je pense , inodore. Sa solidité ne tiendrait-elle qu'à sa dureté?

Mme DE BEAUMONT. — Non pas uniquement; car le chataignier, quoique beaucoup plus dur que le chêne, n'est pas aussi durable. Je pense que la grande durée du chêne vient de ce que l'aubier conserve chez lui ses fonctions vitales plus long-temps que dans les autres arbres , et qu'il forme peu de la substance ligneuse appelée cœur du bois.

CAROLINE. — Ne pourrait-on se procurer de la sève montante et de la sève descendante en faisant des incisions dans l'aubier et les couches corticales, de même que l'on extrait les sucs propres des vaisseaux du parenchyme?

Mme DE BEAUMONT. — Oui : sur-tout si l'on fait l'expérience au printemps, époque où la circulation de la sève est le plus énergique. Pour cet effet, on introduit un petit tube de verre dans l'incision, et la sève y flue sans se mêler aux autres sucs de la plante. La liqueur surgit plus abondamment de l'écorce que du bois ; car la sève montante est plus liquide, plus copieuse, et circule plus vite que la sève descendante ; celle-ci ayant été privée par l'action des feuilles d'une grande partie de son humidité, et contenant plus de matières solides qui retardent son mouvement. Il semble même que jamais la sève descendante ne surabonde, puisqu'il n'en exsude point des racines ; et cette opération est sans doute exactement proportionnée aux besoins des plantes, à la nourriture des divers organes. D'après cela, quoique la sève monte et descende, elle ne paraît pas avoir une circulation régulière.

Le dernier organe des plantes est la *fleur*, qui produit le *fruit* et la *semence* que l'on peut regarder comme le but final de la nature dans les créations végétales. Les fruits et les graines fournissent aux animaux des aliments aussi variés qu'abondants, et le moyen de reproduire ces sources de subsistance.

Nous avons déjà examiné comment les graines contiennent les rudiments d'une future végétation.

Tels sont les principaux organes des végétaux , par lesquels les diverses opérations chimiques nécessaires à la plante , sont effectuées pendant sa vie.

GUSTAVE. — Mais , comment les principes qui entrent dans la composition des végétaux sont-ils combinés par les organes des plantes , de manière à se convertir en matière végétale.

Mme DE BEAUMONT. — Sans doute par des procédés chimiques; mais les appareils dans lesquels ils sont exécutés , échappent par leur ténuité à notre examen : nous ne pouvons donc nous faire une idée de ces opérations que par leur résultat. Il est évident que la sève est composée d'eau absorbée par les racines , et tient en solution divers principes qu'elle tire du sol. Des racines, la sève monte par les tubes de l'aubier dans la tige, et suit les embranchements des mêmes vaisseaux jusqu'aux extrémités de la plante. Une certaine quantité d'acide carbonique circule avec la sève, et s'en dégage peu à peu par la chaleur intérieure du végétal.

CAROLINE. — Est-ce que les végétaux ont une chaleur analogue à la chaleur animale?

Mme DE BEAUMONT. — On a long-temps soupçonné seulement ce fait ; mais des expériences assez récentes ont prouvé, que la chaleur végétale était de beaucoup au-dessus de celle de la matière inorganique en hiver, et beaucoup au-dessous en été. Le bois d'un arbre , dans son intérieur, est à peu près à 25 degrés , quand l'atmosphère est à 28 ou 30 ; et l'écorce, malgré son exposition à l'air , est rarement au-dessous de 17 degrés en hiver.

La sève, élaborée dans les feuilles , devient la nourriture des végétaux. Pendant sa circulation, depuis les feuilles jusqu'aux racines , elle dépose dans chaque ordre de vaisseaux, avec lesquels elle communique, les matériaux qui font croître et soutiennent la plante; les sucs propres , sucrés , huileux , muqueux , acides , et colorants , sont ainsi formés, de même que les parties solides, la fécule , le ligneux, le tannin, les sels concrets, en un mot tous les matériaux directs des végétaux; et leurs organes , outre le pouvoir de sécreter ces matériaux de la sève, ont encore celui de les assimiler aux diverses parties qu'ils doivent alimenter.

GUSTAVE. — Mais pourquoi le procédé de végétation n'a-t-il lieu que dans une seule saison de l'année?

Mᵐᵉ DE BEAUMONT. — La chaleur est un agent chimique si important, que par ses seuls effets on pourrait, peut-être, expliquer l'impulsion que donne le printemps à la végétation. Cependant l'on a supposé, pour rendre compte du mécanisme de cette opération, que la chaleur printanière, en dilatant les vaisseaux des plantes , produit une sorte de vide, dans lequel monte la sève restée inactive dans le tronc pendant l'hiver , laquelle est suivie par la sève des racines, qui laisse dans ses organes de la place pour la nouvelle sève, qu'ils pompent de la terre. Ce procédé continue jusqu'à la floraison et à la fructification , par lesquelles se termine la carrière d'été d'un végétal : et quand l'hiver arrive, les fibres et les vaisseaux se contractent, les feuilles se dessèchent, et cessent de pouvoir remplir leurs fonctions de transpiration, et cette sécrétion une fois arrêtée, les racines n'absorbent plus la sève du sol. Si la plante est annuelle, sa vie se termine à cette époque, sinon elle demeure dans un état de torpeur tant que dure la saison froide, ne montrant d'autre mouvement intérieur que la formation d'un peu de suc résineux, qui passe lentement du tronc aux branches, et nourrit les bourgeons.

CAROLINE. — Dans les arbres verts, la végétation doit continuer toute l'année?

Mme DE BEAUMONT. — Oui; mais elle est très imparfaite l'hiver, comparée à celle du printemps et de l'été.

Nous avons donné à l'histoire de la chimie végétale plus de temps que je ne croyais lui accorder; mais je crois l'avoir maintenant complétée.

CAROLINE. — Je suis surprise que vous n'ayez pas laissé les fermentations pour la fin; car la décomposition des végétaux se place plus naturellement après leur mort, qu'avant leur naissance.

Mme DE BEAUMONT. — Il est assez difficile de déterminer le point où commence la végétation, tant chacune de ses parties est enchaînée à l'autre. Je ne pouvais d'abord vous parler de la germination, quoique cette époque semble réellement la première à considérer dans ce sujet, puisqu'il fallait, pour vous faire

comprendre la nature de cette opération , vous expliquer l'effet des différentes fermentations sur les grai..
nes et sur le sol qui les reçoit. J'espère donc que l'ordre que j'ai adopté vous paraîtra le mieux calculé
pour éclaicir le sujet.

VINGT-UNIÈME ENTRETIEN.

SUR LA COMPOSITION DES ANIMAUX.

Éléments des animaux. — Principaux matériaux des animaux ;
gélatine, albumine, fibrine, mucus. — Acides animaux. —
Couleurs animales, bleu de prusse, carmin, noir d'ivoire.

Mme DE BEAUMONT ; CAROLINE ; GUSTAVE.

Mme DE BEAUMONT. — Nous voici arrivés à la dernière branche de la chimie, qui comprend les êtres les plus compliqués : ce sont les animaux, dont la formation doit exciter le plus haut intérêt ; malgré l'obscurité, souvent impénétrable, dans laquelle ses lois sont enveloppées.

CAROLINE. — Mais puisque les animaux tirent en dernière analyse leur nourriture des végétaux, la chimie de ces classes d'êtres doit consister simplement dans la conversion de la nature végétale en matière animale.

Mme DE BEAUMONT. — Sans doute ; mais la manière dans laquelle ce changement s'effectue, se dérobe presque totalement à notre observation. Ce procédé est

appelé *animalisation*, et des organes particuliers l'exécutent. La différence entre le végétal et l'animal, ne
dépend cependant pas uniquement d'un autre arrangement de combinaisons. Il abonde chez les animaux,
un principe, qui ne se trouve que rarement, et toujours en très petites quantités dans les végétaux;
c'est l'azote. De plus les substances animales contiennent une plus grande et plus constante proportion d'acide phosphorique, et d'autres matières salines. Mais celles-ci ne sont pas essentielles à la formation de la matière animale.

CAROLINE. — Les composés animaux contiennent
donc quatre principes fondamentaux : l'oxygène,
l'hydrogène, le carbone et l'azote?

Mᵐᵉ DE BEAUMONT. — Oui; et ces principes forment les matériaux directs des animaux, savoir : la
gélatine, l'*albumine*, et la *fibrine*.

GUSTAVE. — Est-ce là tout? Je m'étonne que les
animaux se composent d'un moins grand nombre de
matériaux que les végétaux, leur organisation parais-
sant plus compliquée.

Mᵐᵉ DE BEAUMONT. —Leur organisation est assurément plus parfaite, plus compliquée, et les matériaux
qui entrent accidentellement dans leur composition,
sont plus nombreux; mais, nonobstant l'étonnante variété de structure offerte par les organes des animaux,
on trouve que les composés originaux, desquels toutes
les sortes de matières animales dérivent, peuvent être
réduits aux trois substances que je viens de nommer.
La matière animale étant le plus compliqué des com-

44

posés naturels, se décompose très facilement, en tant
que la quantité d'attractions s'accroît suivant le nombre des principes constituants. L'analyse des composés animaux est néanmoins difficile, et à certains
égards toujours imparfaite, parce qu'ils ne peuvent être
examinés vivants, et qu'ils sont altérés immédiatement après la mort ; ce qui rend impossible de savoir
exactement ce qu'ils pouvaient être lorsqu'ils faisaient
partie d'un animal vivant.

GUSTAVE. — La seule diminution de température,
causée par la privation de chaleur animale, est, je
pense, suffisante pour déranger l'ordre des attractions,
qui existaient pendant la vie.

Mme DE BEAUMONT. — C'est sans doute une des
causes de ce dérangement ; mais plusieurs autres circonstances empêchent d'étudier la nature des substances animales vivantes, et bornent les recherches
jusqu'à un certain point aux phénomènes offerts par
ces composés dans l'état de mort.

Ces trois matériaux principaux ; la gélatine, l'albumine et la fibrine forment la base des diverses parties
du système animal, soit les *solides*, comme *la peau, la
chair, les nerfs, les membranes, les cartilages et les
os* ; soit les *fluides*, comme *le sang, le chyle, le lait,
le mucus, le suc gastrique, la bile, la transpiration,
la salive, les larmes*, etc.

CAROLINE. — N'est-il pas étonnant que tant de substances diverses naissent d'un si petit nombre de matériaux directs et de quatre principes élémentaires ?

Mme DE BEAUMONT. — La différence de nature des

corps, dépend bien plus, comme je vous l'ai souvent fait remarquer, de l'état de leur combinaison que
des matériaux qui les composent. Ainsi, en considérant, sous un point de vue général, la nature chimique de la création, on retrouve partout les mêmes
éléments. Mais quand on examine ces éléments dans les
trois règnes, on voit que dans les minéraux, leur
combinaison peut paraître l'ouvrage du hasard; tandis
que dans les autres règnes les attractions sont particulières, et produites uniformément par certains organes
On peut encore observer que par certains changements
appropriés, dont l'action dépend du principe vital ,
ou décompositions spontanées, les éléments d'une
sorte de matière servent à la réproduction d'une autre;
ensorte que les trois règnes sont liés l'un à l'autre, et
contribuent sans cesse à leur mutuel soutien.

Gustave. — Cependant une classe très considérable
d'éléments, paraît bornée au règne minéral : je veux
parler des métaux.

M⁰ᵉ de Beaumont.—Non pas tout-à-fait : on trouve
des métaux, quoique en petite quantité , dans les végétaux et les animaux. Il entre aussi dans les corps organisés une petite proportion de terres et de soufre.
Mais le phosphore est presque entièrement renfermé
dans le règne animal, et l'azote a peu d'exceptions
près, est extrêmement rare dans les plantes.

Nous allons examiner les trois principaux matériaux
du système animal.

La *gélatine* ou *gelée*, est le principal ingrédient de
la peau , et des parties membraneuses. On l'extrait de

ces substances par le moyen de l'eau bouillante, en forme de glu, de *colle*, et de gelée transparente.

CAROLINE. — Mais tous ces corps sont de différente nature, ils ne peuvent donc être tous composés de gélatine pure.

Mme DE BEAUMONT. — Pas entièrement, mais à peu de choses près. La glu est tirée de la peau ; la colle de la peau dans l'état naturel ou du cuir ; et l'on extrait les plus belles gelées et la colle transparente en faisant dissoudre dans de l'eau bouillante, la colle tirée de certains poissons, et en laissant la solution se congeler.

CAROLINE. — Je crois qu'on fait aussi de la gelée avec des pieds de veau et de la corne de cerf ; ces substances contiennent donc de la gélatine ?

Mme DE BEAUMONT. — Oui ; et l'on peut en obtenir de toutes les substances animales, en plus ou moins grande quantité, par un procédé très simple, qui consiste à faire bouillir les substances gélatineuses avec de l'eau, et à laisser évaporer la solution, quand elle a pris une certaine consistance. Les os fournissent abondamment la gélatine, qui, avec le phosphate de chaux, forme leur base. Les cornes qui sont d'une nature osseuse contiennent beaucoup de gélatine ; et celles du cerf passent pour donner la plus belle. On les rape afin que la gelée puisse se mêler plus facilement à l'eau, et c'est de cette manière que sont faites les gelées pour les malades, en y ajoutant quelques parfums ; cet aliment passe pour être de facile digestion.

CAROLINE.·— Il paraît étrange que la corne de cerf qui fournit un ingrédient aussi puissant que l'ammoniaque, produise aussi une substance aussi douce et aussi insipide que la gelée.

Mme DE BEAUMONT. — Et ce qu'il y a de plus singulier, c'est que l'ammoniaque est tirée de la gélatine des os. Remarquez cependant que les procédés, par lesquels on obtient ces substances des os, sont fort différents. La gélatine est séparée par la simple action de l'eau et du calorique; mais pour se procurer l'ammoniaque, ou ce qu'on appelle esprit de corne de cerf, il faut que les os soient distillés, ce qui décompose la gélatine; l'hydrogène et l'azote se recombinent alors en forme d'ammoniaque. Ainsi la première opération est une pure séparation des ingrédients secondaires; la seconde exige une décomposition chimique, complète.

CAROLINE. — Mais, quand on fait de la gelée avec la corne de cerf, que devient le phosphate de chaux qui fait partie des os?

Mme DE BEAUMONT. — On le sépare facilement par le moyen d'un tamis, et la gelée est ensuite parfaitement purifiée et rendue transparente en y ajoutant du blanc d'œuf, qui, étant coagulé par la chaleur, remonte à la surface, en entraînant toutes les impuretés.

GUSTAVE. — Il me semble que les pauvres gens, pourraient tirer une nourriture saine de la gelée d'os, quoique cette gelée ne soit pas aussi fine que celle de corne de cerf.

Mme DE BEAUMONT. — On a essayé de préparer du bouillon avec les os réduits en gelée par le moyen de la machine de Papin, qui concentre la vapeur, et réduit les substances à l'état liquide en peu de temps, et sans exiger une grande consommation de combustible, mais les pauvres auxquels cet aliment était destiné ont un préjugé contre une nourriture qu'ils supposent réservée aux animaux, et ces inventions économiques ont eu peu de succès; elles ne peuvent d'ailleurs être adoptées que dans les établissements publics, étant encore trop dispendieuses pour être pratiquées chez les particuliers.

CAROLINE. — Mais ne pourrait-on, au moins, établir une manufacture pour broyer les os, de manière à les réduire à l'état de corne de cerf râpée, dans lequel état on les dissoudrait aisément en les faisant bouillir avec de l'eau?

Mme DE BEAUMONT. — Les os ne seraient pas ainsi suffisamment purifiés pour cet usage; on les emploie cependant utilement. Ils servent à faire du sel ammoniaque, et de l'esprit de corne de cerf, et maintenant l'Europe fournit le levant de ce même sel ammoniaque, anciennement tiré d'Égypte.

GUSTAVE. — Quand la gelée est faite de colle de poisson, laisse-t-elle quelque sédiment?

Mme DE BEAUMONT. — Non; elle n'a même presque pas besoin d'être clarifiée, consistant principalement en gélatine pure, et le peu de matières étrangères qui s'y trouve, étant entraîné pendant l'ébulition en forme d'écume. Ces opérations sont journellement faites par ces habiles et utiles chimistes les cuisiniers.

CAROLINE. — A quelle immense variété d'objets la chimie est appplicable !

Mme DE BEAUMONT.—A cet égard, elle a, je crois, l'avantage sur toutes les autres sciences, qui souvent sont bornées à un objet particulier ; tandis que la chimie a tant de branches diverses, qu'elle s'applique à tout, et peut intéresser dans les situations les plus diverses.

CAROLINE. — Le bouillon est sans doute composé de gélatine, puisqu'il prend la consistance de gelée en refroidissant ?

Mme DE BEAUMONT. —Non pas entièrement ; le bouillon de viande contient en général une certaine quantité de gélatine, mais son principal ingrédient est une matière muqueuse ou extractive, une substance animale particulière, très soluble dans l'eau, très savoureuse et plus nourrissante que la gélatine. Les bouillons de potage se composent de cette matière extractive, dissoute dans l'eau.

La gélatine, en état solide, est une substance transparente et semi-ductile, sans goût et sans odeur. Exposée à la chaleur, en contact avec l'air et l'eau, elle enfle d'abord, puis se fond, et enfin brûle. La colle forte, dont les charpentiers se servent, a pu vous donner l'exemple de la première partie de cette opération.

CAROLINE. — Vous dites, maman, que la gélatine est inodore, cependant la colle forte ou glu a une odeur très désagréable.

Mme DE BEAUMONT. — Aussi n'est-ce pas de la géla-

tine pure : comme elle n'est pas destinée à servir d'aliment, on ne prend pas soin de la purifier, et toujours
elle conserve plus ou moins de particules susceptibles
de putréfaction.

L'alcohol précipite la gélatine de sa solution dans
l'eau. — Nous essaierons cette expérience dans un
verre de gelée chaude. Vous voyez que la gelée tombe
au fond par l'union de l'eau et de l'alcohol.

Gustave. — Comment les gelées sont elles si souvent assaisonnées avec du vin sans que cela produise
du précipité ?

Mme de Beaumont.—Parce que l'alcohol du vin est
déjà combiné avec de l'eau et d'autres ingrédients, ce
qui fait qu'il n'agit point sur la gelée comme quand il
est dans son état pur. La gélatine est soluble dans les
acides et dans les alcalis, aussi les premiers sont très
souvent employés pour assaisonner les gelées.

Caroline. — Parmi les combinaisons des gelées,
n'oublions pas celle dont vous nous avez parlé précédemment (XVIIIe entretien), et qui concourt avec le
tannin à former le cuir.

Mme de Beaumont. — Oui ; mais je vous ferai observer que le cuir ne peut être formé par la gélatine,
que lorsqu'elle est en état de membrane, car, bien que
l'union de la gélatine pure et du tannin produise une
substance chimiquement semblable au cuir, la contexture de la peau est nécessaire pour donner à cette
substance les qualités qui constituent son utilité.

L'*albumine*, qui entre dans la composition de presque tous les composés animaux, se trouve aussi très

souvent isolée dans le système animal. Par exemple, le blanc des œufs est à peu près entièrement formé d'albumine, et les nerfs, le sérum ou partie blanche du sang, et la partie coagulante du lait, ne sont guère autre chose que de l'albumine diversement modifiée.

Dans son état le plus simple, l'albumine est un fluide transparent, visqueux, insipide et inodore; il se coagule à la température de 72 degrés (Réaumur), et une fois solidifié, il ne reprend jamais la forme fluide.

L'acide sulfurique et l'alcohol coagulent l'un et l'autre l'albumine de la même manière que la chaleur, comme vous allez le voir.

GUSTAVE. — C'est exactement de même; mais dites-moi, je vous prie, maman, quelle action a lieu entre l'albumine et l'argent? J'ai remarqué en mangeant des œufs que la cuiller dont je me servais, se ternissait quand elle était mouillée.

Mᵐᵉ DE BEAUMONT. — Parce que le blanc d'œuf, et l'albumine, en général, contient un peu de soufre, lequel, à la température d'un œuf sortant de l'eau bouillante, décompose l'eau qui humecte la cuiller, et forme du gaz hydrogène sulfuré, dont l'une des propiétés est de ternir l'argent.

La *fibrine* est une substance insipide et inodore, qui ressemble à des filaments blancs et brillants adhérauts ensemble. C'est la matière essentielle des muscles ou de la chair dans lesquels elle est amollie par de la gélatine. La fibrine est insoluble dans l'eau, mais l'acide sulfurique la convertit en une substance très analogue à la gélatine.

Tels sont les ingrédients essentiels et généraux de la matière animale ; mais d'autres substances qui ne sont pas particulières au système animal, entrent ordinairement dans sa composition, ce sont les huiles, les acides, les sels, etc.

L'*huile animale* est le principal constituant de la graisse ; elle abonde dans la crème du lait, d'où elle est extraite en forme de beurre.

Gustave. — L'huile animale est-elle composée des mêmes éléments que l'huile végétale ?

Mme de Beaumont. — Non pas absolument des mêmes, mais à peu près. L'huile animale diffère surtout de l'huile végétale, en ce qu'elle contient de l'azote qui n'entre point dans la composition des dernières, du moins pas en aussi grande proportion.

Il existe un certain nombre d'acides animaux, c'est-à-dire qui sont particuliers à la matière animale, et en sont extraits presque exclusivement.

Ces acides ont une triple base, formée d'hydrogène, de carbone et d'azote. Quelques-uns existent tout formés dans la matière animale ; d'autres sont produits par sa décomposition.

Les premiers sont :

L'*acide bombique*, tiré des vers à soie.

L'*acide formique*, des fourmis.

L'*acide lactique*, du petit lait.

L'*acide caséique*, du fromage.

Les acides *sébacique*, *margarique* et *oléique*, de l'huile et de la graisse.

L'*acide cétique*, du spermaceti.

Les derniers, qui sont produits pendant la décomposition des substances animales par la chaleur, sont
les acides *prussique* et *zoonique*; le dernier est produit par la viande rôtie et lui donne son goût piquant.

CAROLINE. — Les acides animaux ne sont pas
nombreux?

Mme DE BEAUMONT. — Et ils n'ont pas, en général,
une grande importance. L'acide prussique est le seul
qui exige un examen plus étendu. On le forme artificiellement, sans aucune matière animale, et il est
également extrait de plusieurs végétaux, particulièrement des narcotiques, tels que les pavots, les lau-
riers, etc.; mais c'est du sang qu'il est communément
obtenu, en chauffant fortement cette substance avec
de la potasse caustique, qui sépare cet acide du sang
et forme avec lui du *prussiate de potasse*. De cette
combinaison on extrait l'acide pur, au moyen de
substances qui ont plus d'affinité que lui pour l'alcali.

GUSTAVE. — Mais si cet acide n'est pas tout formé
dans le sang, comment l'alcali peut-il l'en extraire?

Mme DE BEAUMONT. — C'est la triple base de cet
acide qui existe dans le sang, et qui est portée à l'état
d'acide pendant la combustion. L'acide est donc premièrement formé, ensuite combiné avec la potasse.

GUSTAVE. — Je comprends, maintenant. Mais
comment l'acide prussique peut-il être fait artificiellement?

Mme DE BEAUMONT. — En faisant passer du gaz
ammoniac sur du charbon rouge; ce qui a prouvé
que les constituants de cet acide sont l'hydrogène,

l'azote et le carbone. L'alcali volatil fournit les deux premiers, le dernier est produit, par la combustion du charbon *.

CAROLINE. — Cela paraîtrait détruire le système par lequel l'oxygène est considéré comme le principe de tous les acides.

Mᵐᵉ DE BEAUMONT. — On appelle acide la matière colorante du bleu de prusse, parce qu'elle s'unit aux alcalis et aux métaux, mais non pour aucune autre propriété, qu'elle ait en commun avec les acides; et ce nom n'est peut-être pas strictement propre. Cependant ce fait, joint à quelques autres du même genre, a fait pencher plusieurs chimistes vers l'opinion que l'oxygène n'était pas le générateur exclusif des acides. Je vous ai dit que M. Davy avait trouvé dans ses expériences sur les acides secs, des raisons de croire que l'eau pouvait être essentielle à l'acidification; et quelques savants croyent que l'acidité dépend plutôt de l'arrangement des molécules que de la présence d'aucun principe particulier.

Pour revenir à l'acide prussique, il a une grande affinité pour les oxydes métalliques, et forme un précipité bleu des solutions de fer dans les acides.

---

* M. [Gay-Lussac, a reconnu que la base de l'acide prussique était une combinaison d'azote et de carbone, à laquelle il a donné le nom d'azote. Ce composé forme avec l'oxygène l'acide prussique ou *hydro-cyanique*. On obtient le cyanogène pur en état de gaz, du prussiate de mercure par distillation.

C'est le bleu de Prusse ou prussiate de fer, si utile dans les arts et que vous devez bien connaître.

GUSTAVE. — Oh! oui; l'on en fait tant d'usage dans la peinture à l'huile ou à l'aquarelle. Mais cette couleur ne passe pas pour solide avec l'huile.

M™ DE BEAUMONT. — Cela vient je crois d'un défaut dans sa préparation, quand le fer n'est pas suffisamment oxydé pour former un oxyde rouge. Une solution d'oxyde vert, dans lequel le métal est plus légèrement oxygéné, fait un précipité vert pâle ou même blanc, qui ne se change en bleu que par l'exposition à l'air, comme je vais vous le montrer.

CAROLINE. — Le précipité devient déjà d'un bleu clair; mais comment l'air produit-il ce changement?

M™ DE BEAUMONT. — En oxydant le fer plus parfaitement. Si nous ajoutons un peu d'acide nitreux, la couleur bleue sera produite sur le champ : l'acide cède son oxygène au précipité, et le sature de ce principe.

CAROLINE. — Il est très curieux de voir une couleur changer aussi subitement.

M™ DE BEAUMONT. — Vous voyez que le bleu de prusse ne peut être solide, à moins qu'il ne soit préparé avec de l'oxyde de fer rouge; puisque autrement l'exposition à l'air le rembrunit et qu'il cesse bientôt d'être au ton des autres couleurs du tableau.

CAROLINE. — Mais il ne peut devenir par l'effet de l'air, plus foncé que le vrai bleu de Prusse, dans lequel l'oxyde est parfaitement saturé d'oxygène.

M™ DE BEAUMONT. — Certainement non. Mais

dans un tableau, l'artiste ne comptant point sur ces altérations de couleurs, donne à son bleu le ton qui convient au reste de son ouvrage; et si cette teinte devient plus foncée par la suite, l'harmonie des couleurs est détruite.

CAROLINE. — De quelle nature est la couleur nommée *carmin*?

Mme DE BEAUMONT. — C'est une couleur animale, tirée de la *cochenille*, insecte qui, infusé dans l'eau, produit un beau rouge.

CAROLINE. — Et le noir d'ivoire est sans doute une autre couleur animale?

Mme DE BEAUMONT. — C'est une substance carbonée, tirée de la combustion de l'ivoire. On extrait des os un noir plus grossier.

CAROLINE. — Mais pendant la combustion de l'ivoire ou des os, j'aurais cru que le carbone serait converti en gaz acide carbonique.

Mme DE BEAUMONT. — Dans cette combustion, et dans tout autre, une grande partie du carbone est seulement volatilisée par la chaleur, et ensuite obtenue en forme concrète en se refroidissant. Cette couleur peut donc être regardée comme la suie, provenant de la brûlure de l'ivoire ou des os.

VINGT-DEUXIÈME ENTRETIEN.

SUR L'ÉCONOMIE ANIMALE.

Principaux organes. — Os, dents, cornes, ligaments et cartilages. — Muscles. — Système vasculaire. — Glandes. — Nerfs. — Substance cellulaire. — Peau.

Mᵐᵉ DE BEAUMONT, CAROLINE, GUSTAVE.

Mᵐᵉ DE BEAUMONT. — Nous avons examiné les divers matériaux qui composent le système animal ; mais si vous désirez connaître comment ces substances sont formées des matières végétales et animales, par les organes des animaux, il faut que vous ayez quelque idée des fonctions de ces organes, pour comprendre les procédés d'*animalisation* et de *nutrition*.

CAROLINE. — Que veut dire le mot animalisation ?

Mᵐᵉ DE BEAUMONT. — L'animalisation est le procédé par lequel la nourriture est *assimilée*, c'est-à-dire convertie en matière animale ; et la nutrition est

celui par lequel la nourriture assimilée sert à soutenir le système animal.

GUSTAVE. — Je suis sûr que cette branche est la
plus intéressante de la chimie.

CAROLINE. — Sur tout quand nous en serons à la
respiration et à la circulation du sang.

Mme DE BEAUMONT. — Ce sont en effet les fonctions
animales les plus intéressantes.

Je dois premièrement vous expliquer en général
la nature des principaux organes par lesquels les
opérations du système animal sont exécutées. Ce sont :

Les os,
Les muscles,
Les vaisseaux sanguins,
Les vaisseaux lymphatiques,
Les glandes,
Les nerfs.

Les *os* sont les parties les plus solides de la structure
animale, et déterminent à un très haut degré sa figure
et ses dimensions. Vous vous rappelez, je suppose, les
ingrédients dont ils se composent ?

CAROLINE. — Oui ; le phosphate de chaux lié par
de la gélatine.

Mme DE BEAUMONT. — Pendant la première période
de la vie de l'animal, les os sont presque entièrement
composés de membranes gélatineuses qui ont la forme
d'os ; mais dont la contexture lâche et spongieuse
offre des cellules ou cavités destinées à se remplir de
phosphate de chaux. C'est l'addition graduelle de ce
sel, qui rend les os fermes et solides. Les petits tirent

cette substance d'abord du lait maternel, ensuite des aliments, végétaux ou autres, spécialement des farineux, qui en contiennent en grande quantité. Après que les os du petit se sont suffisamment étendus et solidifiés, une partie du phosphate de chaux est déposée dans les dents qui ne sont d'abord qu'une substance gélatineuse, propre à recevoir ce sel, et quand elle s'est durcie par son moyen sous les gencives, elle les perce petit à petit, et s'élève au-dessus d'elles.

CAROLINE. — Avec quelle prévoyance admirable la nature a pourvu d'abord à la solidification des os les plus immédiatement nécessaires ; ensuite à celle des dents, qui, non-seulement seraient inutiles à l'enfant à la mamelle, mais nuisibles.

Mme DE BEAUMONT. — Le phosphate de chaux chez les quadrupèdes, est aussi déposé dans leurs cornes et le poil ou la laine dont ils sont couverts.

Chez les oiseaux ce sel forme le bec et les tuyaux des plumes.

Quand les animaux sont entièrement développés, et que leurs os ont pris tout leur accroissement, le phosphate de chaux pris avec la nourriture est rarement assimilé hors pendant l'allaitement chez les femelles où il est sécrété dans leur lait pour servir à la formation des os des petits.

GUSTAVE. — La maladie des os, que l'on nomme le rachitisme, n'est-elle pas produite par le manque de phosphate de chaux ?

Mme DE BEAUMONT. — On donne deux causes différentes à cette maladie. Elle peut être occasionée par une croissance des muscles disproportionnée à celle des os. Dans ce cas le poids de la chair, trop fort pour les os, produit un gonflement des jointures l'un des grands indices du rachitisme. Une autre cause de ce désordre est l'imperfection de la digestion et de l'assimilation de la nourriture, qui, produisant une surabondance d'acide, s'oppose ainsi à la formation du phosphate de chaux. Dans l'un et l'autre cas, il faut changer le régime de l'enfant, non-seulement en augmentant la quantité des aliments contenant le phosphate de chaux ; mais en évitant ceux qui s'aigrissent dans l'estomac et produisent l'indigestion. Mais, les meilleurs préservatifs contre ce mal sont l'air et l'exercice, par lesquels la digestion et l'assimilation étant favorisées, le développement des os et celui des muscles marchent d'un pas égal.

CAROLINE. — Quel rapport l'air et l'exercice peuvent-ils avoir avec la formation des os ?

Mme DE BEAUMONT. — L'exercice est utile à toutes les fonctions animales. L'homme est fait pour gagner sa subsistance par le travail corporel ; et le pain qu'il gagne ainsi n'est pas beaucoup plus essentiel à son bien-être que l'exercice par lequel il l'obtient. Ceux que la fortune a placés au-dessus de la nécessité de travailler de leurs mains, doivent s'imposer des exercices de corps, sinon par amusement du moins comme devoirs, autrement la débilité de leur santé serait bientôt le fruit de leur indolence.

GUSTAVE. — Je n'aurai jamais à craindre ce danger ; car l'exercice, à moins qu'il ne soit réellement fatigant, me donne toujours un grand plaisir, et j'ai souvent pensé, à propos de cela, combien il était heureux qu'une chose aussi utile à la santé fût aussi agréable, et que la fatigue qui est au contraire nuisible, fût pénible, afin que nos exercices corporels soient pris avec modération.

Mme DE BEAUMONT. — Ces réflexions étaient fort justes. Mais ne nous éloignons pas de notre sujet. — Les os sont attachés ensemble par des *ligaments*, consistant en une substance blanche, épaisse et flexible, qui adhère à leurs extrémités, suffisamment pour consolider les jointures sans gêner leur mouvement. De plus les jointures sont recouvertes par une substance blanche, solide, unie, élastique, nommée *cartilage*, dont l'usage est de faire glisser les os l'un sur l'autre par son élasticité et son poli, de manière à faciliter les mouvements des jointures.

Les *muscles* placés sur les os, consistent en faisceaux de fibres, terminés par une espèce de cordon ou ligament qui les attache aux os. Les muscles sont les organes du mouvement : par leur pouvoir de dilatation et de contraction, ils mettent les os en action ; et ceux-ci font l'office de leviers dans les divers mouvements du corps, et sont le support solide ou la charpente de la structure. Les muscles ont différentes consistances dans les différentes espèces d'animaux. Les mammifères ou ceux qui allaitent leurs petits, occupent en ce sens la place intermédiaire entre les oiseaux et les animaux à sang froid, tels que les reptiles et les poissons.

GUSTAVE. — Je suppose que les divers degrés de fermeté ou de solidité dans les muscles des animaux, proviennent des substances dont ils se nourrissent?

Mᵐᵉ DE BEAUMONT. — Non ; car les hommes qui sont de la famille des mammifères, vivent d'aliments plus substantiels que les oiseaux ; et ceux-ci les surpassent de beaucoup en force musculaire. Je vous expliquerai plus tard à quoi l'on attribue cette différence, maintenant je continuerai l'examen des fonctions animales.

Les *vaisseaux* remplissent l'office de transporter les fluides dans les diverses parties de la structure. Le nombre de ces organes est infini ; les plus considérables, qui servent à la circulation du sang, sont de deux espèces : les *artères*, qui portent le sang du cœur aux extrémités, et les *veines*, qui le reportent au cœur.

Il existe en outre un ordre de nombreux et petits vaisseaux transparents, destinés à absorber différents fluides, et à les conduire dans le sang ; ils sont désignés généralement sous le nom de vaisseaux *absorbants* ou *lymphatiques;* mais un certain nombre d'entre eux, seulement, remplit la fonction d'apporter au sang le fluide nommé *lymphe*.

GUSTAVE. — De quelle nature est ce fluide ?

Mᵐᵉ DE BEAUMONT. — La nature et l'utilité de la lymphe n'ont jamais été, je crois, bien déterminées : on suppose qu'elle consiste en matière déjà animalisée, et qui après avoir rempli les fins auxquelles elle est destinée, doit faire place par une rotation régulière à de nouvelle lymphe produite par l'assimilation de la nourriture. Les vaisseaux lymphatiques pompent ce fluide de toutes les parties du système, et le portent aux veines dans lesquelles il se mêle avec le sang veineux.

CAROLINE. — Et la lymphe rentre probablement dans le système par ce canal?

Mme DE BEAUMONT. — Non pas entièrement; car le sang veineux ne rentre dans la circulation qu'après avoir subi un changement par lequel il se dégage de tout ce qui lui devient inutile.

Une autre sorte de vaisseaux absorbants pompent le *chyle* de l'estomac et des intestins, et le conduisent, après plusieurs circonvolutions, dans la grande veine près du cœur.

GUSTAVE. — Qu'est-ce que le chyle, je vous prie?

Mme DE BEAUMONT. — La substance dans laquelle se convertit la nourriture par la digestion.

CAROLINE. — Un ordre de vaisseaux absorbants est donc employé à emporter les matériaux devenus inutiles et l'autre à porter au sang les nouveaux matériaux qui doivent remplacer les premiers?

GUSTAVE. — Quelle variété d'ingrédients doit entrer dans la composition du sang!

Mme DE BEAUMONT. — Observez aussi qu'une grande variété de substances doivent être sécrétées de ce fluide. On peut comparer le sang à un réceptacle général ou magasin, dans lequel sont arrangées toutes sortes de marchandises pour en disposer suivant les occasions.

Les femelles des mammifères ont un autre appareil

de vaisseaux absorbants destinés à la sécrétion du lait
pour la nourriture des petits.

GUSTAVE. — Le lait n'est-il pas très analogue au
sang par sa composition, puisque le nourrisson tire
de cette unique source tous les principes dont il a
besoin pour son accroissement?

M⁰ᵉ DE BEAUMONT. — Cela est vrai; et l'on a trouvé
en effet, par l'analyse, que le lait contenait les principaux constituants de la matière animale, l'albumine,
l'huile, et le phosphate de chaux ; ainsi le nourrisson
a peu de peine à digérer et assimiler cet aliment.
Mais nous examinerons plus tard la composition du
lait.

En certaines parties du corps on trouve des pa-
quets de petits vaisseaux, nommés *glandes*, d'un mot
latin qui signifie *gland*, à cause de leur ressemblance
à ce fruit. La fonction des glandes est de *sécréter* ou
séparer certaines matières du sang.

Les sécrétions sont des séparations, non-seulement
mécaniques, mais chimiques, de substances contenues
dans le sang, mais qui n'y sont pas combinées comme
elles doivent l'être pour remplir le but de la nature.
Il y a deux espèces de sécrétions ; celles qui forment
les fluides animaux particuliers, comme la bile, la
salive, etc., et celles qui produisent les matériaux
généraux du système, pour substanter et restaurer les
organes, ces matériaux sont l'albumine, la gélatine et
la fibrine, ces dernières sécrétions sont distinguées par
le nom de *sécrétions nutritives*.

GUSTAVE. — Mais toutes les sécrétions sont donc

tirées du sang ? j'imaginais que la bile était produite par le foie.

Mᵐᵉ DE BEAUMONT. — Elle l'est aussi : mais le foie n'est qu'une glande très grande qui sécrète la bile du sang.

Les *nerfs* , sont les véhicules de la sensation , toutes les autres parties étant en elles-mêmes totalement in- sensibles.

CAROLINE. — Alors, toutes les parties du corps doivent être pourvues de nerfs; car nous sommes sus- ceptibles de sensation dans toutes ?

GUSTAVE. — Excepté dans les ongles et les cheveux.

Mᵐᵉ DE BEAUMONT. — Et ce sont aussi les seules parties où l'on ne découvre point de nerfs. La source commune de tous les nerfs est le cerveau ; de là quel- ques-uns descendent par différentes ouvertures du crâne, et le plus grand nombre par l'épine du dos, et s'étendent par d'innombrables ramifications à travers tout le corps. Ils se distribuent sur les mus- cles, pénètrent les glandes , entourent les vaisseaux , et pénètrent jusqu'à l'intérieur des os. Il est probable que la communication entre l'esprit et le corps se fait par leur moyen; mais comment l'esprit agit-il sur eux, et les fait-il réagir sur le corps , c'est ce qu'il nous est impossible de concevoir. Plusieurs hypothèses ont été avancées sur ce sujet mystérieux, mais toutes sont également improbables , et il semble inutile et témé- raire de chercher à pénétrer ce qui doit rester, sans doute , hors de la portée de l'intelligence humaine.

CAROLINE. — Vous ne nous avez rien dit de ces

nerfs particuliers qui forment les sens de la vue, de l'ouïe, de l'odorat et du goût.

Mme DE BEAUMONT. — On les considère comme étant de nature semblable à celle des autres nerfs qui se distribuent par tout le corps, et constituent le sens général du toucher. Les différentes sensations que produisent les premiers, dépendent de leur situation respective et de leur connexion avec les organes de la vue, de l'ouïe, etc.

GUSTAVE. — Mais ces sens paraissent très différents de celui du toucher ?

Mme DE BEAUMONT. — Tous consistent en sensations, seulement diversement modifiées, suivant les organes dans lesquels les nerfs sont placés. Car, comme je vous l'ai déjà fait observer, c'est par le contact seul de la matière que les nerfs sont affectés. Ainsi, des molécules odoriférantes, en frappant les nerfs du nez, excitent le sens de l'odorat ; de même celui du goût est excité par les substances qui touchent les nerfs de la langue ; celui de l'ouïe par la percussion de l'air sur le nerf auditif ; et celui de la vue par l'effet de la lumière tombant sur le nerf optique ; enfin, tous sont affectés, de même que le sens du toucher par le seul contact des molécules matérielles.

Quoique parfaitement distincts, les divers organes du corps, sont légèrement unis ensemble par une substance spongieuse, assez semblable en contexture à un maillé, et qu'on appelle la membrane ou le tissu cellulaire : le tout est recouvert de peau.

La *peau*, de même que l'écorce des végétaux, est

formée de trois couches. La plus extérieure est nommée épiderme ou tissu *cuticulaire ;* la seconde nommée *membrane muqueuse* , d'une contexture molle et mince , est formée par une substance muqueuse, qui est noire dans les nègres ; et donne cette couleur à leur peau.

CAROLINE. — L'épiderme des nègres est donc de la même couleur que le nôtre?

Mme DE BEAUMONT. — Oui ; mais cette première peau étant transparente et poreuse, la noirceur de la membrane muqueuse parait à travers. Les extrémités des nerfs aboutissent sur la peau, ensorte que la sensation du toucher est transmise par l'épiderme. La troisième couche qui couvre immédiatement les muscles, est nommée la vraie peau, et c'est la plus épaisse, la plus ferme et la plus dure des trois ; elle forme avec le tannin la substance utile, nommée cuir.

La peau qui recouvre le corps , aussi bien que les membranes formant les enveloppes des vaisseaux, consiste principalement en gélatine , et peut se changer en glu , en colle ou en gelée.

Les cavités entre les muscles et la peau sont ordinairement remplies de graisse , qui se loge dans les cellules du tissu membraneux , ci-dessus mentionné, et donne aux parties (spécialement au visage humain) cette rondeur, ce moëlleux, cette douceur de formes qui constituent à un très haut degré la beauté.

GUSTAVE. — La peau est , je crois aussi un grand ornement de la figure humaine, soit par la délicatesse de sa contexture, soit par la variété et la beauté de ses couleurs.

Mme DE BEAUMONT. — Cette variété, cette harmonieuse gradation de couleurs, ne dépend pas autant de la peau elle-même, que des organes intérieurs qui lui transmettent leurs diverses teintes, seulement adoucies et fondues par la couleur de la peau généralement d'un blanc jaunâtre.

Ainsi modifiée, la couleur obscure des veines devient un bleu pâle, et le vermeil brillant des artères un rose fin. Dans les parties les plus transparentes, la peau présente la fraîcheur de la rose ; sa propre couleur domine dans les parties plus opaques ; et comme les os sont très proéminents aux jointures, leur blancheur y est souvent perceptible. En un mot, toutes les parties du corps peuvent contribuer à l'embellir, soit par leur forme, soit par leur coloris. Les os produisent la beauté de dimension, les muscles dessinent les formes, la substance molle qui les recouvre, donne aux contours ces douces ondulations, si particulièrement aimables à l'œil, chaque organe des sens est un ornement, et la peau qui unit la surface, possède un charme dans ses teintes variées que l'art ne peut imiter qu'imparfaitement, et achève un des plus parfaits ouvrages de la création.

Maintenant que nous avons vu comment la structure humaine est formée, nous examinerons de quelle manière elle est conservée, et ses organes nourris.

Cela nous conduira à une explication plus détaillée des organes intérieurs : ils ne nous offriront pas la

même beauté, parce que la nature ne les a pas destinés à être vus; mais leur formation est encore,
s'il est possible, plus admirable que celle des parties
extérieures.

Ce sujet fournira la matière de notre prochain
entretien.

VINGT-TROISIÈME ENTRETIEN.

SUR L'ANIMALISATION, LA NUTRITION ET LA RESPIRATION.

Digestion. — Pouvoir dissolvant du suc gastrique. — Forma-
du chyle. — Son assimilation ou sa conversion en sang. —
Respiration. — Son mécanisme. — Son action chimique. —
Circulation du sang. — Fonction des artères, des veines, du
cœur. — Poumons. — Effets de la respiration sur le sang.

Mme DE BEAUMONT, CAROLINE, GUSTAVE.

Mme DE BEAUMONT. — Après avoir pris quelque
idée des matériaux dont le système animal est composé, et de la nature de son organisation, il nous reste
à examiner comment son existence est entretenue.

Nous avons vu que les végétaux se nourrissaient
de diverses substances (soit dans leur état élémentaire, soit en combinaison très simple), telles que
le carbone, l'eau, les sels, qu'ils pompent de la terre;
et l'acide carbonique et l'oxygène qu'ils absorbent de
l'atmosphère.

Les animaux au contraire se nourrissent de substances plus compliquées; les uns ayant pour aliments d'autres animaux; les autres des végétaux; quelques-uns, se nourrissant également de matière animale et de matière végétale.

Caroline. — Et il existe une espèce d'animal qui non contente de jouir de ces aliments, tels que la nature les offre, a inventé l'art de les modifier de mille manières et de faire servir jusqu'au règne minéral à ses raffinements.

Gustave. — Ce n'est pas tout. Chaque coin de la terre contribue à varier nos jouissances, et de tous les quartiers du globe on apporte à grands frais les matériaux de nos plus simples mets.

Caroline. — Les substances compliquées qui composent la nourriture des animaux, n'entrent pas apparemment dans leur système, sans changer d'état.

Mme de Beaumont. — Non sans doute. Et non seulement ils subissent un changement dans l'arrangement de leurs parties; mais encore, les seules parties propres à la nourriture du corps, sont séparées des autres pour être animalisées.

Gustave. — Quels organes exécutent cette opération ?

Mme de Beaumont. — Elle se fait principalement dans l'estomac, l'organe de la digestion et le premier mobile de la structure animale.

La *digestion* est le premier pas vers la nutrition. Ce procédé consiste à réduire en une masse homogène les diverses substances prises comme aliments; il commence quand elles sont broyées et mêlées à la salive dans la bouche; puis, ainsi changées en pâte molle, elles arrivent à l'estomac, où le suc *gastrique* achève de les dissoudre.

Ce fluide (sécrété dans l'estomac par des glandes appropriées à cet effet) est un dissolvant si puissant, qu'il est peu de corps qui résistent à son action.

GUSTAVE. — Cependant il faut que les parois de l'estomac ne puissent être attaquées par lui, autrement nous risquerions qu'elles fussent détruites quand l'estomac serait vide.

Mme DE BEAUMONT. — Probablement elles ne sont pas sujettes à son action tant que dure la vie. Toutefois, il paraît que le suc gastrique, quand il n'a aucune substance étrangère sur laquelle il puisse agir, occasione une certaine irritation de la surface intérieure de l'estomac qui produit la sensation de la faim. Le suc gastrique, joint à la chaleur et à l'action musculaire de l'estomac, convertit l'aliment en une masse pulpeuse uniforme qu'on appelle *chyme*. Le chyme passe dans les intestins où il rencontre la bile et d'autres fluides par lesquels (et par d'autres causes jusqu'ici inconnues) il est changé en *chyle*, substance plus légère ressemblant un peu à du lait, et qui est pompée par une infinité de petits vaisseaux absorbants, répandus sur la surface intérieure des intestins. Ces vaisseaux, après plusieurs circuits, se réunissent en arges branches, et conduisent enfin le chyle dans un seul vaisseau qui se décharge dans la grande veine

près du cœur; par ce moyen la nourriture ainsi préparée entre dans la circulation.

CAROLINE. — Je ne comprends pas bien clairement
comment le sang formé de cette manière peut nourrir
le corps et fournir à toutes ses sécrétions.

Mme DE BEAUMONT. — Avant de vous expliquer tout
cela, il faut que j'achève ce que j'ai à vous dire sur
la formation du sang. Le chyle est en effet le principal ingrédient du sang : mais le sang n'est parfait
que lorsqu'il a passé dans les poumons, où il subit
(conjointement avec le sang qui a déjà circulé) certains changements effectués par la respiration.

CAROLINE. — Nous voici enfin à la partie qui m'in-
téresse le plus, et que j'ai si long-temps désiré connaître mieux, car je n'ai jamais su précisément en
quoi consiste ce procédé dont on parle si souvent.

Mme DE BEAUMONT.—C'est effectivement l'un des plus
intéressants de l'économie animale : mais il exige, pour
être compris, quelques explications préliminaires.
Qu'entendez-vous par le mot respiration, Gustave?

GUSTAVE. — Il me semble que c'est l'action al-
ternative d'aspirer l'air dans les poumons et de l'en
éjeter.

Mme DE BEAUMONT. — C'est là une bonne définition
générale; mais pour avoir des notions un peu exactes
sur les phénomènes de la respiration, plusieurs circonstances doivent être considérées.

On distingue en premier lieu deux choses dans
l'acte de respiration, la *partie mécanique* et la *partie
chimique.*

Le mécanisme de la respiration dépend de l'expansion et de la contraction alternatives de la poitrine dans laquelle sont contenus les poumons. Quand la poitrine se dilate, sa cavité est agrandie, et l'air se précipite par la bouche pour remplir le vide formé par cette dilatation ; quand elle se contracte, sa cavité étant diminuée, l'air est repoussé en dehors.

CAROLINE. — Cette dilatation et cette contraction n'ont pas lieu dans les poumons, à ce qu'il paraît ?

Mme DE BEAUMONT. — Pardonnez-moi ; mais leur action en ce cas n'est qu'une conséquence de celle de la poitrine. Les poumons remplissent avec le cœur et les grands vaisseaux sanguins la presque totalité de la cavité de la poitrine ; ils ne pourraient donc se dilater si la poitrine ne se dilatait préalablement ; d'autre part la poitrine en se contractant doit comprimer les poumons et faire sortir l'air qu'ils renferment.

CAROLINE. — Alors je compare les poumons à des soufflets et la poitrine à la force qui les fait agir.

Mme DE BEAUMONT. — C'est justement cela. Mais cette petite figure (plan. XV, fig. 5) m'aidera à vous faire comprendre le mécanisme de la respiration.

CAROLINE. — Quelle drôle de forme ! une petite tête fixée sur une cloche de verre, avec une vessie attachée contre l'ouverture du fond.

Mme DE BEAUMONT. — Observez qu'il y a dans la cloche une autre vessie dont le col répond à la bouche de la figure. Cette vessie représente les poumons contenus dans la poitrine ; l'autre vessie, qui n'est que légèrement attachée, représente une membrane musculaire nommée le *diaphragme*, qui sépare la poitrine de la partie inférieure du corps. La poitrine est cette grande cavité du tronc supérieur, renfermée entre les côtes, le col et le diaphragme, membrane musculaire capable de contraction et de dilatation. On peut imiter la contraction de ce muscle en serrant la vessie contre le fond du récipient et en la pressant; alors l'air de la vessie, qui représente les poumons, sera poussé en dehors par la bouche de la figure.

GUSTAVE.—Regardez Caroline ! elle souffle la bougie en respirant !

Mme DE BEAUMONT. — En relâchant la vessie, on imite la dilatation du diaphragme, et la cavité de la poitrine étant élargie, les poumons s'étendent et l'air vient les remplir.

GUSTAVE. — Cette figure donne une idée très claire de la respiration.

Mme DE BEAUMONT. — Elle fait assez bien comprendre l'action des poumons et du diaphragme ; mais ce ne sont pas les seules puissances interessées dans l'élargissement et la dépression de la poitrine ; les côtes ont aussi un mouvement musculaire qui contribue à cet effet ; elles s'élèvent et se resserrent alternativement pour aider à la contraction et à la dilatation de la poitrine.

GUSTAVE. — Je pensais que ce mouvement des côtes était l'effet, non la cause de la respiration.

Mme DE BEAUMONT.— C'est précisément le contraire. L'action musculaire du diaphragme et des côtes occasione les mouvements alternatifs de la poitrine, et l'air est poussé dans les poumons ou repoussé en de-hors, seulement en conséquence de ces actions.

CAROLINE. — J'avoue que je pensais que l'acte de respirer commençait en ouvrant la bouche pour ad-mettre l'air, et que l'air seul, en pénétrant dans la poitrine et les poumons, et en sortant causait leurs mouvements alternatifs.

Mme DE BEAUMONT. — Essayez d'ouvrir seulement votre bouche, sans faire l'action musculaire qui pro-duit un vide, vous verrez que l'air ne pourrait y entrer.—C'est cela ; maintenant le diaphragme est dis-tendu et les côtes élevées, mais vous ne resterez pas long-temps en cet état; bientôt les poumons et la poi-trine reprennent leur position précédente et chassent l'air qui était venu les remplir. Ce mécanisme va plus ou moins rapidement. Une personne saine et en repos respire de quinze à vingt-cinq fois par minutes.

Passons aux effets chimiques de la respiration. Mais il faut auparavant vous donner quelque idée de la *circulation* du sang. Dites-moi, Caroline, si vous en-tendez ce terme ?

CAROLINE.—Que je suis contente d'apprendre quel-que chose sur ce sujet! Cependant je ne conçois guères ce qu'il peut avoir de commun avec la respiration. Je me figure la circulation comme le mouvement du sang qui coule par les veines du cœur aux diverses par-ties du corps, et de là retourne au cœur.

Mme DE BEAUMONT. — Vous ne pouviez donner une meilleure définition : elle n'est cependant pas tout à fait exacte ; car vous n'avez point distingué les artères des *veines*, et je vous ai dit que c'étaient deux ordres de vaisseaux ayant des fonctions séparées. Les artères portent le sang du cœur aux extrémités, et les veines le rapportent aux cœur.

Cette peinture vous donnera l'idée du mode dans lequel le système vasculaire humain se distribue du cœur, centre commun des deux espèces de vaisseaux, et forme des embranchements qui s'étendent partout le corps. Le cœur est une sorte de sac musculaire, d'une grande force élastique, se dilatant et se contractant de lui-même, pour recevoir et repousser alternativement le sang et qui en effectue ainsi la circulation.

GUSTAVE. — Pourquoi les artères sont elles peintes en rouge et les veines en violet?

Mme DE BEAUMONT — C'est pour montrer la couleur différente du sang qui coule dans ces différents vaisseaux.

CAROLINE. — Si c'est le même sang qui flue des artères dans les veines, comment sa couleur est-elle différente?

Mme DE BEAUMONT. — Ce changement est dû à plusieurs causes. D'abord, le sang en passant dans les artères est considérablement altéré, quelques-uns de ses constituants étant graduellement séparés de lui, soit pour être appliqués à la nourriture du corps, soit pour alimenter les sécrétions. En conséquence, la couleur vermeille du sang artériel se change par degrés en violet foncé, qui est la couleur du sang dans les veines. D'autre part, le sang reçoit, à son retour par les veines, du chyle nouveau, ou sang im-

parfait, produit par la nourriture, et de la lymphe
par les vaisseaux absorbants. Après avoir subi ces diverses altérations, le sang retourne au cœur très différent de ce qu'il était en fluant de cet organe. Il est
alors chargé d'une plus grande proportion d'hydrogène et de carbone, et n'est plus propre ni à la nourriture du corps, ni aux autres fins de la circulation.

GUSTAVE. — En cet état se mêle-t-il dans le cœur
avec le sang pur et vermeil qui coule dans les artères?

M⁽ᵐᵉ⁾ DE BEAUMONT.—Non, le cœur est divisé en deux
cavités nommées le *ventricule droit* et le *ventricule
gauche du cœur.* Ce dernier est le réceptacle du sang
artériel pur avant sa circulation; et le premier contient le sang impur ou veineux qui revient au cœur
après avoir circulé, et avant d'être purifié de la manière que je vais vous expliquer.

CAROLINE. — J'avoue que je n'avais jamais pensé
que le sang souffrit aucune altération en circulant.

M⁽ᵐᵉ⁾ DE BEAUMONT. — Cependant vous deviez supposer qu'il circulait pour quelque fin.

CAROLINE. — Je savais qu'il était nécessaire à la vie
sans avoir aucune idée de ses fonctions spéciales.

M⁽ᵐᵉ⁾ DE BEAUMONT. — Maintenant que vous savez
que le sang distribue la nourriture à toutes les parties
du corps et fournit la matière de ses diverses sécrétions, vous devez concevoir qu'il ne pourrait constamment remplir ces objets, s'il n'était renouvelé et
purifié en proportion des pertes et altérations qu'il
subit dans ses fonctions.

CAROLINE. Il me semble que le chyle remplit cet
office.

Mme DE BEAUMONT. — Seulement en partie. Il renouvelle les principes nutritifs du sang; mais il ne le décharge pas de son excédant de carbone et d'eau.

GUSTAVE. — Comment est-il purifié de ces substances ?

Mme DE BEAUMONT. — Par la respiration. C'est un des plus grands mystères de la nature que la chimie moderne a dévoilé. Quànd le sang veineux entre dans le ventricule droit du cœur, celui-ci se contracte par sa puissance musculaire, et repousse le sang par un grand vaisseau, dans les poumons qui lui sont contigus, et à travers lesquels ce fluide circule par des milliers de petites ramifications. Là, il se trouve en contact avec l'air respiré. L'action de l'air sur le sang dans les poumons est, il est vrai, cachée à nôtre vue; mais nous pouvons en juger assez exactement, d'après les changements qu'elle effectue, non seulement sur le sang, mais sur l'air expiré.

Après avoir passé dans les poumons, l'air contien t encore tout l'azote inspiré; mais il a perdu une partie de son oxygène, et a reçu une certaine quantité de vapeur aqueuse et de gaz acide carbonique. De là on infère que, par le contact de l'air et du sang veineux dans les poumons, l'oxygène du premier attire le carbone surabondant, que le dernier a pris dans la circulation, et le convertit en acide carbonique. Cet acide gazeux, joint à l'humidité superflue des poumons *, est alors expiré, le sang est rétabli

* On évalue à 8 ou 9 onces la quantité d'humidité dont se déchargent les poumons en 24 heures.

47

dans son état primitif de pur sang artériel, et rendu capable de remplir encore ses fonctions.

CAROLINE. — Cela est merveilleux! Mais, maman, à qui devons-nous, je vous prie, ces belles découvertes?

Mme DE BEAUMONT. — Priestley et Crawford en Angleterre, et Lavoisier en France, sont les principaux inventeurs de la théorie de respiration. Ce sujet a été encore éclairci et simplifié par des expériences récentes de MM. Allen et Peppys. Mais la découverte bien plus importante de la circulation du sang est due au grand Harvey, médecin anglais du 16e siècle.

GUSTAVE. — Cette théorie de la respiration m'a intéressé au-delà de toute expression, et j'espère, maman, que vous nous donnerez quelques détails de plus sur cet important sujet. Nous avons laissé le sang dans les poumons, où il subit ce changement si salutaire. Mais comment est-il distribué ensuite à toutes les parties du corps?

Mme DE BEAUMONT. — Après avoir circulé dans les poumons, le sang est recueilli dans quatre grands vaisseaux, par lesquels il est conduit au ventricule gauche du cœur, d'où il flue vers les diverses parties du corps à travers une grande artère, qui se ramifie graduellement en des milliers d'autres de plus en plus petites. Des extrémités des dernières ramifications le sang est transmis aux veines, qui le reportent au cœur et aux poumons. Vous voyez que le sang a deux circulations ; l'une dans les poumons, où il se convertit en sang artériel, l'autre, dite circulation générale, qui distribue la nourriture à toutes les parties du corps ; l'une et l'autre sont également indispensables à la vie.

GUSTAVE. — Mais d'où provient le carbone dont le sang est imprégné quand il arrive dans les poumons?

Mme DE BEAUMONT. — Le carbone est retenu en plus grande proportion par le sang que par la matière animale organisée. Ainsi donc, le sang, après avoir alimenté les diverses sécrétions, devient surchargé de ce principe qui est dégagé par la respiration ; et la formation de nouveau chyle par la nourriture, remplace la matière carbonacée perdue dans les poumons.

Les expériences de MM. Allen et Peppys ont prouvé qu'environ 40,000 pouces cubiques de gaz acide carbonique sont émis tousles jours par les poumons d'une personne en santé : ce qui équivaut à 11 onces de carbone solide en 24 heures.

GUSTAVE. — Quelle prodigieuse quantité! Et combien se dégage-t-il de gaz acide carbonique à chaque expiration ?

Mme DE BEAUMONT. — La quantité d'air qui entre dans les poumons à chaque inspiration est d'environ 40 pouces cubiques, contenant un peu moins de 10 pouces et demi cubiques d'oxygène, dont environ 10 pouces 1/8 se convertissent en acide carbonique dans les poumons *, et ce changement fait que l'air, une seule fois respiré, ne peut plus servir à la combustion.

* Le volume de gaz acide carbonique expiré, est exactement égal à celui de l'oxygène consommé.

CAROLINE. — Comment l'air se trouve-t-il en contact avec le sang dans les poumons ?

Mme DE BEAUMONT. — Pour répondre à cette question, il faut expliquer la structure et la nature des poumons. Vous savez que le sang veineux chassé du ventricule droit entre dans les poumons pour former ce qu'on peut appeler une circulation secondaire. Le gros vaisseau, dans lequel ce fluide se rend d'abord, forme une infinité de petites ramifications en entrant dans les poumons. Le conduit qui porte l'air de la bouche dans les poumons, se distribue aussi en une quantité égale de vaisseaux, nommés cellules aériennes, qui suivent le cours des vaisseaux sanguins. Ces deux espèces de vaisseaux croisés ensemble forment des maillets, qui se réunissent en masse spongieuse, dans laquelle chaque molécule de sang doit nécessairement se trouver en contact avec une molécule d'air.

CAROLINE. — Mais puisque ces fluides sont contenus en des vaisseaux différents, comment se trouvent-ils en contact ?

Mme DE BEAUMONT. — Ils agissent l'un sur l'autre à travers la membrane qui forme les vaisseaux ; car elle peut empêcher le sang et l'air de se mêler, mais ne s'oppose point à leur mutuelle action chimique.

GUSTAVE. — Les poumons sont-ils entièrement composé de vaisseaux sanguins et aériens ?

Mme DE BEAUMONT. — Je le crois ; en ajoutant seulement des nerfs et une petite quantité de tissu cellulaire, qui forme du tout une masse uniforme.

GUSTAVE. — Pourquoi parle-t-on toujours des poumons au pluriel? sont-ils doubles?

M™ DE BEAUMONT. — Oui; ils forment deux compartiments ou *lobes*, renfermés en des membranes distinctes, dont chacune occupe un côté de la poitrine, et se trouve en contact avec l'autre, mais non en communication. C'est une prévoyance de la nature, qui fait que, si l'un des lobes est offensé, l'autre remplit seul la fonction de respiration jusqu'à ce que le premier soit guéri, et même toujours.

Le sang ainsi perfectionné par la respiration est le plus compliqué des composés animaux, puisqu'il contient, avec les nombreux matériaux nécessaires pour former les sécrétions, ceux qu'exige la nourriture des différentes parties du corps.

GUSTAVE. — Je trouve beaucoup d'analogie entre le sang des animaux et la sève des végétaux ; car tous deux contiennent les matériaux destinés à nourrir les corps auxquels ils appartiennent respectivement.

M™ DE BEAUMONT. — Et la formation de ces fluides dans les deux systèmes a encore beaucoup de rapport; car les vaisseaux absorbants qui pompent le chyle de l'estomac et des intestins, peuvent être comparés aux absorbants des racines dans les plantes. De même que la sève, le sang en circulant laisse les divers organes sécréter les principes qui leur sont nécessaires.

CAROLINE. — Mais ces organes comment ont-ils le pouvoir d'opérer les sécrétions ?

M™ DE BEAUMONT. — Par une organisation particulière qui les rend propres à ces opérations, et que

47*

nous ne pouvons concevoir. Mais le principe vital est en dernière analyse ce qui met en action leurs puissances mécaniques ou chimiques.

Je ne dois pas laisser le sujet de la respiration sans parler de la *transpiration*, sécrétion directement liée à ce procédé, et qui joue un rôle très important dans l'économie animale.

CAROLINE. — N'est-elle pas faite par des glandes particulières de même que les autres sécrétions.

Mme DE BEAUMONT. — Non ; elle se fait par l'extrémité des artères qui pénètrent dans la peau et se terminent sous l'épiderme, à travers les pores duquel sort la transpiration. Quand ce fluide n'est pas sécrété à l'excès il est *insensible*, parce qu'il est dissous dans l'air à mesure qu'il exsude des pores, mais quand il se forme plus vite qu'il ne peut être dissous, il devient *sensible*, et prend une forme liquide.

GUSTAVE. — Cette sécrétion ressemble tout-à-fait à la transpiration de la sève des plantes. L'une et l'autre sont formées des parties les plus fluides de leur substance mère, et toutes deux exsudent de la surface par les extrémités des vaisseaux dans lesquels elles circulent.

Mme DE BEAUMONT. — La ressemblance ne se borne pas là ; car la sève, retournant dans les racines des plantes, a comme le sang une double circulation. Cependant la circulation de la sève est loin d'être aussi complète que celle du système animal, puisqu'elle consiste seulement à monter et descendre par

certains vaisseaux, tandis que le sang pénètre toutes
les parties du corps.

Nous avons maintenant suivi la marche du procédé de nutrition, depuis l'introduction des aliments
dans l'estomac, jusqu'à la période où ils deviennent
enfin partie constituante du système ; et nous remettrons les observations qui restent à faire sur l'économie animale à notre prochaine entrevue.

VINGT-QUATRIÈME ENTRETIEN.

SUR LA CHALEUR ANIMALE, ET DIVERS PRODUITS ANIMAUX.

Analogie entre la combustion et la respiration.   Chaleur
animale dégagée dans les poumons, et dans la circulation. —
Chaleur fébrile. — Chaleur produite par l'exercice. —
Égale température des animaux en toute saison. —Puissance
des animaux vivants pour résister aux effets de la chaleur.
— Refroidissement produit par la transpiration. — Respiration des oiseaux et des poissons. — Effets de la respiration sur la force musculaire. — Divers produits animaux ;
le lait, le beurre, le fromage; les spermacéti, l'ambre gris,
la cire, la soie, le musc, la civette, le castor. — Fermentation putride. — Conclusion.

Mme DE BEAUMONT, CAROLINE, GUSTAVE.

GUSTAVE. — Depuis notre dernier entretien, j'ai
beaucoup réfléchi sur la respiration, et j'ai été frappé
de la ressemblance qu'elle a avec la combustion.
Car, dans la respiration, comme dans presque toutes
les combustions, l'air subit un changement et une

partie de son oxygène se combine avec le carbone pour former du gaz acide carbonique.

Mᵐᵉ DE BEAUMONT. — Je suis bien aise que cette idée vous soit venue : ces deux procédés ont en effet une si grande analogie, qu'on suppose qu'une combustion réelle a lieu dans les poumons; non pas une combustion du sang, mais de son carbone surabondant que l'oxygène attire.

CAROLINE. — Une combustion dans nos poumons ! Quelle idée extraordinaire ! Mais, maman, comment peut-on appeler combustion l'action de l'air sur le sang dans nos poumons, quand elle ne produit ni lumière ni chaleur ?

GUSTAVE. — J'allais faire la même objection. Cependant, je ne conçois pas que l'oxygène puisse se combiner avec le carbone et produire du gaz acide carbonique, sans qu'il y ait dégagement de chaleur.

Mᵐᵉ DE BEAUMONT. — Il y a en effet dégagement de chaleur *. Je ne me permettrai point de décider si la lumière est ou non dégagée; mais il est certain qu'une quantité considérable de chaleur, et de chaleur très sensible, est émise pendant ce procédé, et que c'est la principale, sinon l'unique source de ce qu'on appelle chaleur animale.

GUSTAVE. — Il est admirable, que le même pro-

---

* On a calculé que la chaleur produite par la respiration dans les poumons d'une personne en santé, dans l'espace de 12 heures, fondrait environ 100 livres de glace.

cédé qui sert à purifier le sang, entretienne constamment la chaleur intérieure !

Mme DE BEAUMONT. — C'est la théorie de la chaleur
animale dans sa première simplicité, telle à peu près
qu'elle a été présentée par Black et Lavoisier. Elle
parut aussi claire qu'ingénieuse, et fut bientôt généralement adoptée. Mais, sur un examen plus appro-
fondi, on objecta que si la totalité de la chaleur animale se dégageait dans les poumons, cette partie et
celles qui l'avoisinent seraient beaucoup plus chargées
de ce fluide que les extrémités, ce qui ne s'est pas
trouvé d'accord avec la réalité. Cependant cette objection des plus graves est maintenant réfutée d'une
manière satisfaisante, par la considération suivante :
— L'on a trouvé par expérience, que le sang veineux
a *moins de capacité pour la chaleur*, que le sang
artériel, d'où il suit que le sang en passant graduellement des artères aux veines dans la circulation,
perd une partie de son calorique par le moyen duquel
la chaleur est répandue partout le corps.

GUSTAVE. — La cause de la chaleur animale a
toujours été un mystère pour moi ; et je suis ravi
d'entendre cette explication. Quelle sagesse, quelle
admirable simplicité dans ces dispositions ! Mais, je
vous prie, maman, dites-nous la raison de l'augmentation de chaleur que cause la fièvre ? N'est-ce point
parce que nous respirons alors plus vite, et que plus
de chaleur se trouve ainsi dégagée ?

Mme DE BEAUMONT. — Ce pourrait être une des
causes de cet effet ; mais la principale est que, pen-

dant la fièvre, la chaleur engendrée dans le corps n'a plus de dégagement. Une des sécrétions les plus considérables est la transpiration insensible ; elle emporte sans cesse du calorique en état latent ; mais dans les accès d'une fièvre chaude, les pores sont tellement contractés, que toute transpiration cesse, et l'accumulation du calorique dans le corps, occasione ces sensations brûlantes qui sont si pénibles.

GUSTAVE. — C'est pour cela, sans doute, que la transpiration qui suit le plus souvent un accès de fièvre, soulage extrèmement le malade. Si j'avais connu l'été dernier cette théorie de chaleur animale, j'aurais trouvé quelque amusement pendant ma fièvre à suivre les procédés chimiques qui se passaient en moi.

CAROLINE. — L'exercice produit aussi la chaleur animale, mais sûrement d'une manière différente.

Mᵐᵉ DE BEAUMONT. — Non pas si différente que vous le pensez. Plus vous prenez d'exercice, plus vos organes corporels sont stimulés et ont besoin de réparer ce que cette activité leur a fait perdre : pour cet effet, la circulation du sang est accélérée, et conséquemment une plus grande quantité de calorique se dégage.

CAROLINE. — C'est vrai ; car après avoir couru bien fort, ma respiration devient précipitée et difficile, et c'est alors que je commence à sentir une extrême chaleur.

GUSTAVE. — Un exercice très violent finirait donc par donner la fièvre ?

Mᵐᵉ DE BEAUMONT. — Non pas, si la personne était

en état de santé ; car le calorique additionnel produit
par l'exercice est naturellement emporté par la transpiration qui le suit.

GUSTAVE. — La nature a pourvu à tout. En produisant la chaleur animale, elle nous donne le moyen
de nous maintenir à une température plus haute que
les objets inanimés. Et quand cette source devient
trop abondante , le superflu est entraîné par la transpiration.

M⁰ᵉ DE BEAUMONT. — C'est cette loi de la nature
qui maintient nos corps en toutes saisons et dans tous
les climats, presque à la même température.

CAROLINE. — Vous ne voulez pas dire que notre
corps est à la même température en été qu'en hiver :
à Paris , qu'à Maroc !

Mᵐᵉ DE BEAUMONT. — Pardonnez-moi ; en tant
qu'il est question de la température du sang et de
l'intérieur du corps : quant aux parties extérieures
qui sont en contact direct avec l'atmosphère (telles
que les mains et le visage), elles peuvent être occa-
sionnellement plus chaudes ou plus froides que les
parties internes ou mieux garanties. Placez la boule
d'un thermomètre dans votre bouche, vous trouverez à peine quelque différence dans ces indications,
quelle que soit la température de l'atmosphère qui
vous environne.

CAROLINE. — Et quand je me sens tout-à-fait acca-
blée par la chaleur, mon corps n'est réellement pas
plus chaud, que quand je grelotte de froid ?

Mᵐᵉ DE BEAUMONT. — Quand une personne bien

portante se sent très chaud , soit que cela vienne de chaleur intérieure , d'exercice ou de la température de l'atmosphère , son corps est certainement un peu plus chaud , que quand_elle a très froid; mais cette différence est beaucoup plus petite que nous ne pourrions le croire d'après nos sensations ; et le repos et la transpiration rétablissent bientôt en nous la température ordinaire. Ce sont les parties extérieures qui éprouvent principa'ement des changements à cet égard ; et vous serez étonnés d'apprendre que la température de l'intérieur du corps est rarement au-dessous de 32 à 33 degrés , et s'élève au plus à 48 , même dans les fièvres violentes.

Gustave. — Ainsi la surabondance de calorique donnée à nos corps par une atmosphère très chaude , ne peut élever leur température au-delà de certaines limites , comme dans les corps inanimés , parce que cet excès de calorique est entraîné hors du système par la transpiration.

Caroline. — Mais la température de l'atmosphère et conséquemment celle des corps inanimés , n'est sûrement jamais au degré de la chaleur animale ?

Mme de Beaumont. — Vous vous trompez ma chère. Dans l'Amérique méridionale et dans l'Inde, souvent même dans le midi de l'Europe , l'atmosphère est au-dessus de 33 degrés , température ordinaire de la chaleur animale. Les rayons du soleil, même dans nos climats tempérés , peuvent quelque fois , en tombant à plomb sur un objet , porter sa température au-dessus de ce point.

48

Sir Charles Blagden a fait des expériences fort curieuses, pour prouver le pouvoir de nos corps, pour résister aux effets de la chaleur extérieure. Il est resté quelque temps dans un four chauffé, presqu'au degré d'eau bouillante, sans souffrir aucun autre inconvénient qu'une transpiration excessive qu'il supporta en buvant copieusement.

Gustave. — Il ne devait pas regarder cette transpiration comme un inconvénient, puisqu'elle seule l'empêchait d'être cuit en le débarrassant de l'excès du calorique.

Caroline. — J'ai cru jusqu'ici que la transpiration était cause de la chaleur que nous éprouvons l'été.

Mme de Beaumont. — Vous étiez dans l'erreur, car toutes les fois qu'il y a évaporation, le refroidissement est produit en conséquence d'une quantité de calorique emporté en état latent. C'est de cette manière que la transpiration soulage dans les grandes chaleurs, et c'est pour cela qu'on s'enrhume très facilement quand on est en transpiration. Par la même raison, une boisson chaude est souvent rafraîchissante en été, quoiqu'elle semble augmenter la chaleur au moment où on la boit.

Caroline. — C'est aussi pour cela qu'il est dangereux de prendre des glaces très froides quand on vient de danser et qu'on a très chaud.

Mme de Beaumont. — Sans doute; parce que la perte de chaleur causée par la transpiration, jointe au froid produit par la boisson glacée, refroidit le corps plus qu'il ne faut pour sa santé; et dans ce cas, il est nécessaire de continuer l'exercice qui avait provoqué la chaleur, pour combattre les effets d'un refroidissement trop subit. Vous pouvez en toute saison boire des liquides très froids, pourvu que vous ne soyez point en grande transpiration, et que vous ne restiez point, après les avoir bus, en état d'inaction.

GUSTAVE. — Mais puisque nous sommes ainsi garantis des extrêmes du chaud et du froid, tous les climats nous doivent être également salutaires?

Mme DE BEAUMONT.—Cela est vrai jusqu'à un certain point, pourvu qu'on y soit accoutumé dès l'enfance. Les naturels des climats que nous regardons comme très malsains, se portent aussi bien que nous, et si ces pays sont pernicieux pour ceux qui ont été élevés dans des régions plus tempérées, c'est que l'économie animale supporte difficilement des changements considérables dans ses habitudes.

CAROLINE. — Si la circulation maintient le corps dans une température uniforme, pourquoi les animaux sont-ils quelquefois gelés?

Mme DE BEAUMONT. — Parce que si l'atmosphère enlève au corps plus de chaleur que la circulation ne peut en fournir, le froid prédomine à la longue, le cœur cesse de battre et l'animal est gelé. De même, si le corps reste long-temps exposé à un degré de chaleur trop grande pour que la transpiration puisse l'en débarasser, il perd le pouvoir de résister à son influence destructive.

CAROLINE. — Je suppose que les poissons n'ont point de chaleur animale et participent seulement de la température de l'eau dans laquelle ils vivent?

GUSTAVE. — Et ils sont froids, sans doute, parce qu'ils ne respirent pas?

Mme DE BEAUMONT. — Tous les poissons respirent plus ou moins, mais sous ce rapport, ils sont inférieurs aux animaux terrestre. Ils ne sont pas non plus totalement dépourvus de chaleur, quoique, par la même raison, ils soient plus froids que les autres créatures. La quantité de sang est chez eux comparativement fort petite; ils n'ont pas besoin par conséquent de beaucoup d'oxygène, et leur chaleur animale est proportionnée à ce besoin.

CAROLINE. — Comment font les poissons pour respirer sous l'eau?

Mme DE BEAUMONT. — Ils respirent l'air qui est en solution dans l'eau. Si vous mettiez des poissons dans de l'eau privée d'air par l'ébullition, ils seraient bientôt suffoqués; et de même si vous les renfermiez dans un vase d'eau privé du contact de l'atmosphère.

CAROLINE. — Sommes-nous les animaux dont la respiration est la plus intense?

Mme DE BEAUMONT. — Les oiseaux respirent plus que tous les autres animaux, en proportion de leur grandeur; et l'on attribue à cette faculté leur grande force musculaire, qui les rend capables de supporter le violent exercice du vol.

La différence de force musculaire entre les oiseaux et les poissons, qui peuvent être considérés comme les deux extrêmes, sous ce rapport, est bien digne d'attention. Les oiseaux qui habitent constamment dans l'air et qui le respirent en grande quantité, ont des

muscles d'une force supérieure, et ceux des poissons,
au contraire, sont mous et lâches, sans doute par
l'effet de leur respiration imparfaite. L'hydrogène et
le carbone ainsi accumulés dans leurs corps, forment
l'huile qui caractérise la chair de ces espèces d'animaux, et qui relâche et amollit leurs fibres.

CAROLINE. — Mais, maman, les oiseaux qui habitent l'air et l'eau, comme les canards et les autres oiseaux aquatiques, de quelle nature est leur chair?

Mme DE BEAUMONT. — Ces sortes d'oiseaux ne font
en général que très peu d'usage de leurs ailes, s'ils
volent, c'est faiblement, et jamais à une grande distance; aussi leur chair participe de la nature huileuse et un peu du goût de celle des poissons. Il en
est de même non seulement des oiseaux d'eau, mais
de tout autre animal amphibie, tels que les crocodiles,
les loutres, etc.

CAROLINE. — Pourquoi les reptiles ont-ils si peu
de force musculaire?

Mme DE BEAUMONT. — Parce qu'ils vivent beaucoup
sous la terre, et se trouvent rarement en contact avec
l'atmosphère. Leurs organes respiratoires sont impar-
faits, souvent imperceptibles ; ils tiennent donc de la
nature huileuse du poisson ; plusieurs sont amphibies,
tels que les grenouilles, les crapauds et les serpents,
et presque tous peuvent demeurer très long-temps
sous l'eau. Les insectes, au contraire, qui ont tant de
force musculaire, en proportion de leur dimension,
participent de la nature des oiseaux, l'air étant leur
principal élément; et leurs organes respiratoires sont

plus grands que ceux de toutes les autres classes d'animaux.

J'ai voulu vous donner une idée sommaire des principales fonctions animales, et ce sujet intéressant nous entrainerait hors des limites que je me suis prescrites, si nous entrions dans plus de détails.

GUSTAVE.—Je ne le quitterai pas sans regret. J'avoue que de tous les objets auxquels s'applique la chimie, ceux que nous venons d'observer me paraissent les plus curieux.

CAROLINE. — Permettez que je vous rappelle, maman, que vous nous avez promis de nous expliquer la nature du *lait*.

Mme DE BEAUMONT. — Il est vrai : et je commencerai par cette substance l'explication de divers produits animaux, qui méritent notre attention. Comme tout autre substance animale, le lait analysé se réduit finalement en oxygène, hydrogène, carbone et azote. Ces éléments sont combinés dans le lait, sous la forme d'albumine, de gélatine, d'huile et d'eau. De plus, le lait contient une quantité considérable de phosphate de chaux, dont je vous ai dit la destination.

CAROLINE. — Oui : ce sel nourrit les os des petits animaux.

Mme DE BEAUMONT.—Réduire le lait à ses éléments, serait une opération compliquée et inutile ; mais ce fluide, sans le secours d'aucun moyen chimique, se décompose en trois parties : la *crême*, le *caillé*, et le *petit lait*. Ces constituants du lait n'ont qu'une faible affinité les uns pour les autres, et la crême se sépare

du lait, seulement en le laissant quelque temps en repos. Elle consiste principalement en huile qui, étant
plus légère que les autres parties du lait, monte graduellement à la surface. Vous savez que c'est ainsi qu'on
recueille le beurre, qui n'est autre chose que de la
crème oxygénée.

CAROLINE. — Alors le beurre ressemble en quelque
sorte à la substance cireuse que produit l'oxygénation
des huiles végétales ?

Mme DE BEAUMONT.—Oui, et le procédé de battre le
beurre, ne fait qu'accélérer l'oxygénation de la crème
déjà commencée *, la violente commotion causée par
cette opération, mettant chaque molécule de la crème
en contact avec l'atmosphère.

CAROLINE. —L'effet de cette opération (que j'ai souvent observée dans les laiteries) est de séparer la crème
en deux substances, le beurre et le lait de beurre.

Mme DE BEAUMONT. — C'est-à-dire qu'à mesure que
les molécules huileuses de la crème s'oxygènent, elles se
séparent des autres parties constituantes, en forme de
beurre. Ainsi l'on produit d'une part le beurre ou
l'huile oxygénée, et de l'autre le lait de beurre ou
crème privée d'huile. Et si l'on battait le beurre avec
du lait non écrémé, au lieu de crème, le lait de
beurre serait exactement semblable au lait écrémé.

CAROLINE. — Cependant le lait de beurre est bien
différent du lait écrémé.

Mme DE BEAUMONT. — Parce que pour épargner du

---

* L'oxygénation de la crème est un fait contesté.

temps et du travail, on fait le beurre avec de la crème.
En ce cas le lait de beurre est privé du lait proprement dit, qui contient le caillé et le petit lait ; de plus
le contact de l'air, pendant la séparation des deux
substances, donne un certain degré d'acidité, et à la
crème et au lait de beurre.

Gustave. — Et pourquoi le beurre ne devient il
pas également acide par l'oxygénation ?

Mᵐᵉ de Beaumont. — L'huile animale n'est pas si
aisément acidifiée que les autres constituants du lait.
Le beurre, quoique communément fait de crème aigre,
n'est donc pas aigre lui-même, parce que la partie
huileuse de la crème n'a pas pris d'acidité. Toutefois
le beurre est susceptible de devenir acide par excès
d'oxygénation, c'est ce qu'on appelle rancidité : en cet
état il produit l'acide sébacique, le même qu'on extrait
des graisses.

Gustave. — Si la chose est ainsi, l'on pourrait peut-
être adoucir du beurre rance avec quelque substance
capable de lui enlever son acide ?

Mᵐᵉ de Beaumont. — Cette idée a été suggérée par
M. Davy, qui suppose que si le beurre rance était bien
lavé dans une solution alcaline, l'alcali séparerait
l'acide du beurre.

Caroline. — Comment le caillé et le petit lait, qui
constituent ensemble le lait écrémé sont-ils séparés ?

Mᵐᵉ de Beaumont. — Ils se séparent naturellement
en restant pendant quelque temps exposés à l'air ; mais
cette décomposition est effectuée presque subitement
par l'action chimique de plusieurs sortes de substan-

ces. Les alcalis', la présure *, et en général presque toutes les substances animales décomposent le lait en se combinant avec le caillé ou la partie coagulante.

Les acides et les liqueurs spiritueuses produisent aussi cette décomposition en s'unissant avec le petit lait. Si l'on veut obtenir ce dernier dans sa pureté, il faut donc employer la présure ou les alcalis pour le séparer du caillé.

Au contraire, si l'on veut obtenir ie caillé pur, il faut le séparer du petit lait par des acides, du vin, ou des spiritueux.

Le petit lait est d'un grand usage en médecine , et c'est une boisson de très facile digestion , et très rafraîchissante.

On extrait du petit lait, par l'évaporation, des cristaux nommés *sucre de lait*. Cette substance est aussi douce au goût que le sucre commun , et lui ressemble tellement dans sa composition , qu'elle est susceptible de la fermentation vineuse.

CAROLINE. — Alors, pourquoi ne fait-on pas du vin ou de l'alcohol avec le lait ?

Mme DE BEAUMONT. — La quantité de sucre contenue dans cette substance est trop peu considérable pour qu'elle soit employée à cette fin. Je ne connais qu'un seul spiritueux extrait de ce fluide : c'est le koumis

---

* On nomme présure une infusion aqueuse des parois de l'estomac d'un jeune veau. Son efficacité remarquable pour coaguler le lait est attribuée au suc gastrique, dont cette substance est imprégnée.

des Tartares, tiré du lait fermenté de leurs juments.
Le petit lait est également susceptible d'acidification
en se combinant avec l'oxygène de l'atmosphère; et
il produit alors *l'acide lactique*, dont vous avez vu le
nom parmi les acides animaux.

Passons aux propriétés du caillé ou matière caseuse.

GUSTAVE. — Je sais qu'on change le caillé en fromage; mais je pensais que pour cet effet la partie caseuse du lait était séparée du petit lait par le moyen de
la présure; et cependant vous venez de nous dire
que l'on n'obtenait pas ainsi le caillé pur.

Mme DE BEAUMONT. — Et le caillé pur ne serait pas
propre à faire du fromage. La nature et la saveur
du fromage dépendent à un très haut degré de la
crème ou matière huileuse qui reste dans le caillé; et
si ce constituant était complètement séparé, le fromage ne serait pas mangeable. Les fromages les plus
gras, les plus nourrissants, ont ces qualités, en raison
de la quantité de crème qu'ils retiennent, et de sa
qualité supérieure.

CAROLINE. — Je trouve beaucoup de rapport entre
le lait et la substance contenue dans les œufs, soit
dans leur nature, soit dans leur usage. L'un et l'autre
se composent des substances propres à la nourriture
des jeunes animaux, et sont destinés à cette fin.

Mme DE BEAUMONT. — Cependant ils diffèrent en
un point essentiel. Le jeune animal est formé aussi
bien que nourri par le contenu de la coquille de
l'œuf; tandis que le lait ne sert de nourriture à
l'enfant qu'après sa naissance.

Il existe plusieurs substances animales d'une importance moins étendue, mais qui méritent d'être
citées.

Le *spermaceti* est de ce nombre. Cette substance
est tirée de la tête de la baleine , et peut servir aux
mêmes usages que le suif, après avoir subi certaine
préparation ; elle ne brûle pas beaucoup mieux que
le suif, mais étant moins fusible, elle est plus avan-
tageuse à consommer.

L'ambre gris est une autre substance , tirée d'une
espèce de baleine. On la trouve rarement dans l'animal , et plus souvent flottante sur la mer.

La *cire* est comme vous savez une huile concrète
produite par les abeilles , et dont les principaux
constituants sont probablement tirés des fleurs, préparés ensuite par les organes de l'insecte et mêlés à
a propre substance, de manière à devenir une ma-
ière décidément animale. La cire est naturellement
aune , mais elle blanchit lentement par l'exposition
l'air, ou très promptement par l'acide oxy-muria-
ique.

La combustion de la cire est beaucoup plus par-
iite que celle du suif, conséquemment elle produit
lus de lumière et de chaleur.

La *laque* est une substance très analogue à la cire
ans sa formation ; c'est le produit d'un insecte qui
n recueille les ingrédients sur les fleurs, pour ser-
ir à garantir ses œufs des injures de l'air. La laque
st disposée en cellules, aussi artistement faites que
elles des abeilles , mais autrement arrangées. Cette

substance est employée dans les manufactures de cire à cacheter, et compose diverses couleurs et des vernis qui portent son nom.

Le *musc*, la *civette* et le *castoréum*, sont des produits particuliers aux quadrupèdes désignés par ces noms. Les deux premiers sont des parfums extrêmement forts et subtils; le dernier a une odeur et un goût nauséabonds, on ne l'emploie que médicalement.

La *soie* est une sécrétion du ver à soie, chenille originaire de la Chine, qui construit son nid ou cocon avec cette substance. La nature chimique de la soie est très analogue à celle des poils et de la laine des animaux; dans l'insecte, sa forme est fluide, et ce fluide se coagule probablement en s'unissant à l'oxygène quand il se trouve en contact avec l'atmosphère. Le papillon du ver à soie émet une liqueur qui contient un acide nommé *bombique*, dont les propriétés sont fort peu connues.

GUSTAVE. — Avant de terminer notre cours d'économie animale, ne nous direz-vous pas quelque chose des changements progressifs, par lesquels les animaux retournent à leur état élémentaire?

Mᵐᵉ DE BEAUMONT. — Quoique la plus compliquée des substances organiques, la matière animale, retourne à l'état élémentaire par un seul procédé spontané, la *fermentation putride*. Par cette opération, l'albumine, la fibrine, etc., sont en peu de temps réduites à l'état d'oxygène, d'hydrogène, d'azote et de carbone, et le cercle des changements que ces éléments parcourent est ainsi complété. Ils quittent d'abord leur forme élémentaire ou leur combinaison avec la matière inorganique, pour entrer dans le système végétal ; de là , ils sont transmis au règne animal ; et la destruction des composés animaux les rend à leur première simplicité, pour recommencer le même cours de transformation.

Quand toutes les conditions nécessaires à la putréfaction n'existent pas, l'animal, de même que le végétal dans le même cas, se décompose partiellement, et forme une substance combustible très analogue au spermacéti. Je suppose que Caroline, qui aime tant les comparaisons, a déjà trouvé du rapport entre les bitumes et cette substance.

CAROLINE. —Et pourquoi non, puisque le procédé qui produit ces deux sortes de substances est si semblable?

Mme DE BEAUMONT. — Ce qui fait cependant une grande différence, c'est que l'état du bitume est permanent ; tandis que celui des substances animales, ainsi imparfaitement décomposées , n'est que momentané , et que, si l'on ne prend des précautions pour les y conserver, leur dissolution totale arrive infailliblement. La découverte de la conversion accidentelle de la matière animale en spermacéti est fort récente. Des manufactures ont été établies en Angleterre, pour obtenir cette substance, en exposant pendant un certain laps de temps, des carcasses d'animaux sous un courant d'eau. Les parties musculaires forment cette espèce de spermacéti. Les os, servent ensuite à faire de l'ammoniaque et du phosphore ; et la peau est préparée en cuir.

Ainsi, l'industrie agrandit sans cesse la sphère des objets d'utilité, auxquels les productions naturelles peuvent être appliquées, et les éléments sont souvent arrêtés dans leur cours de décomposition naturelle, par la main de l'homme, qui les fait contribuer sous mille formes, au bien-être et à l'agrément de son existence.

Mais toutes ces jouissances qui nous sont accordées, soit par les opérations spontanées de la nature, soit par les ingénieux efforts de l'art, procèdent également de la bonté de la Providence, qui doua l'homme d'une intelligence susceptible de tant de perfectionnement. En contemplant les œuvres de la création, comme en étudiant les inventions humaines, n'oublions jamais la source divine qui les produit et que chaque nouvelle connaissance affermisse notre piété et notre vertu.

FIN.

NOTES.

Ce phénomène est au nombre de ces faits singuliers qui nous avertissent, peut-être, de l'imperfection de nos théories de chimie et de physique. L'azote n'est pas le seul gaz à la faveur duquel le phosphore puisse se combiner avec l'oxygène à la température et à la pression ordinaires. L'hydrogène, l'acide carbonique, l'oxyde de carbone et le protoxyde d'azote peuvent, dans certains cas, produire le même effet ; mais il n'est pas même nécessaire que ces gaz soient mêlés à l'oxygène, pour que la combustion lente du phosphore ait lieu. Lorsque le phosphore est dans une atmosphère d'oxygène pur, il suffit de diminuer la pression pour déterminer la combustion. On pourrait inférer de cette dernière observation qu'il faut aider la volatilisation du phosphore pour favoriser sa combustion. Ce qui semble favoriser cette manière de voir, c'est que les composés de phosphore plus volatils que ce corps simple, tels que le sulfure de phosphore et l'hydrogène phosphoré, s'enflamment spontanément à l'air.

Cette explication comprend le cas où l'on mêle à l'oxygène de l'azote ou de l'hydrogène. On sait, en effet, que ces gaz sont moins denses que l'oxygène, et on n'ignore pas que l'eau se vaporise mieux dans l'hydrogène que dans l'air, et mieux aussi dans la vapeur d'eau, quoique ces fluides soient doués d'une égale force élastique, de manière que l'on peut penser qu'un corps est plus volatil, en général, dans un gaz spécifiquement plus léger. Il suivrait de là, que la vapeur de phosphore devrait se dégager plus aisément dans l'hydrogène et l'azote,

et qu'il serait naturel que la combustion lente s'effectuât lorsqu'ils se trouveraient mêlés à l'oxygène.

Malheureusement pour cette explication, l'acide carbonique
et le protoxyde d'azote sont plus denses que l'oxygène, et ils fa·
vorisent cependant la combustion lente. Il faut donc que, outre
l'effet physique, il y ait là un phénomène chimique. Ce qui
le prouve sans réplique, c'est que l'azote obtenu par le soufre
et le fer, ne permet pas la combustion lente. En quoi consiste
cet effet chimique? c'est là ce qu'on ignore complètement.
Peut-être lorsqu'on aura rendu compte de l'action du platine
sur un mélange d'oxygène et d'hydrogène et de tant d'autres
actions de ce genre, aura-t-on la clef de celle-ci. Jusque-là,
nous ne pouvons que mettre les uns à côté des autres, des
faits également inexplicables.

Page 297. SUR LA NATURE DE L'AMMONIAQUE.

. Les chimistes français n'ont pas adopté, sur la composition
chimique de l'ammoniaque, les hypothèses auxquelles se sont
arrêtés les chimistes étrangers.

Il est certain qu'un volume d'ammoniaque peut être décomposé par la chaleur en un volume et demi d'hydrogène et
en un demi volume d'azote. La plupart des chimistes de l'école
française, s'en tiennent à ce fait bien constaté, et admettent
que de la combinaison de deux gaz, qu'on est porté à regarder
comme simple, il peut résulter un alcali. Cependant, si l'ammoniaque pouvait réellement oxyder les métaux par lui-même,
il deviendrait probable qu'il renferme de l'oxygène.

Malheureusement pour ceux qui veulent soutenir cette hypothèse, l'ammoniaque n'oxyde les métaux qu'avec le contact
de l'air, on peut donc présumer qu'il favorise la combinaison
des métaux avec l'oxygène, comme l'eau favorise la formation
de l'acide sulfurique, comme la potasse favorise et détermine
la formation d'un grand nombre d'acides.

Pour ce qui est de la propriété qu'a le gaz ammoniaque de donner naissance à des composés analogues aux amalgames par l'action de la pile, ce n'est là qu'un bien faible argument, puisque l'oxygène, lui-même, forme quelques oxydes qui ont l'apparence métallique, les protoxydes de mercure et d'arsenic en sont des exemples.

Enfin on ne voit pas davantage pourquoi les gaz ne pourraient pas former des combinaisons jouissant de propriétés alcalines, tout comme ils produisent des composés acides.

Page 300. SUR LA CAUSE DES VOLCANS.

L'explication que l'on donne ici des phénomènes volcaniques, n'est pas généralement admise, et l'on peut faire à ce sujet plus d'une objection.

D'abord on peut demander ce que devient l'hydrogène qui doit résulter de la décomposition de l'eau. Devrait-on lui attribuer la flamme qui accompagne les éruptions? Mais la couleur de cette flamme n'est pas celle que donne la combustion de l'hydrogène; de plus les éruptions devraient toujours être accompagnées, dans ce cas, d'une grande formation d'eau.

Enfin lorsque l'activité du volcan se ralentit, on devrait trouver dans les gaz qui se dégagent beaucoup d'hydrogène, on y rencontre au contraire une grande quantité d'acide sulfureux.

Enfin la nature des laves n'est pas bien d'accord avec l'hypothèse exposée; elles renferment des métaux alcalins, il est vrai, mais la proportion des alcalis est assez peu considérable pour que la masse soit encore d'une fusion assez difficile. Il semble, en outre, que les terrains qui environnent les volcans devraient présenter quelque trace de métaux alcalins non oxydés, si l'hypothèse en question était vraie, mais on n'en a point encore trouvé; partout ces métaux-là sont combinés avec l'oxygène.

Cette grande question, comme presque tous les météores,
présente donc encore de grandes obscurités. La théorie du magnétisme terrestre pourra peut-être jeter sur elle quelque
lumière.

Page 327. Sur la chaleur produite pendant que la
potasse se dissout.

On peut observer que l'eau n'est pas solidifiée dans le cas où
la dissolution reste à l'état liquide; on devrait donc observer alors un refroidissement; néanmoins il y a toujours production de chaleur. Cette contradiction peut s'expliquer, ou
en admettant que la dissolution a une capacité, pour la chaleur, inférieure à celle de l'eau ordinaire, ou en imaginant que
pendant l'acte de la dissolution il se forme des courants électriques dont les électricités recombinées produisent la chaleur observée. La première des deux suppositions est renversée par les
belles expériences faites sur les capacités par MM. Petit et
Dulong; la seconde supposition, d'accord avec les phénomènes
galvaniques et tous les faits bien constatés, réunit maintenant
le plus grand nombre de suffrages parmi les chimistes.

Page 480. Sur la nature de l'éther.

Il résulte de ce qui a été dit sur la composition de l'éther,
qu'un poids donné de liquide doit renfermer moins de carbone
qu'un poids égal d'alcohol. L'expérience conduit à un résultat
opposé, d'où il suit que la théorie exposée doit être modifiée.
On a pensé, pendant long-temps, que l'acide sulfurique enle-
vait à l'alcohol une portion de son crû, et que celui-ci se trouvait par là transformé en éther. De cette autre explication, il
découlait, comme conséquence, que l'éther devait, en effet,
renfermer, à poids égal, plus de carbone que l'alcohol; mais de
nouvelles expériences ont fait penser que l'action de l'acide
était plus compliquée qu'on ne l'avait d'abord imaginé.

Il paraît que l'acide sulfurique décompose totalement une portion d'alcohol, qu'il s'approprie une portion des éléments, et forme un nouvel acide, qui a pris le nom d'acide *sulfureux*, tandis que les éléments qui ne peuvent s'unir à l'acide sulfurique, en se reportant sur l'alcohol restant, le font passer à l'état d'éther. Il y a, en outre, une partie du carbone de l'alcohol décomposé qui ne rentre plus en combinaison, et qui noircit la liqueur. C'est probablement la couleur noire de cette liqueur qui avait suggéré l'explication donnée dans l'ouvrage. La manière dont cette première explication semblait faire prévoir les propriétés de l'éther est si simple, qu'il n'est pas étonnant qu'elle ait pu séduire. Nous saisirons cette occasion pour faire sentir combien il est difficile, dans l'état actuel de la science, de prédire le changement que doit éprouver une combinaison lorsqu'on change la proportion de l'un des éléments.

FIN DES NOTES.

TABLE
ALPHABÉTIQUE.

A

B

C

D

E

F

G

H

I

K

L

M

N

O

P

R

S

Y

Z

FIN DE LA TABLE.

www.ingramcontent.com/pod-product-compliance
Ingram Content Group UK Ltd.
Pitfield, Milton Keynes, MK11 3LW, UK
UKHW020958140726
13695UKWH00001B/27

9 782016 122792